KB001534

토끼 질병의 모든 것

일본 진행

사진 이가와 토시히코 | **디자인** 키쓰카와 미키코 | **일러스트** imperfect 히라타 미사키 | **편집** 마에사코 아키코

촬영 협조
아비코 케이코(우사기노십뽀 키치죠지점) | 우사기노십뽀 요코하마점

협조
카네마키 노부유키(아자부대학부속 동물병원) | 임재규(레이동물병원 수의사) | 마쓰다 오사무(우사기노십뽀) | 타카노 카요코

Original Japanese title: SHINPAN YOKUWAKARU USAGI NO KENKOU TO BYOUKI

Original Japanese edition published by Seibundo Shinkosha Publishing Co., Ltd.
Korean translation rights arranged with Seibundo Shinkosha Publishing Co., Ltd.
through The English Agency (Japan) Ltd. and Korea Copyright Center Inc., Seoul.

토끼 질병의 모든 것

오노 미즈에 지음 · 소가 레이코 감수 · 서유진 옮김

질병의 예방과 관리, 증상, 치료법, 집에서 돌보기까지
완벽한 해답을 담았다

차례

1장 토끼의 건강

2장 토끼에게 흔한 질병

3장 토끼와 병원

4장 아픈 토끼 집에서 돌보기

건강한 토끼로 키우기

토끼의 건강만큼 좋은 일은 없다. 활발하고 씩씩하고 건강한 토끼로 키우기.

식욕 왕성, 건초 좋아
토끼는 초식동물로 섬유질이 풍부한 건초를 우적우적 먹으며 건강을 유지한다.

좋은 똥
동글동글한 똥을 많이 배설한다. 뛰면서 똥을 싸도 애교로 봐 준다.

활발하다
호기심쟁이 토끼는 놀이를 좋아한다. 토끼마다 정도는 다르지만 놀 때는 힘이 넘친다.

편안한 휴식시간
스트레스가 없고 일상이 평온한 토끼는 휴식시간을 편안하게 즐긴다.

윤기가 흐르는 털
털의 윤기는 건강의 척도다. 몸 상태가 좋지 않으면 그루밍을 제대로 하지 않아 털이 엉키고 더럽다.

힘 있는 눈

생기 있게 빛나는 눈, 힘이 들어간 눈은 삶의 의욕을 나타낸다.

토끼와 반려인 관계

토끼와 반려인의 사이가 좋으면 꼼꼼한 건강 체크와 보살핌이 가능하다. 이는 토끼의 건강에 영향을 끼친다.

건강을 위한 십계명

1. 토끼의 생태부터 성격까지 이해하기 • p. 54
2. 식사의 중요성 • p. 60
3. 사육환경 • p. 67
4. 스트레스 이해하기 • p. 73
5. 교감하기 • p. 77
6. 집에서 하는 일상적인 몸 관리 • p. 88
7. 일상의 위험으로부터 토끼 보호하기 • p. 94
8. 질병 조기 발견을 위한 건강 일지 쓰기 • p. 98
9. 정기적인 건강검진 • p. 100
10. 평상시에 아플 때 대비하기 • p. 101

토끼의 몸 이해하기

토끼의 신체는 인간과 다른 다양한 특징이 있다. 토끼의 건강을 위해서는 먼저 토끼의 몸을 이해해야 한다.

1. 각 신체 부위의 특징

귀

토끼라고 하면 누구나 큰 귀를 떠올린다. 귓구멍부터 바깥쪽까지의 부분을 귓바퀴(이개)라고 하는데 귓바퀴는 작은 소리를 모아 크게 하는 장치인 집음기 역할을 하며, 뉴질랜드화이트의 경우 체표면의 12퍼센트를 차지하기도 한다. 토끼의 커다란 귓바퀴는 소리를 모으는 효과가 우수하며, 토끼의 청각은 생존에 꼭 필요한 요소다.

귀 밑부분의 근육이 발달하여 귀를 좌우로 움직일 수 있다. 덕분에 사방팔방에서 들려오는 소리가 어디에서 들리는지 쉽게 찾을 수 있다.

토끼의 청각은 매우 뛰어나서 360~42,000헤르츠의 소리를 들을 수 있으며(인간은 20~20,000헤르츠), 사람은 들을 수 없는 고주파(초음파) 소리도 들을 수 있다.

귓바퀴는 열을 발산하는 기능이 있다. 귓바퀴 중심에는 동맥이 있고, 주변에는 귀 정맥과 무수히 많은 모세혈관이 있다. 이 혈관들은 피부 표면에 밀접해 있어서 이곳을 통과하는 혈액은 외부로 열이 방출되어 온도가 낮아진다. 이렇게 차가워진 혈액이 전신을 돌며 체온을 낮춘다. 반대로 추울 때는 열을 빼기지 않기 위해 혈관이 수축한다.

토끼 중에는 귀가 서 있는 토끼와 귀가 처진 토끼가 있다.

귀가 아래로 늘어진 롭이어 토끼는 품종개량으로 탄생했다. 최초로 개량된 롭이어 품종은 잉글리시롭이다. 귀가 처진 토끼는 귀가 서 있는 토끼보다, 반려토끼는 야생토끼보다 청력이 조금 떨어진다고 알려져 있다. 그러나 사람의 청각보다는 훨씬 예민하다.

눈

토끼의 눈은 얼굴 양 측면에 있으며, 살짝 돌출된 형태다. 때문에 한쪽 눈의 시야가 190도 정도로 넓으며, 바로 뒤도 볼 수 있다. 수평 영역을 보는 시각이 발달해서 다가오는 천적을 빨리 발견할 수 있다. 빛에 대한 감도가 높아서(사람의 약 8배) 어두운 곳에서도 사물을 볼 수 있다. 녹색과 청색을 보는 능력이 뛰어나다.

하지만 시력은 그다지 좋지 않으며, 머리 바로 뒤와 입 앞 언저리는 볼 수 없다(오른쪽 그림 참조).

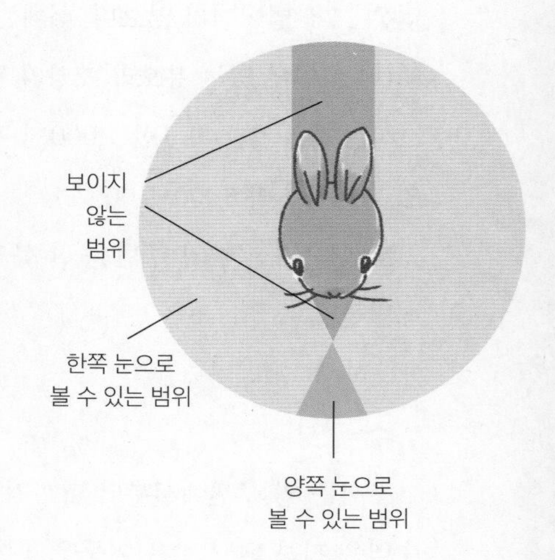

알비노 토끼의 눈이 빨간 것은 홍채의 멜라닌 색소가 결핍되어 망막 뒤에 있는 혈관이 그대로 비치기 때문이다.

코

토끼의 코는 항상 씰룩씰룩 움직이는데 1분간 20~120회 정도 움직인다. 편히 쉬고 있을 때와 컨디션이 나쁠 때는 움직임이 별로 없고, 긴장하거나 경계하고 있을 때는 빨리 움직인다.

후각이 발달했으며 냄새를 감지하는 세포(후세포)의 수가 1억 개라고 알려져 있다(인간은 1000만 개).

입 주변

갈라진 윗입술은 토끼의 특징이다. 입은 크게 벌어지지 않으며, 혀에는 미뢰(혀 표면에 있는 봉오리 모양의 맛을 느끼는 작은 기관)가 1만 7,000개 정도 있다(인간은 약 5,000~9,000개).

토끼는 자신의 입 주변을 잘 볼 수 없지만, 수염과 혀의 감각으로 음식을 식별한다.

수염(감각모)

토끼는 입 주변에서부터 코까지 그리고 볼과 눈 위에 긴 수염이 있다. 긴 수염은 지하 터널 같은 어두운 곳이나 좁은 곳을 지날 때 폭을 감지하고, 입 주변의 사물을 인식하는 감각기관이다. 수염의 뿌리에는 신경말단이 있어서 느낀 감각을 뇌로 전달한다. 토끼는 온몸에 신경말단이 있으므로 항상 부드럽게 만져야 한다.

턱 밑 주름

2~3세 이상의 암컷에게서 턱 밑 목 부분에 길게 늘어진 피부 주름을 흔히 볼 수 있다. 영어로는 듀랩dewlap, 속칭 목도리라고 불린다.

임신한 암컷은 출산이 가까워지면 턱 밑 주름 주변의 털을 뽑아 산실을 만드는데, 상상임신일 때도 같은 행동을 한다.

털

토끼의 털은 색과 질의 변화가 다채롭고, 이중 털로 되어 있다. 짧고 부드

초단모종 미니렉스

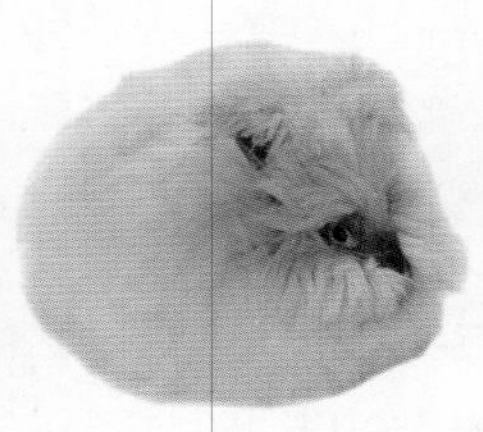

장모종 앙고라

단모종 홀랜드롭

홀랜드롭의 털

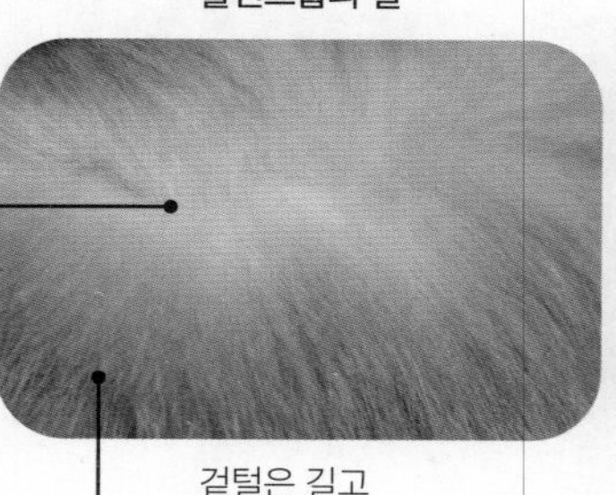

피부 가까이에서 부드럽게 구불거리는 털이 속털이다.

겉털은 길고 모질이 억세다.

미니렉스의 털

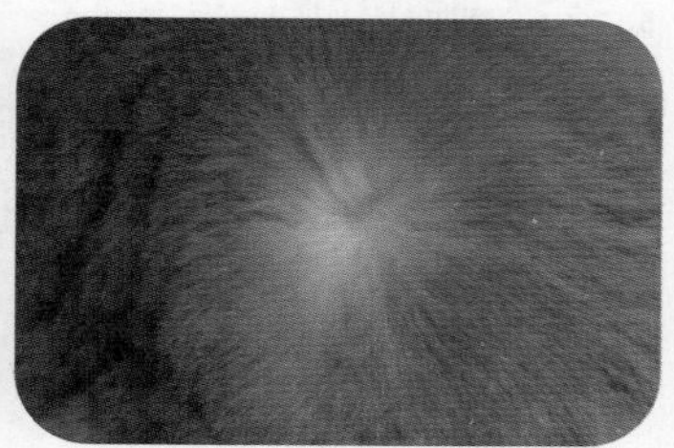

렉스와 미니렉스의 털은 겉털과 속털의 길이가 같고 촘촘하게 나 있다.

러운 속털(언더코트, 2차 털)과 긴 겉털(오버코트, 1차 털)로 나뉜다.

털갈이는 3개월마다 한다. 털갈이가 끝나기까지 몇 주에서 1개월 정도 걸리고, 머리에서 시작해 꼬리 쪽으로 진행된다. 유독 봄(겨울털에서 여름털로)과 가을(여름털에서 겨울털로)에 털갈이를 심하게 한다. 사육환경(일조시간 등)에 따라 일 년 내내 털갈이를 하기도 한다.

다리

앞다리는 짧아 굴을 파는 데 최적화되어 있고, 뒷다리는 근육이 발달하여 재빨리 도망갈 때 좋다. 발바닥은 발볼록살(육구)이 없고 두툼한 털로만 덮여 있는데, 이 두툼한 털이 쿠션 역할을 한다. 발가락은 앞발에 5개, 뒷발에 4개 있으며, 발톱은 갈고리 모양이다.

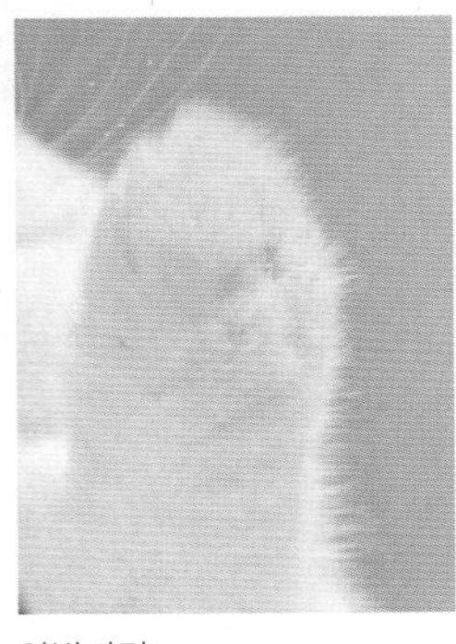

앞발바닥　　뒷발바닥

꼬리

토끼의 꼬리는 둥글다는 이미지가 있으나 실제로는 주걱 모양이다. 꼬리 길이는 품종에 따라 다르지만 보통 4.5~7.5센티미터다. 평소에는 등쪽에 붙어 있으나 편히 쉬고 있을 때는 늘어져 있다. 몸 크기에 비해 길지 않지만 꼬리로 다양한 보디랭귀지를 표현할 수 있다(54~60쪽 참조).

취선

토끼의 취선은 아래턱(턱밑샘)과 외음부 옆(서혜샘/샅고랑림프샘), 항문 옆(항문샘)에 있다. 취선에서 나오는 분비물을 비벼서 냄새를 묻히거나 변에 냄새를 묻혀 영역표시를 한다.

턱밑샘에서 나오는 분비물 때문에 아래턱이 축축해지거나, 샅고랑림프샘에서 노랗거나 거무스름한 분비물이 보이기도 한다. 분비물은 수컷이 많은 편이다.

장난감에 영역표시를 하고 있다.

2. 토끼에 대한 기본 정보

몸의 크기

- **체중** 1.5~2.5킬로그램
- **키** 38~50센티미터
- 유럽굴토끼의 자료로 반려토끼도 이 정도 크기가 많다.
- 토끼는 성적 이형(같은 종이라도 암수의 형태가 서로 다른 것)으로 암컷의 몸이 더 큰 경향이 있다.

• 순종의 스탠더드(래빗 쇼의 표준 사이즈)는 다음과 같다. 소형종 네덜란드드워프는 체중 906그램, 대형종 플레미시자이언트flemish giant는 수컷 5.9킬로그램 이상, 암컷 6.35킬로그램 이상이다.

생리적 정보

• 체온 38.5~40.0℃
• 호흡수 32~60회/분
• 소변량 20~250mL/kg/일
• 심박수 130~325회/분
• 수분섭취량 50~100mL/kg/일
• 수명 6~13년

3. 골격

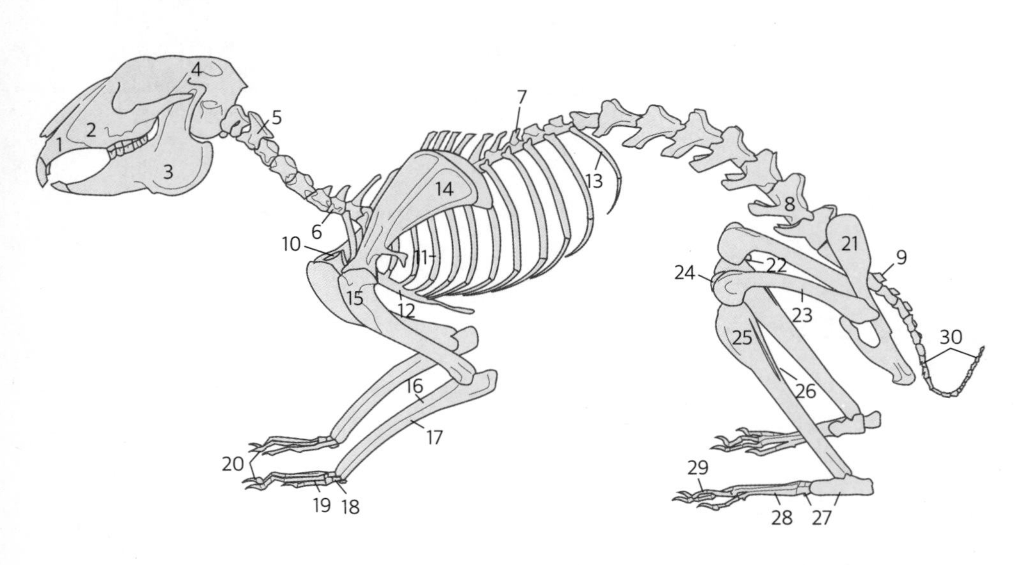

1. 앞니뼈(절치골) 2. 위턱뼈(상악골) 3. 아래턱뼈(하악골) 4. 마루뼈(두정골) 5. 제2목뼈(경추) 6. 제7목뼈(경추) 7. 제10등뼈(흉추) 8. 제6허리뼈(요추) 9. 엉치척추뼈(천추) 10. 빗장뼈(쇄골) 11. 제5갈비뼈(늑골) 12. 복장뼈(흉골) 13. 제13갈비뼈(늑골) 14. 어깨뼈(견갑골) 15. 위팔뼈(상완골) 16. 요골(노뼈) 17. 척골(자뼈) 18. 손목뼈(수근골) 19. 손허리뼈(중수

골) 20. 손가락뼈(지골) 21. 엉덩관절(고관절)·엉덩뼈(장골) 22. 장딴지근의 종자뼈(종자골) 23. 넓적다리뼈(대퇴골) 24. 무릎뼈(슬개골) 25. 정강이뼈(경골) 26. 종아리뼈(비골) 27. 발목뼈(족근골) 28. 발허리뼈(중족골) 29. 발가락뼈(지골) 30. 꼬리뼈(미추)

골격의 특징

토끼는 근육이 매우 강하다. 체중의 50퍼센트 이상이 골격근(골격을 움직이는 근육)인 데 비해, 골격의 비율이 체중당 7~8퍼센트 정도로 상당히 가볍다(고양이는 12~13퍼센트). 그래서 사람이 안다가 떨어뜨리거나 높은 장소에서 뛰어내리면 쉽게 골절된다. 안기는 걸 싫어해서 안으면 도망치려고 발버둥 치는데 가벼운 뼈에 비해 뒷다리 근력이 강해서 세게 걷어차다가 척추가 골절되기도 한다. 또한, 개는 빗장뼈(쇄골)가 없지만, 토끼는 빗장뼈가 있다.

척추뼈(추골)의 수는 목뼈(경추) 7개, 등뼈(흉추) 12~13개, 허리뼈(요추) 6~8개, 엉치척추뼈(천추) 3~5개, 꼬리뼈(미추) 15~18개다.

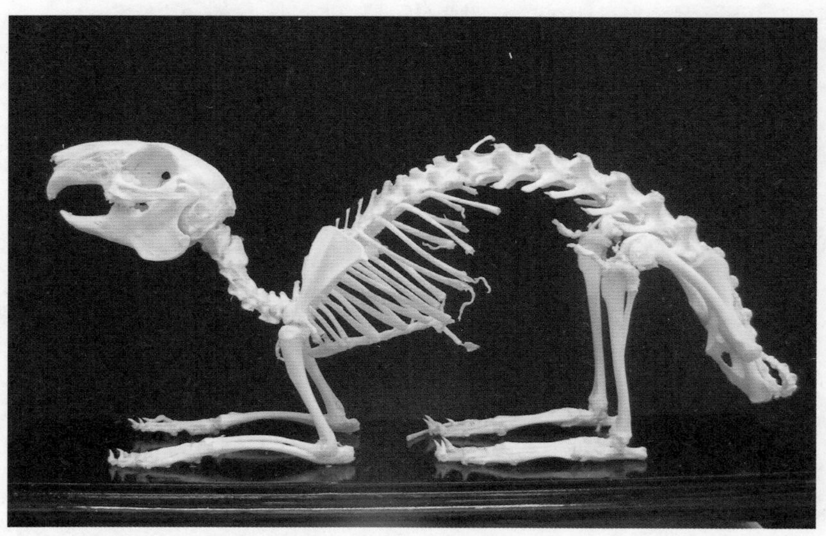

토끼의 골격 표본

4. 내장

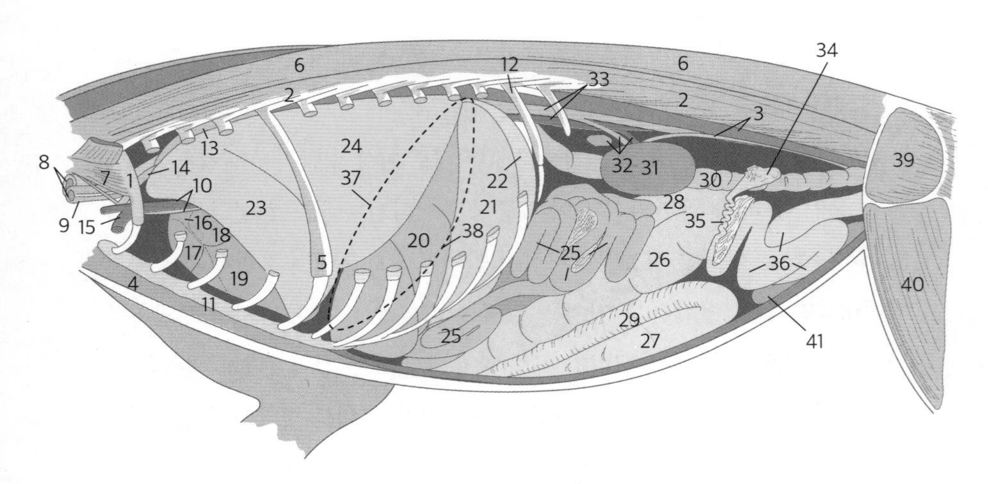

1. 제1갈비뼈(늑골) 2. 등장골늑골근·허리장골늑골근(흉장늑근·요장늑근) 3. 큰허리근·허리근(대요근·요근) 4. 가슴근(흉근) 5. 제5갈비뼈(늑골) 6. 가슴근·허리근(흉근·요근) 7. 중간목갈비근(중사각근) 8. 기관·식도 9. 미주신경·총경동맥 10. 대정맥·횡격신경 11. 복장뼈(흉골) 12. 제12갈비뼈(늑골) 13. 흉부대동맥 14. 쇄골하동맥 15. 쇄골하정맥 16. 폐동맥간 17, 18. 심방귀 19. 좌심실 20. 간 21. 위 22. 비장(지라) 23, 24. 폐 25. 공장 26, 27, 28. 맹장 29. 근위결장 30. 하행결장 31. 신장 32. 부신·신동맥 및 정맥 33. 배대동맥(복대동맥)·후대정맥 34. 난소·자궁관깔때기 35. 난관 36. 자궁각 37, 38. 가로막(횡격막) 39. 중간볼기근(중둔근) 40. 넙다리근막긴장근(대퇴근막장근) 41. 방광 42. 충수 43. 상행결장 44. 십이지장 45. 칼돌기(검상돌기)

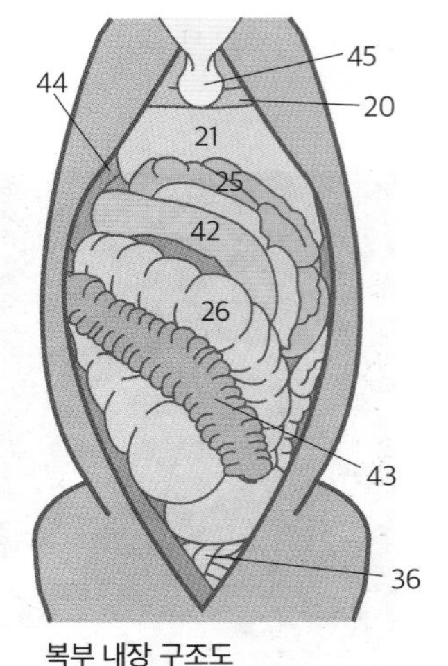

복부 내장 구조도

내장의 특징

토끼 내장의 특징은 초식동물 특유의 긴 소화관(23~27쪽 참조)이 복강을 채우고 있다는 점이다.

반면에 흉강이 좁아 폐활량이 적고 지구력이 없다. 따라서 가슴을 누르는 등 흉강을 오랜 시간 압박하면 호흡곤란을 일으킬 수 있다. 심장의 크기는 체중당 비율이 개의 경우는 1퍼센트, 토끼의 경우는 0.3퍼센트로 작은 편이다.

5. 이빨

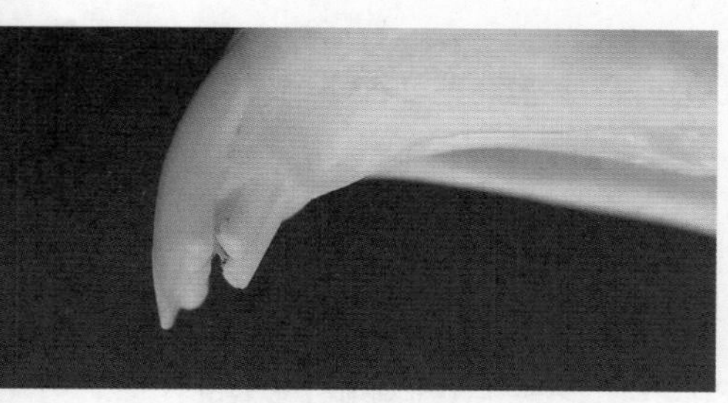

위턱의 앞니 뒤에 작은앞니peg teeth가 있다. 토끼의 이빨은 평생 자라는 이빨(상생치)로 같은 상생치 동물인 설치류의 이빨이 누르스름한 것과 달리 정상 토끼의 이빨은 하얀색이다(설치류 중에서는 기니피그만 하얀색).

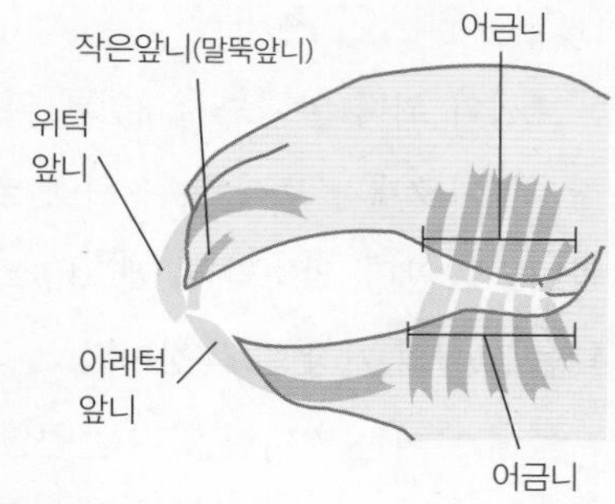

이빨 맞물림

토끼의 정상적인 이빨 맞물림은 위아래 어금니가 맞물렸을 때 아래턱 앞니가 위턱 앞니와 작은앞니 사이에 있어야 한다.

28개의 이빨

토끼는 28개의 이빨을 가졌다.

위턱은 앞니 좌우 각각 2개씩 총 4개, 앞어금니 좌우 3개씩 총 6개, 뒤어금니 총 6개다.

아래턱은 앞니 좌우 각각 1개씩 총 2개, 앞어금니 좌우 2개씩 총 4개, 뒤어금니 좌우 3개씩 총 6개다.

인간과 개, 고양이는 송곳니가 있으나 토끼는 송곳니가 없다. 그리고 앞니와 어금니 사이에 이빨이 없는 공간이 있다.

토끼의 이빨 표기법

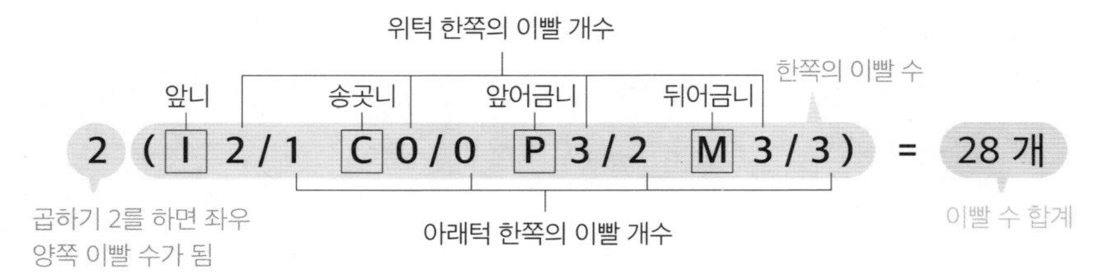

숨은 앞니의 존재

토끼의 위턱 앞니는 4개인데 앞에서 보면 좌우 1개씩 총 2개만 보인다. 작은앞니 2개가 토끼 앞니 뒤에 숨어 있어 잘 보이지 않기 때문이다. 작은앞니, 제2앞니, 말뚝앞니, 페그티스peg teeth 등 여러 이름으로 불리는 숨은 앞니는 토끼의 가장 큰 특징이다.

눈에 보이는 커다란 앞니는 큰앞니, 제1앞니라고 부른다(이 책에서 언급하는 '앞니'는 제1앞니를 의미한다).

동물분류학적으로 토끼는 토끼목으로 분류된다. 중치목으로 불리기도 하는데, 토끼만의 특이한 이중 앞니에서 생긴 별명이다. 과거에는 토끼가 설치목으로 분류되었으나 작은앞니를 발견한 후 설치목에서 분리되어 토끼목이 되었다.

유치와 영구치

토끼도 인간과 마찬가지로 이빨이 유치에서 영구치로 바뀐다.

유치는 총 16개다. 위턱에 앞니 4개와 어금니 6개가 있고, 아래턱에 앞니 2개와 어금니 4개가 있다. 앞니와 어금니 모두 태아일 때 자라는데 앞니는 어미 뱃속에서 빠지고 어금니는 생후 1개월쯤에 빠진다.

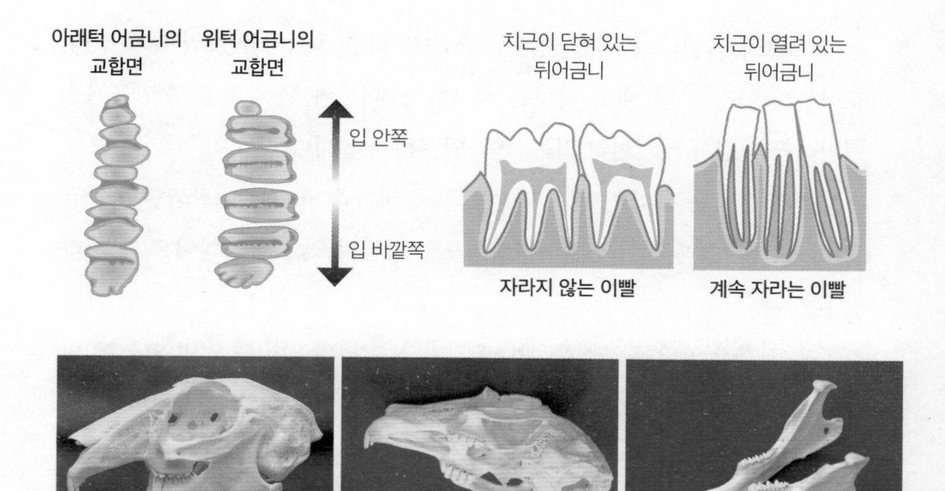

토끼의 머리뼈(두개골) 위턱 아래턱

끊임없이 자라는 이빨

토끼는 모든 이빨이 평생에 걸쳐 계속 자란다.

사람의 이빨은 한 번 성장이 끝나면 더 이상 자라지 않는다. 치근(이빨뿌리)이 신경과 혈관이 지나는 작은 구멍만 남기고 폐쇄되기 때문이다. 반면에 토끼의 이빨은 치근이 닫히지 않고 평생 열린 상태를 유지한다. 그리고 치근 주변에서 이빨을 만드는 세포가 분화와 조직형성을 끊임없이 되풀이한다. 그래서 토끼의 이빨은 평생 자라고 이를 상생치라고 한다.

위턱 앞니는 일주일에 2밀리미터 정도, 1년에 12.7센티미터 정도 자라며, 아래턱 앞니는 한 달에 1센티미터 이상(4~6세), 1년에 20.3센티미터 정도 자란다는 데이터가 있다.

앞니의 역할과 특징

앞니의 역할 중 하나는 음식을 자르는 것이다. 음식을 자를 때는 아래턱을 좌우로 움직인다. 음식을 먹지 않을 때도 이런 움직임을 보일 때가 있다. 토끼는 몸단장을 할 때도 앞니를 사용한다. 피부와 털에 묻은 오염물질을 제거하거나 털을 가지런히 하는 것도 앞니의 역할이다.

토끼의 이빨은 음식을 씹는 과정을 통해 위아래 표면이 마찰되면서 조금씩 마모된다. 그래서 위아래가 정상적으로 맞물려 있으면 이빨이 길게 자라지 않는다.

몸에서 가장 딱딱한 조직은 에나멜질이다. 토끼의 앞니는 앞면(입술 쪽)만 에나멜질로 덮여 있고, 뒷면(혀 쪽)은 에나멜질 층이 없다. 그래서 음식을 씹을 때 이빨 표면이 깎여 적절한 길이와 이빨 끝의 날카로움이 유지된다. 반면 작은앞니는 전체가 에나멜질로 덮여 있다.

어금니의 역할과 특징

어금니의 역할은 음식을 갈아 으깨는 것이다. 토끼의 어금니는 교합면(위아래 이빨이 맞물리는 면)이 앞니와 달리 넓고, 음식을 갈아 으깨는 데 최적화되어 있다. 음식을 갈아 으깰 때는 아래턱을 좌우로 움직이는데 이때 아래턱과 위턱 어금니의 교합면이 서로 마찰한다. 아래턱은 1분간 최고 120회 움직인다.

어금니 옆면은 에나멜질로 덮여 있으며 울퉁불퉁한 교합면은 부드러운 시멘트질과 상아질, 딱딱한 에나멜질이 뒤섞여 있다. 볼록한 에나멜질과 오목한 시멘트질·상아질이 위아래로 맞물리는 구조다.

위턱과 아래턱은 어금니의 크기가 다르다. 교합면을 기준으로 위턱 어금니는 좌우 폭이 넓고, 아래턱 어금니는 폭이 넓진 않지만 앞뒤로 두껍다. 이처럼 교합면의 크기가 달라, 위턱과 아래턱의 어금니 수가 달라도 전체 길이는 대략 비슷하다.

6. 소화기관

소화 구조의 특징

음식에서 영양을 얻기 위해 가장 중요한 것은 소화 구조다. 특히, 식물을 먹으며 살아가는 초식동물인 토끼는 소화 시스템이 매우 독특하다. 몸에서 소화기관이 차지하는 비율이 체중의 10~20퍼센트로 높은 편이며, 창자의 길이는 8미터로 몸길이의 약 10배다.

다음은 토끼가 음식을 먹고 배설하기까지의 흐름이다.

[1] 입

음식을 섭취한다. 앞니를 사용해 먹기 좋은 크기로 자르고, 어금니로 으깬다. 침에는 소화효소인 아밀레이스가 포함되어 있다.

[2] 식도에서 위로

으깨진 음식물 덩어리가 식도를 지나 위에 도달하면 위벽에서 소화액(위액)이 분비되어 음식물 덩어리와 섞인다.

[3] 소장

음식물 덩어리는 소장(십이지장, 공장, 회장)으로 이동한다. 담즙(쓸개즙) 등이 분비되어 섬유질을 제외한 대부분의 영양소가 이곳에서 소화·흡수된다.

[4] 소장에서 대장으로

소장을 통과한 음식물 덩어리는 대장(맹장, 결장, 직장)으로 이동한다. 여기서 음식물 덩어리는 맹장과 결장으로 퍼진다. 이때 맹장은 연동운동을 하여 음식물 덩어리를 결장으로 보내려고 한다. 하지만 결장분리기구라는 결장 입구가 수축하는 메커니즘으로 인해 거친 섬유질만 결장으로 가고, 지름이 0.3밀리미터보다 작은 입자는 맹장으로 되돌아간다.

[5-1] 경변(딱딱한 변)으로 배설

거친 섬유질만 남은 음식물 덩어리는 결장으로 이동하여 대장의 움직임을 촉진한다. 음식물 덩어리는 대장 장벽의 강한 수축으로 모양이 둥글게 변하고 수분이 흡수된 뒤 경변으로 배설된다. 이것이 우리가 흔히 보는 동글동글한 변이다.

드물지만 경변을 먹는 토끼도 있다.

야생 멧토끼를 대상으로 한 연구에서 토끼는 아침에 경변을 먹고, 오후에 맹장변을 먹고, 저녁에 다시 경변을 먹는 모습이 관찰되었다. 굴토끼도 비슷한 습성이 있을 거라고 추측된다. 경변에는 영양가가 없지만 식사시간이 아닐 때 경변을 먹으면 소화기관이 멈추지 않고 움직인다는 이점이 있다. 이것이 토끼가 경변을 먹는 이유일 것이다.

[5-2] 맹장에서 맹장변으로 변화

결장 입구에서 분리된 작은 입자와 액체는 장관의 역연동운동으로 맹장에 되돌려 보내진다.

맹장에는 장내 세균인 박테리아가 서식하고 있는데 박테리아는 셀룰로오스(식물의 세포벽) 분해효소인 셀룰레이스를 분비하고, 분해, 발효 과정을 거쳐 단백질과 비타민 B군(특히 B_{12}), 비타민 K를 생성한다.

이처럼 영양가가 풍부한 맹장 내용물은 대장을 통해 항문으로 배설된다. 이것이 맹장변이다. 명칭은 '변'이지만 배설물이 아니라 토끼에게 매우 중요한 영양원이며 생명체가 적당한 기능을 유지하는 데 필요한 에너지의 12~40퍼센트를 책임지고 있다. 맹장변을 먹는 행위를 식분이라고 한다.

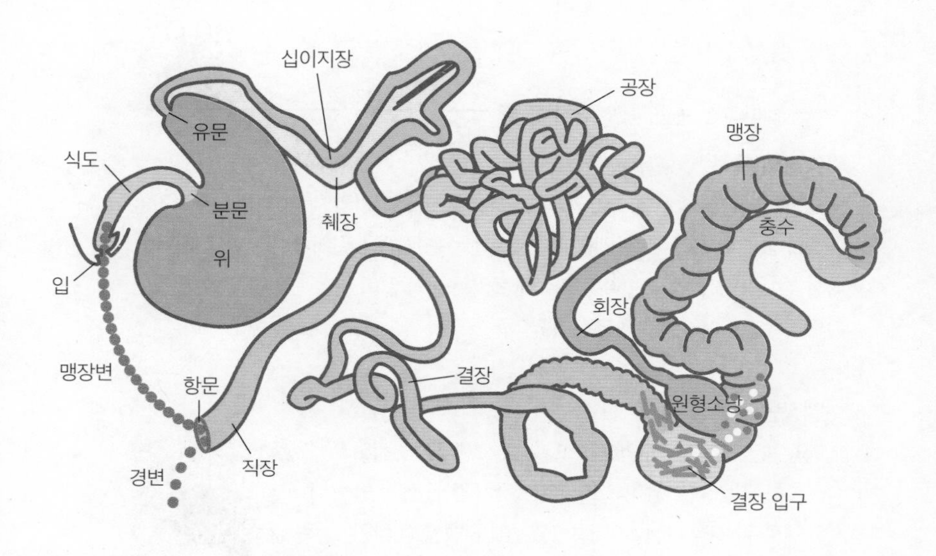

맹장변은 음식을 먹은 후 배설되기까지 3~8시간이 걸린다. 대장(결장, 직장)에서는 소화되지 않고 그대로 통과하며, 토끼는 항문에 입을 직접 대고 맹장변을 받아먹는다. 보통은 전부 먹어 버리기 때문에 반려인이 맹장변을 보는 일은 거의 없다.

위장에 들어간 맹장변은 그 상태로 6시간 동안 위에 머무르는데, 이때 박테리아가 맹장변을 끊임없이 분해하여 발효시킨다. 하루에 한 번, 밤부터 이른 아침 사이에 섭취한다고 알려져 있으나, 종일 식사를 할 수 있는 환경에서는 낮 시간대에도 먹는다.

위의 특징

토끼의 위는 1개로 분문(식도 쪽 위장의 입구)과 유문(십이지장 쪽 위장의 출구)의 괄약근(수축과 이완으로 내용물의 배출을 조절하는 근육)이 매우 발달해 있다. '위가 깊은 주머니 모양이며, 분문이 좁다'라는 해부학적 특성 때문에 토끼는 구토를 할 수 없다. 간혹 구토처럼 보이는 내용물을 볼 수 있는데

— 토끼의 두 번째 변, 맹장변

맹장의 특징

토끼의 맹장은 나선형으로 되어 있으며 전체 소화기관의 약 40퍼센트를 차지할 정도로 매우 크다. 또한 맹장에 존재하는 주름은 전체 길이가 약 40센티미터(중형 토끼 기준)다. 맹장의 끝은 충수라 불리는 한쪽 끝이 막힌 관이며, 충수에는 면역작용에 관여하는 림프 조직이 많다.

맹장변의 특징

맹장변은 포도송이 모양이고 크기는 2~3센티미터 정도로, 부드러운 녹색 점막으로 덮여 있다. 점막 안에는 반액체로 된 결장 내용물이 들어 있는데 단백질, 비타민 B군, 비타민 K가 대량 함유되어 있다. 토끼가 하루에 배설하는 맹장변의 비율은 전체 변 중 30~80퍼센트 또는 60~80퍼센트라고 알려져 있다. 맹장변은 생후 3주쯤부터 만들어지기 시작한다.

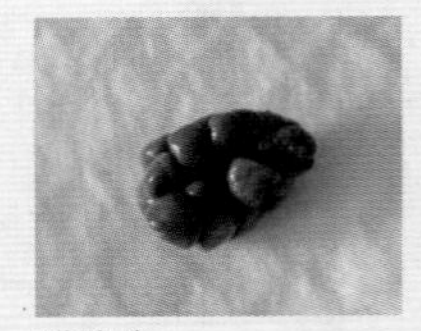
맹장변

경변과 맹장변의 영양가 비교

성분	경변	맹장변
조단백질(g/건조한 것 kg)	170	300
조섬유(g/건조한 것 kg)	300	180
비타민 B군		
나이아신(mg/kg)	40	139
B_2(mg/kg)	9	30
판토텐산(mg/kg)	8	52
B_{12}(mg/kg)	1	3

섬유질의 역할

토끼를 포함한 모든 동물은 식물의 세포벽을 분해할 수 없다. 맹장에서 박테리아의 도움을 받아도 토끼가 소화하는 섬유질은 먹은 양의 18퍼센트뿐이다. 하지만 섬유질에는 중요한 역할이 있다. 장의 연동운동을 자극하여 소화기관의 운동을 촉진하는 것이다. 장운동이 나빠지면 맹장에서 이상 발효가 일어나 독성물질이 만들어진다.

역류하거나 입 안의 내용물을 뱉어낸 것이다.

유문은 십이지장과 꺾어지는 각도로 연결되어 있어서 쉽게 압박되는 구조다. 또한 모구증, 가스, 간비대 등의 원인으로 위가 확장 또는 압박되면, 위장 속의 음식물 덩어리가 정체되어 소장으로 넘어가지 않는다.

어른 토끼의 위는 pH가 1~2로 상당히 강한 산성이다. 따라서 병원성이 있는 미생물이 침입, 증식하는 것을 위와 장이 막고 있다고 할 수 있다. 위의 용량은 소화기관 전체의 약 34퍼센트를 차지할 정도로 크다. 위 속이 비는 일은 없으며, 먹은 음식의 15퍼센트가 항상 저장되어 있다. 음식 외 토끼가 삼킨 털도 포함되어 있으나 많은 양이 아니면 괜찮다.

7. 배설물

변의 특징

토끼의 변에는 동글동글한 경변과 부드러운 맹장변이 있다. 경변은 지름이 1센티미터 정도로 초록빛이 도는 갈색 또는 밝은 갈색이다. 섬유질 찌꺼기로 이루어져 있으며, 냄새는 나지 않는다. 하루에 배설하는 변의 양은 몸무게 1킬로그램당 5~18그램이다.

건강한 변. 초록빛이 도는 갈색 또는 밝은 갈색으로 둥글고 딱딱하다.

맹장변. 크기는 2~3센티미터 정도이고, 포도송이 모양이다.

변 색깔과 크기, 양은 토끼가 먹은 음식의 내용과 양에 영향을 받는다(맹장변에 대해서는 26쪽 참조).

정상이 아닌 변

변의 크기가 고르지 않거나 평소보다 작고, 물방울 모양이며, 양이 줄어드는 증상이 나타나면 식욕부진이거나 소화 기능에 이상이 생겼다는 의미다.

일반적으로 토끼가 삼킨 털은 대변에 섞여 배설되지만, 과도하게 많이 삼키면 털에 변이 줄줄이 연결된 상태로 배설되기도 한다. 지나치게 부드러운 변, 설사, 혈변, 점액질 변도 이상이 있다는 신호다.

맹장변은 반려인의 눈에 잘 띄지 않는다. 만약 맹장변이 떨어져 있는 것을 본다면 부정교합이 있거나, 고단백 음식을 과잉 섭취하여 토끼가 맹장변을 먹지 않았거나, 비만 또는 통증으로 항문에 입이 닿지 않는 문제일 수 있다.

찌그러진 변. 변의 크기가 고르지 않다는 것은 소화기관에 문제가 있다는 의미다.

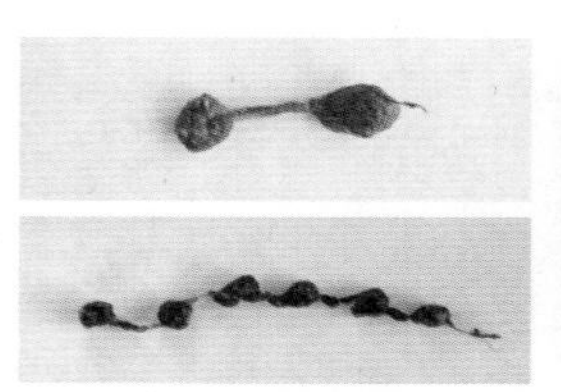

이어져 나온 변. 털을 많이 삼키면 변과 변이 털로 이어진다.

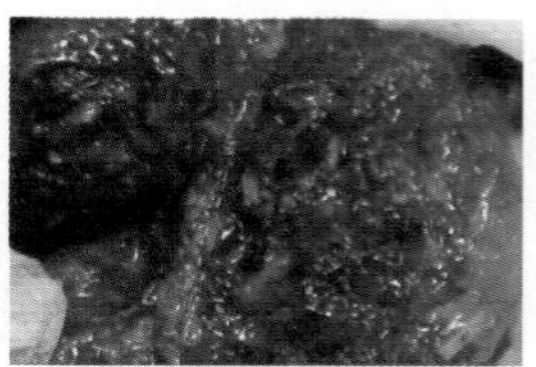

점액질 변. 소화 기능에 이상이 생겨 점액질이 된 변이다.

소변의 특징

토끼의 소변은 크림 상태에 가까울 정도로 농도가 짙고 알칼리성(pH 8.2)이다. 소변 색깔은 하얀색부터 노란색, 오렌지색 등 다양하며, 붉은색일 때도 있다. 하루 배뇨량은 몸무게 1킬로그램당 약 130밀리리터지만 채소처럼 수분이 많은 음식을 먹거나 물을 많이 마시면 배뇨량도 늘어난다.

토끼의 소변은 일반적으로 하얀색의 진한 소변이다. 탄산칼슘을 많이 포함하고 있어서 하얗게 보인다. 토끼는 칼슘대사가 상당히 특수하다. 포유류는 보통 잉여 칼슘을 담즙과 함께 변으로 배출하는데, 토끼는 소변으로 배출한다. 다른 포유류는 소변 속 칼슘 농도가 2퍼센트 이하지만, 토끼는 45~60퍼센트로 상당히 고농도다.

종종 붉은색 소변을 보기도 한다. 붉다고 해도 반드시 혈뇨라고 할 수는 없다. 음식이나 약의 색소 때문일 수 있고, 포르피린뇨(헤모글로빈 합성 과정에서 생성되는 포르피린이란 물질이 소변으로 배설되는 것)가 원인인 경우도 있다. 또한 마시는 물의 양이 적으면 소변이 농축되어 빨갛게 보일 수 있다.

정상이 아닌 소변

혈뇨가 나오는 것은 몸에 이상이 있다는 의미다. 하지만 혈뇨와 정상적인 붉은 소변을 구별하는 것은 쉽지 않다. 동물병원에서 검사하는 것이 가장 좋은 방법이지만, 가정에서 소변검사지로 검사할 수도 있다. 잠혈(소변에 약간의 적혈구가 섞이는 증상) 반응이 있는지 확인하면 된다.

맑고 투명한 소변도 주의해야 한다. 개와 고양이, 인간의 소변은 맑은 것이 정상이다. 하지만 토끼의 소변이 맑고 투명하다는 것은 장시간 음식을 섭취하지 않았다는 의미다. 금식 상태가 길어지면 소변이 산성화되면서 소변 속 결정이 녹아 투명하고 맑은 상태가 되기 때문이다. 다만, 아기일 때에는 결정 침전물이 없는 투명도가 높은 소변을 본다.

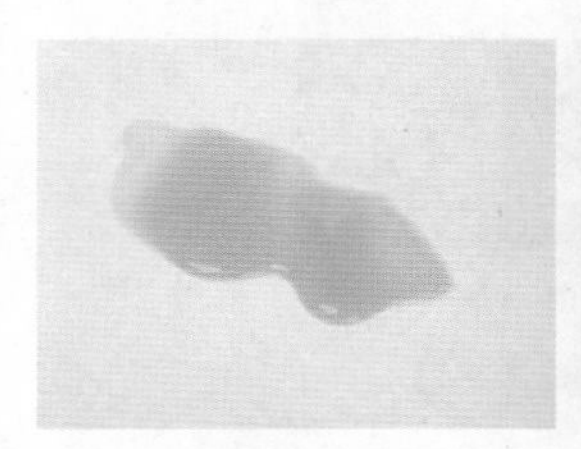

정상 소변. 탁한 흰색~옅은 노란색이다.

정상 소변. 섭취한 음식의 영향, 혹은 개체의 특성으로 붉은색이 되었다.

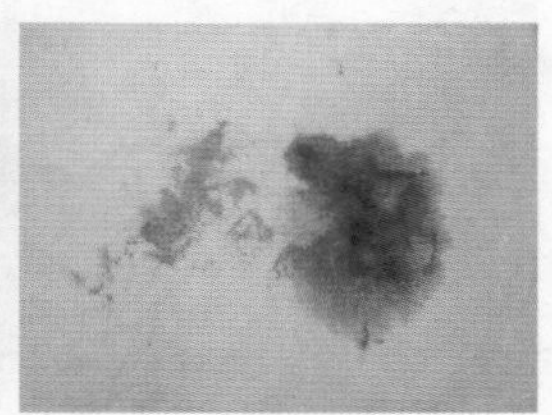

혈뇨. 정상인 붉은 소변과 구별하기 어렵다.

8. 수컷과 암컷

수컷의 생식기

음경은 원통형이며 개구부가 동그랗다.

성성숙이 진행되면 숨어 있던 고환이 아래로 내려와 음낭이 눈에 띈다. 음낭에는 털이 자라지 않는다.

보통 포유류는 음낭이 음경보다 뒤(꼬리 쪽)에 있으나 토끼는 앞(머리 쪽)에 있다.

암컷의 생식기

외음부는 세로로 갈라진 모양이다.

토끼의 자궁은 '중복자궁'으로 독립된 자궁이 좌우에 있으며 각각 질에 연결되어 있다.

요도 구멍과 질 입구가 분리되어 있지 않고 하나로 되어 있다.

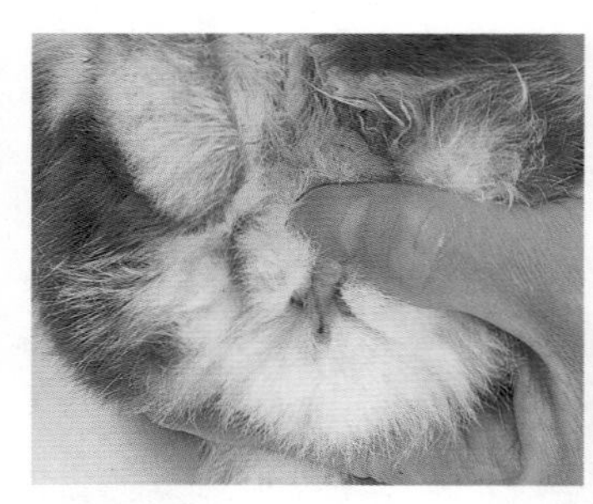

수컷의 생식기

암컷의 생식기

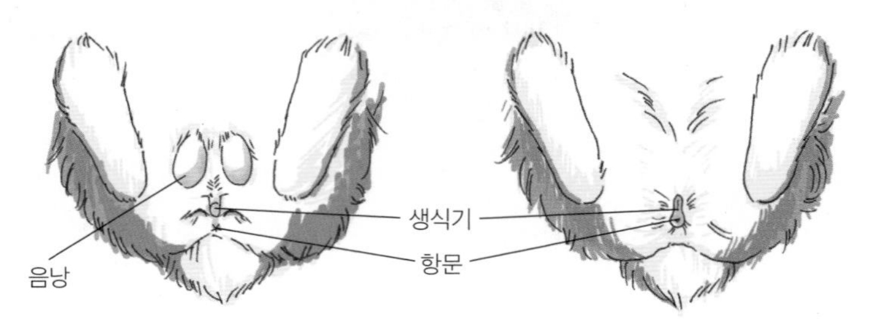

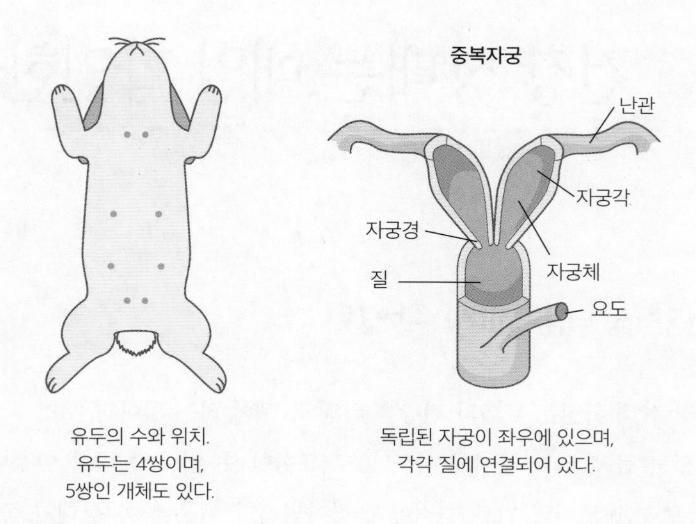

유두의 수와 위치.
유두는 4쌍이며,
5쌍인 개체도 있다.

독립된 자궁이 좌우에 있으며,
각각 질에 연결되어 있다.

생식기 외 수컷과 암컷의 다른 점

토끼는 암컷의 몸집이 더 큰 경향이 있지만(성적 이형), 반려토끼의 성적 이형은 크게 두드러지지 않는다.

성성숙이 진행되면 암컷은 속칭 목도리라 불리는 턱 밑 주름이 발달한다.

성별의 차이는 주로 행동에서 나타난다. 중성화수술을 하지 않은 경우, 수컷은 성성숙이 진행되면 영역의식이 강해져 소변을 뿌리며 영역표시를 하고(301~302쪽 참조), 암컷은 상상임신을 한다(202쪽 참조).

건강 상태는 매일 확인한다

건강 상태는 매일 확인한다

건강 상태 확인은 토끼의 건강을 위해 꼭 해야 하는 일이다.

토끼는 몸 상태가 좋지 않아도 말로 표현할 수 없다. 게다가 야생에서는 약한 모습을 보이면 바로 천적에게 잡아먹히기 때문에 몸 상태가 좋지 않아도 겉으로 표현하지 않고 참는다. 반려인이 토끼의 변화를 눈치챘을 때는 이미 질병이 상당히 진행된 경우가 많다.

토끼의 건강에 이상은 없는지, 사육환경이 적절한지 등을 확인하려면 매일 토끼의 상태를 자세히 관찰해야 한다.

다만 '문제점을 꼭 발견할 거야!'라는 자세로 토끼를 종일 응시하는 것은 오히려 토끼에게 스트레스를 준다. 건강 상태 확인은 매일 해야 하는 일이니 토끼도 반려인도 부담되지 않는 방법이 좋다. 일상 케어와 교감을 통해 자연스럽게 확인한다.

이어지는 건강 상태 체크 포인트를 참조하고, 토끼에게 익숙한 방식과 각 가정의 관리 방법에 맞게 활용한다.

이럴 때는 여기를 보자! 건강 상태 체크 포인트

아침 첫인사 – 얼굴과 표정을 확인!

아침에 '밤새 잘 있었어?' 하고 인사하면서 토끼의 얼굴과 표정을 확인한다.

- 눈 : 힘이 들어가 있나?
  반짝임이 있나?
  눈곱이 있나?
  비정상적으로 눈이 돌출되어 있나?
  백탁 현상이 있나?
- 코 : 콧물이 나오나?
  재채기를 하나?
- 귀 : 안쪽이 지저분한가?

• 입　: 침을 흘리나?
• 표정 : 활기가 있나?
• 반응 : 말을 걸면 반응하나?

식사시간 – 식욕과 먹는 모습을 점검!

음식을 주면서 상태를 확인한다.

• 식욕 : 식욕이 있나? 남겼나?
　　건초가 적절하게 줄었나?
• 물　: 물이 적절하게 줄었나?
　　물 마시는 양이 늘었나?
• 먹는 모습 : 먹으면서 흘리나?
　　먹는 게 힘들어 보이나?
　　삼키기 힘들어 하나?
　　침을 흘리나?
　　먹은 후에 입가를 신경 쓰나?
　　앞발 안쪽이 젖어 있나?

화장실 청소 – 배설물과 상태를 확인!

배설물은 몸속의 변화를 눈으로 확인할 수 있는 건강 척도다.

• 변　: 크기와 양, 단단함이 정상인가?
　　설사를 하나?
　　배변할 때 아파 보이나?
　　배변할 때 힘을 주나?

배변 자세를 취할 때 시간이 오래 걸리나?

맹장변을 먹다 남기나?

- 소변 : 양과 색이 정상인가?

  배뇨할 때 아파 보이나?

  시간이 오래 걸리나?

  갑자기 화장실을 못 가리나?

  여기저기 소변을 흘리나?

운동시간 – 행동과 몸 상태를 점검!

토끼가 노는 모습은 매우 사랑스럽지만, 객관적 시선으로 관찰할 필요가 있다.

- 행동 : 활발한가?

  의욕이 없거나 가만히 웅크리고만 있나?

  반응이 느린가?

  움직임이 어색한가?

  뒷다리를 질질 끌고 다니나?

  활발해야 할 시간에 멍하니 있거나 자고 있나?

  쉽게 피곤해하나?

  갑자기 공격적으로 변하나?

  심하게 몸을 긁나?

  신체의 한 부분만 계속 신경을 쓰나?

  좋아하던 놀이에 흥미를 잃었나?

- 호흡 : 호흡이 거친가?
- 털 : 털의 결이 잘 정돈되어 있나?

지저분한가?

윤기가 있나?

비듬이 있나?

스킨십할 때 – 몸 전체를 확인!

손으로 촉진하며 확인하는 것이 중요하다. 그러려면 평소에 스킨십 연습을 해두어야 한다.

- 이빨 : 휘거나 부러진 곳이 있나?
  턱 밑과 눈 밑이 울퉁불퉁한가?
- 신체 표면 : 귓속은 깨끗한가?
  피부에 상처나 부스럼이 있나?
  탈모나 비듬이 있나?
  발바닥 털이 빠지거나 굳은살이 있나?
  엉덩이 주변이 지저분한가?
- 촉진 : 부어 있거나 혹이 있나?
  만지면 아파하는 부위가 있나?
  말랐나(등뼈와 갈비뼈가 손쉽게 만져짐)?
  살이 쪘나(피하지방이 많이 늘어짐)?
- 냄새 : 귀에서 냄새가 나나?
  엉덩이 주변에서 냄새가 나나?

— 정기적인 체중 측정

체중을 잴 때마다 약간의 증감은 있을 수 있지만 급격하게 증가하거나 감소했다면 어딘가 이상이 생겼을 가능성이 있다. 체중을 정기적으로 측정하여 기록한다.

— 토끼가 통증을 느낄 때

토끼는 아프면 컨디션이 나빠진다. 하지만 아파도 표현하지 못해서 못 보고 지나치기 쉽다. 통증을 느낀 토끼는 등을 둥글게 웅크리고 이를 간다. 식욕이 없어지고 공격적인 행동을 보이며, 기운이 없고 우울한 상태가 된다.

— '평소와 다름'을 놓치지 말 것

확실한 변화나 이상이 있는 것은 아니지만, 항상 토끼를 돌봐 왔다면 '왠지 평소와 다른 것 같다'라는 느낌을 받을 수 있다. 그럴 때는 토끼에게 뭔가 변화가 생긴 것일 수 있다. 조심스럽게 건강 상태를 점검하고 걱정되면 망설이지 말고 동물병원에 간다.

스킨십으로
건강 상태 점검!

건강검진을 받는다

토끼는 아파도 말을 할 수 없다. 토끼의 질병을 조기에 발견하려면 반려인의 관찰력과 건강검진이 중요하다. 정기적으로 건강검진을 하면 겉으로는 알 수 없는 질병의 징후를 빨리 발견할 수 있다.

건강검진(333~350쪽 참조)에는 어떤 것들이 있을까?

촬영 협조 : Grow-Wing 동물병원. 건강진단의 순서와 방법은 동물병원마다 다르다.

일반 신체검사

일반 신체검사란 특별한 검사기기를 사용하지 않고, 토끼의 겉모습에서 알 수 있는 것을 관찰 및 촉진 등의 방법으로 검사하는 것이다.

문진

반려인이 파악한 토끼의 상태를 수의사에게 상세히 전달한다. 글로 적어서 전달하면 더 좋다. 동물병원 중에는 문진표가 준비된 곳도 있다.

문진 내용 : 성별 및 나이 같은 기초 데이터, 생활환경(사육환경, 평소 먹는 음식 등), 건강 상태(행동, 식욕, 배설물, 겉모습 등), 증상이나 질병의 경과, 과거 병력 등

체중과 체온 측정

체중과 체온 측정은 건강검진의 기본이다. 진찰 시작 전에 측정하며, 이전 기록이나 토끼의 평균치와 비교한다.

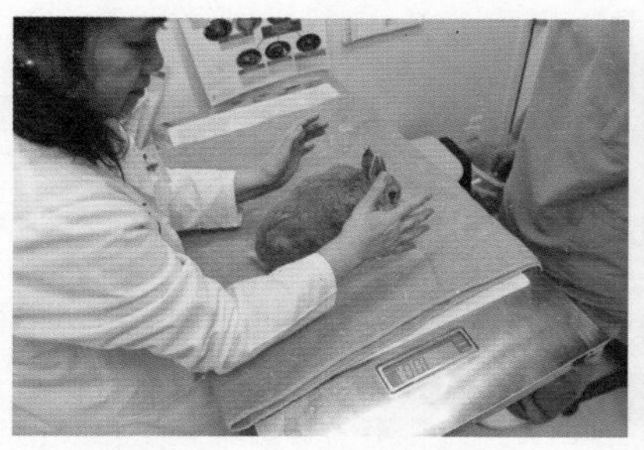
체중 측정. 진찰대 자체가 디지털 체중계다.

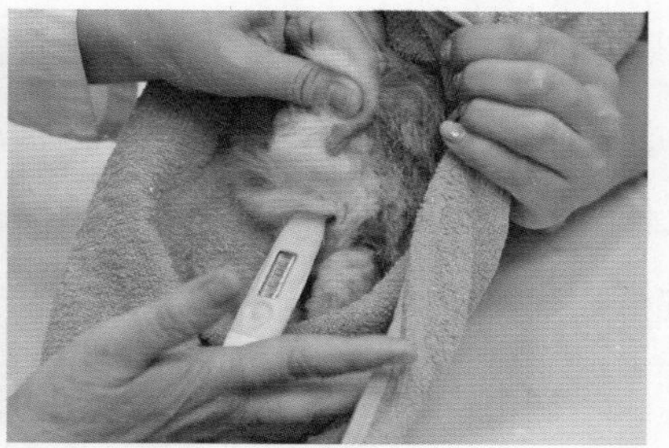
체온 측정. 직장 온도를 측정한다.

토끼가 발버둥 치는 것을 방지하고, 안전하게 진찰하기 위해 토끼의 몸을 수건으로 감싼다. 통칭 '브리토' 감싸기라고 한다(멕시코 요리에서 유래).

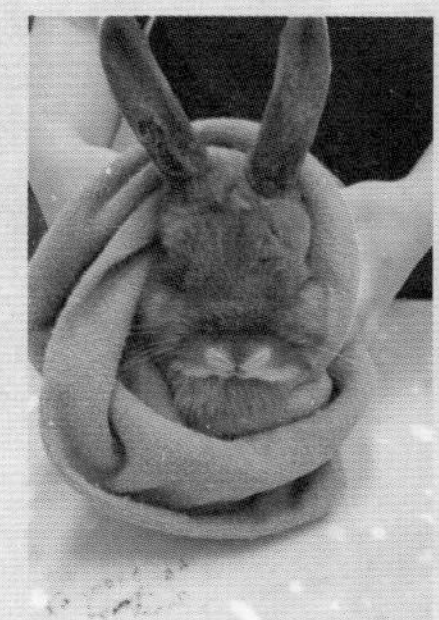

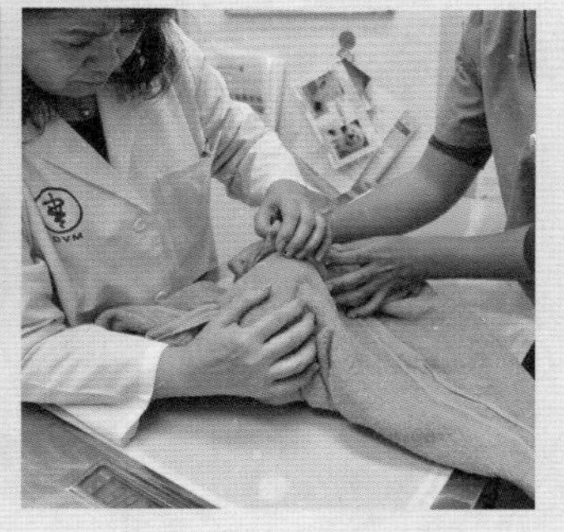

시진

눈으로 상태를 확인하는 것을 말한다. 얼굴과 머리, 등, 꼬리 순서로 확인한 후, 뒤집어서 앞발, 흉부, 복부, 생식기를 시진한다. 입 안과 귓속은 귓속을 검사할 때 쓰는 의료기인 이경을 사용한다.

촉진

손으로 몸을 만져서 검사한다. 촉진으로 피하의 이상, 부종, 혹을 발견할 수 있다. 또한 토끼의 통증을 감지하여 이상이 있는 부위를 알 수 있다.

콧물, 입술 색, 턱 밑의 오염 상태를 확인한다.

앞니의 맞물림과 이빨의 색 등을 확인한다.

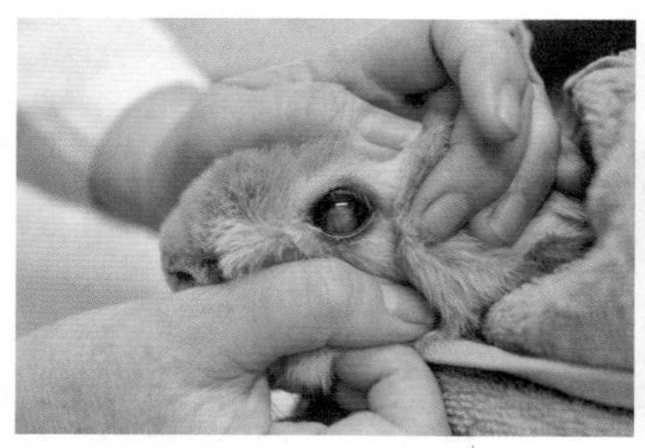

눈 모양을 관찰한다.

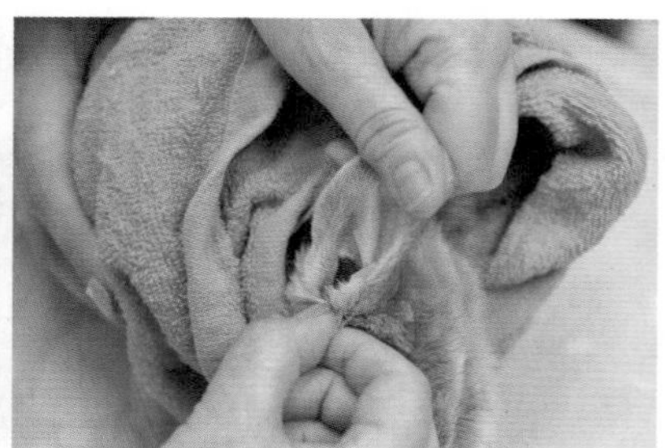

귓속을 확인한다.

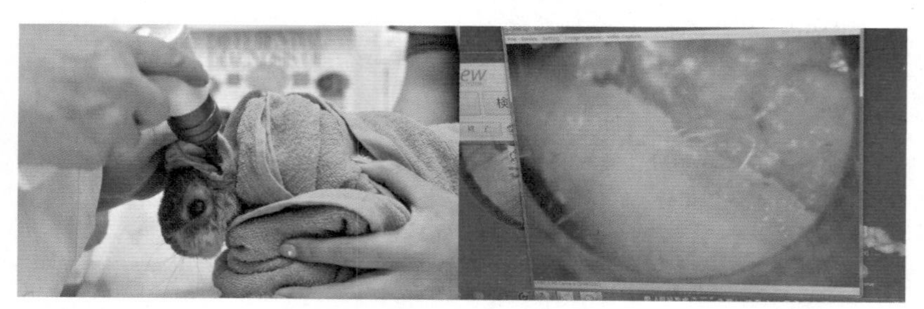

디지털 이경으로 진찰. 귓속 깊은 곳까지 확인할 수 있다. 화면을 보면서 반려인에게 상태를 설명한다.

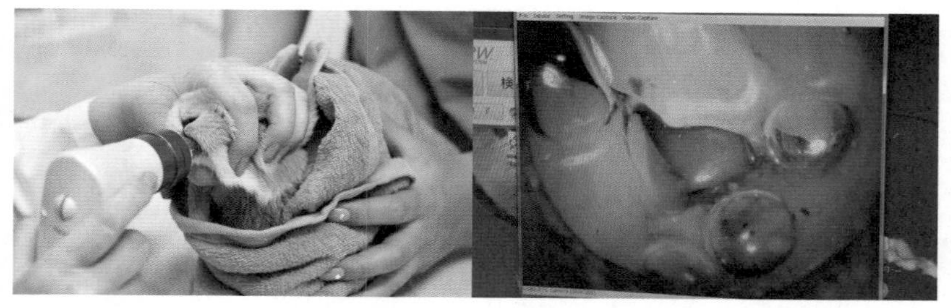

디지털 이경으로 입 안을 확인한다. 어금니 등 구강 내 상태를 볼 수 있다. 토끼에게 스트레스를 덜 주는 방법이다.

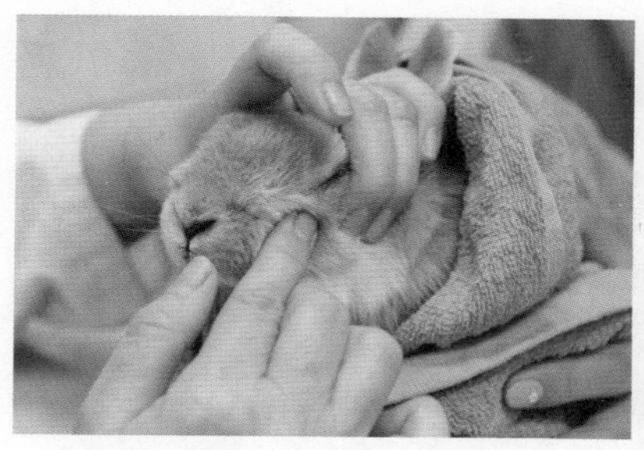
치근 부위를 촉진하여 부종이 있는지 확인한다.

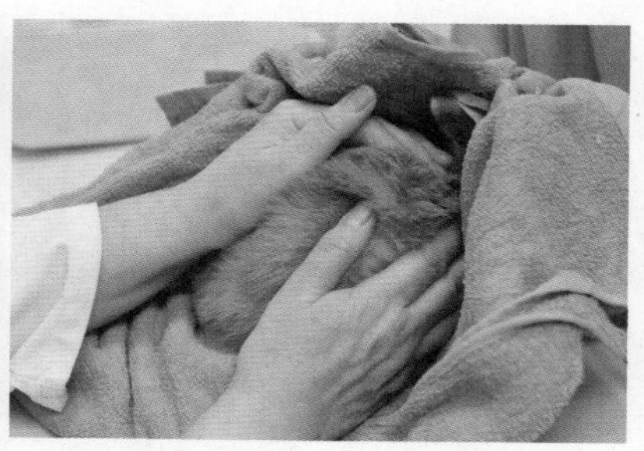
등과 복부를 촉진한다.

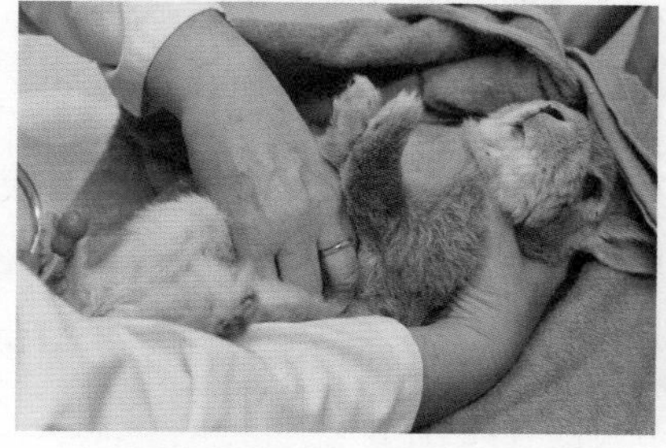
뒤집어서 복부를 촉진한다. 소화기관 등 내장의 상황을 확인한다.

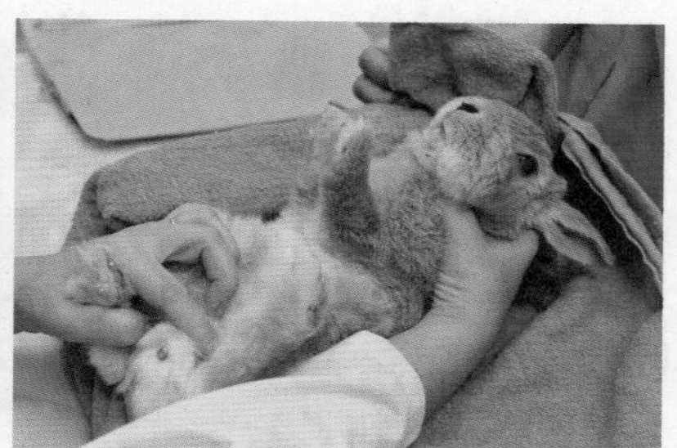
생식기 주변을 확인한다.

청진

재채기 같은 몸 밖으로 나타나는 소리와 호흡, 심장박동, 장 연동음 등 몸속의 소리를 점검한다.

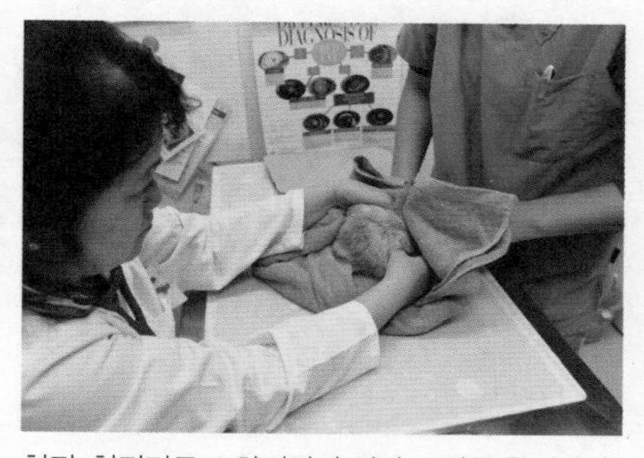

청진. 청진기로 소화기관과 심장 소리를 확인한다.

임상검사

임상검사clinical laboratory test란 시진이나 촉진으로 확인할 수 없는 부분을 검사하는 것이다. 소변검사, 혈액검사 등 몸에서 검사 시료를 채취하는 방법과 엑스레이 촬영 등 몸을 직접 검사하는 방법이 있다.

혈액검사

혈액검사에는 CBC(전혈구검사), 혈액생화학검사, 혈청학적 검사가 있으며, 감염 여부와 내장 기능 등을 알 수 있다.

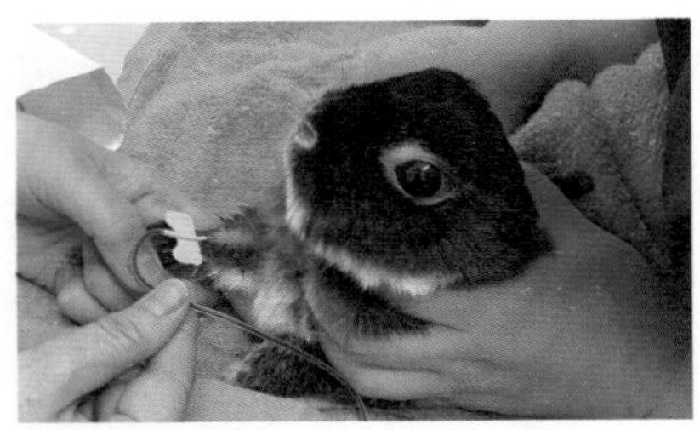
혈액을 뽑아 검사를 한다.

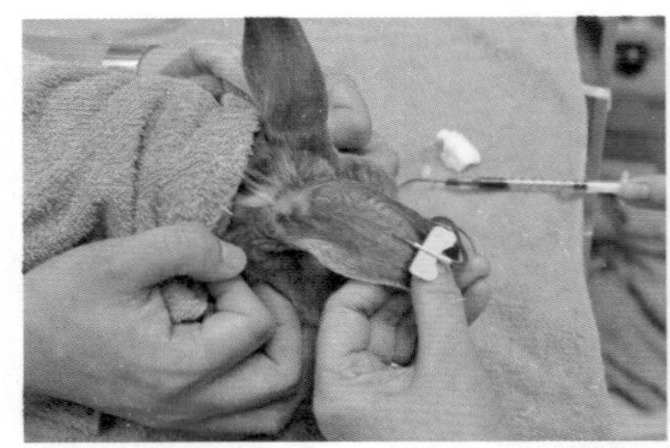
귀 중앙에 있는 혈관(귓바퀴 중심동맥)에서 채혈한다.

앞다리의 혈관(요골 측 피부정맥)에서 채혈한다.

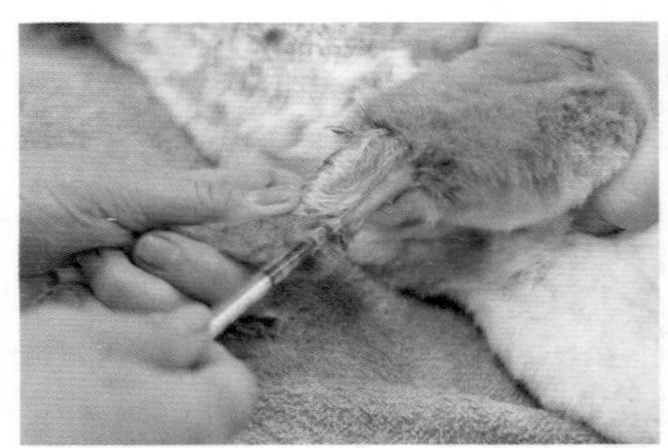
뒷다리의 혈관(바깥쪽 복재정맥)에서 채혈한다.

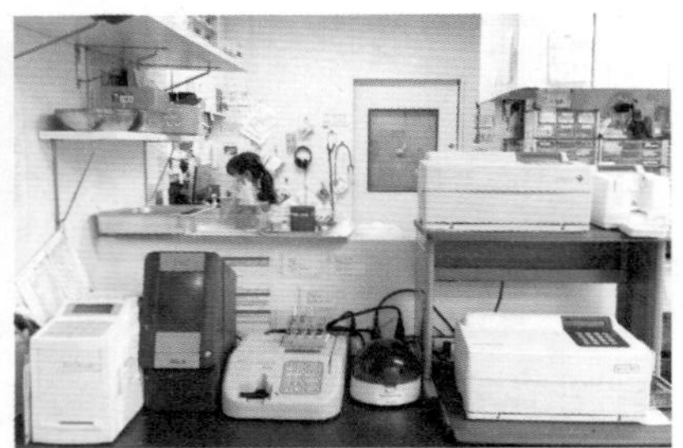
혈액검사에 사용되는 분석장치

소변검사

소변검사에서는 출혈 여부와 단백뇨, 비중 등을 검사한다.

분변검사

광학현미경을 사용하여 검사한다. 선충과 조충의 알, 원충 난포낭 등을 발견할 수 있다. 배양해야만 발견 가능한 병원체도 있다.

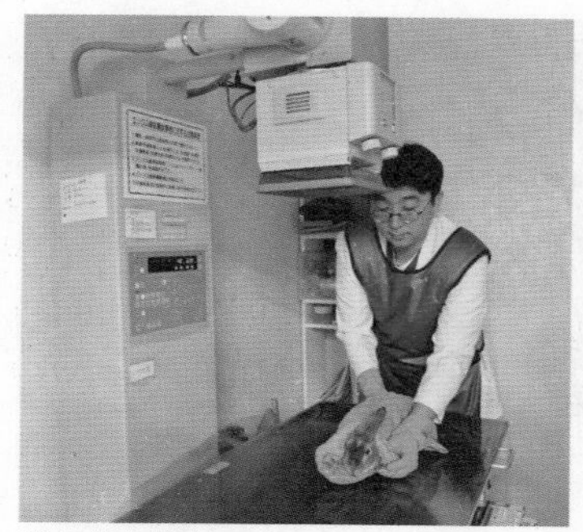
엑스레이 촬영 준비

엑스레이 검사

엑스레이를 투과시켜 촬영하는 검사다. 주로 토끼의 질병이 집중되는 두부, 흉부, 복부를 촬영한다.

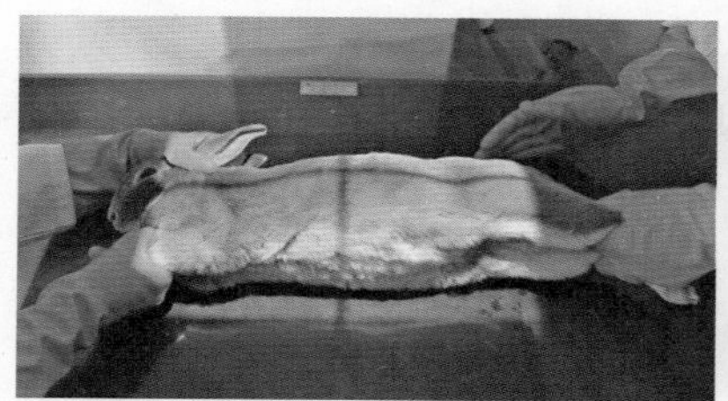
몸의 측면을 촬영한다.

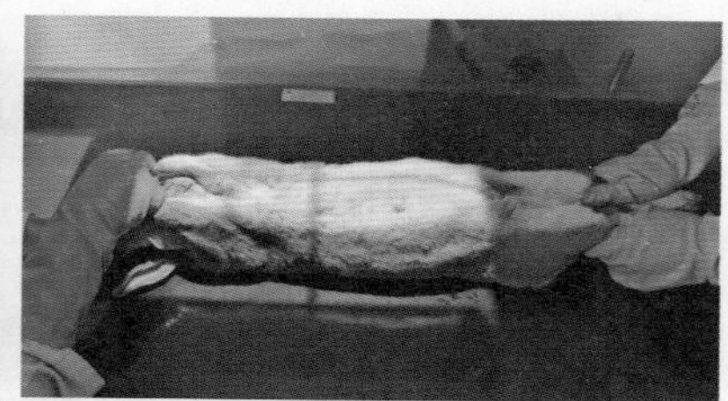
배쪽(흉부와 복부)을 촬영한다.

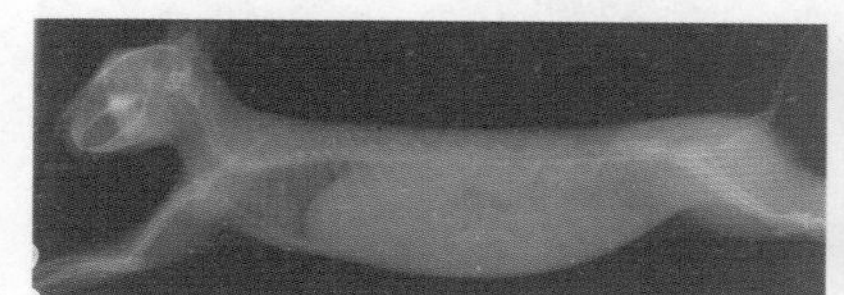
측면을 찍은 엑스레이 사진

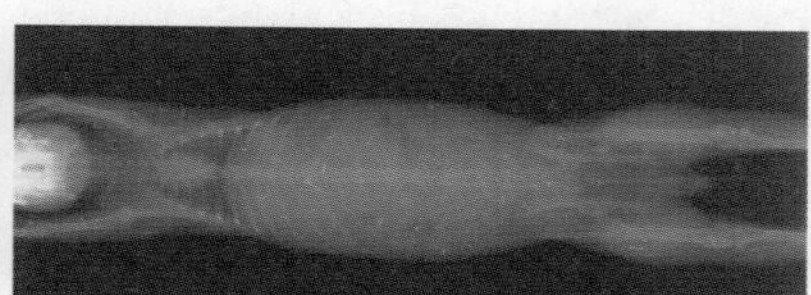
배쪽(흉부와 복부)을 찍은 엑스레이 사진

초음파검사(복부)

초음파를 신체 내부로 전파시킨 다음 반사된 음파를 영상화하여 검사하는 방식이다. 마취를 하지 않기 때문에 토끼에게 부담이 적다.

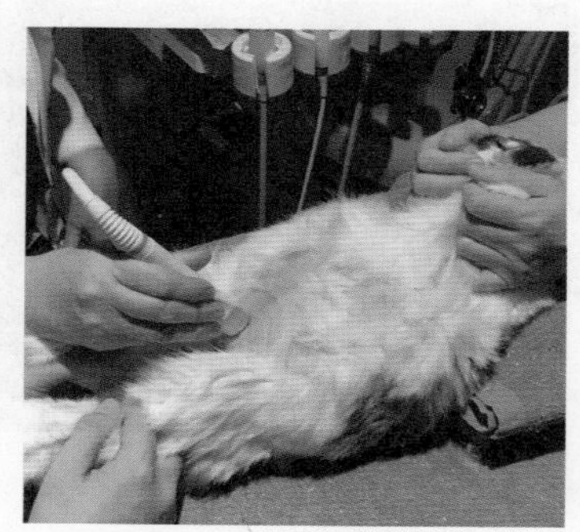
프로브를 대고 초음파를 보내서 검사한다.

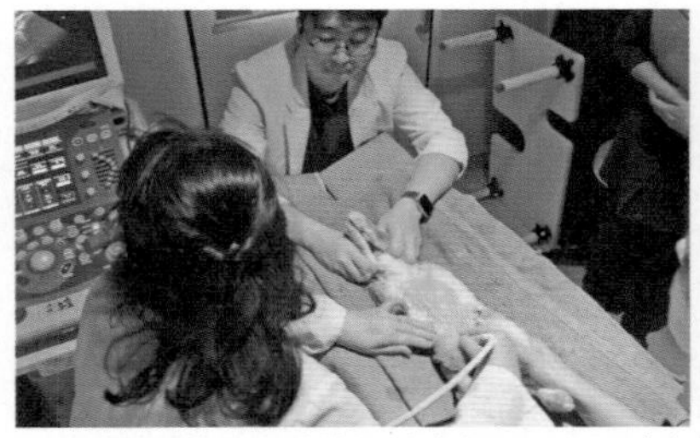
모니터를 통해 몸속 상황을 실시간으로 볼 수 있다.

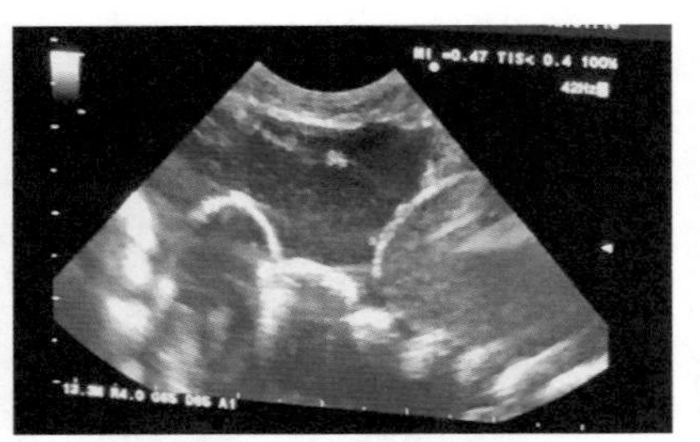
복부 초음파 영상

안과 검사

안압 측정과 안저검사眼底檢査 등 다양한 종류의 안과 검사를 한다.

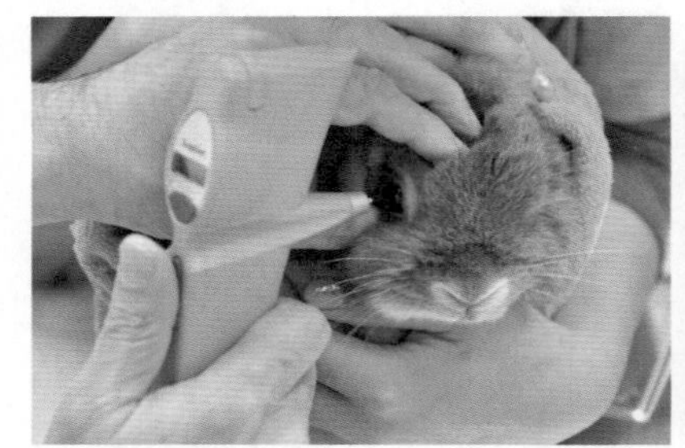
안압계로 안압을 측정한다.

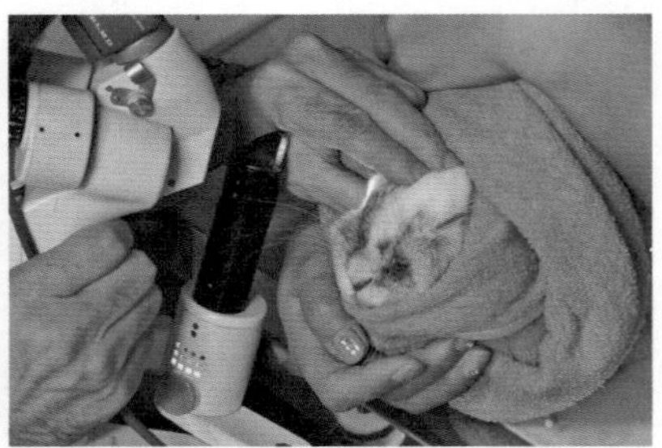
검안경으로 안구 상태를 검사한다.

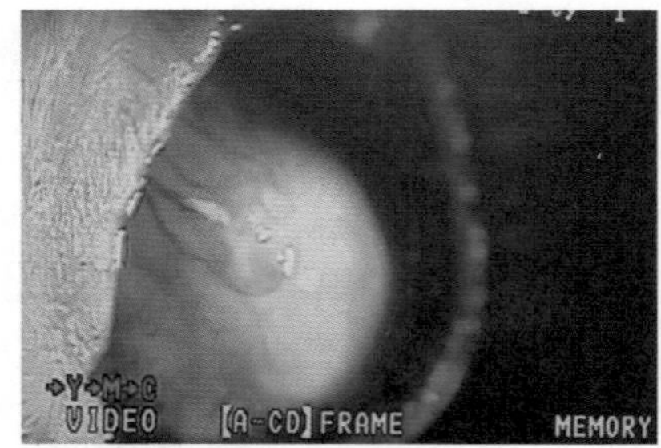

안저 카메라로 촬영한 영상

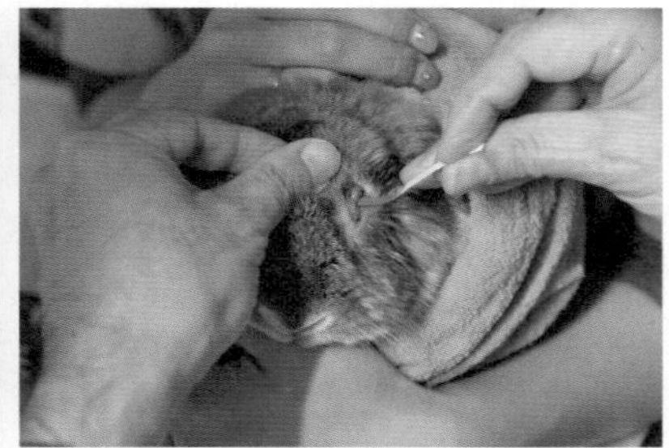
검사를 위해 눈 표면에 시험약을 바른다.

품종별 건강 포인트

한국은 토끼의 품종이란 개념이 생소하지만 세계적으로 다양한 품종의 토끼가 있다. 그중 미국 브리더 단체인 미국토끼브리더협회ARBA, American Rabbit Breeders Association의 공인을 받은 51품종이 가장 널리 알려져 있다(2022년 11월 기준).

품종 토끼는 겉모습이나 성격적 특징이 각양각색이며, 품종별로 건강관리에 대한 주의점이나 쉽게 걸리는 질병 또한 다르다. 질병은 품종보다 사육관리 방법이나 개체의 차가 원인인 경우가 많지만 품종마다 취약한 부분이 있는 것도 사실이다. 품종별 질병 가능성을 예측하여 미리 예방하는 것이 중요하다.

※ 옮긴이 주 : 한국의 반려토끼는 대부분 믹스라서 품종 토끼의 특징과 정확하게 일치하지 않는다.

네덜란드드워프

네덜란드드워프와 같이 턱이 작고 동그란 얼굴의 소형 토끼는 부정교합 같은 이빨 질환에 주의해야 한다. 몸집이 작고 움직임이 재빠른 탓에 사람의 부주의로 다치는 일이 많다. 안다가 떨어뜨리거나 무심코 발로 밟는 사고를 조심해야 한다.

홀랜드롭

귀가 처진 롭이어는 반려인이 의식적으로 귀를 들어 올리지 않으면 안쪽을 볼 수 없다. 그래서 외이염이나 귀진드기증 같은 질환이 생겨도 알기 어렵다. 귀를 만지는 스킨십에 적응시키고 귀 안쪽을 수시로 확인한다. 털이 작고 둥근 얼굴이라 이빨 질환에 주의해야 하며, 체중이 많이 나가기 때문에 안다가 떨어뜨리면 충격을 크게 받는다.

롭이어는 본래 식용으로 개량된 품종이라 살이 잘 찌는 경향이 있다.

저지울리

장모종이지만 의외로 털 손질이 간편하다. 그래도 빗질을 게을리하면 털이 뭉쳐 진균증이나 습성 피부염이 쉽게 생긴다. 긴 털 때문에 모구증(헤어볼)에 취약하므로 세심하게 관리해야 한다.

미니렉스

미니렉스와 렉스는 털이 매우 짧으며, 짧고 구불거리는 수염이 특징이다. 발바닥을 보호하는 털의 숱이 적어서 발바닥에 상처가 잘 생기고 비절병(궤양성 발바닥피부염)에 취약하다. 비절병을 예방하려면 부드럽고 푹신한 바닥재를 사용하고 비만이 되지 않도록 조심해야 한다.

플레미시자이언트

플레미시자이언트처럼 체중이 많이 나가는 토끼는 다리에 가해지는 부담이 크다. 바닥재는 딱딱하지 않고 다리에 부담이 적은 소재를 사용한다.

잉글리시롭

잉글리시롭이나 프렌치롭처럼 귀가 긴 토끼는 귀에 상처가 나지 않는 환경에서 생활해야 한다. 발톱으로 귀를 긁다가 상처가 생기기도 하므로 발톱을 자주 잘라 주고, 부드러운 소재의 바닥재를 사용한다.

앙고라

프렌치앙고라, 잉글리시앙고라와 같이 털이 긴 토끼는 빗질을 자주 하는 것이 중요하다. 털이 엉키면 그 부분의 온도가 올라가서 피부 질환이 잘 생긴다.

래빗 쇼에서 인정하는 이상적인 체중(반려토끼의 적정 체중은 아님) : 네덜란드드워프는 암수 모두 906그램. 홀랜드롭은 암수 모두 1.35킬로그램. 저지울리는 암수 모두 1.36킬로그램. 미니렉스는 수컷 1.81킬로그램, 암컷 1.93킬로그램. 플레미시자이언트는 수컷 5.90킬로그램 이상, 암컷 6.35킬로그램 이상. 잉글리시롭은 수컷 4.08킬로그램 이상, 암컷 4.54킬로그램 이상, 귀의 길이는 53센티미터 이상. 프렌치앙고라는 암수 모두 3.85킬로그램. 잉글리시앙고라는 수컷 2.72킬로그램, 암컷 2.95킬로그램.

컬러 사진으로 확인하는 토끼의 질병

컬러 사진으로 봐야만 알 수 있는 질병의 증상을 모았다. 질병을 조기에 발견하기 위한 참고자료로 활용한다.

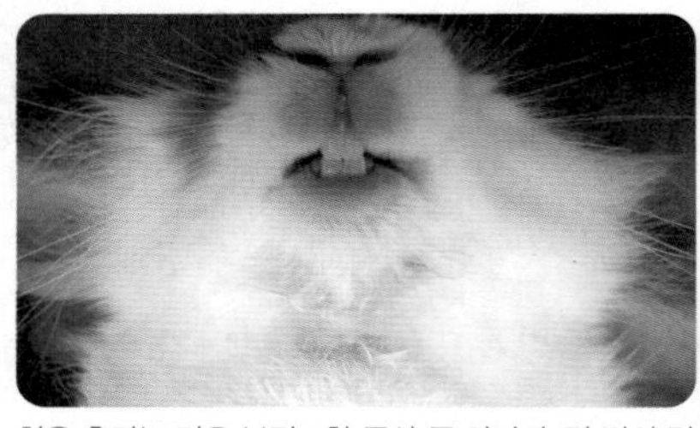

침을 흘리는 것은 부정교합 증상 중 하나다. 턱 밑의 털이 젖거나 침이 말라 거칠어진다. ▶ 117쪽

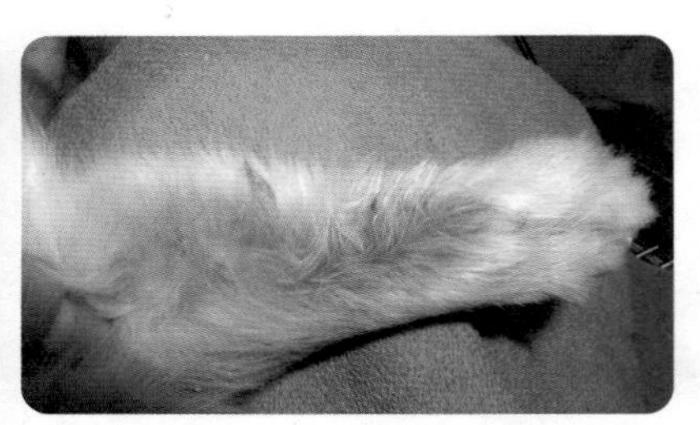

침이 흘러서 얼굴이 젖으면 토끼는 자신의 앞발로 닦는다. 그래서 턱은 깨끗한데 앞발 안쪽 털이 지저분해진다. ▶ 117쪽

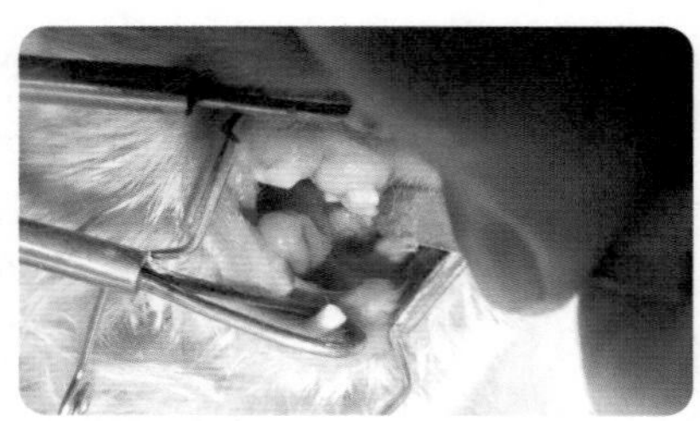

부정교합 때문에 어금니가 뾰족해지면 혀나 볼 점막을 찔러 상처가 생긴다. 볼 안쪽 점막이 괴사한 것을 볼 수 있다. ▶ 119쪽

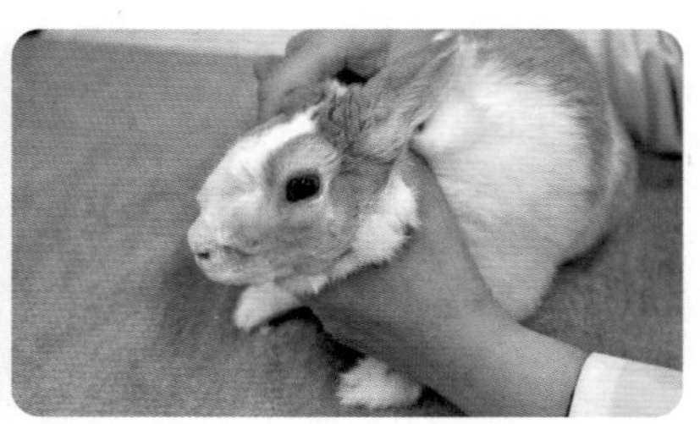

눈 밑에 커다란 농양이 생겨 얼굴 표면이 부어 있다. 위턱 어금니 치근농양이 원인이다. ▶ 130쪽

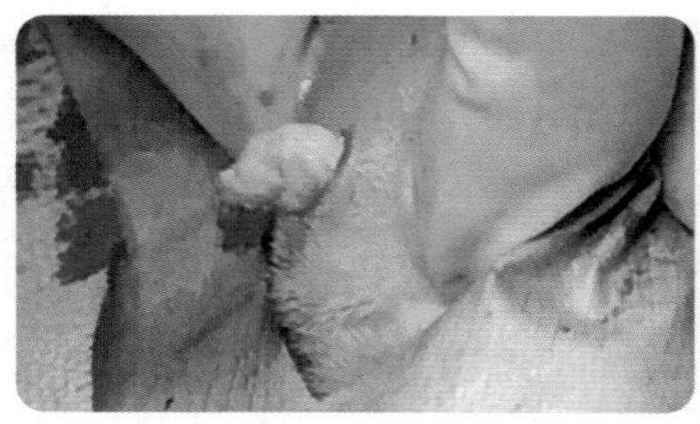

치근농양으로 부풀어 오른 피부의 혹을 절개하고, 고름을 짜는(배농) 모습이다. ▶ 132쪽

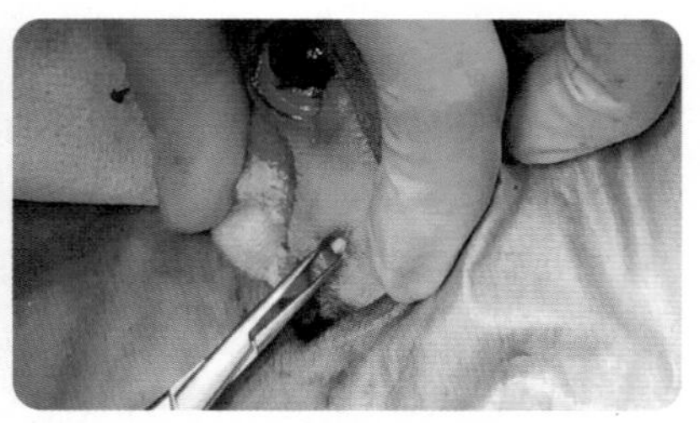

배농한 부위에 항생제 구슬을 삽입한다. ▶ 132쪽

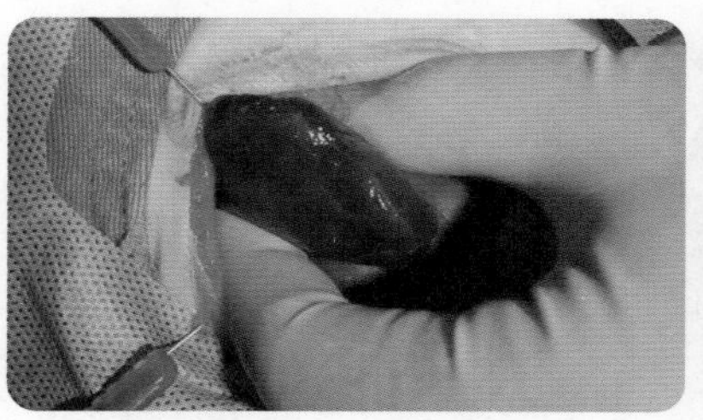

비틀어진 간엽을 수술하는 모습. 간이 비틀려서 검게 변색되었다. ▶ 141쪽

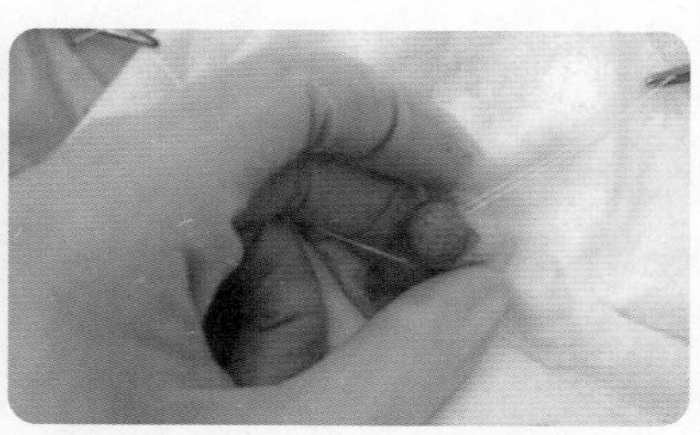

요로결석증은 외과 적출수술로 치료하기도 한다. ▶ 180쪽

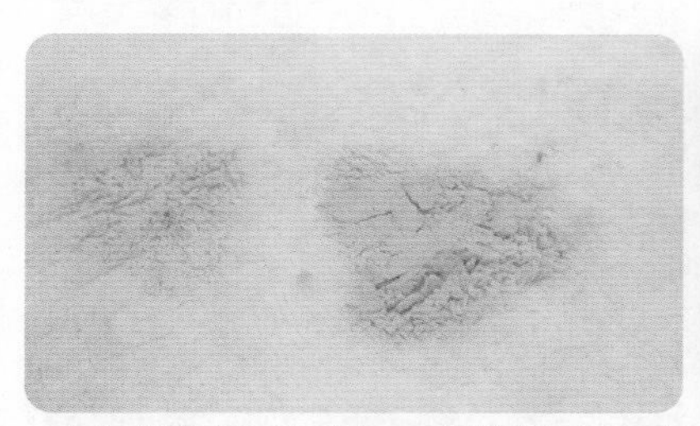

토끼의 결석은 돌 모양 외에도 모래 침전물 같은 모습을 하기도 한다. 모래 침전물 같은 결석은 엑스레이 촬영을 하면 방광 전체가 하얗게 보인다. 사진은 배설된 모래 침전물이다. ▶ 182쪽

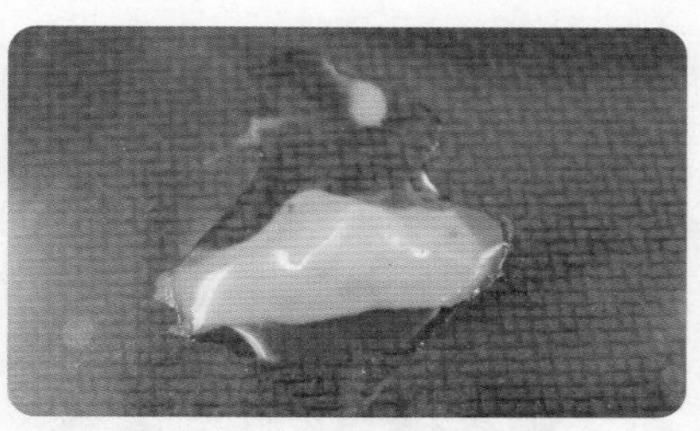

방광이 세균에 감염되면 고름 같은 소변이 나온다. 토끼의 소변은 농도가 짙은 것이 정상이지만 고름이나 미네랄이 다량 함유된 소변일 수 있으니 잘 구별해야 한다. ▶ 185쪽

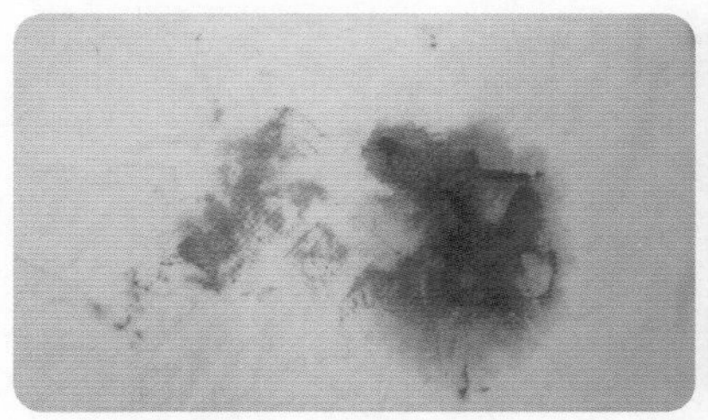

토끼의 정상 소변은 하얀색부터 붉은색까지 폭넓고 다양하다. 붉은 색소가 포함된 음식의 영향으로 소변이 붉어질 때도 있다. 사진의 붉은 소변은 혈뇨며, 원인은 비뇨기나 생식기 질환이다. 붉은 소변의 정체를 구별하는 방법을 알아두어야 한다. ▶ 191쪽

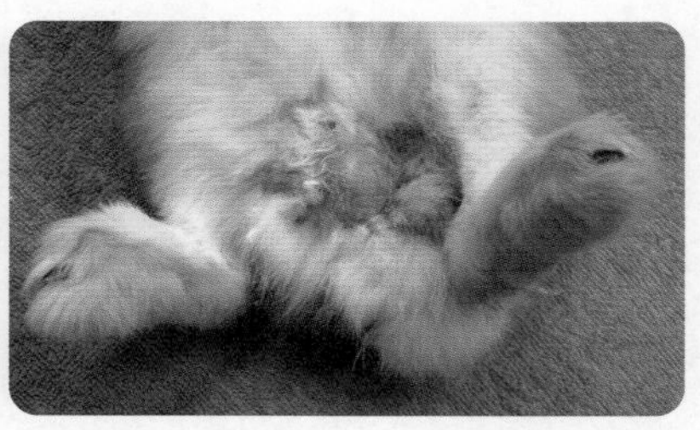

수컷 토끼는 고환염이 생길 수 있다. 고환에 생긴 염증이 농양으로 진행된 모습이다. ▶ 196쪽

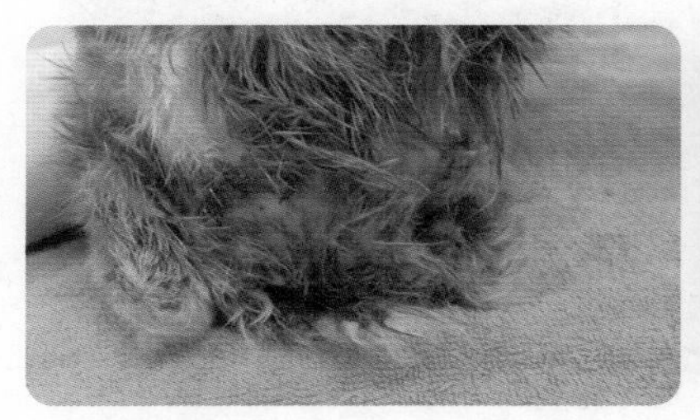

마비나 운동실조로 누워 있는 시간이 길면 욕창과 습성 피부염이 생기기 쉽다. ▶ 216쪽

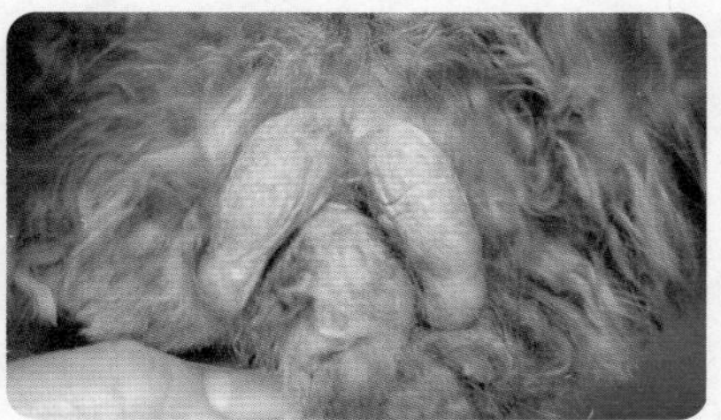

회음부는 습성 피부염이 잘 생기는 부위다. 특히 비뇨기계 질환 때문에 소변을 자주 흘리면 쉽게 발병한다. 사진은 고환에 생긴 습성 피부염이다. ▶ 216쪽

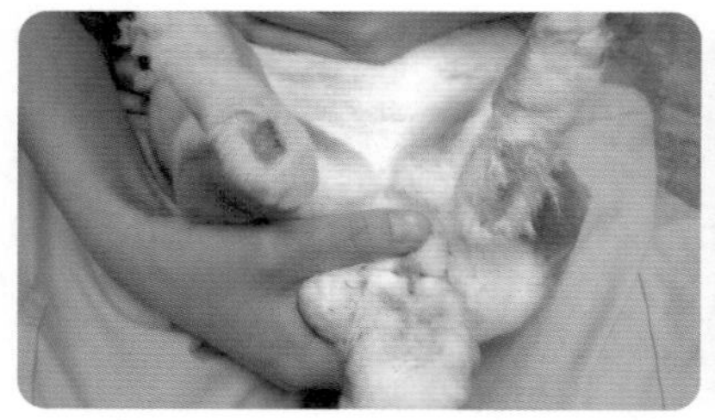

비절병(궤양성 발바닥피부염)의 원인은 얇은 발바닥 털, 비만, 비위생적인 환경 등이다. ▶ 220쪽

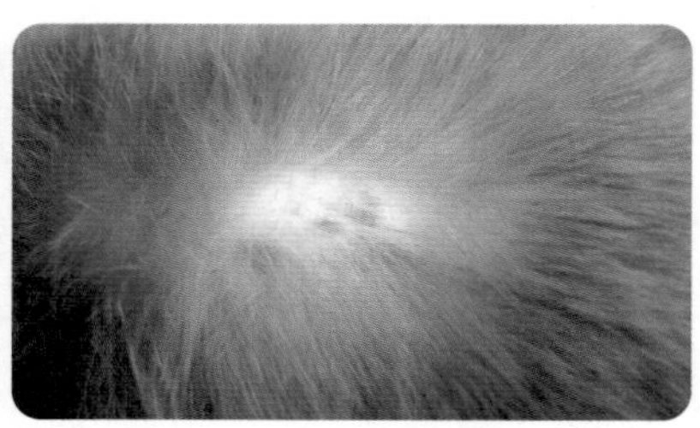

피부사상균증은 토끼에게 흔한 피부 질환 중 하나다. 사진과 같이 마른 탈모 증상을 보인다. 사람과 동물이 서로 감염될 수 있는 인수공통감염증이다. ▶ 222쪽

토끼는 피하에 농양이 잘 생긴다. 어금니 부정교합으로 인한 아래턱 농양이 가장 많으며, 발바닥과 몸 여러 부위에 농양이 생긴다. ▶ 224쪽

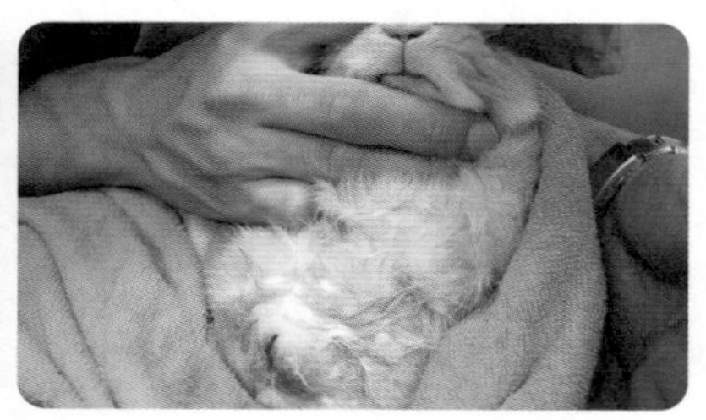

피하농양은 흉부에도 생긴다. 사진은 토끼의 가슴에 생긴 피하농양이다. ▶ 224쪽

트레포네마증(토끼매독)은 트레포네마균 감염이 원인이다. 감염되면 얼굴에 딱지가 생기는데, 코 밑 딱지가 가장 흔하다. ▶ 227쪽

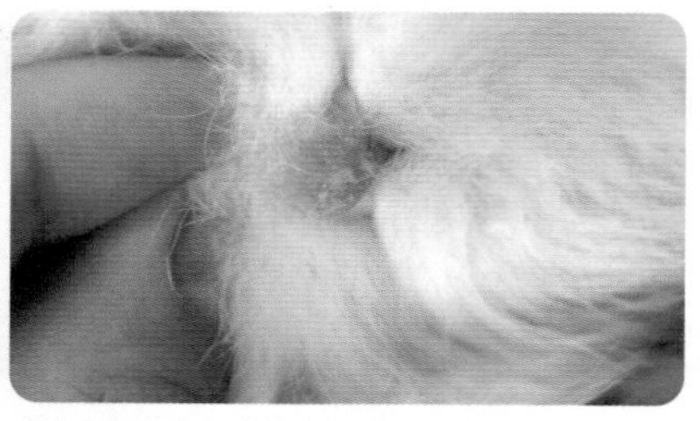

생식기가 빨갛게 변하거나 부어오르는 것도 트레포네마증 증상이다. ▶ 227쪽

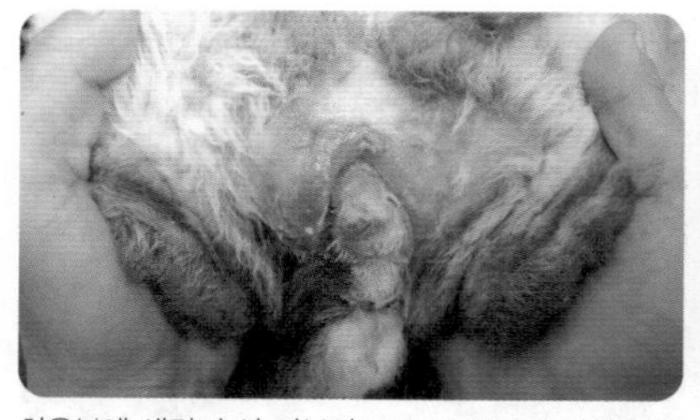

회음부에 생긴 습성 피부염(세균 감염)으로 털이 빠졌다. ▶ 230쪽

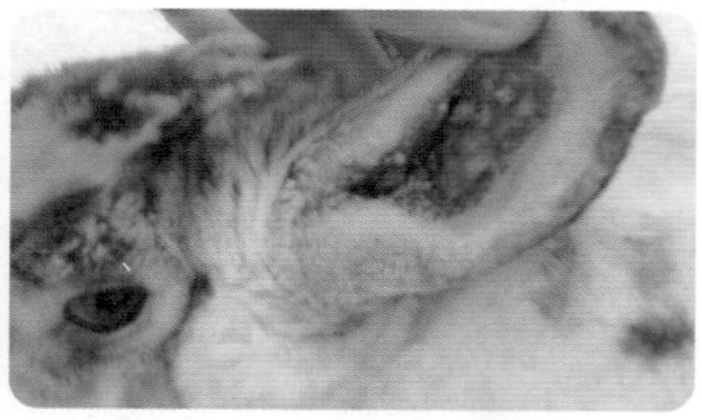

귀진드기가 귀에 기생하여 생기는 귀진드기증. 외이도에 지저분한 딱지가 생기고 가렵다. ▶ 232쪽

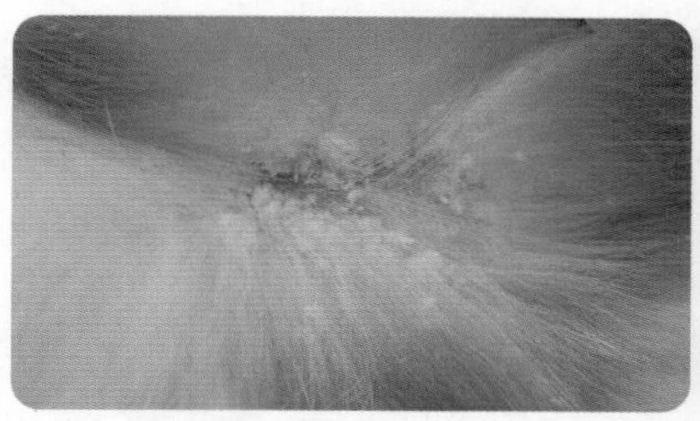

토끼의 몸에 기생하는 진드기로는 귀진드기, 털진드기 등이 있다. 털진드기가 기생하면 털이 가늘어진다. 사진은 털진드기 때문에 생긴 비듬이다. ▶ 235쪽

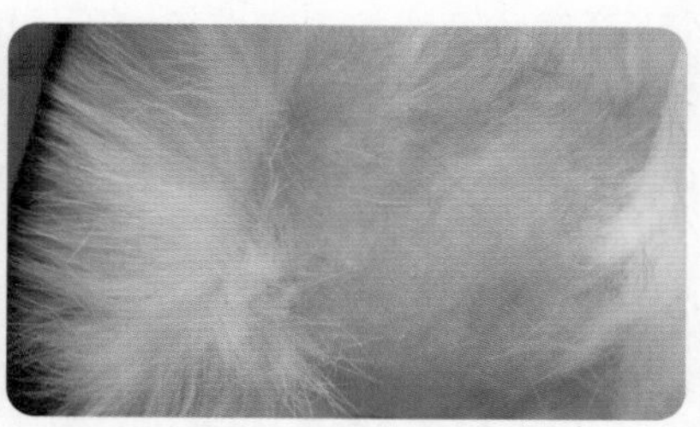

진드기류가 기생하여 생긴 탈모다. ▶ 235쪽

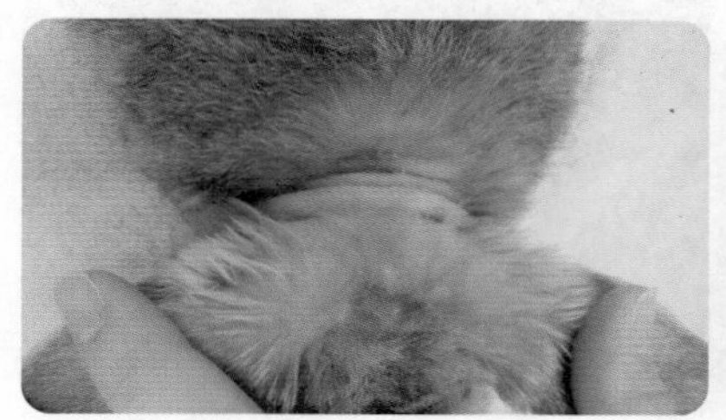

털진드기에 감염되어 목 뒤에 탈모가 생겼다. ▶ 235쪽

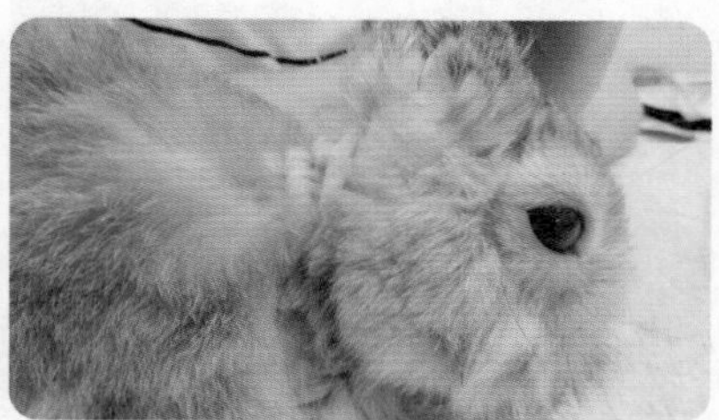

털진드기에 감염되어 귀 뒷부분에서 목까지 탈모가 생겼다. ▶ 235쪽

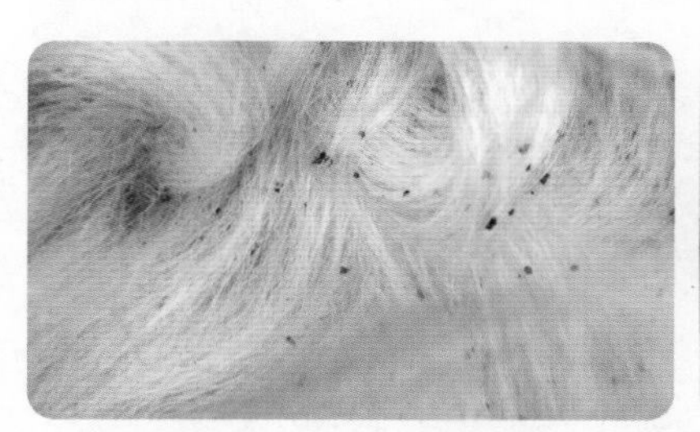

토끼에게 기생하는 벼룩 중 가장 흔한 것은 고양이벼룩이다. 털을 헤쳐 보면 벼룩의 변을 발견할 수 있다. ▶ 236쪽

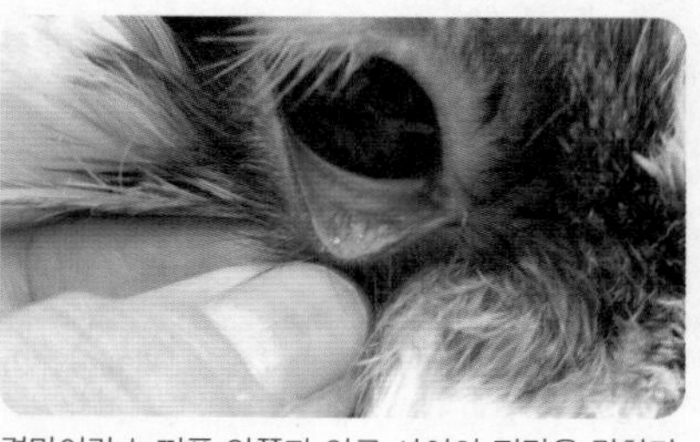

결막이란 눈꺼풀 안쪽과 안구 사이의 점막을 말한다. 결막이 파스튜렐라균에 감염되면 결막염을 일으킨다. ▶ 244쪽

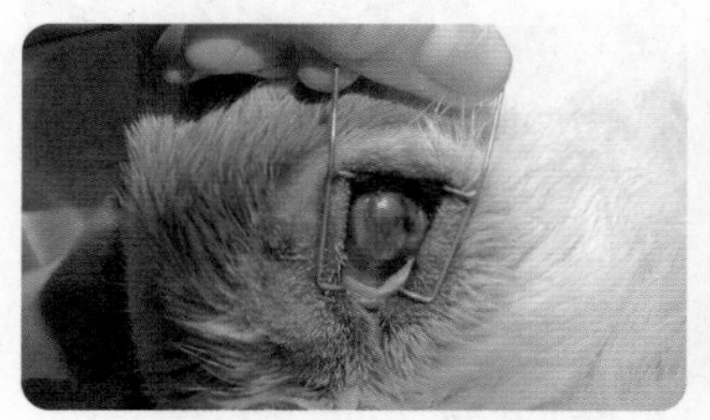

토끼의 눈 질환 중 가장 흔한 것은 각막궤양이다. 눈 표면에 있는 각막에 상처가 생겨 염증을 일으키는 질병이다. ▶ 248쪽

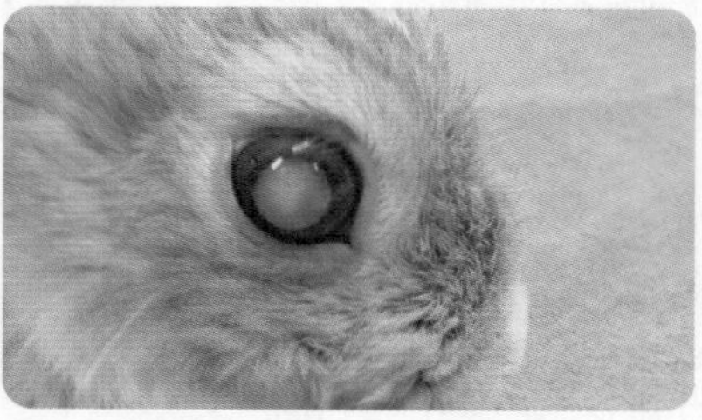

백내장은 수정체 혼탁으로 시야가 흐려지는 병이다. 노령 토끼에게 흔하지만 유전이 원인일 때는 어린 나이에도 생긴다. ▶ 252쪽

눈과 코를 연결하는 눈물길을 비루관이라고 한다. 비루관의 입구는 아래 눈꺼풀 뒷면에 있다. ▶ 254쪽

결막이 과하게 증식해서 각막을 덮는 결막과증식. 어린 토끼에게는 흔한 눈 질환이다. ▶ 257쪽

눈물이 과하게 나오면 내안각에 염증이 생긴다. ▶ 259쪽

입술에 생긴 편평상피암. ▶ 280쪽

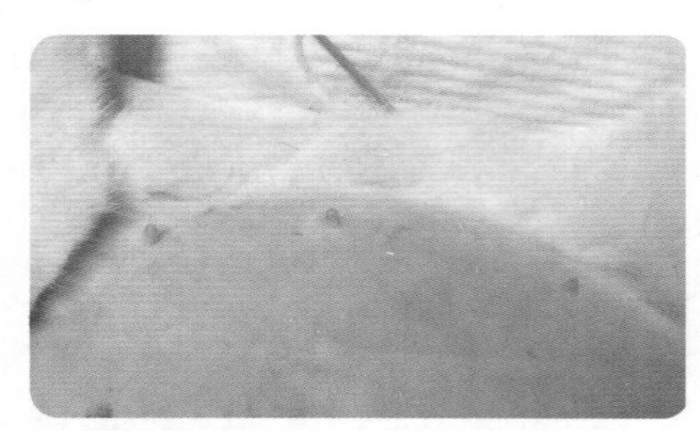

자궁선암종은 중성화수술을 받지 않은 3세 이상의 암컷 토끼에게 흔한 질병이다. 발병하면 혈뇨를 보거나 유두가 빨갛게 부어오른다. ▶ 284쪽

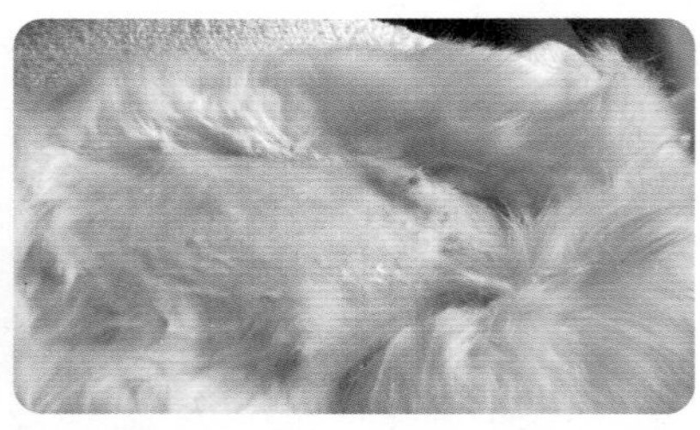

자궁선암종. 유선이 부어서 빨개졌다. 건강 상태를 꼼꼼하게 확인하여 조기에 발견하자. ▶ 284쪽

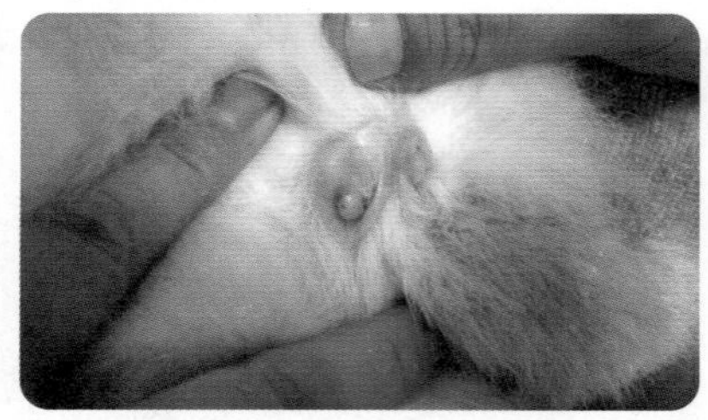

영역표시를 할 때 사용하는 취선. 턱 밑, 항문 옆, 사타구니에 있다. ▶ 316 쪽

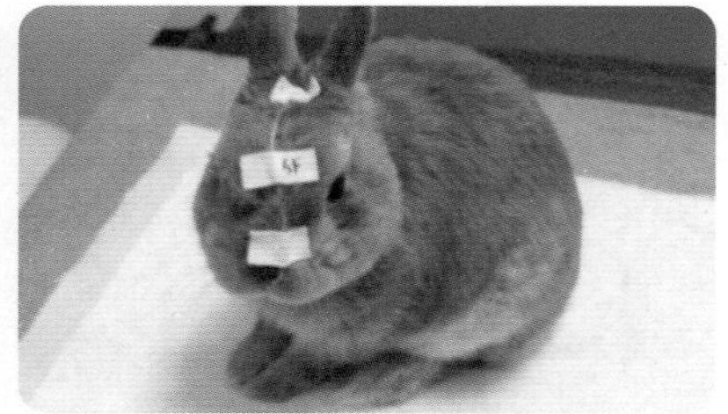

코에 비강 튜브를 넣어 강제 급여하는 방법도 있다. 억지로 붙잡고 먹이는 스트레스가 없고, 적절한 양을 확실하게 급여할 수 있다는 장점이 있다. ▶ 364쪽

1장

토끼의 건강

토끼를 건강하게 키우려면 토끼의 습성을 이해하고, 더 좋은 환경을 만들어 주기 위해 노력해야 한다. 이 장에서는 토끼의 건강을 위한 십계명에 대해 설명할 것이다. 토끼의 몸과 마음을 건강하게 유지하기 위해 보살피는 방법과 토끼 전문 동물병원을 선택하는 방법도 소개한다. 토끼의 행복한 삶을 위해서는 노력이 필요하다.

건강을 위한 십계명

1. 토끼의 생태부터 성격까지 이해하기

토끼의 주식은 식물이다. 식물은 소화시키는 데 시간이 걸리므로, 토끼의 소화기관은 끊임없이 움직이며 먹은 음식을 위에서 소장으로, 소장에서 대장으로 운반한다. 어떤 이유로 소화기관의 운동이 멈춰 버리면 먹은 음식이 위나 장에 정체되는 위장정체를 일으킨다.

▶ 유럽굴토끼에서 반려토끼로

전 세계에 널리 분포되어 있는 토끼는 크게 굴토끼와 멧토끼로 나뉜다. 그중 우리가 반려동물로 키우는 종류는 굴토끼다. 이베리아반도가 고향인 유럽굴토끼*Oryctolagus cuniculus*를 품종 개량하여 세계 각지에서 반려토끼(집토끼라고도 한다)로 키우고 있다. 반려토끼는 품종이 다양하며 품종마다 체격과 모질이 다르지만 모두 유럽굴토끼의 후손이다.

▶ 토끼의 생태

• 토끼의 복잡한 생활

야생 토끼는 가족 구성이 매우 복잡하며, 생활양식도 살아가는 환경에 따라 다르다. 굴을 파기 힘든 딱딱한 땅에 사는 토끼는 워런warren이라고 불리는 땅속 굴이 많이 만들어진 곳에서 무리지어 생활한다. 어른 수컷 1~3마리와 어른 암컷 1~5마리로 구성된 그룹을 만들고, 그룹별로 영역을 차지한다.

최고 20마리가 함께 사는, 활발하고 사교성이 좋은 그룹도 있다. 무리 지어 사는 이유는 굴에 있는 어린 토끼를 보호하고 생존 가능성을 높이는 데 도움이 되기 때문이다. 그룹 안에서는 수컷끼리, 암컷끼리 서열이 정해져 있으며, 특히 수컷끼리는 공격적인 것으로 알려져 있다.

굴을 파기 쉬운 부드러운 땅에 서식하는 토끼는 그룹의 규모가 작고, 그룹끼리 사이가 나쁘지 않다. 마음만 먹으면 큰 무리를 만들 수 있지만, 굳이 그러지 않아도 살아가는 데 지장이 없다. 토끼가 사회성을 갖춘 동물임에도 합사가 어려운 것은 이와 같은 라이프스타일 때문이다.

• 이른 아침과 저녁에 활동한다

토끼는 이른 아침과 저녁 무렵에 활동한다. 천적의 눈에 띄기 쉬운 낮에는 굴에서 쉬는 것이 토끼의 본래 생활이다.

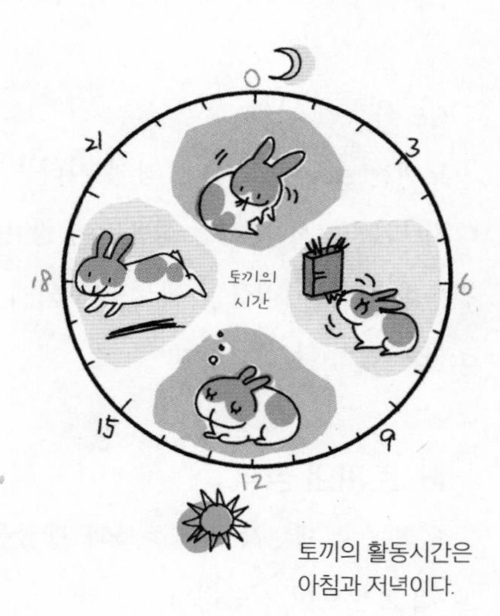

토끼의 활동시간은
아침과 저녁이다.

• 터널을 판다

땅을 파서 굴을 만들고 그곳에서 생활한다. 전체 길이가 45미터나 되는 복잡한 터널 모양의 굴도 있다.

• 굴을 중심으로 생활한다

굴은 토끼에게 가장 안전한 장소다. 그래서 토끼는 주로 굴 근처에서 활동한다. 행동 범위는 워런을 중심으로 반경 150~200미터 정도라고 알려져 있다.

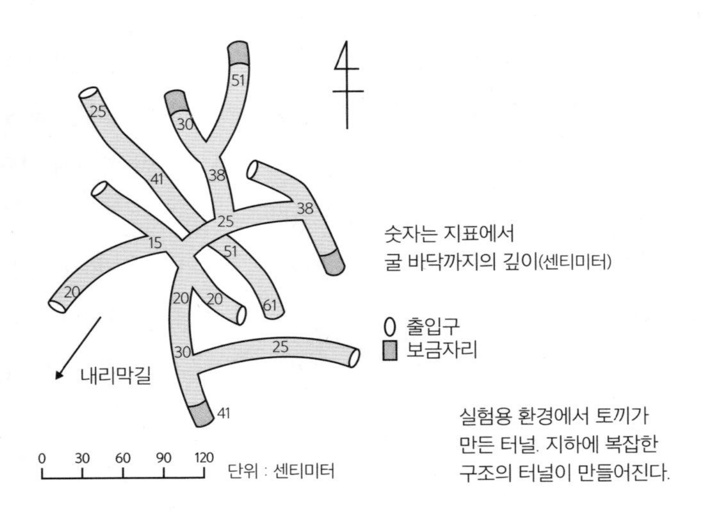

실험용 환경에서 토끼가 만든 터널. 지하에 복잡한 구조의 터널이 만들어진다.

• 초식동물

토끼는 초식동물이다. 평생 자라는 이빨, 커다란 맹장, 발효된 맹장변을 다시 먹는 소화 체계는 섬유질이 많은 식물로부터 영양분을 섭취하기 위해 진화한 결과다. 식물 중에서도 토끼에게 가장 적합한 음식은 영양가가 낮은 조사료(건초)다.

▶ 토끼의 성격

토끼는 야생에서 육식동물과 맹금류의 먹잇감이다. 그래서 경계심이 많고 겁도 많으며 신중하다.

하지만 머리가 좋은 동물이라 집 안이 안전하다는 사실을 깨달으면 안심하고 편안하게 지낸다. 누워서 배를 드러낸 채 자는 대담한 토끼도 있다. 그렇다고 토끼가 경계심이 많은 동물이라는 사실을 잊어서는 안 된다. 깜짝 놀라게 하거나 겁을 주는 것은 금물이다. 평온하게 지낼 수 있는 환경을 만든다.

▶ 토끼의 행동과 몸짓

토끼는 자신의 기분을 말로 표현하지 않지만 행동과 몸짓을 잘 관찰하면 토끼의 심리 상태나 컨디션 등을 추측할 수 있다. 토끼의 대표적인 행동과 몸짓에 대해 알아본다.

▶ 본능적 행동

동물은 태어날 때부터 가지고 있는 본능적(생태적) 행동이 있다. 토끼의 본능적 행동은 다음과 같다.

소변 스프레이

영역을 표시하기 위해 오줌을 뿌린다. 흔히 수컷이 보이는 행동이지만 암컷이 하는 경우도 있다. 수컷은 마음에 드는 암컷에게 오줌을 뿌리기도 한다.

마운팅

교미행동 또는 서열의 우위를 주장하는 행동이며 수컷과 암컷 둘 다 한다. 사람에게도 한다.

냄새 묻히기

영역을 표시하기 위해 턱 밑의 취선을 물건에 문질러 냄새를 묻힌다. 케이지 내의 용품, 가구, 심지어 반려인의 신체 부위에도 턱을 문지른다.

털을 뽑는다

임신(혹은 상상임신) 중인 암컷 토끼는 산실을 만들기 위해 가슴과 배의 털을 뽑는다. 입에 건초를 잔뜩 물고 산실로 운반하는 모습도 볼 수 있다. 또한 스트레스를 심하게 받으면 자신의 털을 뜯거나, 집요하게 핥거나, 피부까지 깨무는 자해행동을 한다.

▶ **기분을 표현하는 행동**

토끼는 풍부한 감정을 느끼는 동물이다. 희로애락뿐 아니라 토끼의 특성인 강한 경계심도 행동으로 표현한다.

스텀핑stomping

경계해야 하는 일이 일어났을 때 동료에게 알리기 위해 뒷발로 지면을 강하게 두드리는 스텀핑을 한다. 불쾌한 일이 있을 때나 뭔가를 요구하고 싶을 때도 스텀핑을 한다.

납작 엎드린 자세로 귀를 뒤로 내린다

위험을 느껴 경계할 때는 엎드린 자세를 취하며 몸을 최대한 작게 만든다.

옆으로 벌러덩 눕는다

머리부터 쓰러지듯 벌러덩 옆으로 누울 때가 있다. 기분이 매우 좋을 때의 모습이다.

코로 반려인을 쿡쿡 찌른다

코로 반려인을 쿡쿡 찌르는 것은 놀아 달라, 쓰다듬어 달라는 요구다.

그 자리에서 점프

그 자리에서 또는 달리면서 점프하며 몸을 비트는 행동은 기분이 매우 좋다는 표현이다.

▶ 컨디션을 나타내는 행동

토끼는 천적의 표적이 되지 않기 위해 몸이 아파도 약한 모습을 보이지 않는다. 하지만 상태가 매우 안 좋을 때는 행동에 변화가 생긴다.

구석에서 웅크리고 가만히 있는다

움직임이 없거나 구석에 숨으려는 행동은 통증이나 고통이 있다는 신호다.

평소와 행동이 다르다

생활 패턴이 바뀌거나 평소보다 불안해하거나 얌전해지는 등 평소와 행동이 달라지면 질병이 숨어 있을지도 모른다는 신호다.

▶ 울음소리

토끼는 성대가 없어서 개나 고양이처럼 울음소리를 내지 못하지만 다음과 같은 소리를 내서 감정과 컨디션을 표현한다.

'킁킁' 콧소리를 낸다

킁킁 연속으로 짧게 소리를 낸다. 화가 났거나 경계하거나 흥분했을 때 내는 소리다.

'구-구-' 콧소리를 낸다

'구-구-, 푸-푸' 하는 작은 소리는 편히 쉬고 있을 때 들을 수 있다.

이를 가볍게 간다

편히 쉬고 있을 때 이를 가볍게 갸르르 간다. 눈을 가늘게 뜨고 기분이 좋아 보인다.

이를 강하게 간다

이를 가볍게 갈 때와는 전혀 다른 소리로 으드득 강한 소리가 난다. 동시에 등을 웅크리고 있으면 통증이 있다는 의미다.

'키-' 비명을 지른다

극도로 심한 통증과 공포를 느낄 때 내는 비명이다.

2. 식사의 중요성

▶ 토끼의 음식은 풀이 중심이다

• 야생 토끼의 식성

야생 토끼는 풀의 새싹, 잎, 뿌리, 씨앗 등을 골고루 먹는다. 풀이 부족한 겨울에는 나뭇잎이나 나무껍질 등을 먹는다. 영국에서 실시한 연구 결과에 따르면 토끼는 볏과 식물인 블루페스큐(김의털), 숲개밀, 바랭이 등을 좋아한다. 이것을 충분히 먹지 못할 때 쌍떡잎식물(떡잎이 2개인 식물을 말하는데, 볏과 식물은 떡잎이 1개인 외떡잎식물임)을 먹는다.

▶ 매일 먹는 기본 음식

토끼의 식성과 신체 구조, 영양 균형, 계절에 상관없이 구매 가능한지 등을 고려하여 어른 토끼에게 매일 급여하기 적당한 먹이는 다음과 같다.

• 건초(정식 명칭은 '목초')

토끼의 주식은 건초다. 항상 먹을 수 있게 그릇에 가득 채워 둔다. 볏과 건초인 티모시 1번초를 먹이는 것이 가장 좋지만, 티모시 2번초나 다른 볏과 건초를 급여해도 괜찮다. 티모시에 익숙하지 않거나 이빨에 문제가 있는 토끼는 부드러운 건초를 추천한다(64쪽 참조).

어떤 토끼는 그릇에 담긴 지 오래된 건초나 조금이라도 오염된 건초는 먹지 않는다. 다 먹을 때까지 기다리지 말고 하루에 2번 정도는 새 건초로 갈아 준다.

• 사료

매일 영양 균형이 좋은 사료(래빗 푸드)를 급여한다. 사료에는 제조공정의 방식에 따라 하드 타입과 소프트 타입으로 나뉜다. 소프트 타입은 발포 공정을 거친 사료로 씹었을 때 쉽게 부서진다. 하드 타입보다 이빨에 가해지는 부담이 적어서 토끼에게 적합하다.

적절한 사료 양에 대해서는 의견이 다양하지만 반려인이 자신의 토끼에게 적합한 양을 확인하는 것이 가장 중요하다. 토끼에게 적합한 양은 너무 살이 찌거나 마르지 않는 양이다. 먼저 사료 포장지에 적혀 있는 양대로 급여해 보고, 양을 서서히 줄여 나간다. 1일 기준량은 체중의 1.5퍼센트 정도다.

성장기용, 어른 토끼용, 노령 토끼용 등 토끼의 생애 단계별로 영양 성분을 달리한 사료도 있다. 하지만 반드시 일정 연령이 되었을 때 사료를 바꿔야 하는 것은 아니다. 성장이 완전히 끝날 때까지는 성장기용 사료를 먹이고, 노령 토끼라도 건강에 문제가 없으면 어른 토끼용 사료를 먹여도 된다. 토끼의 상태를 보고 결정한다.

▶ 기타 음식

건초와 사료 외에 매일 다양한 종류의 채소나 야생초를 급여한다.

토끼가 먹는 음식의 종류를 늘릴 수 있고(63쪽 참조), 건초와 사료에 없는 미량 영양소를 섭취할 수도 있다. 제철 재료를 반려인이 직접 고르거나 채취해서 주는 즐거움도 있다.

채소나 야생초의 양은 한 컵 정도가 적당하다. 건초를 잘 먹는지, 변 상태가 괜찮은지 확인하며 양을 조절한다.

어른 토끼에게 적합한 식사

▶ 메뉴를 늘린다

먹여도 되는 범위 안에서 가능한 한 다양한 음식을 토끼에게 먹이는 것이 좋다. 먹을 수 있는 음식이 많으면 비상시에 사용할 수 있는 비장의 카드도 많아진다. 식욕이 떨어졌을 때나 발톱을 자르거나 약을 먹인 후에 맛있는 음식으로 기분을 바꿔 줄 수도 있다.

초식동물은 식물에 독성이 있는지를 확인해야 해서 혀에 미뢰가 많은데 토끼는 약 1만 7,000개의 미뢰가 있다. 사람보다 월등히 많으므로(사람의 경우 약 5,000~9,000개) 아마 미묘한 맛의 차이를 토끼가 훨씬 더 잘 감지할

〈채소〉 소송채, 양배추, 당근, 청경채, 경수채, 물냉이, 루꼴라, 셀러리, 양상추, 파드득나물, 미나리, 쑥갓, 잎상추, 차조기 등

〈야생초·허브〉 민들레, 질경이, 별꽃, 냉이, 이탈리안 파슬리, 민트, 야생 딸기, 바질 등
【주의】 야생초와 허브에는 약효 성분이 있어서 한 번에 많이 주어서는 안 된다.

〈과일〉 사과, 바나나, 파파야, 망고, 파인애플, 딸기, 블루베리 등
【주의】 과일은 칼로리가 높아 많이 먹으면 비만과 장 질환의 원인이 된다. 아주 조금만 주는 것이 안전하다.

것이다. 그래서 음식에 변화를 주면 토끼에게는 즐거운 자극이 된다.

다만, 토끼는 새로운 것을 받아들이는 데 신중한 동물이다. 그래서 어른이 된 후에 처음 보는 음식은 경계하는 경향이 있다. 식사 메뉴를 늘리려면 소화 기능이 안정되는 생후 4개월쯤부터 조금씩 다양한 음식에 적응시킨다. 다른 음식 때문에 건초 섭취량이 줄면 안 되니 한 번에 급여하는 양은 소량으로 한다. 어른 토끼도 다양한 음식을 조금씩 끈기 있게 주다 보면 좋아하는 음식을 찾을 수 있을 것이다.

• 건초와 사료를 다양하게

건초와 사료의 종류가 다양하므로 여러 종류를 주는 것이 좋다.

티모시 건초 중에는 1번초보다 부드러운 2번초와 3번초가 있다. 그 외의 볏과 건초 중에는 연맥(오트헤이), 쥐보리(이탈리안 라이그라스)가 기호도가 높으며, 오리새(오차드 그라스), 우산잔디(버뮤다 그라스)는 잎이 부드럽다.

콩과 식물인 알팔파는 기호도가 매우 높지만 영양가도 높아서 어른 토끼의 주식으로는 적합하지 않다. 알팔파 건초는 성장기 아기 토끼와 식욕을 잃은 노령 토끼에게 주고, 어른 토끼에게는 간식으로만 준다.

건초를 큐브 모양이나 사료처럼 만든 제품도 있다. 건초를 잘 안 먹는 토끼는 이런 제품의 건초부터 시작해 천천히 진짜 건초에 적응해 나가는 방법도 있다.

사료는 한 종류의 브랜드만 급여한다는 전제로 제조된다. 하지만 여러 가지 종류를 시도해 보는 것이 좋다. 생애 단계별로 종류가 바뀌는 브랜드도 있지만 평소에 여러 브랜드에 적응시키면 새로운 사료에 대한 거부감을 줄일 수 있다.

사료는 원재료의 공급처가 바뀌는 경우가 있다. 따라서 토끼가 잘 먹던 사료를 갑자기 거부하면 공급처가 바뀌어 맛이 변한 것일 수도 있다. 먹이

티모시 1번초

알팔파 건초

건초 큐브

사료

던 사료가 판매 중지되거나 재난 등으로 구매가 어려워질 수도 있다. 이런 돌발 상황이 생겼을 때 한 종류의 사료만 먹던 토끼는 새 사료에 적응하는 것이 어려울 수 있다.

▶ 식사시간은 길게

야생 토끼는 하루의 많은 시간을 먹으면서 보낸다. 음식을 찾고, 주변을 경계하며 먹는다. 음식(풀)을 삼키는 게 아니라 어금니로 갈아 으깨서 먹는다. 식물은 영양가가 낮아서 꽤 많이 먹어야 한다.

하지만 반려토끼는 항상 집 안에 음식이 있고, 굳이 찾아다니지 않아도 식사할 수 있다. 반려토끼의 음식은 야생 토끼가 먹는 것과 비교하면 먹는 시간이 오래 걸리지 않는다. 식사시간이 너무 짧아진 것이다. 식사가 빨리 끝나면 나머지는 지루한 시간이 이어진다. 토끼가 지루함을 느끼는 건 좋은 일이 아니다.

• 행동 풍부화

먹는 행동을 풍부하게 하는 가장 쉬운 방법은 '음식을 찾는 행동'이다. 음식을 찾아 이리저리 돌아다니면서 머리를 쓰고 운동량을 늘릴 수 있다.

토끼가 건초를 잘 먹거나 살이 쪘다면 사료를 여기저기에 둬서 찾아 먹게 한다. 입이 짧다면 정해진 위치에 건초와 사료를 두고, 대신 다양한 방법으로 간식을 준다. 토끼의 상태에 따라 여러 가지 방법을 시도한다.

구체적인 예

★ 지푸라기나 건초를 엮어서 만든 장난감 속에 음식을 숨긴다.

★ 휴지 심을 이용해 장난감을 만들고 그 안에 음식을 숨긴다.

휴지 심으로 공을 만들어 건초를 넣은 장난감

★ 케이지 밖에서 운동할 때 음식을 여기저기에 두고 낮은 장애물을 넘거나 터널을 통과해야만 음식을 먹을 수 있게 한다.

★ 반려인이 음식을 가지고 있다가 토끼를 불러서 곁에 오면 준다.

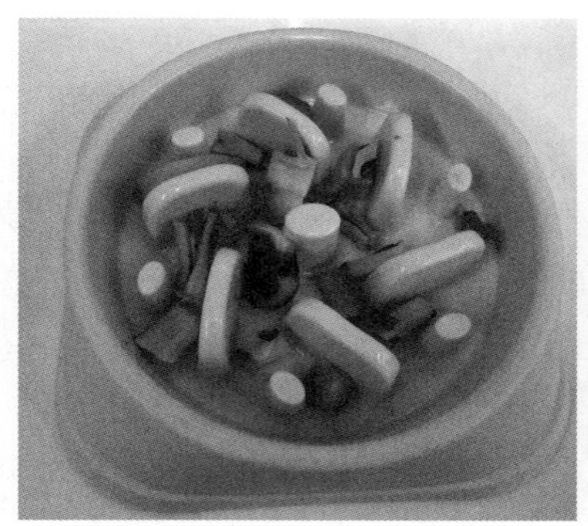

토끼가 좋아하는 간식을 식기 칸막이 사이에 넣는다.

수북한 건초 사이에서 간식을 찾는 즐거움이 있다.

— 올바른 물 먹이기

반드시 매일 물을 줘야 한다. 채소를 많이 먹으면 물 마시는 양이 줄기도 하지만 물은 마시고 싶을 때 언제든 마실 수 있어야 한다. 수분 섭취량이 부족하면 식욕부진과 비뇨기계 질환, 소화기계 질환이 쉽게 생기며, 여름에는 열사병에 걸리기도 한다.
한국의 수돗물은 수질 기준이 엄격해서 그대로 먹여도 문제 없으나, 미심쩍다면 한 번 끓여서 식힌 후에 주거나 정수기 물을 준다.
생수를 먹일 때는 반드시 연수(단물)를 줘야 한다. 경수(센물)는 미네랄 성분이 많아 요로결석이 생길 수 있다. 물은 하루에 1~2회 갈아 준다.

3. 사육환경

▶ 온도와 습도

온도와 습도는 토끼의 건강 상태에 큰 영향을 미친다.

실내 온도가 너무 높으면 열사병에, 습도가 너무 높으면 피부 질환에, 너무 추우면 저체온증과 호흡기계 질환에 쉽게 걸린다.

• 기온 변화가 적은 환경을 만든다

흔히 '토끼는 더위에 약하고 추위에 강하다'라고 한다. 정말 그럴까?

야생 토끼는 지하에 굴을 만들어 생활한다. 지상의 기온이 오르거나 낮아질 때는 지하에서 더위와 추위를 견딜 수 있다.

토끼와 마찬가지로 땅속에 굴을 만들어 생활하는 검은꼬리프레리독(북아메리카에 서식)에 대한 자료를 보면, 여름에 지상의 온도가 25~36℃일 때 지하는 26~31.6℃고, 겨울에 지상의 온도가 −3.6~6.7℃일 때 지하는 5.6~8.9℃라는 보고가 있다.

주목할 점은 기온 차이다. 지하는 더울 때는 시원하고 추울 때는 따뜻할 뿐 아니라, 지상보다 기온 변화가 적다. 토끼가 생활하는 장소도 온도 변화가 심하지 않은 곳이 적합하다.

• 이상적인 온도·습도

토끼에게 적합한 온도는 16~21℃, 16~22℃, 15~20℃ 등 자료마다 조금씩 차이는 있지만 비교적 낮은 편이다.

한국은 현실적으로 여름에 이 온도를 유지하기가 쉽지 않다. 여름에는 낮은 습도(50퍼센트 정도)를 유지한다는 전제하에 온도는 25℃ 정도까지가 이상적이며, 높아도 28℃를 넘지 않도록 에어컨으로 조절한다.

겨울철에는 젊고 건강한 토끼의 경우 최저 15℃ 이하로 내려가지 않게 하고, 어린 토끼와 노령 토끼, 질병이 있는 토끼는 22℃ 정도가 적합하다.

추위도 위장정체의 원인이 된다. 장이 약한 토끼, 노령 토끼, 어린 토끼는 케이지 주변에 반려동물용 난방기구를 설치하는 것이 좋다.

플리스 담요나 이불도 추위를 막는 데 도움이 되지만, 천을 갉아 먹는 토끼에게는 적합하지 않다.

겨울은 습도가 낮은 계절이다. 공기가 건조해지면 정전기 때문에 털에 먼지가 붙고 피부 상태도 나빠진다. 습도는 항상 50퍼센트 전후로 유지하는 것이 좋다. 본래 토끼는 1년에 2회, 겨울부터 봄, 가을부터 겨울에 털갈이를 한다. 온도 관리를 하여 계속 일정한 온도에서 생활하는 토끼는 1년 내내 조금씩 털갈이를 하기도 한다.

• 가장 주의해야 하는 환절기

일반적으로 여름에는 에어컨을 켜두기만 하면 온도 관리에 별문제가 없다. 오히려 살기 편한 계절인 봄과 가을에 온도가 불안정해서 건강관리가

에어컨으로 온도와 습도를 관리한다.

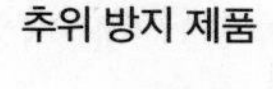

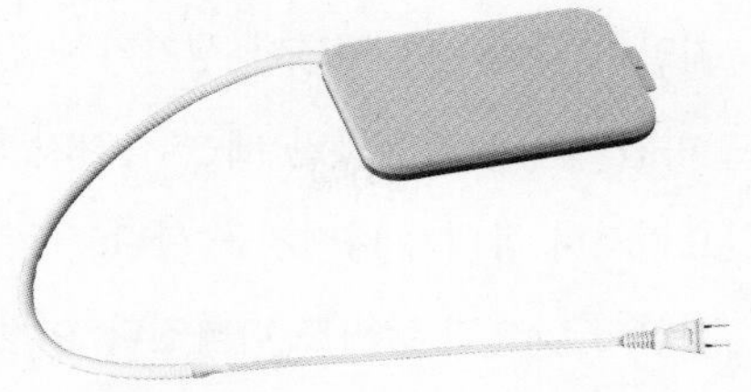

따뜻한 전기 히터

더위 방지 제품

알루미늄 터널

테라코타 터널

어렵다. 봄과 가을은 일교차가 크고, 더운 날과 추운 날이 번갈아 온다. 아침에 시원해서 에어컨을 켜지 않고 외출했다가 낮에 엄청 더워져 집에 있는 토끼가 걱정되었던 경험이 있을 것이다.

급격한 온도차는 토끼에게 스트레스를 준다. 갑자기 더워지면 열사병을 일으킬 위험도 커진다. 수시로 일기예보를 확인하고, 외출할 때는 에어컨 예약 설정을 한다.

여름에 적절한 온도 관리를 하지 않거나, 환절기 기온 변화 및 급격한 일교차가 반복되면, 토끼의 자율신경에 혼란이 생긴다. 자율신경의 혼란은 식욕부진과 무기력을 동반하는 '가을 무기력증'을 일으킨다.

• 기압 변화를 의식한다

기압이 낮아지면 두통이 생기거나 컨디션이 나빠지는 사람이 있다. 토끼도 마찬가지로 저기압일 때는 갑자기 머리가 한쪽으로 기울어지는 사경을 일으키거나 상태가 나빠지곤 한다.

기압이 낮으면 날씨도 나빠진다. 야생 토끼라면 굴속에 들어가 가만히 숨어 있을 것이다. 만약 토끼가 식욕을 잃으면 좋아하는 간식을 조금 줘 보고, 그래도 먹지 않는 상태가 지속되면 망설이지 말고 병원에 데려간다.

▶ 밝기로 시간을 구분한다

동물의 몸속에는 하루 리듬이 정확히 새겨진 체내 시계가 있다. 야생 토끼가 이른 아침과 저녁에 활동하는 생체 리듬으로 살아가는 것도 체내 시계 덕분이다.

반려토끼도 체내 시계가 있다. 아침마다 꺼내 달라고 날뛰는 행동도 생체 리듬에 따른 것이다.

다만 밤에도 계속 밝은 장소에 있으면 토끼의 생활 리듬이 무너진다. 토끼의 몸에 생체 리듬이 제대로 각인되려면 하루 중 밝고 어두운 시간이 정확히 구분되어야 한다. 밤에는 토끼 방의 전등을 끄거나 가리개를 씌우는 방법으로 명암의 리듬을 만든다.

▶ 위생관리

토끼의 질병을 예방하고 인수공통감염병이 사람에게 감염되는 걸 막으려면 사육환경을 위생적으로 유지해야 한다.

다만 토끼의 생활 영역을 냄새가 사라질 정도로 매일 청소하면 토끼가 불안감을 느낀다. 배설물과 날리는 털만 꼼꼼하게 청소하고, 대규모 청소는 가끔 하는 게 좋다.

• 화장실 청소

변에는 콕시듐 원충 등의 병원체가 섞여 있을 수 있다. 그래서 변을 매개로 다른 토끼에게 전염되거나 자신이 같은 병에 재감염된다.

옛날에는 토끼를 냄새 나는 동물이라고 생각했다. 그러나 지금은 탈취 효과가 뛰어난 배변 패드와 화장실용 우드 펠릿 덕분에 청소를 제대로 하면 냄새를 걱정할 필요가 없다.

토끼의 소변은 칼슘 성분이 많아서 장시간 방치하면 화장실에 요석이 들러붙는다. 수시로 청소해서 청결을 유지한다.

• 케이지와 용품 청소

케이지 구석은 오줌과 털이 뒤엉켜 더러워지기 쉬운 곳이다. 오염 정도에 따라 한 달에 한 번은 케이지를 분해해서 청소한다.

목제나 건초 용품에 오줌이 묻으면 흐르는 물로 씻은 다음 햇빛에 충분히 말린다. 토끼가 갉지 않았어도 심하게 더러울 때는 과감하게 버린다.

• 방 청소

인수공통감염병과 알레르기를 예방하기 위해 토끼가 노는 방도 수시로 청소한다. 털갈이가 시작되는 환절기에는 상당히 많은 털이 공중에 떠다닌다. 방 안을 자유롭게 돌아다니게 할 경우 생각지도 못한 곳에 대소변을 볼 수 있으므로 세심하게 확인한다.

위생적인 환경을 유지한다.

▶ 여러 마리 키우기

토끼 여러 마리를 키울 때는 다음과 같은 점에 주의한다.

• 사육관리, 건강관리 부담

토끼가 두 마리 이상이 되면 돌보는 시간이 늘어날 뿐만 아니라 건강관리에도 구멍이 생기기 쉽다. 여러 마리를 한 장소에서 같이 키우면 누가 식욕이 없는지, 상태가 이상한 변이 누구의 것인지 파악하기 어렵기 때문이다. 평소에 주의 깊게 관찰해야 한다.

• 감염증의 위험

토끼끼리 만날 기회가 있으면 감염이나 기생충 등이 전염될 위험이 높아진다. 따로 기르고 있어도 반려인이 감염원을 옮길 수 있다. 따라서 여러 마리를 키우고 있다면 감염된 토끼를 가장 마지막에 돌봐야 한다.

토끼끼리 병이 전염될 위험이 있다.

• 부상 위험

사이가 나쁜 토끼는 따로 키울 수밖에 없다. 따로 키우면 싸울 위험은 줄어들지만 여전히 다른 문제가 남는다. 탈출이나 반려인의 부주의로 서로 마주치면 싸움이 붙어 다칠 수 있다. 게다가 토끼는 후각이 뛰어나서 상대의 존재(냄새)만으로도 스트레스를 받는다. 상대를 의식해 여기저기에 소변을 뿌리는 문제행동도 나타난다.

어른 토끼는 싸움이 붙을 위험이 있다.

어릴 때에는 사이가 좋았던 토끼여도 성장하면 영역 및 서열 싸움을 할 수 있다. 사람은 알 수 없는 뭔가가 토끼 싸움의 방아쇠가 되므로 항상 상황을 주의 깊게 관찰해야 한다.

• 예기치 못한 번식

반려인이 교배할 의향이 없어도 중성화수술(198~200쪽 참조)을 하지 않은 수컷과 암컷은 언제든 번식의 위험이 있다. 토끼의 교미 시간은 매우 짧아서 잠깐 만나기만 해도 임신이 가능하다.

근처에 이성이 있는데 교미를 못하게 하는 것은 토끼에게 커다란 스트레스며, 각종 문제행동을 일으키는 원인이 될 수 있다.

• 원래 있던 토끼의 불안감

반려동물로 여러 마리를 키우는 경우가 많은 족제빗과의 페럿은 통칭 '새식구증후군'이라 불리는 컨디션 저하증이 있다. 새식구증후군은 새로운 동물이 왔을 때 전염병 감염 여부와 상관없이 원래 있던 동물의 컨디션이 나빠지는 증상을 말한다. 반려인의 관심이 새로운 동물에게 쏠려서 원래 있던 동물이 느끼는 불안감이 원인이다.

토끼에게도 이런 불안감이 있을 수 있다. 여러 마리의 토끼를 키울 때는 애정과 사육 관리, 건강관리 등의 케어를 똑같이 해 주어야 한다.

4. 스트레스 이해하기

▶ 스트레스란 무엇인가?

보통 스트레스라고 하면 질병의 원인이나 정신적 데미지 같은 나쁜 이미지를 떠올린다. 어째서 스트레스는 심신에 안 좋은 영향을 미치는 걸까? 스트레스란 원래 무엇일까?

동물의 몸은 자율신경계, 내분비계, 면역계라는 3개의 기능이 관리한다. 이 기능들은 항상성• 작용으로 제 기능을 유지하고 있으나 스트레스 자극을 받으면 스트레스 상태를 극복하려다가 오히려 몸의 균형을 망가뜨린다.

건강을 지키는 3대 기능과 스트레스

자율신경계

장기의 기능을 조절한다. 몸을 흥분시키는 교감신경과 몸을 진정시키는 부교감신경의 2계통으로 구분되며, 두 신경의 균형을 유지한다.

교감신경과 부교감신경의 균형이 깨진다.

내분비계

호르몬 분비를 담당한다. 성장호르몬과 성호르몬, 혈중포도당의 양을 관리하는 인슐린 호르몬 등 필요할 때 필요한 호르몬을 적절히 분비한다.

항스트레스호르몬(당질코르티코이드)이 우선 분비되어, 중요한 호르몬 분비가 억제된다.

면역계

외부에서 침입한 병원체를 제거한다. 혈액 속의 면역세포가 항체를 만들어 병원체를 공격하거나 먹어 버린다.

당질코르티코이드의 작용으로 면역이 억제된다.

• 항상성homeostasis 환경에 변화가 생겨도 동물의 체내 상태를 일정하게 유지하려는 작용. 항온동물이 계절의 변화에 상관없이 체온이 일정하게 유지되는 것도 항상성의 작용이다.

▶ 토끼와 스트레스

'토끼는 스트레스를 받으면 죽는다'라는 말이 있다. 이것은 토끼가 극심한 스트레스를 받으면 카테콜아민(부신수질호르몬의 일종)이 분비되어 심부전으로 죽을 가능성이 있기 때문이다. 그렇다고 해서 모든 토끼가 스트레스를 받는다고 금방 죽는 것은 아니다. 하지만 스트레스가 쌓이면 질병으로 발전하여 토끼의 수명이 줄어든다는 걸 명심한다.

스트레스를 받으면

★ 교감신경이 긴장해서 심박수가 증가하고 혈압이 상승한다. 소화 기능이 나빠져서 장내세균총의 균형이 깨지고 위장정체를 일으킨다.
★ 신장의 혈류량과 소변량이 줄어서 비뇨기 질환을 일으킨다.
★ 만성적으로 스트레스를 받으면 림프구가 감소하고 면역력이 저하되어 감염병에 걸리기 쉽다.

▶ 토끼가 스트레스를 받는 상황

토끼는 주로 공포와 불안감(낯선 환경, 이동, 소음, 난폭하게 취급 당함, 토끼가 싫어하는 스킨십, 개와 고양이 같은 포식동물의 존재)을 느낄 때 스트레스를 받는다. 또한 급격한 기후 변화, 통증과 가려움, 비위생적인 환경, 만성 질병으로 인한 불쾌감, 운동 부족, 부적절한 식사 등도 스트레스의 요인이다.

▶ 익숙해져야 하는 스트레스

토끼가 스트레스를 받는 상황은 매우 많다. 그러나 인간과 함께 살려면 익숙해져야 하는 스트레스도 있다. 가령 낯선 집에 처음 입양된 토끼는 마음이 불안하겠지만 천천히 새로운 환경과 가족에 적응할 것이다. 그 과정에서 집에서 나는 생활 소음을 듣고 처음에는 놀랄 수 있지만 '이런 소리가 들려도 안전하다, 무서워할 필요 없다'라는 것을 깨달으면 조금씩 익숙해진다.

단, 큰 소음은 말할 것도 없이 금지!

▶ 좋은 자극도 있다

스트레스가 토끼에게 악영향만 끼치는 것은 아니다. 경우에 따라서는 '좋은 스트레스', '좋은 자극'이 되기도 한다.

좋은 자극에는 66쪽에서 소개한 '간식을 찾아다니는 활동'도 포함된다. 빨리 먹을 수 없어서 스트레스를 받겠지만 신체와 오감을 활용하여 찾아다니는 과정에서 토끼는 새로운 행동을 학습한다. 새로운 장난감이나 실내 놀이도 신체와 오감, 머리를 자극하는 좋은 스트레스다.

▶ 개별 특성을 고려한다

토끼는 본래 경계심이 강한 동물이지만 집에서 키우는 반려토끼는 성격이 다양하다.

예를 들어 토끼를 데리고 친구 집에 놀러 갔을 때 어떤 토끼는 새로운 환경을 두려워하면서도 왕성한 호기심으로 이곳저곳을 탐험하기도 한다. 반려인과 함께라면 어디서든 안심하고 편히 눕는 토끼도 있다. 반면에 낯선 환경에만 가면 공포에 떨며 스트레스를 심하게 받는 토끼도 있다.

자신의 토끼가 어떤 상황에서 스트레스를 받는지 기억하고, 토끼마다 스트레스를 느끼는 상황이 다를 수 있음을 이해한다.

토끼의 주변에는 스트레스 요인이 많다.

토끼가 마음 편히 잘 수 있는 환경을 만들어 준다.

캡슐 장난감 안에 들어 있는 간식을 먹으려고 몸과 오감, 머리를 활발히 사용한다.

▶ 평소와 다른 일을 겪었을 때

토끼가 평소와 다른 일(외출 등)을 겪었으면 일주일 정도 상태를 관찰한다. 활동성과 식욕, 배설물에 변화가 있는지, 평소와 다른 모습을 보이는지를 확인한다. 겉으로는 괜찮아 보여도 불안감을 느끼고 있을 수 있다. 부드러운 목소리로 괜찮다는 말을 자주 해 준다.

5. 교감하기

▶ 교감의 목적

옛날에는 토끼를 마당에서 키웠으나 요즘 반려토끼는 집 안에서 사람과 함께 생활한다. 그래서 토끼와 교감을 나누는 일이 매우 중요한 요소가 되었다. 토끼와의 교감은 사람에게도 즐거움을 주지만 토끼의 건강을 위해서도 중요하다.

교감할 때는 토끼의 기분을 배려한다. 반려인과 함께 있는 것을 좋아하는 토끼도 있지만, 혼자 있는 것을 즐기는 토끼도 있다. 토끼의 특성에 맞는 적절한 교감 방법을 찾는다.

• 스트레스를 줄이기 위해

처음 입양된 토끼는 낯선 환경과 사람의 존재에 스트레스를 받는다. 그 상태로 두면 토끼는 계속 스트레스에 시달린다. 토끼의 상태를 확인하면서 조금씩 사람의 손길과 환경에 적응시켜야 한다. 안전함을 확신하고 안심하면 토끼의 스트레스는 줄어든다.

• 일상 돌봄과 건강 상태를 확인하기 위해

건강 상태 확인, 빗질, 발톱 자르기 등을 하려면 토끼의 몸을 만지거나 움직이지 못하게 붙잡아야 한다. 그러나 사람의 손길에 익숙하지 않은 토끼라면 일상적인 돌봄에도 스트레스를 받을 것이다. 토끼가 심한 스트레스를 받지 않도록 평소 사람의 손길에 적응시켜야 한다. 사람에게 안기는 행동과 스킨십에 익숙해지면 동물병원에서 진료를 받을 때도 스트레스를 덜 받는다.

• 반려인과 교감을 쌓기 위해

토끼가 '반려인과 함께라면 안전하니까 안심해도 돼'라고 느낀다면 더할 나위 없이 좋다. 동물병원에 갈 때나 폭우와 화재 같은 재난으로 피난처에 있을 때 등 스트레스 상황에서는 반려인의 존재 자체가 토끼의 불안감을 완화해 주기 때문이다.

• 원활한 간호를 위해

강제 급여를 할 때나 투약을 할 때는 토끼가 움직이지 못하게 몸을 붙잡아야 한다. 만약 토끼가 사람의 손길에 익숙하지 않다면 간호 자체로 큰 스트레스를 받을 것이다.

▶ 건강에 좋은 교감 방법

• 토끼의 몸을 쓰다듬거나 안는다

입양한 토끼가 낯선 환경에 적응했다면 단계적으로 몸을 쓰다듬거나 안아서 스킨십에 적응시킨다. 다만, 토끼마다 적응에 걸리는 시간이 다르므로 서두르는 것은 금물이다. 토끼는 천적에게 포식당하는 동물이라서 사람이 긴장한 채로 다가가면 천적에게 사냥당하는 기분을 느낄 수 있다. 토끼를 만지거나 안을 때는 마음을 평온하게 유지한다.

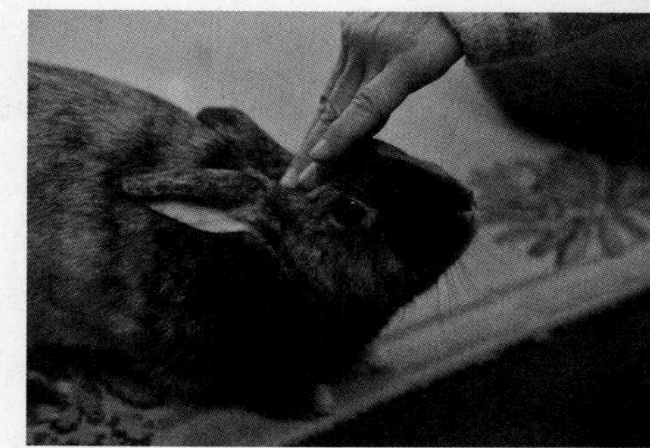

토끼가 좋아하는 부위를 쓰다듬으며 교감한다.

• 놀이시간을 만든다

짧게라도 매일 토끼와 노는 시간을 만든다. 토끼가 접근해서는 안 되는 위험한 장소를 막은 다음 토끼 집에서 꺼내 실컷 놀게 한다.

야생 굴토끼는 굴을 중심으로 생활하는 동물이다. 굴에서 멀어질 때는 먹이나 교미 상대를 찾을 때와 영역 다툼을 할 때뿐이다. 행동 범위가 넓은 멧토끼와 비교하면 굴토끼의 운동량은 적은 편이다.

이런 이유로 과거에는 토끼를 경제 동물로 여겨 좁은 케이지 안에서 사육했다. 그러나 좁은 공간은 토끼가 장수할 수 있는 환경이 아니다.

놀이시간은 장점이 많으니, 토끼가 건강하게 장수하길 바란다면 운동을 충분히 시켜야 한다.

큐브를 이어서 만든 터널은 즐거운 놀이터다.

놀이시간의 장점

★ 토끼의 몸에 근육이 붙고 몸매가 탄탄해지면 체력이 좋아진다.

★ 몸을 움직이면 소화 기능이 좋아져서 식욕이 왕성해진다.

★ 놀면서 반려인과 교감을 쌓을 수 있다. 토끼와 반려인이 즐거운 시간을 공유하면서 신뢰가 깊어진다.

★ 케이지에서 쉬는 시간과 활발하게 노는 시간, 즉 토끼의 온앤오프On & Off 시간을 정확히 구분해 두면 평소와 다른 모습을 빨리 알아챌 수 있다. 활발하게 놀 시간인데 토끼가 기운이 없거나 움직임이 이상하면 어딘가 이상하다는 의미다.

▶ 토끼를 안는 요령

• 조금씩 단계적으로

갑자기 안아도 거부하지 않는 토끼도 있다. 그러나 토끼는 기본적으로 안기는 것을 두려워한다. 그래서 토끼를 안는 연습은 조금씩 단계적으로 해야 한다. 첫 단계는 손으로 간식을 주며 사람의 손이 안전하다는 것을 가르친다. 다음에는 몸을 천천히 쓰다듬는다. 그다음은 무릎 위에 올린다. 이런 단계를 밟으면서 천천히 사람의 품에 적응시킨다.

• 안정적으로 안는다

안는 자세가 불안정하면 토끼는 불안감을 느낀다. 발버둥 치다가 추락하여 골절될 위험도 있다. 안아 올릴 때는 한 손으로 토끼의 가슴을 지탱하고, 다른 손으로는 엉덩이를 지탱하며 뒷다리를 고정한다.

• 눈을 가리면 진정한다

토끼는 눈앞이 보이지 않으면 차분해진다. 이런 습성을 이용하여 안을 때는 토끼의 얼굴을 사람의 팔과 겨드랑이 사이에 끼워도 좋다.

토끼가 발버둥 칠 때는 자신의 팔과 겨드랑이 사이에 토끼의 얼굴을 끼운다.

• 자신감을 가지고 안는다

'괜찮을까?', '실패하면 어떡하지'라는 걱정과 두려움에 떨면서 안으면 그 마음이 토끼에게도 전달된다. 그러면 토끼는 불안감을 느끼고 도망가려 할 것이다. 사람이 먼저 긴장을 풀고 자신감을 가져야 안전하게 안을 수 있다.

평온한 마음으로 토끼를 안는다.

• 토끼의 영역 밖에서 안는다

토끼는 평소에 생활하는 방을 자신의 영역으로 인식한다. 그 영역에서 자신이 싫어하는 행동을 당하면 심하게 반발하는 경향이 있다. 안는 행동, 빗질, 발톱 자르기 등은 토끼의 영역이 아닌 장소에서 하는 것이 수월하다.

• 반드시 바닥에 앉아서 안는다

일어선 상태로 토끼를 앉으면 토끼가 발버둥 칠 때 떨어뜨릴 위험이 있다. 바닥에 앉아서 반드시 낮은 자세로 토끼를 안는다.

단계적으로 토끼 안기

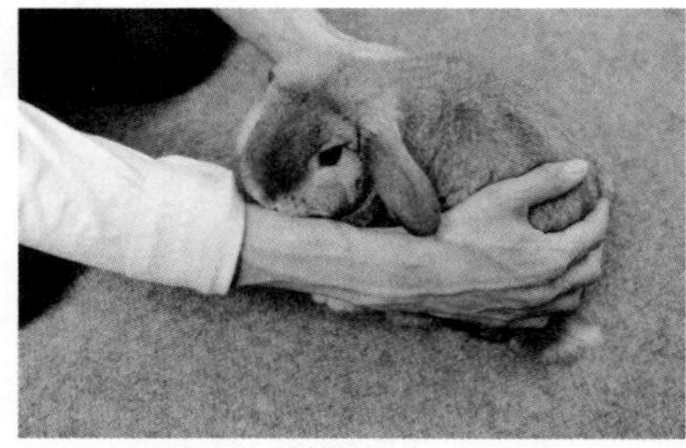

① 토끼 근처에 다가가 양손으로 쓰다듬는다. 오른손은 천천히 엉덩이 쪽으로, 다른 손은 배쪽으로 가져다 댄다.

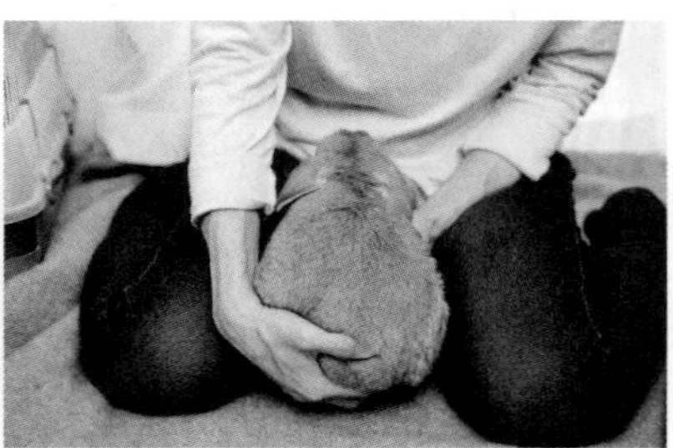

② 손바닥으로 엉덩이를 감싸고, 배쪽의 손으로 균형을 잡으며 토끼를 들어 올린다.

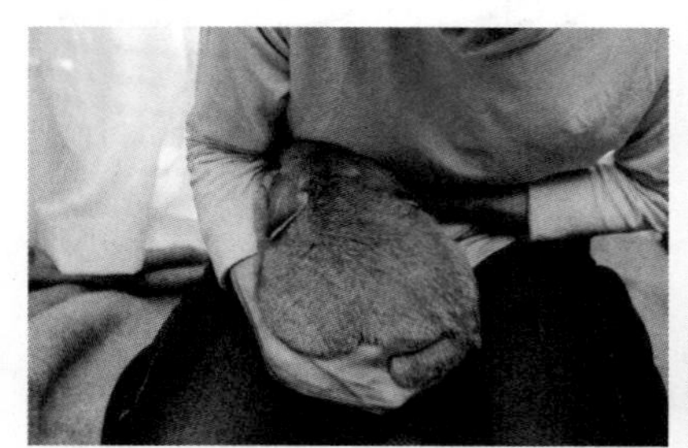

③ 방향을 바꿔 토끼의 얼굴이 자신의 오른쪽 겨드랑이에 들어가게 한다. 토끼의 몸과 사람의 몸이 밀착되어야 한다.

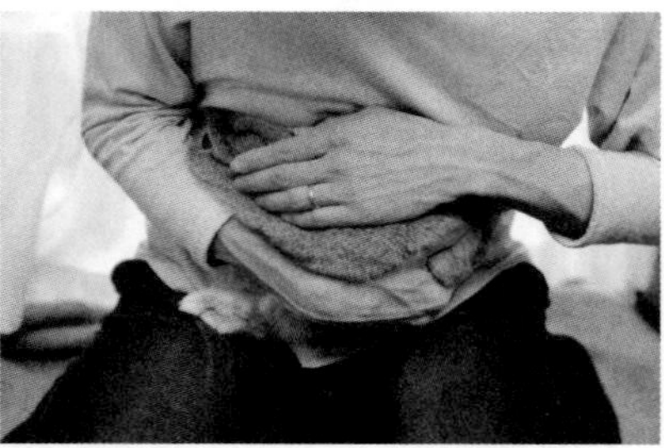

④ 토끼가 얼굴을 겨드랑이에 푹 묻으면 배쪽의 손을 빼서 토끼가 뛰어내리지 못하게 등을 잡는다.

동물병원에서 토끼를 잡을 때

목덜미 피부를 잡는다

토끼를 이동장에서 꺼내 진찰대 위로 옮길 때 토끼의 목덜미 피부를 움켜쥐고 들어 올리는 경우가 있다. 짧은 순간이지만 반려인이 보기에는 아프고 불쌍해 보일 것이다. 하지만 잠깐이라면 발버둥 치는 토끼를 억지로 안는 것보다 훨씬 안전한 방법이다.

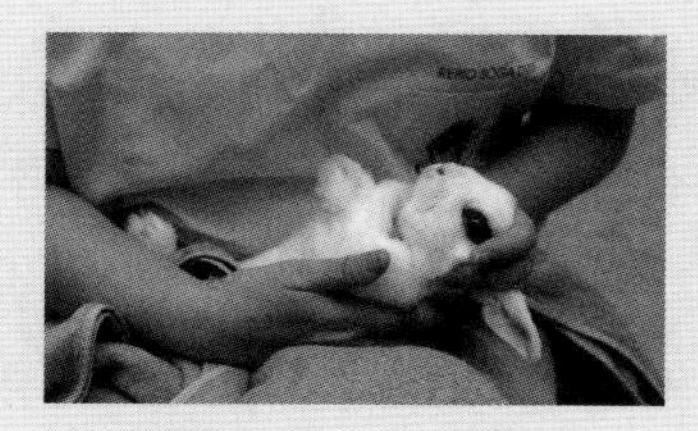

뒤집는다

진찰과 치료를 위해 토끼를 뒤집는 경우가 있다. 토끼는 뒤집으면 얌전해지기 때문이다. 하지만 불안정하게 뒤집으면 스트레스를 심하게 받는다. 집에서 토끼를 뒤집을 때는 사전에 토끼 전문 수의사에게 제대로 배운 후에 시도한다.

절대 무섭게 해서는 안 된다

동물은 공포와 불안감을 쉽게 잊지 않는다. 한 번 무서운 감정을 느끼면 그 감정이 사라지기까지 시간이 오래 걸린다. 토끼가 적응하기 전에 토끼에게 갑자기 손을 내밀거나, 안으려고 하거나, 큰 소리를 내 토끼를 놀라게 하지 않는다. 어떤 동물이든 상대방이 자신에게 호의가 있는지 없는지를 판단하는 감각이 있다. 항상 평온하고 상냥한 마음으로 토끼를 대한다.

반려인의 평온하고 상냥한 마음은 토끼에게도 전해진다.

◆ 래빗 호핑

사람과 토끼가 한 팀으로 움직이는 장애물 경주

래빗 호핑rabbit hopping은 사람과 토끼가 한 팀이 되어 참가하는 일종의 장애물 경주다. 1970년대 초반에 스웨덴에서 시작된 후 유럽에서 발전하여 미국, 일본에 전파되었다.

초기에는 미니어처 호스miniature hose의 장애물 경기 규칙을 따랐지만 후에 토끼에게 맞는 규칙으로 변경되었다.

소형종은 생후 4개월 이상, 대형종은 생후 8개월 이상인 골격이 충분히 자란 건강한 토끼만 래빗 호핑 경기에 참가할 수 있다. 부상 위험 때문에 5세 이상은 참가할 수 없다. 다리와 허리에 무리가 가기 때문에 비만 토끼도 적합하지 않다.

래빗 호핑은 활발하고, 사람 친화적이며, 호기심이 왕성한 성격의 토끼에게 적합하다. 반려인과 깊은 신뢰 관계가 있어야 하며, 사회성도 중요하다.

경기는 토끼와 핸들러가 한 팀이 되어 진행된다. 토끼가 허들을 마음대로 넘는 것이 아니라 반드시 핸들러가 쥐고 있는 리드 줄에 연결되어 있어야 한다. 첫 허들부터 마지막 허들까지 점프하는데, 완주 시간 외에도 허들이나 봉을 쓰러뜨렸는지, 뛰어넘지 못한 장애물이 몇 개인지, 코스에서 이탈했는지 등을 채점한다.

레벨 1(초급 클래스), 레벨 2(상급 클래스)가 있으며 각 레벨은 코스의 길이, 허들의 수와 높이가 다르다. 상급 클래스 기준으로 가장 높은 허들의 길이는 35센티미터이며, 가장 긴 코스는 30미터다.

의사소통을 하고 신뢰를 쌓는 방법

래빗 호핑은 단순한 허들 뛰어넘기 훈련이 아니다. 허들을 넘는 트레이닝을 하며, 사람과 토끼가 의사소통을 하고 신뢰 관계를 쌓는 교감의 한 방법이다.

굳이 경기에 참가하지 않더라도 허들 넘기를 가르치다 보면 토끼는 반려인이 원하는 것을 이해하게 된다. 성공했을 때 반려인이 기뻐하는 모습을 보며 토끼도 기뻐하게 된다.

이런 이유로 래빗 호핑은 사람과 토끼의 커뮤니케이션 수단으로 주목받고 있다.

◆클리커 트레이닝

동물 훈련 방식의 하나

클리커 트레이닝은 개, 곰, 돌고래, 고양이, 잉꼬 등 동물을 훈련시키기 위해 도입된 트레이닝 수법이다. 손가락으로 누르면 딸깍 소리가 나는 도구인 클리커clicker를 사용한다.

행동을 몸에 익히는 긍정강화훈련

동물이 새로운 행동을 학습하는 원리를 '오퍼런트operant 조건 붙이기'라고 한다. 클리커 트레이닝은 이 중에 긍정강화positive reinforcement 원리에 따른 트레이닝 방법이다.

오퍼런트 조건 붙이기란 어떤 상황에서 어떤 행동을 했을 때 보상이 주어지면, 다시 그 상황이 되었을 때 같은 행동을 반복한다는 학습 방법이다. '좋은 일이 생기니까 그 행동을 한다', '싫은 일이 생기니까 그 행동을 하지 않는다', '좋은 일이 없으니까 그 행동을 하지 않는다', '싫은 일이 없으니까 그 행동을 한다'라는 4종류의 학습 방법이 있다.

이름을 부르고 곁에 왔을 때 간식을 주면, 다음부턴 이름을 부르면 바로 달려온다. 이것은 '좋은 일이 생기니까 그 행동을 한다'에 해당한다. 이 원리를 이용해 어떤 행동을 하게 만드는 것이 '긍정강화'다.

딸각 = 좋은 일

간식만 보상이 되는 건 아니다. 스킨십을 좋아하는 토끼는 반려인이 쓰다듬어 주는 것도 보상이 된다.

클리커 트레이닝에서는 클리커 소리를 보상으로 사용한다. 클리커의 장점은 원하는 행동을 토끼가 했을 때 바로 소리를 낼 수 있다는 점이다.

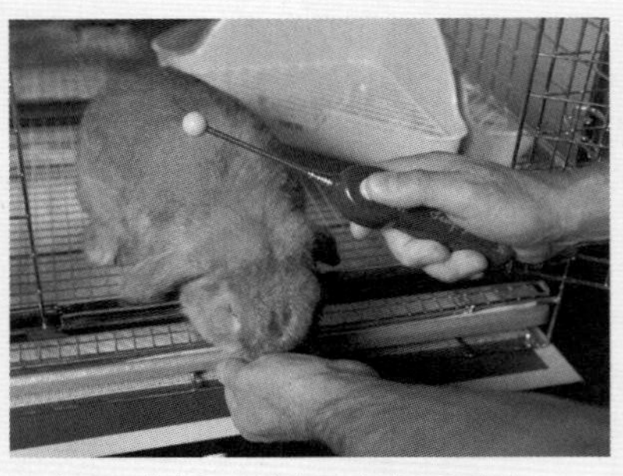
보상으로 간식을 주면서 클리커를 울린다.

처음에는 클리커 소리가 토끼에게 아무 의미도 없을 것이다. 하지만 클리커를 한 번 울린 직후에 간식을 주고, 이 행동을 몇 번 되풀이하면 클리커의 소리가 '간식 = 좋은 일'이라고 학습된다.

타깃을 쫓아다니게 만드는 클릭 스틱

클릭 스틱click stick(끝에 타깃이라 불리는 공이 달린 봉) 도구를 이용할 수도 있다. 토끼가 타깃을 따라오면 클리커를 울리고 바로 간식을 주는 행동을 반복한다. 다음에는 토끼가 코를 타깃에 터치하면 클리커를 울리고 바로 간식을 주는 행동을 반복한다. 토끼가 타깃을 쫓아다닐 때까지 이 행동을 연습한다.

클리커 소리는 좋은 일이 생긴 것을 알리는 신호다. 코로 터치하는 행동이 좋은 일이고, 좋은 일을 하면 기쁜 일(간식 = 클리커 소리)이 생긴다는 것

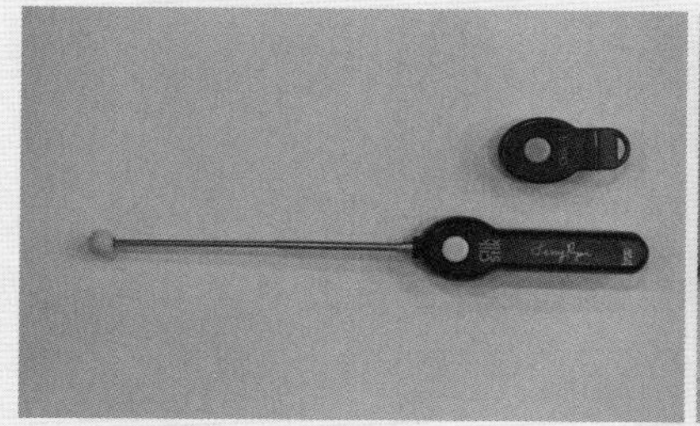

클리커와 타깃이 달린 클릭 스틱

토끼가 타깃을 쫓기 시작하면 다른 방식으로 응용할 수 있다.

을 학습시키는 것이다.

토끼가 타깃을 쫓아다니게 되면 케이지나 이동장 안에 들어가게 할 때 타깃을 이용하는 등 여러 가지 방법으로 응용할 수 있다.

클리커 트레이닝을 할 때 몸에 좋은 간식을 작게 잘라서 사용한다. 그날 먹을 음식 중 일부를 간식으로 사용하면 과식을 예방할 수 있다.

허들을 높이고 개수를 늘려 교육한다

처음에는 토끼와 사람 사이에 허들 바를 놓고 클릭 스틱을 사용하여 토끼에게 바를 넘는 방법을 가르친다. 이후 허들의 높이를 천천히 높인다. 토끼가 허들 넘기에 익숙해지면 허들을 여러 개 세팅한 상태로 교육한다.

처음에는 바를 밟고 넘는 것부터 시작한다.

어때? 멋지지?

참고자료 일본래빗호핑협회(JRHA) 홈페이지 http://www.rabbithopping.jp

6. 집에서 하는 일상적인 몸 관리

▶ 건강을 위해 필요한 몸 관리

토끼를 건강하게 키우려면 식사와 청소뿐 아니라 빗질, 발톱 자르기 같은 몸 관리도 해야 한다. 둘 다 집에서 할 수 있는 관리지만 토끼가 너무 싫어한다면 무리하지 말고, 다른 사람의 도움을 받거나 동물병원에 부탁한다.

▶ 빗질로 건강을 지킨다

빗질하는 간격은 품종(모질)에 따라 다르다. 장모종은 잠깐이라도 소홀히 하면 털이 엉켜 버리므로 매일 빗겨 주는 것이 좋고, 단모종도 일주일에 한 번은 해야 한다. 환절기에는 가능하면 매일 빗질해 준다. 하루는 빗으로 빗고, 다음 날은 핸드그루밍으로 빠져나오는 털을 뽑아 준다.

비만이나 후구마비로 인해 그루밍을 못하는 토끼는 사람이 도와주어야 한다. 빗질은 여러 이유로 건강에 좋은 영향을 끼친다.

• 죽은 털 제거

빗질을 하면 죽은 털을 제거할 수 있다.

토끼는 그루밍을 할 때 몸을 핥으면서 죽은 털을 삼킨다. 위장 속에 약간의 털이 있는 것은 정상이지만 많은 양의 털을 삼키면 소화 기능에 문제가 생긴다. 소화 기능이 떨어지면 삼킨 털이 배설되지 못하고 위장 속에 정체된다. 이런 일을 예방하기 위해 빗질이 필요하다.

• 피부 질환 예방

빗질로 털에 붙은 티끌과 먼지를 제거한다.

털이 엉켜서 뭉치면 그 부분의 온도가 상승하면서 피부병이 생긴다. 빗질로 엉킨 털을 풀면 뭉친 털 속에 공기 흐름이 만들어져 습성 피부염 같은 피부 질환을 예방할 수 있다.

• **건강 상태 확인**

빗질하면서 피부에 상처나 혹이 있는지, 만지면 아파하는 곳이 있는지 확인할 수 있다.

빗질 순서

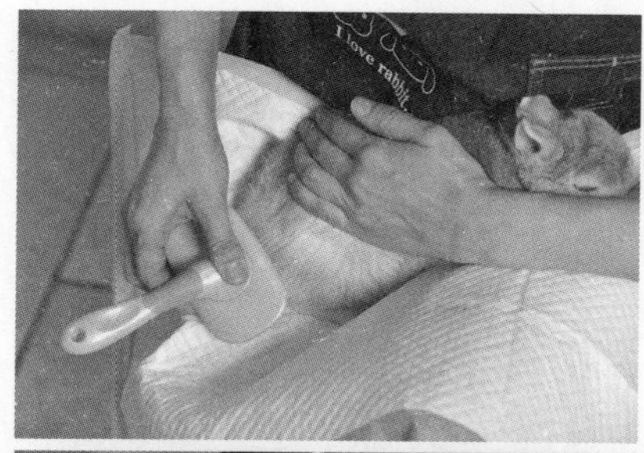

단모종 빗질

① 분무기로 몸에 물을 살짝 뿌린 후 털의 구석구석을 비벼서 물을 묻힌다. 그런 다음 털을 조금씩 들추면서 슬리커 브러시를 사용해 털을 제자리로 돌리는 느낌으로 빗질한다.

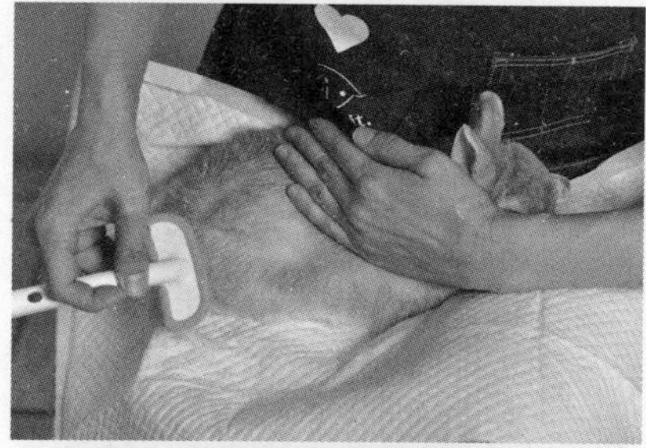

② 고무 브러시로 가볍게 누르면서 죽은 털을 제거한다.

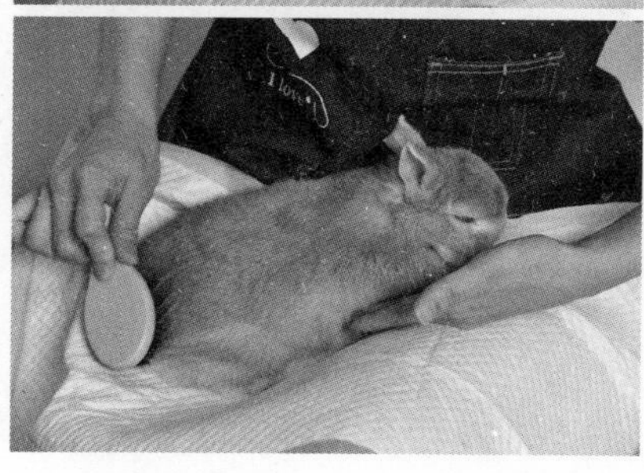

③ 털 브러시로 마지막 정리를 한다. 털에 윤기를 내고 물기를 없애는 과정이다.

장모종 빗질

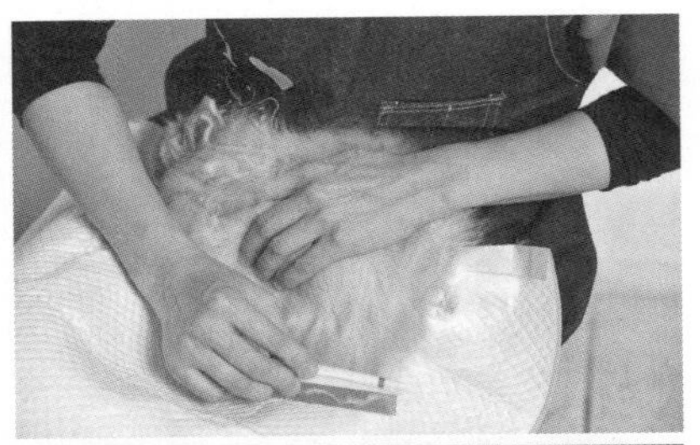

① 분무기로 몸에 물을 살짝 뿌린 후 참빗을 이용해 털의 흐름대로 빗질하면서 엉킨 털을 제거한다.

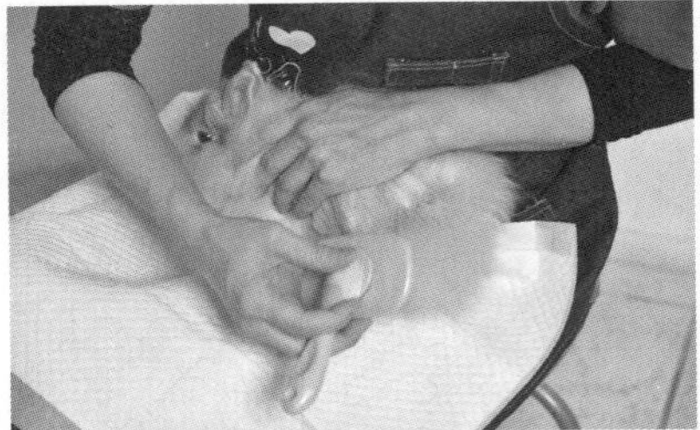

② 털을 들추면서 슬리커 브러시로 속털을 살살 빗긴다.

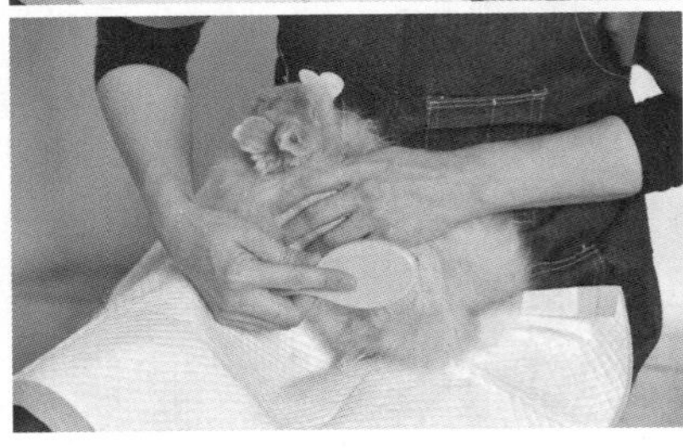

③ 털 브러시로 털을 정돈한다.

핸드 그루밍

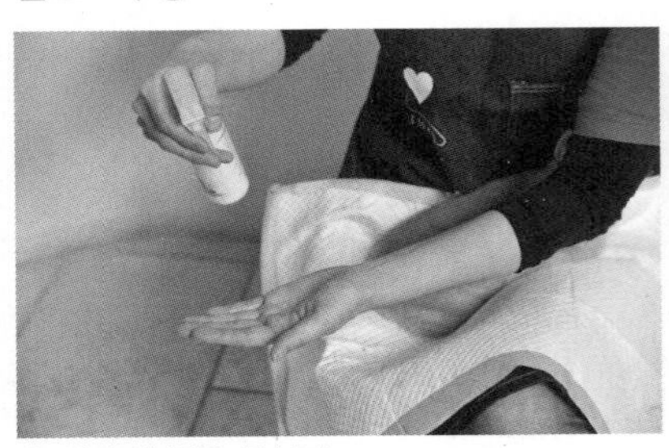

① 양손에 물을 묻힌다.

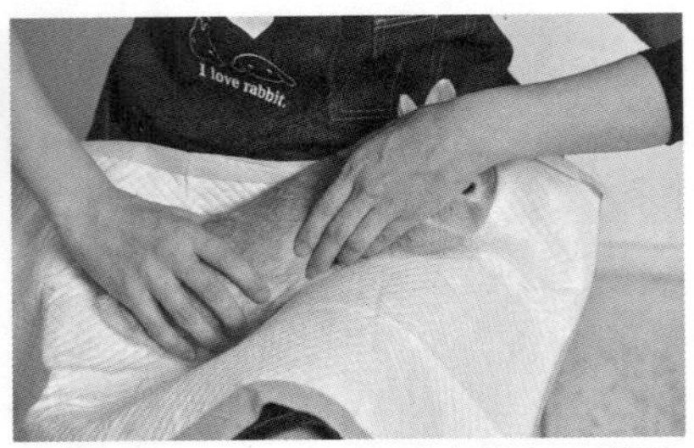

② 물이 묻은 양손으로 토끼의 털을 쓰다듬는다. 쓰다듬으면서 털 결을 정돈하면 죽은 털이 손바닥에 묻어 나온다.

엉킨 털 제거

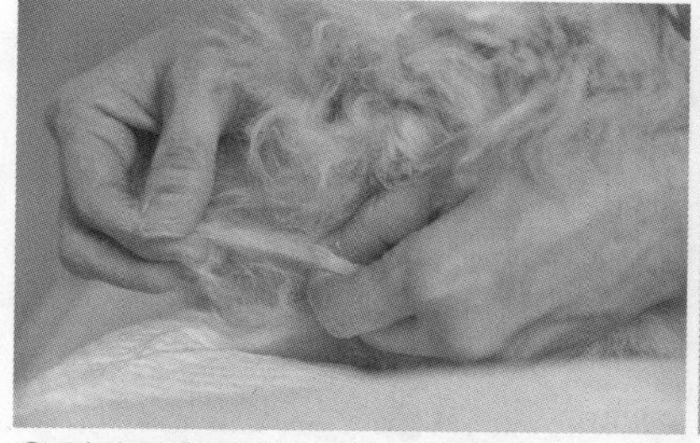

① 엉킨 털은 억지로 잡아 뜯거나 당기지 말고, 뿌리 쪽부터 살살 푼다.

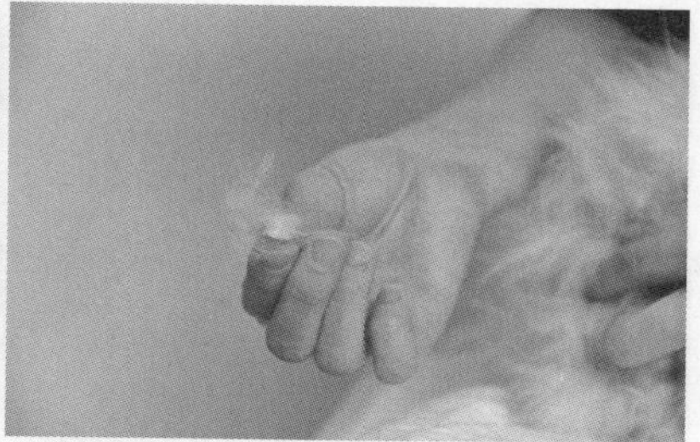

② 풀다 보면 자연스럽게 엉킨 털이 빠진다.

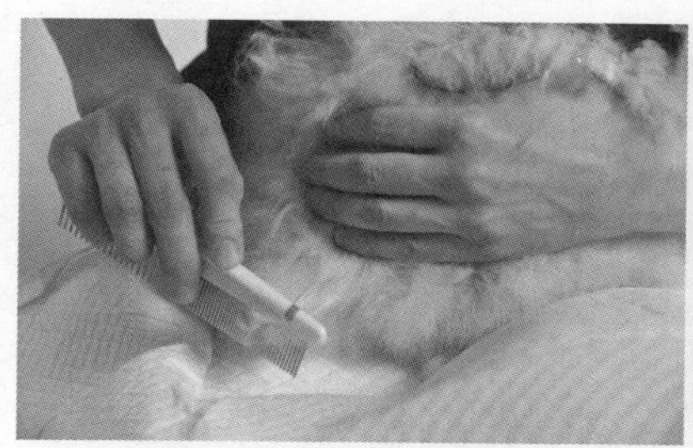

③ 털의 뿌리 쪽을 붙잡고 참빗으로 윗부분을 살살 빗긴다.

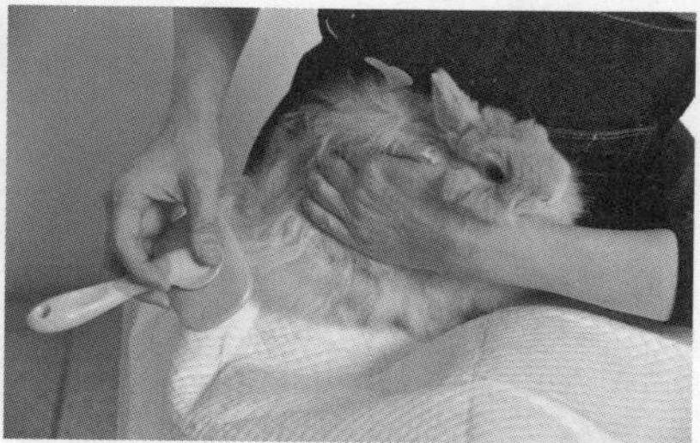

④ 엉킨 부분이 풀리면 슬리커 브러시로 털 결을 정돈한다.

▶ 발톱 자르기

발톱을 자르는 간격은 토끼마다 다르지만 1~2개월에 한 번이 일반적이다. 활발하게 움직이는 토끼보다 움직임이 적은 토끼가 발톱이 더 빨리 자란다. 토끼는 발톱을 자르는 걸 매우 싫어해서 반려인들은 발톱을 자를 때마다 애를 먹는 경우가 많다.

그러나 발톱이 길게 자라면 발톱 속에 있는 혈관도 함께 길어진다. 그래서 발톱을 자를 때 혈관까지 잘라 버릴 위험성이 높아진다. 집에서 자르기 어려울 때는 억지로 시도하지 말고 동물병원에 부탁한다.

발톱 자르는 순서

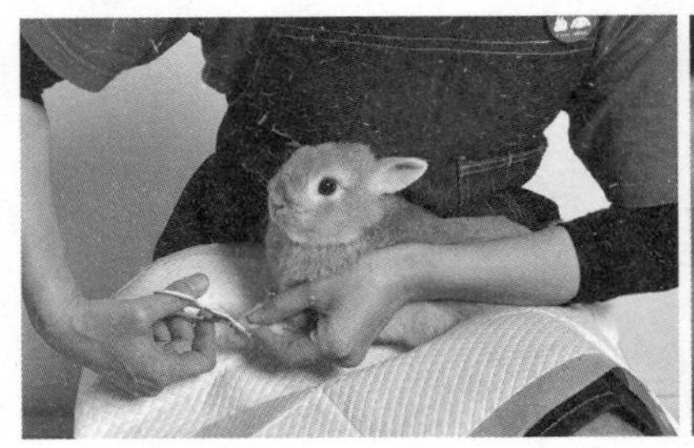

① 앞발의 발톱을 자르는 방법. 토끼가 움직이면 위험하므로 반려인이 몸과 왼팔로 토끼의 몸을 고정한다.

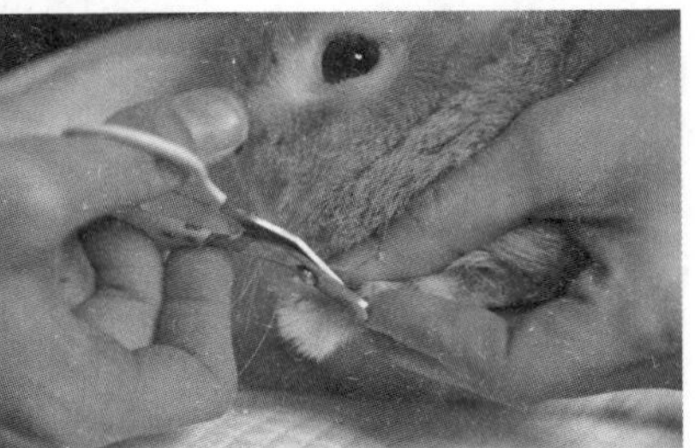

② 발톱 뿌리를 잡고 발톱을 자른다. 깊게 자르면 혈관에서 피가 나므로 앞쪽만 자른다.

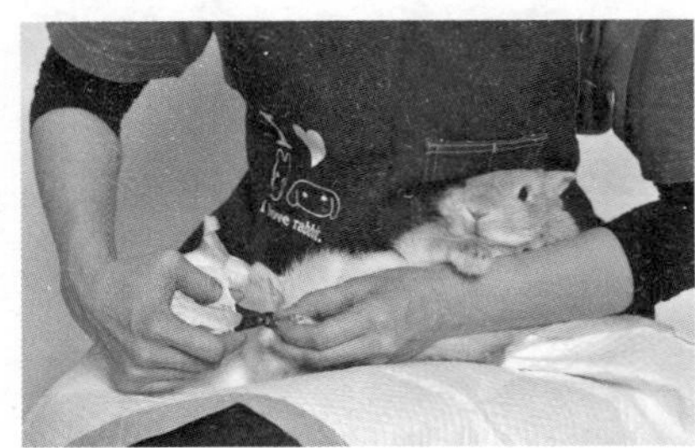

③ 뒷발의 발톱을 자르는 방법(뒤집어서 안을 수 있는 경우). 털 때문에 발톱이 잘 보이지 않을 때는 분무기로 물을 뿌려 털을 적신다.

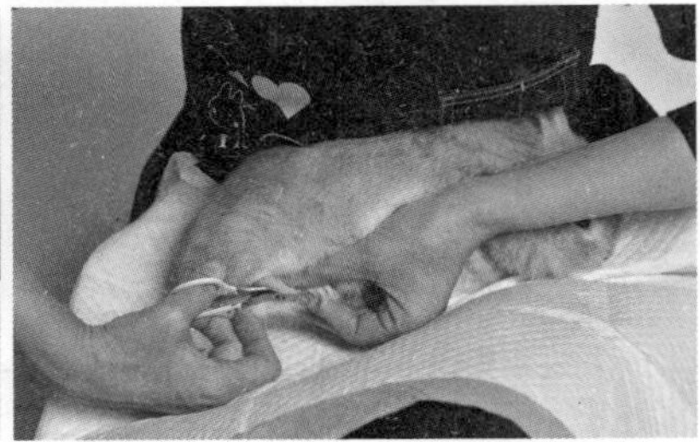

④ 엎드린 자세 그대로 뒷발의 발톱을 자르는 방법. 다리를 많이 잡아당기지 않도록 주의한다. 한 명은 토끼를 안고, 한 명은 발톱을 자르는 방법도 있다.

• 발톱이 길면 위험한 이유

반려토끼는 굴을 팔 기회가 적기 때문에 발톱이 길어질 수밖에 없다. 긴 발톱은 각종 안전사고의 원인이다. 주로 카펫의 올가미, 철망의 좁은 틈새, 올 간격이 넓은 천 등에 발톱이 걸린다. 걸린 발톱을 빼내려고 애쓰다가 발톱이 부러지거나 빠지고, 심할 경우 발가락이 골절된다. 앞발로 세수하다가 발톱으로 눈을 찌르기도 한다. 심하게 길어지면 걷기도 힘들어지고 약간의 충격에도 발톱이 부러져 피가 날 수 있다.

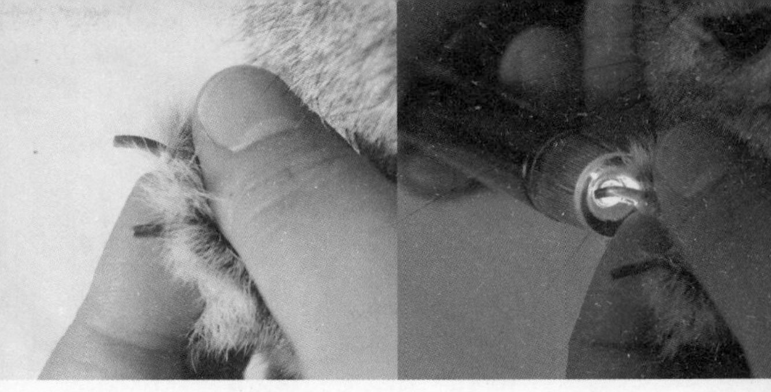

하얀 발톱에 빛을 비춘 모습. 분홍색 혈관이 보인다.

검은 발톱에 빛을 비춘 모습. 발톱이 검은 토끼도 많다.

토끼를 안으려다가 토끼의 발에 차인 경험이 있을 것이다. 그럴 때 토끼의 긴 발톱에 상처를 입을 수 있다. 이러한 상황을 막기 위해 정기적으로 토끼의 발톱을 잘라 주는 것이 좋다.

발톱이 길면 카펫의 올가미에 걸릴 위험이 있다.

발톱에는 혈관이 있다. 발톱을 자를 때 혈관을 자르지 않도록 주의한다. 하얀 발톱은 분홍색 혈관이 보여서 자르기 쉽다. 검은 발톱은 혈관이 잘 보이지 않으므로 펜 라이트로 빛을 비추어 혈관의 위치를 확인한다. (출혈이 있을 때의 응급처치는 386쪽 참조.)

▶ 집에서 하기 힘든 특수 케어

• 귀 청소

귀 청소는 평소에 할 필요가 없다.

귀지가 심하게 쌓이거나 귀에서 냄새가 날 때는 동물병원에서 진료를 받는 것이 좋다. 귀의 내부는 민감하고 상처가 잘 생기므로 토끼 전문 수의사에게 맡기는 것이 안전하다. 가정에서 귀 청소를 해야 할 때는 면봉에 귀 세정제를 묻힌 후 보이는 부분만 닦는다. 이때 귓속에 이물질이 들어가지 않도록 주의한다.

• 목욕·샴푸

치료를 목적으로 수의사가 지시한 것이 아니라면(피부 질환을 치료하기 위한 약물 목욕 등) 토끼의 몸에 물을 묻히는 것은 피한다.

설사, 묽은 변, 소변이 묻어 엉덩이가 심하게 더러울 때는 따뜻한 물로 더러운 부분만 닦고(샴푸는 사용하지 않아도 된다), 흡수성이 좋은 수건으로 수분을 재빨리 제거하여 토끼의 체온이 떨어지지 않게 한다.

• 이빨 자르기(트리밍)

앞니 부정교합은 정기적으로 이빨 길이를 정돈해야 하는데 동물병원에서 처치한다. 앞니는 눈에 보이는 부위라서 가정에서 자르려고 시도하는 반려인도 있다. 그러나 잘못된 처치는 이빨의 균열을 일으켜 치근에 나쁜 영향을 주거나 토끼를 다치게 할 수 있다. 반드시 토끼 전문 수의사에게 전문적인 처치를 받는 것이 좋다.

• 서혜부 취선 닦기

개나 고양이를 키우는 반려인은 항문샘의 분비물을 직접 짠다. 토끼도 서혜샘(샅고랑림프샘)에서 분비물을 분비하는데, 굳이 닦아 주지 않아도 된다. 사타구니 주변이 더럽거나 냄새가 심할 때는 동물병원에서 진료를 받는다.

7. 일상의 위험으로부터 토끼 보호하기

▶ 일상생활에도 위험이 숨어 있다

사육관리를 철저히 해도 부상이나 질병의 원인은 생각지도 못한 곳에서 생긴다. 근심걱정을 가득 안고 토끼를 키워서는 안 되지만 어디에 위험요소가 있는지, 어떻게 대처해야 하는지 미리 알아두어야 한다.

케이지

★ 철장 사이에 발톱이 끼어 발톱이 부러지거나 빠진다. → 정기적으로 발톱을 자른다. 발톱이 빠질 만한 틈을 막는다.

★ 높은 곳에서 뛰어내려 다친다. → 케이지가 2층이 있다면 높이를 낮춘다. 나이와 건강 상태에 따라 2층을 없앤다.

★ 철장을 갉아서 부정교합이 된다. → 철장을 갉는 습관을 들이지 않는다(철장을 갉지 않게 하려고 간식을 주는 등의 행위는 오히려 역효과). 갉아도 앞니에 나쁜 영향을 주지 않는 토끼용 건초 매트를 설치한다.

★ 건초가 눈을 찌른다. → 건초 그릇의 위치를 바꾼다. 건초 그릇 대신 바구니에 건초를 담아 바닥에 놓는 방법도 있다.

★ 바닥이 딱딱해서 발바닥에 염증이 생긴다. → 티모시 매트나 토끼용 방석을 깐다.

식사

★ 볼 급수기에서 물이 나오지 않는다. → 볼 급수기에서 물이 잘 나오는지 항상 확인하고, 설치 위치를 바꾼다. 볼 급수기를 물그릇 타입으로 바꾼다.

★ 건초 봉지에 들어 있는 방습제를 먹는다. → 건초 봉지 속에 있는 작은 방습제는 눈에 잘 띄지 않아서 건초와 함께 줄 수 있으니 주의한다.

실내(놀이장소)

★ 바닥이 미끄러워 발바닥에 염증이 생긴다. → 미끄러지지 않는 소재의 바닥재를 깐다(예를 들면 타일 카펫).

★ 카펫의 올가미에 발톱이 걸려 부러진다. → 올 간격이 촘촘한 카펫으로 바꾼다.

★ 전선을 갉아 감전된다. → 토끼가 다니는 장소에 전선을 두지 않는다. 전선 커버를 씌운다.

★ 위험한 것을 갉아 중독된다. → 독성이 있는 관엽식물, 약품 등을 토끼가 노는 장소에 두지 않는다.

★ 사람이 걷다가 실수로 토끼를 찬다. → 토끼는 언제든 사람의 발 근처로 올 수 있음을 명심하고 살살 걷는다.

★ 문틈에 끼인다. → 항상 토끼가 어디에 있는지 살핀다. 문을 닫을 때는 살살 닫는다.

▶ 토끼 산책의 위험성

토끼는 산책이 필요한 동물이 아니다. 그런데 반려인이 친목을 목적으로 토끼 산책 모임을 하기도 한다. 그러나 토끼 산책은 위험한 부분이 있고, 모든 토끼가 산책을 즐기는 것은 아니다. 어떤 위험이 있는지 꼭 미리 알아본 뒤에 토끼 산책을 할지 하지 않을지를 결정한다.

물리적 위험

★ 다른 토끼와 접촉함으로써 싸움이 일어나거나 교미, 임신할 수 있다. '여러 마리 키우기'(72쪽 참조) 부분에서도 다룬 것처럼 토끼의 교미는

순식간에 끝나므로 반려인도 모르게 임신하는 사례가 있다.

★ 갑자기 탈출해서 행방불명 및 교통사고를 당할 수 있다. 사람은 도망가는 토끼를 잡을 수 없다는 걸 명심한다.

★ 개, 고양이, 까치, 까마귀 등의 습격을 받을 수 있다. 산책 중에 개나 고양이를 만나면 바로 토끼를 안아 올려 보호한다.

★ 농약, 살충제, 제초제를 뿌린 식물을 먹거나, 독성 식물 및 물질을 먹어 중독을 일으킬 수 있다. 이런 것들을 뿌렸는지 확인하고, 야생초는 안전이 검증된 것만 먹게 한다. 배기가스로 오염된 식물, 개와 고양이의 배설물이 묻은 식물도 피한다.

★ 벼룩, 진드기 등의 기생충에 감염될 수 있다.

★ 열사병을 일으킬 수 있으니 여름에는 토끼를 데리고 외출하지 않는다.

★ 어린아이들은 귀여운 토끼를 만지거나 안고 싶어하지만 떨어뜨릴 위험이 있다.

심리적 위험

★ 토끼는 경계심과 호기심을 둘 다 가지고 있는 동물이다. 둘 중 어느 쪽 성향이 강한가에 따라 산책을 즐기거나 무서워한다.

★ 경계심이 강한 토끼는 산책을 하면 심한 스트레스를 받는다. 발바닥에 닿는 낯선 감촉, 한 번도 맡은 적 없는 냄새 모두 경계 대상이 된다. 반면 호기심이 강한 토끼는 처음엔 경계해도 바로 주변의 새로운 환경에 심취할 것이다.

★ 자신의 토끼가 어떤 성격인지 잘 파악한다.

안전한 산책을 위해 주의할 점

★ 산책할 장소를 사전 답사한다. 개의 산책 코스인지, 길고양이가 있는지, 제초제를 뿌렸는지 등을 확인한다.

★ 토끼도 반려인도 하네스와 리드줄에 익숙해야 한다. 실내에서 미리 적응 연습을 한다.

★ 덥고 추운 시기는 피한다(기온이 오르는 5~10월은 피하는 게 좋다).

★ 마실 물을 준비한다.

★ 배설물을 처리한다.

★ 귀가 후에 발바닥을 포함하여 토끼의 전신을 점검한다(상처, 오염, 기생충 등).

★ 일주일 정도 변 상태와 식욕을 관찰한다.

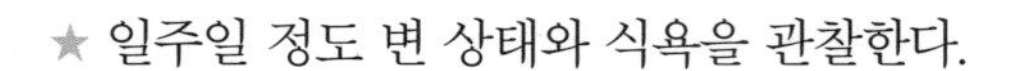

8. 질병 조기 발견을 위한 건강 일지 쓰기

▶ 매일 관찰하여 기록으로 남긴다

토끼는 인간의 언어로 몸이 아프다고 말하지 못한다. 또한 천적에게 포식당하는 동물이라 아파도 티 내지 않는다. 그래서 반려인이 알아차렸을 때는 상태가 이미 나빠진 경우가 많다.

토끼의 고통을 빨리 눈치채고 조기에 치료하면 완치 가능성이 높다. 또한 환경 개선만으로도 큰 병을 예방할 수 있다. 그러려면 토끼를 매일 관찰하는 것이 중요하다.

관찰한 토끼의 상태를 다 기억하는 것이 어려우므로 '건강 일지'를 쓰면 몸 상태의 변화를 확인하거나 나빠진 원인을 추측할 때 도움이 된다.

• 건강 일지에는 무엇을 쓸까?

식욕, 활발함, 배설물 상태, 몸의 이상을 기록하고, 정기적으로 체중을 재서 적어 둔다. 매일 토끼의 몸 상태를 기록하는 것이 가장 좋다.

반려동물용 건강 수첩은 종이로 된 것과 스마트폰·컴퓨터용 애플리케이션이 있다. 전용 수첩을 준비하거나 표 계산 프로그램을 만드는 것도 좋다.

매일 기록하는 것이 어렵다면 변화가 있을 때만이라도 반드시 기록한다. 변이 작아지는 등 토끼의 상태에 변화가 있을 때, 사료의 종류를 바꿨거나 새로운 음식을 먹였거나 용품의 위치를 바꾸는 등 토끼의 환경에 변화가 있을 때, 집에 손님이 오거나 건물 외장 공사를 하거나 태풍이 오는 등 주위에 변화가 있을 때 기록한다.

어떤 일이 있을 때 몸 상태가 어떻게 바뀌는지 파악하면 미리 예방할 수도 있다.

• 생활 리듬을 기록한다

토끼를 종일 관찰할 순 없지만 생활 리듬을 시간별로 기록해 둘 수는 있다. 일어나는 시간, 식욕이 왕성한 시간, 맹장변을 먹는 시간, 활발한 시간 등을 파악하면 평소와 다른 상태를 빨리 알아차릴 수 있다.

9. 정기적인 건강검진

▶ 정기적으로 동물병원에 가야 하는 이유

건강 상태를 매일 확인해도 알 수 없는 질병과 정밀 검사를 받아야 알 수 있는 질병이 있다. 토끼를 진료할 수 있는 동물병원에서 정기적으로 건강검진을 받는다.

건강검진 항목은 동물병원마다 다르고, 반려인이 어디까지 검사를 원하느냐에 따라 달라진다. 38~44쪽에 소개한 건강검진 항목은 매우 세세한 검사까지 진행한 예시다. (건강검진 항목에 대해서는 333~350쪽도 참조.)

▶ 해마다 변하는 몸 상태를 보기 위해

건강검진의 목적은 질병의 발견뿐 아니라 해마다 변하는 토끼의 몸 상태를 알기 위함도 있다.

노령이 된 후 또는 상태가 나빠진 후에 동물병원에 가는 것보다 건강할 때 데이터를 쌓는 것이 중요하다. 장기간 쌓아온 데이터가 있으면 현재 진행되는 변화가 노화인지, 원래 갖고 있던 체질인지를 판단할 수 있다.

또한 건강할 때 진료받는 것에 적응하면 아파서 병원에 갔을 때 스트레스를 덜 받는다. 젊을 때는 일 년에 한 번, 노령이 되면 6개월에 한 번 정도 건강검진을 받는다.

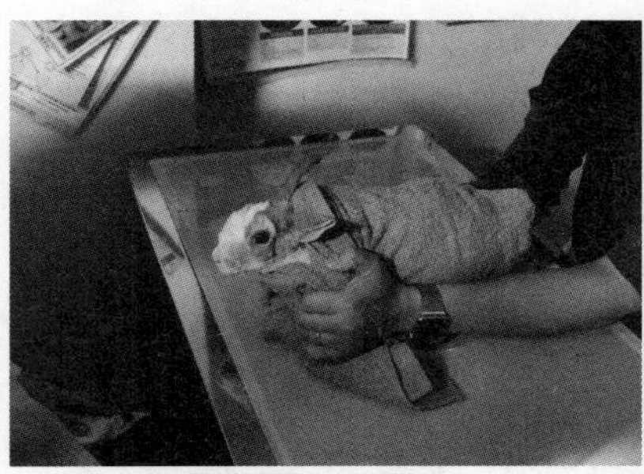
정기적으로 건강검진을 받는다.

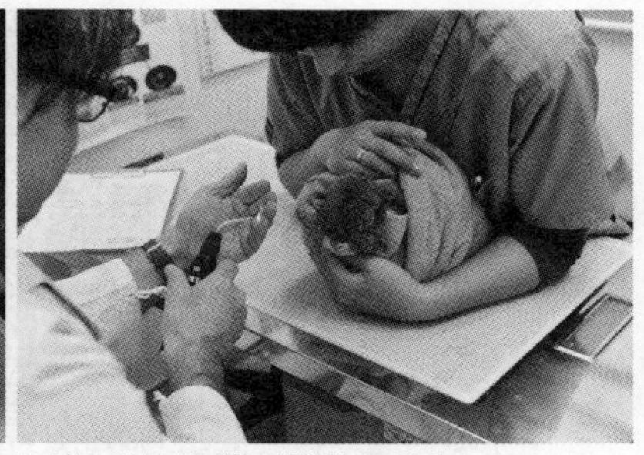
노화로 인한 질병을 발견할 수 있다.

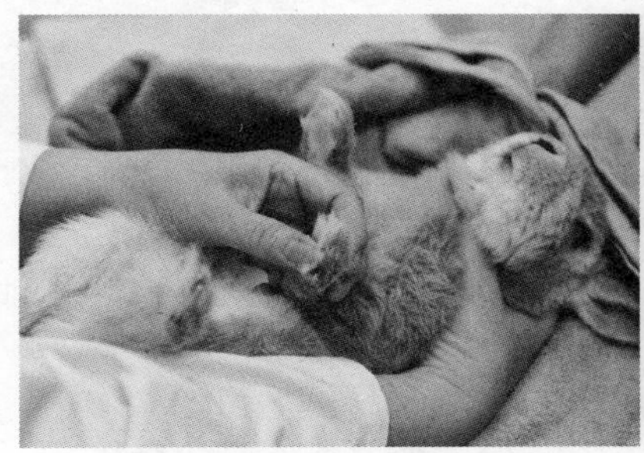
발톱 길이, 발바닥에 탈모와 굳은살이 있는지 확인한다.

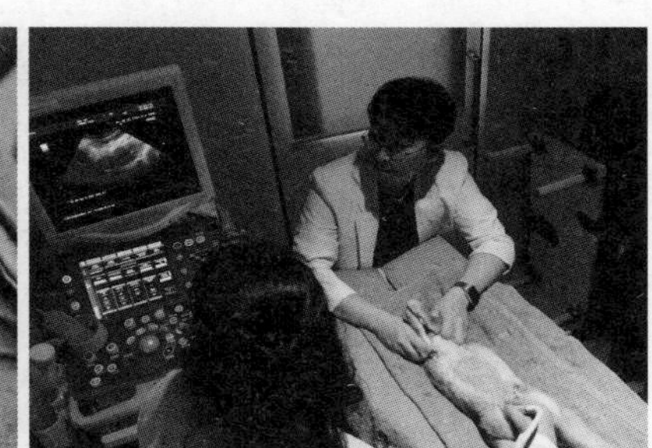
초음파 검사 모습

10. 아플 때 대비하기

▶ 안기, 주사기로 먹이기, 유동식 경단 먹이기

토끼의 수명이 길어지면서 일상 케어뿐 아니라 간호와 간병도 필요해졌다. 토끼가 아플 때 간호를 처음 시도하기보다는 젊고 건강할 때부터 간호 요령을 익히는 게 좋다. 그래야 토끼도 반려인도 그 상황에 빨리 적응한다.

토끼를 편안하게 안을 수 있으면 진료를 받거나 간호할 때 반려인도 토끼도 스트레스를 받지 않는다.

예를 들면 토끼를 안는 것도 간호 요령에 해당한다. 투약이나 강제 급여를 하려면 토끼의 몸을 잡아야 하는데 토끼가 안기거나 붙잡히는 것에 익숙하지 않으면 큰 스트레스를 받고, 사람도 긴장하게 된다. 토끼를 편안하게 안는 건 반려인의 즐거움일 뿐 아니라 간호에도 도움이 된다.

주사기로 약을 먹여야 할 때도 있다. 주사기로 음식을 받아먹는 것에 익숙하면 토끼는 물론, 반려인도 불안감 없이 간호할 수 있다.

토끼가 유동식 경단(362쪽 참조)을 잘 먹으면 토끼에게 스트레스를 주는 강제 급여를 하지 않아도 된다.

건강할 때부터 주사기로 음식을 먹여 본다.

▶ 이동장에 들어가기, 차타기

동물병원에 가거나 외출할 때는 토끼를 이동장에 넣고 이동해야 하는데, 이때 불안감과 스트레스를 받는 토끼들이 많다. 따라서 평소에 이동장에 들어가는 훈련을 시켜야 한다.

적응 연습을 시킬 때는 이동장의 문을 열고 안에 간식을 넣는다. 이동장에서 간식을 발견한 토끼는 이동장에 들어가면 좋은 일이 생긴다고 학습한다. 토끼를 이동장에 넣고 집 안을 돌아다니면 무게가 어떤지, 이동장 외에 다른 짐을 들 수 있는지 등도 미리 파악할 수 있다.

토끼를 이동장에 넣고 차를 이용해서 단거리 외출을 해보는 것도 좋다. 이동장은 반드시 안전벨트로 고정한다.

이동장에 들어가는 것을 싫어하는 토끼가 많다. 평소 이동장에 적응시킨다.

주치의 찾기

토끼를 진료하는 병원은 많지 않다

토끼를 키우기로 했다면 입양하기 전에 토끼를 진료하는 동물병원을 미리 찾아놓는다.

근처에 동물병원이 많아도 동물병원의 주요 고객은 개와 고양이다.

개, 고양이와 토끼는 같은 포유류지만 소화기관과 이빨의 구조, 대사작용과 성질, 다루는 법에 이르기까지 상당 부분이 다르다. 게다가 수의대에서 주로 배우는 것은 개와 고양이 치료법이다. 토끼의 생리 생태와 치료 방법은 거의 배울 기회가 없다. 토끼를 진료하는 동물병원이 적은 이유다.

요즘에는 토끼와 새, 파충류 등의 특수동물(개와 고양이 외의 소동물)을 진료하는 동물병원이 늘고 있고, 토끼 진료를 적극적으로 하는 동물병원도 있다. 하지만 지역 차가 있어서 주로 도심지에 몰려 있고 지방에서는 찾아보기 힘들다. 따라서 토끼가 아플 때 급하게 병원을 찾기가 쉽지 않고, 잘못하면 치료 시기를 놓칠 수 있으니 토끼 진료 병원을 미리 알아두는 것이 좋다.

동물병원 찾는 법

단골 동물병원은 가까운 게 좋다. 만약 근처에 동물병원이 있다면 토끼를 진료하는지 물어본다.

인터넷에서 '토끼 전문병원'을 검색해서 입소문이 좋은 곳을 찾거나 믿을 수 있는 토끼 전문점에 문의하거나 토끼를 키우는 반려인에게 물어본다.

▶ 실제로 방문하기

토끼 진료 병원을 찾았으면 건강검진이나 상담차 방문해 본다(예약이 필요한 곳도 있으므로 사전에 확인한다).

주치의를 정할 때 중요한 것은 정확한 치료를 하는 실력과 수의사와 보호자의 궁합이다. 소중한 토끼를 안심하고 맡길 수 있을 만큼 신뢰감이 드는지, 진찰과 치료에 대해 궁금한 것이 있을 때 상담할 수 있는지, 수의사가 이해하기 쉽게 설명해 주는지 등을 실제로 만나 대화하면서 확인한다.

서로 신뢰 관계를 구축할 수 있는 수의사를 만나는 것이 가장 좋다.

▶ 확인해야 할 것

예약제인지, 예약제라도 긴급할 때 처치를 받을 수 있는지, 휴진일과 진료 시간은 언제인지 등을 확인한다. 단골 동물병원의 휴진일과 운영 시간을 조사해 둔다. 야간이나 24시간 진료하는 동물병원이 있다면 토끼를 진료하는지 사전 문의한다.

토끼를 진료하는 동물병원은 많지 않아서 단골 동물병원이 집에서 멀 수도 있다. 그럴 때는 응급 시 어떻게 대처해야 하는지 미리 계획을 세워 둬야 한다. 시간을 다투는 질병이나 부상은 멀리 있는 단골 병원에 가기보다는 가까운 동물병원에서 처치를 받는 것이 좋을 수 있다. 치료 내용과 검사 데이터가 필요할 수 있으므로 사전에 수의사와 상담한다.

토끼가 아프기 전에 동물병원을 찾아간다.

2장

토끼에게 흔한 질병

토끼도 다양한 질병에 걸린다. 병을 예방하고, 병에 걸렸을 때 조기에 발견하고 치료하려면 토끼가 어떤 병에 잘 걸리는지 알아두어야 한다. 토끼에게 흔한 질병을 중심으로, 최신정보와 함께 이해하기 쉽게 소개한다.

토끼에게 흔한 질병

토끼의 3대 질병

부정교합
위장정체
세균성 피부염

아기 토끼에게 많은 질병

대장균증
장독소혈증
장콕시듐증
바이러스성 장염 등

노령 토끼에게 많은 질병

농양
비절병
치과 질환(부정교합, 치근이상, 농양)
눈물길(비루관)폐쇄
유루증
백내장
눈의 감염증, 농양
만성 호흡기 질환
생식기 질환(자궁선암종, 낭포성 유선염, 상상임신으로 인한 유선이형성 등)
만성 신부전
요로결석증 등

토끼끼리 감염되는 질병

콕시듐증
티저병
토끼 요충
파스튜렐라감염증
피부사상균증
트레포네마증(토끼매독)
외부기생충(털진드기증, 벼룩, 이, 귀진드기증)
엔세팔리토준증 등

여러 마리를 키울 때 생길 수 있는 질병

*토끼끼리 감염되는 질병 외
창상 등

먹는 것이 원인인 질병

부정교합
위장정체 등의 소화기 질병
고칼슘뇨증 등

암컷의 질병

*중성화수술을 하지 않았을 경우
생식기 질환(자궁선암종, 낭포성 유선염, 상상임신으로 인한 유선이형성 등)
상상임신 등

수컷의 질병

*중성화수술을 하지 않았을 경우
고환염
이상행동(소변 스프레이 등) 등

성향에 따라 걸리기 쉬운 질병

*신경질적인 토끼
위장정체 등 스트레스가 원인인 질병
*활발한 토끼
골절 등의 외상

증상으로 질병 찾기

먹는 모습 이상 증상

입과 이빨 이상 증상

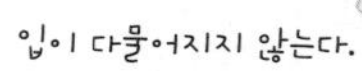

코 이상 증상

눈 이상 증상

귀 이상 증상

귀지가 쌓인다.

붉게 충혈된다.

그 외 얼굴 이상 증상

턱이 부어 있다.

얼굴에 딱지가 생겼다.

대변 이상 증상

변이 작아졌다.

묽은 변

설사한다.

소변 이상 증상

혈뇨

암모니아 냄새가 심해졌다.

잘 가리던 화장실을 가리지 못한다.

배뇨 자세를 취하지만 소변이 나오지 않아 배에 힘을 준다.

그 외 배설물 이상 증상

질 분비물

털 이상 증상

회음부에
짓무름이 생겼다.

탈모

피부와 몸 상태 이상 증상

유두가 빨갛다.

배가 빵빵하다.

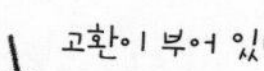

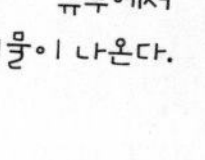

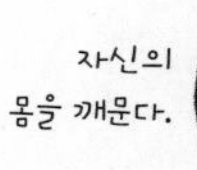

몸을 만졌을 때 이상 증상

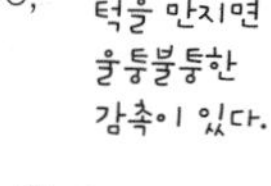

다리 이상 증상

호흡 이상 증상

체중 이상 증상

행동 변화

가만히 있는다.

배에 힘을 주고 웅크리고 있다.

머리를 흔든다.

사경

사람을 문다.

몸이 선회 / 회전한다.

케이지를 집요하게 갉는다.

어금니 부정교합molar malocclusion

▶ 어금니 부정교합이란?

부정교합이란 이빨의 맞물림이 비정상적인 상태를 의미한다. 반려토끼에게 상당히 흔한 질병으로, 토끼는 모든 이빨이 평생 자라기 때문에 앞니와 어금니에 모두 부정교합이 생길 수 있다.

어금니 부정교합은 선천적인 경우도 있으나 대개는 평소 먹는 음식이 원인이다. 토끼의 주식은 섬유질이 풍부한 식물이다. 식물의 섬유질을 삼키기 위해 토끼는 어금니를 좌우로 움직여 섬유질을 갈아 으깨는데, 이 과정에서 어금니의 이빨머리가 적절하게 갈려 정상 길이를 유지한다.

쉽게 부스러지는 음식, 섬유질이 적은 음식, 앞니로 갉기만 해도 삼킬 수 있는 음식을 많이 먹으면 어금니의 본래 기능인 갈아 으깨는 일을 거의 하지 않게 된다. 그렇게 지내다 보면 어금니의 이빨머리가 구석구석 제대로 갈리지 않아 에나멜질의 일부가 가시처럼 뾰족해진다. 이렇게 뾰족해진 위턱 어금니는 볼 쪽으로 자라 볼 안쪽을 찌르고, 아래턱 어금니는 혀를 향해 자라 혀에 상처를 낸다(115쪽 그림 참고). 이런 상태가 되면 토끼는 통증을 느껴 어금니를 사용하지 않는다. 그 결과 저작운동에 관련된 근육인 깨물근과 측두근이 위축되어 턱이 위축되거나 골밀도가 저하되는 악순환에 빠진다.

원래 아래턱 어금니는 혀가 있는 안쪽 방향으로 살짝 기울어져 있다. 그런데 이빨을 만드는 조직에 장애가 생기면 위아래 이빨이 맞물리는 면인 교합면에 압력이 골고루 가해지지 않아 어금니가 점점 뾰족해진다.

토끼의 이빨은 계속 자란다. 그래서 어금니 맞물림이 정상이라 해도 이빨머리가 깎이지 않으면 치근(이빨 뿌리)이 거꾸로 자라는 현상이 일어난다. 이것이 치근농양의 원인이다.

이빨머리를 깎는 행위, 즉 이갈이를 제대로 하려면 이빨이 수평 저작운동을 해야 한다. 이빨의 수평 저작운동은 건초 같은 섬유질이 많은 음식을 갈아 으깨면서 이루어진다. 이것이 토끼의 주식으로 건초를 제공하는 이유다.

식사 내용 외에도 어금니 부정교합을 일으키는 다른 요인이 있다. 노화로 치근이 헐거워져 이빨 맞물림이 어긋나거나, 치주낭을 통해 치근이 세균에 감염되어 이빨이 비정상적으로 만들어지거나, 유전이 원인인 경우도 있다.

어금니에 부정교합이 생기는 구조

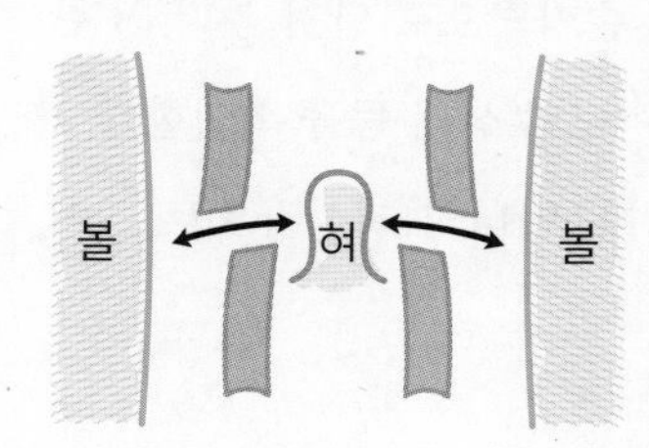

① 토끼가 섬유질이 풍부한 식물을 씹으면 아래턱 어금니가 좌우로 폭넓게 움직인다. 그로 인해 위아래 어금니 이빨머리가 구석구석 깎여 나간다.

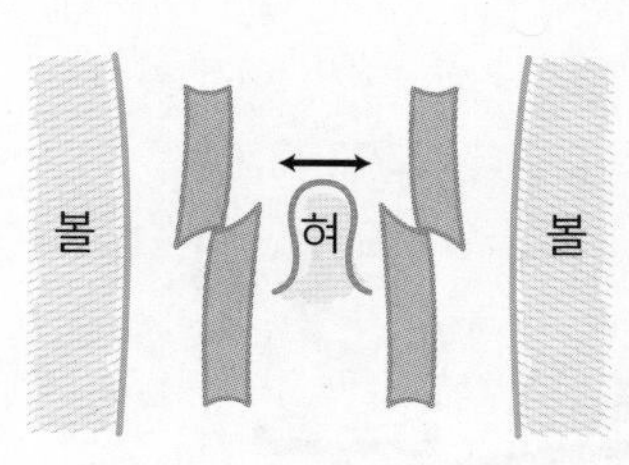

② 그런데 섬유질이 적은 음식을 먹으면, 어금니를 좌우로 크게 움직일 필요가 없어서 아래턱 어금니가 움직이는 폭이 좁아진다. 그 결과, 위아래 어금니가 제대로 갈리지 않아 위턱 어금니는 볼 쪽으로, 아래턱 어금니는 혀 쪽으로 가시처럼 자란다.

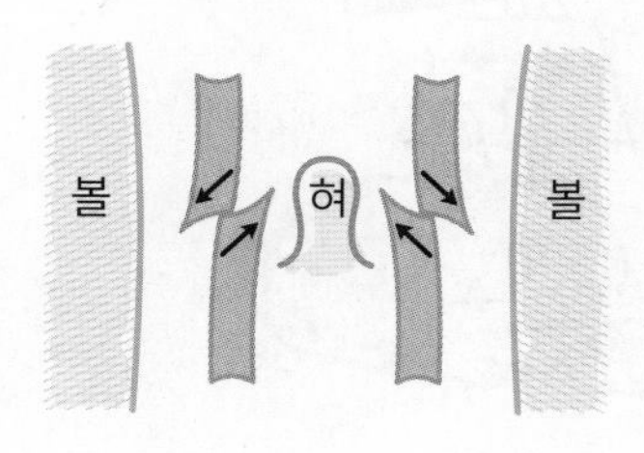

③ 이빨 맞물림이 한 번 어긋나면 이빨은 잘못된 방향으로 자란다. 위턱 어금니는 볼 안쪽에, 아래턱 어금니는 혀에 상처를 내고, 토끼는 통증 때문에 식욕을 잃는다. 이러한 상태는 입 안의 골격, 신경, 근육, 관절에 나쁜 영향을 미친다.

소형 토끼의 경우 다른 토끼에 비해 턱이 작다. 그러나 이빨 크기는 큰 토끼와 다르지 않아 선천적으로 치열이 비정상인 채로 태어나기도 한다.

칼슘대사의 이상도 원인이 될 수 있다. 토끼가 섭취하는 칼슘과 인의 비율이 부적절하거나, 비타민 D가 결핍되면 정상적인 뼈 형성에 문제가 생겨 뼈가 약해지고 턱의 골피질(뼈 외각층에 있는 조직)이 얇아진다. 그 결과, 치근이 헐거워지거나 치열에 이상이 생기고, 결국 위아래 이빨이 제대로 갈리지 않게 된다. 또한 이빨의 성장 단계에서 영양 불균형 및 비타민 D 결핍으로 칼슘이 부족해지면 두개골이 변형되어 부정교합을 초래할 수도 있다.

앞니의 상태는 보호자가 직접 확인할 수 있지만 어금니는 가정에서 확인하기 어렵다. 토끼의 입은 매우 작고 크게 벌어지지 않아 어금니는 수의사의 도움을 받아야 한다. 동물병원에서는 이경, 후두경, 내시경 등으로 검사하거나 미세한 에나멜질 가시를 확인하기 위해 손가락으로 만져 본다. 또한 엑스레이 촬영으로 이빨의 길이, 이빨 맞물림, 치근의 상태 등을 확인한다.

어금니 부정교합은 모든 연령대에서 발생하며, 앞니의 과성장으로도 이어진다.

원인

▶ 주요 증상

식욕이 없거나, 먹고 싶은데 못 먹거나, 부드러운 것밖에 못 먹는다. 입에 문 음식을 떨어뜨리거나 턱 움직임이 이상해지는(아래턱을 좌우 방향으로 움직이는 게 정상) 등 음식을 먹는 모습에 변화가 생긴다.

입 안 통증과 위화감 때문에 이빨을 갈거나 공격적으로 변한다. 입을 벌리고 있거나 침을 많이 흘리는 모습도 볼 수 있다. 그루밍을 제대로 하지 못해서 입 주위와 턱·가슴·앞발이 침으로 범벅이 되고, 침이 말라붙어서 털이 꺼슬꺼슬해진다. 턱 밑에 습성 피부염이 생긴다.

식사량이 줄기 때문에 장내세균총 균형이 무너져 변의 크기가 작아지고 양이 적어진다. 설사나 위장정체를 일으키고 체중이 감소한다.

치근이 아래로 자라면 턱을 만졌을 때 울퉁불퉁한 감촉이 느껴지거나 턱이 부어 있다. 통증 때문에 턱 만지는 걸 싫어한다. 치근농양 또는 치근이 안구를 밀어내 안구가 돌출된다. 통증 때문에 또는 치근이 눈물길(비루관)을 압박하여 눈에 눈물이 고인다. 눈물길이 세균에 감염되어 하얀 눈물이나 콧물을 흘린다.

앞니가 길어지는 것은 어금니 부정교합의 첫 징후일 가능성이 있다.

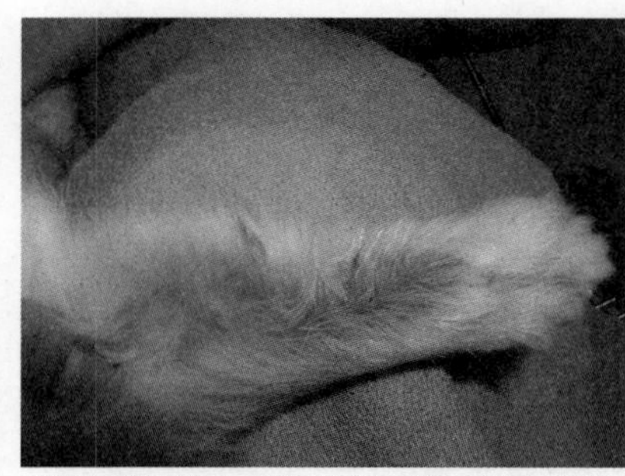
앞발로 침을 닦기 때문에 앞발 안쪽의 털이 거칠어진다.

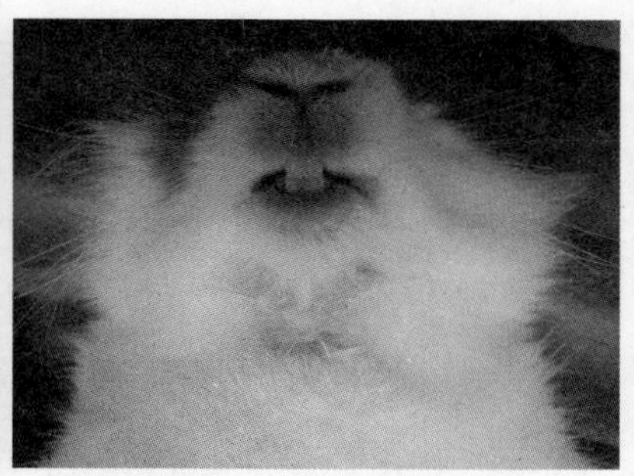
턱 밑의 털이 침으로 범벅되어 있다.

▶ 치료법

먼저 눈으로 상태를 확인한 뒤 엑스레이 촬영을 한다. 상태에 따라서는 CT 검사도 한다.

부정교합을 일으킨 어금니의 이빨머리를 깎아서 다듬는다. 보통은 입 안 구석구석을 확인하기 위해 마취를 하지만, 성격이 온순하거나 뾰족한 부분만 깎으면 되는 상태라면 마취하지 않고 시술하기도 한다.

이빨을 깎고 나면 토끼는 입 안이 이상하다는 느낌을 받고 씹는 힘이 떨어지므로 물에 불린 사료처럼 먹기 쉬운 음식을 준다. 그 음식들을 잘 먹을 정도로 상태가 좋아지면 충분히 씹어야 하는 건초 같은 음식을 준다.

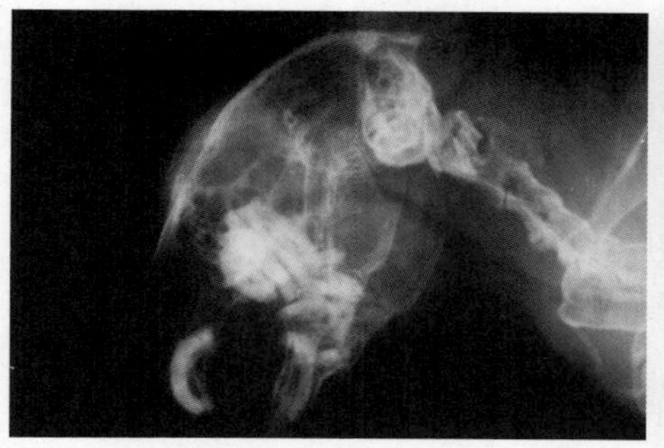

부정교합 엑스레이 사진. 가지런히 모여 있어야 할 어금니 이빨머리가 제각각의 방향으로 휘어져 있다. 치근은 폐쇄된 채 석회화(칼슘염이 침착된 것)되어 있고, 치근이 안구를 누르고 있다.

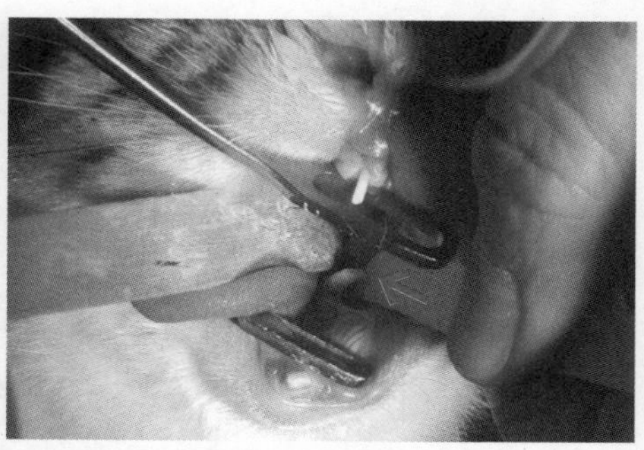

어금니가 상당히 길게 자라 있다.

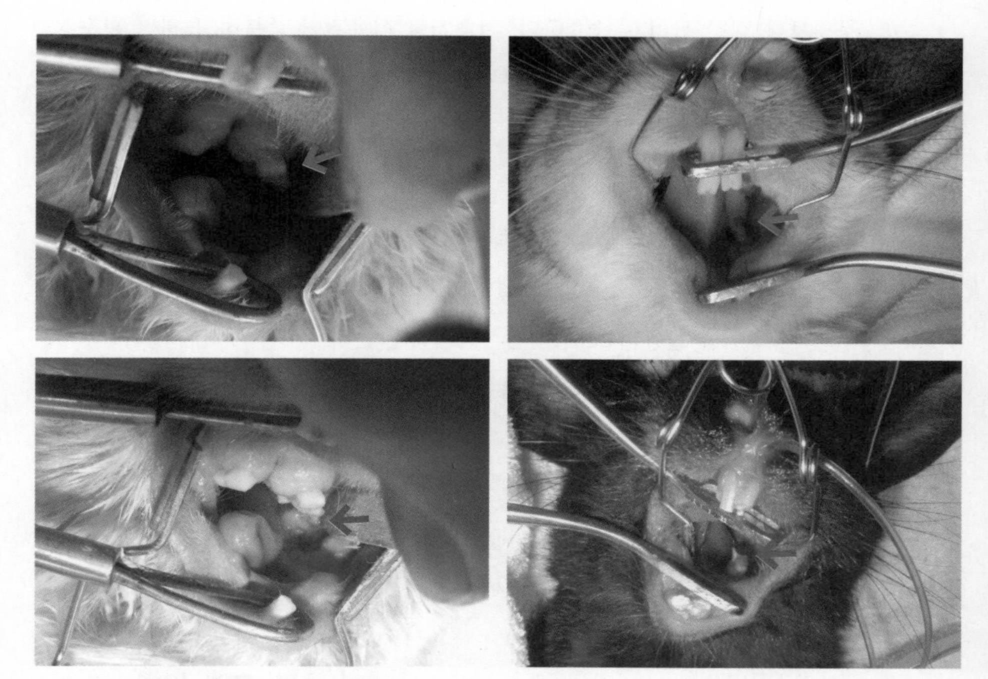

위턱 어금니가 볼 쪽으로 자라서(위), 볼 안쪽 점막이 괴사되었다(아래).

아래턱 어금니가 혀 쪽으로 가시처럼 솟아 있다.

어금니 부정교합은 한 번 발병하면 정기적으로 깎아 주어야 하는데 이것을 트리밍이라 한다. 트리밍은 1~2개월에 한 번이 기준이지만 개체에 따라 달라진다.

흔들리는 이빨은 치근이 세균에 감염된 것이다. 이때는 상황과 시기를 잘 판단하여 발치한다.

젊은 토끼의 부정교합은 근본적인 원인이 따로 있을 가능성이 높으므로 원인을 찾고 지속적인 치료가 필요하다.

▶ 예방법

무엇보다 식단 관리가 중요하다. 건초처럼 섬유질이 풍부하고 저작 횟수가 많은 음식을 충분히 급여한다. 사료는 섬유질 함량이 낮고 씹는 횟수가 적으므로 사료만 먹여서는 안 된다.

치근농양으로 발전하지 않도록 조기에 발견해야 한다. 먹는 모습과 변 상태, 체중 변화를 주의 깊게 관찰한다.

선천성 부정교합은 유전될 가능성이 크다. 부정교합이 있는 토끼, 부정교합이 생기기 쉬운 혈통의 토끼는 번식시키지 않는다.

정기적으로 구강과 턱 건강검진을 받는다.

예방

건초를 충분히 먹인다.

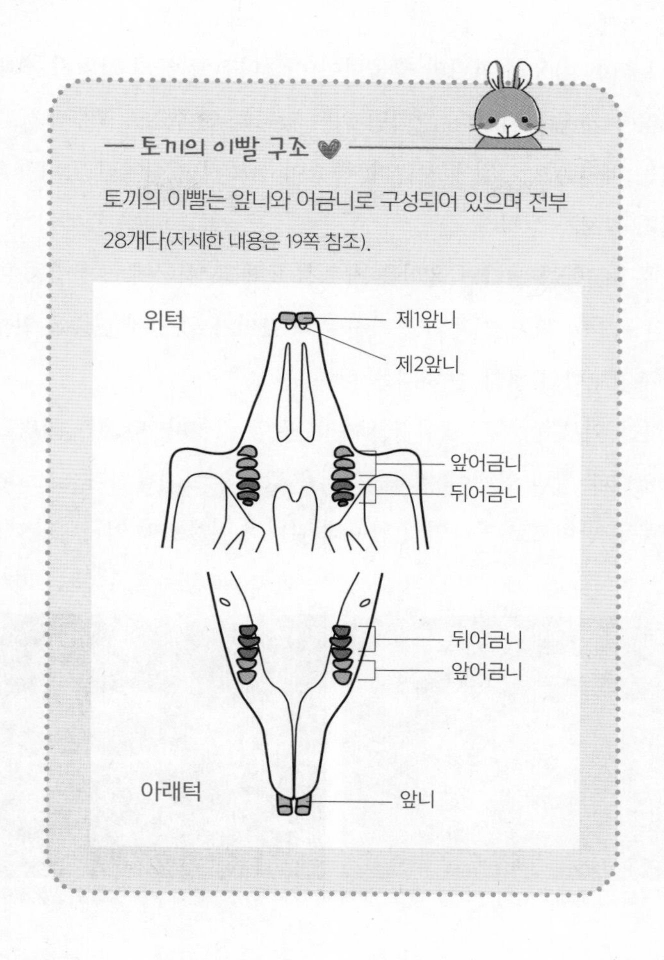

앞니 부정교합incisor malocclusion

▶ 앞니 부정교합이란?

토끼의 앞니는 앞에서 봤을 때 위턱 앞니가 아래턱 앞니를 살짝 덮고 있어야 정상이다. 앞니는 앞면만 딱딱한 에나멜질로 덮여 있으며, 음식을 갉거나 위아래 앞니를 마찰하여 이빨 길이를 적절하게 유지한다.

그러나 어떤 이유로 앞니의 맞물림이 어긋나면 위아래 앞니가 제대로 마모되지 않아 계속 길어진다. 그러면 위턱 앞니는 안쪽으로 구부러지고, 아래턱 앞니는 바깥쪽으로 길게 자란다. 증상이 심해지면 길어진 앞니가 입술과 볼을 찔러 상처가 생긴다.

앞니 부정교합이 생기면 음식을 자르지 못하고, 치근에도 영향을 미쳐 치근농양의 원인이 되며, 길게 구부러진 위턱 앞니가 입 안에 염증을 일으킨다.

앞니 부정교합의 원인 중 하나는 외부 충격이다.

대표적인 외부 충격은 케이지(울타리) 철망 갉기다. 단단한 철망을 계속 갉으면 앞니에 강한 압력이 부자연스러운 방향으로 가해진다. 그로 인해 이빨이 잘못된 방향으로 자라면서 위아래 앞니의 맞물림이 어긋난다.

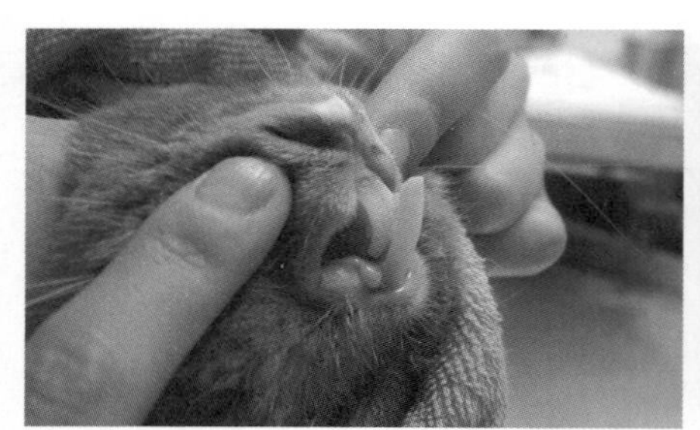
위턱 앞니는 안쪽으로, 아래턱 앞니는 바깥쪽으로 길게 자란다.

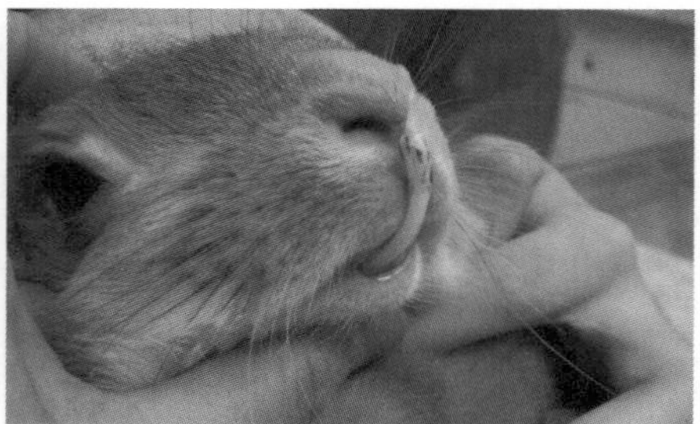
아래턱 앞니가 코에 닿을 정도로 길어졌다.

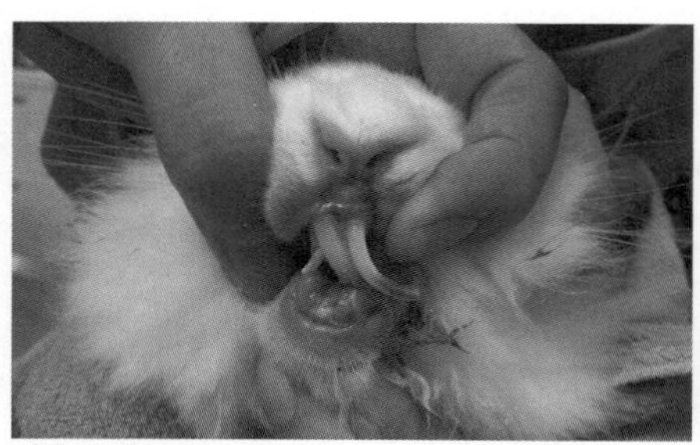
위턱 앞니 뒤로 제2앞니(peg teeth)가 보인다.

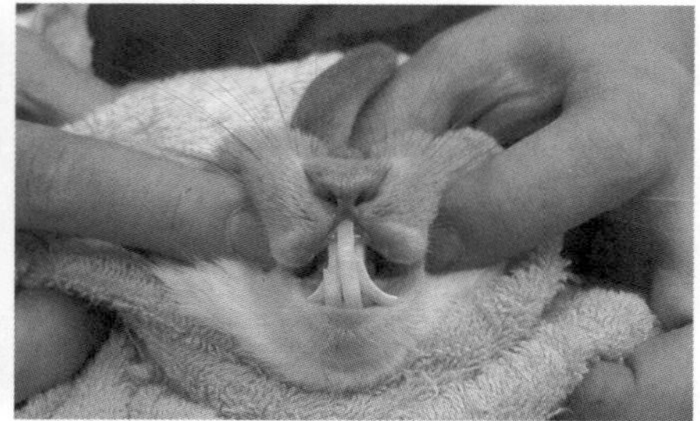
위턱 앞니는 구부러지고, 아래턱 앞니는 코에 닿을 정도로 길어졌다. 이빨 맞물림도 원래 모습과 반대로 되어 있다.

원인

매우 딱딱한 물건을 계속 갉거나, 위에서 떨어지거나, 충돌사고(뭔가에 놀라 갑자기 질주하다가 울타리나 벽에 충돌한다)로 얼굴에 충격이 가해지는 것도 원인이다.

잘못된 음식도 원인이다. 부드럽고 쉽게 부서지는 음식을 많이 먹으면 이빨이 마모될 기회가 줄어서 비정상적으로 길어진다.

노화로 치근이 헐거워지면 이빨 맞물림이 어긋나 부정교합이 된다. 치근이 치주낭을 통해 세균에 감염되면 이빨이 제대로 만들어지지 않아 부정교합을 일으킨다. 유전이 원인인 경우도 많다(선천적으로 아래턱이 위턱보다 길게 태어나는 등). 이런 경우는 빠르면 생후 3주부터 증상이 나타난다. 또한 이빨의 성장 단계에서 칼슘이 부족하거나 영양 섭취가 불균형하면 두개골이 변형되어 부정교합을 일으킬 가능성이 있다.

어금니 부정교합도 앞니 부정교합의 원인이다. 어금니가 뾰족해져 입 안을 찌르면 토끼는 위화감을 느끼고 입을 부자연스럽게 움직인다. 그러면 이빨이 제대로 갈리지 않아 부정교합이 된다.

앞니 부정교합은 입술을 벌려 보면 바로 알 수 있다. 하지만 치근의 상태까지 확인하려면 엑스레이 촬영이 필요하다.

▶ 주요 증상

입을 다물고 있는데도 앞니가 보이거나 앞니가 길게 자라 입을 다물지 못한다.

식욕이 없거나, 부드러운 음식만 먹는다. 좋아하는 음식의 취향이 변한다. 음식을 잘 먹지 못하고 떨어뜨리며, 사료 조각을 질질 흘리는 등 음식을 먹는 방식에 변화가 생긴다.

입 안 통증과 위화감 때문에 다량의 침을 흘린다. 입 주위와 턱·가슴·앞발의 털이 침 범벅이 되거나 침이 말라붙어 꺼슬꺼슬해진다. 턱 밑에 습성 피부염이 생긴다. 기운이 없고, 이빨을 보려고 하면 싫어한다.

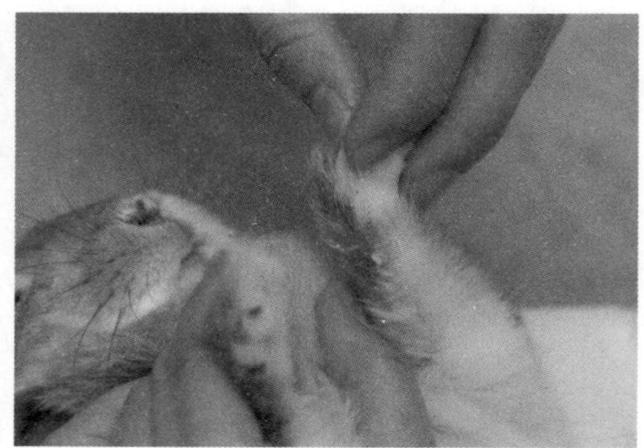

앞발로 침을 닦기 때문에 입 주변이 깨끗해도 앞발의 털이 지저분해진다.

식사량이 줄기 때문에 장내세균총 균형이 무너져 변의 크기가 작아지고 양이 적어진다. 설사와 위장정체를 일으키고 체중이 감소한다.

앞니와 입을 사용하지 못한다. 볼(구슬) 급수기를 사용하지 못하고 그루밍을 못해서 털이 지저분해진다. 맹장변을 흘리기도 한다.

치근이 거꾸로 자라면 농양이 생기거나 코와 기도에서 이상한 소리가 들린다. 통증 때문에 또는 치근이 눈물길(254쪽 참조)을 압박해서 눈에 눈물이 고인다. 눈물길이 세균에 감염되어 하얀 눈물이나 콧물을 흘린다.

증상

▶ 치료법

먼저 눈으로 상태를 확인한 뒤, 엑스레이 촬영을 한다. 상태에 따라서는 CT 검사도 한다.

길게 자란 앞니는 적절한 길이로 깎아서 다듬는다. 치근과 치수(치아 내부의 치수강을 채우고 있는 부드러운 결합조직)에 충격이 가해지지 않도록 고속 에어터빈과 다이아몬드 디스크(치과에서 사용하는 이빨을 깎는 도구)로 깎는다.

시술 시간이 짧고 토끼가 치료에 적응된 상태라면 마취 없이 하기도 한다. 그러나 겁이 많고 경계심이 강한 토끼는 마취하는 편이 스트레스가 적고 안전하다. 반복적인 처치가 필요할 때는 수의사와 상담하여 마취의 빈도를 결정한다.

깎지 않고 니퍼nipper를 사용해 앞니를 자르는 방법은 충격으로 이빨 파열을 일으킬 위험이 있다. 치근농양의 원인이 되거나, 치근이 손상되어 부정교합이 심해질 수 있으니 주의해야 한다.

이빨을 잘못 잘라서 치수가 외부로 노출되면 토끼도 인간처럼 통증을 느낀다. 그럴 때는 환부에 수산화칼슘 등을 덮어 치수를 보호한다.

앞니 부정교합은 한 번 발병하면 정기적으로 깎아 주어야 하는데 이것을 트리밍이라고 한다. 트리밍은 1~2개월에 한 번이 기준이지만 개체에 따라 달라진다.

상황에 따라서는 이빨을 뽑는 선택지도 있다.

이빨에 뭔가 이상을 발견하면 가능한 한 빨리 진료를 받는다.

▶ 예방법

케이지나 울타리의 철망을 갉지 못하게 한다. 토끼는 심심하거나 스트레스를 받으면 철망을 갉는다. 운동시간을 충분히 주고, 갉을 수 있는 안전한 장난감을 제공하여 토끼가 심심하지 않은 환경을 만들어 주자.

철망을 갉을 때마다 간식을 주거나 밖으로 꺼내 주면 토끼는 '철망을 갉으면 좋은 일이 생긴다'라고 학습한다. 이미 철망을 갉는 습관이 생겼다면

예방

토끼를 안을 때는 앉아서

케이지 안에서도 지루하지 않게

철망 안쪽에 갉아도 안전한 건초 매트를 설치해서 이빨을 보호한다.

낙하사고도 앞니 부정교합의 원인이다. 낙하사고를 예방하기 위해 토끼를 안을 때는 반드시 앉아서 안는다. 특히 안기는 행위를 싫어하는 토끼는 더욱 조심해야 한다. 토끼가 높은 장소에 올라가지 못하게 하는 것도 중요하다.

토끼의 음식으로는 앞니로 '물어 자르는' 행동을 할 수 있는 것을 급여한다. 섬유질이 풍부한 건초가 가장 적합하다.

선천적인 앞니 부정교합은 유전될 가능성이 있다. 부정교합이 있는 토끼, 부정교합이 생기기 쉬운 혈통의 토끼는 번식시키지 않는다.

앞니 부러짐fracture of incisor

▶ 앞니 부러짐이란?

앞니에 강한 외부 충격이 가해져 부러지는 것을 말한다.

앞니가 부러지는 원인은 다양하다. 사람이 일어선 채로 토끼를 안다가 떨어뜨렸을 때, 토끼가 높은 장소에서 놀다가 떨어졌을 때, 이빨이 약한 토끼가 케이지 철망을 갉았을 때 이빨이 부러진다.

부러질 때의 충격으로 치근이 손상되면, 성장이 멈추거나 잘못된 방향으로 자라서 부정교합이 된다.

▶ 주요 증상

이빨이 부러진 것을 직접 눈으로 확인할 수 있으며 출혈이 있다.

식욕이 없고 부드러운 음식만 먹는다. 음식을 잘 먹지 못하고 떨어뜨리며 사료 조각을 질질 흘리는 등 음식을 먹는 방식에 변화가 생긴다.

식사량이 줄어 장내세균총의 균형이 무너지면 변의 크기가 작아지고 양도 적어진다. 설사와 위장정체를 일으키고, 체중이 감소한다.

입 안 통증과 위화감 때문에 침을 많이 흘린다. 입 주위와 턱·가슴·앞발의 털이 침 범벅이 되고, 침이 말라붙어서 꺼슬꺼슬해진다. 입 언저리를 계속 신경 쓰는 듯한 모습을 보인다.

▶ 치료법

낙하사고로 앞니가 부러졌다면 다른 부분도 다쳤을 가능성이 있다. 몸 전체를 검사하여 심각한 부상을 먼저 치료한다.

치수가 노출된 지 얼마 되지 않았다면 우선 통증을 없애고 감염 예방을 위해 수산화칼슘으로 치수를 살리는 생활치수 치료를 한다. 그리고 시멘트나 레진으로 이빨머리를 복원한다.

치수를 통한 세균 감염을 막기 위해 항생제를 투여하기도 한다.

한쪽 앞니가 부러지면 이갈이 부족으로 반대편 앞니가 길어진다. 부러진 앞니가 자라서 위아래 앞니가 정상적으로 갈릴 때까지 정기적으로 트리밍한다. 만약 부정교합으로 진행되면 트리밍을 계속하게 될 수도 있다(앞니 부정교합의 치료에 대해서는 125쪽 참조).

치근의 상태와 치조골의 손상 정도를 확인하기 위해 엑스레이 촬영을 한다. 치조골의 손상이 심각할 경우 치조골의 농양을 절제하거나 발치를 검토한다.

▶ 예방법

재발을 막으려면 앞니가 부러진 이유를 파악하고 원인을 없애야 한다.

반려인과 토끼가 안는 행위에 익숙하지 않을 때는 반드시 앉아서 안는다. 익숙해진 후에도 안고 걸을 때 조심하고, 가능한 한 이동장에 넣어서 이동

원인

안다가 떨어뜨린다.

케이지 철망을 갉는다.

아래턱 앞니가 부러져 이빨 맞물림이 어긋나자 남은 앞니가 과성장했다.

한다. 안고 있던 토끼를 내려놓을 때는 반드시 안은 채로 바닥에 내려놓는다.

실내에서는 안전대책을 미리 세운다. 토끼는 발판만 있으면 점점 높은 곳으로 올라가는 습성이 있다. 의자, 침대, 소파, 책상, 책장 등에 올라가지 못하게 주의한다.

케이지나 울타리의 철망을 갉지 못하게 한다(앞니 부정교합의 예방에 대해서는 126쪽 참조).

치근농양tooth root abscess

▶ 치근농양이란?

세균 감염으로 환부에 화농성 염증이 생기고, 고름이 고여서 종기가 된 상태를 농양이라고 한다. 토끼는 주로 파스튜렐라균*Pasteurella multocida*, 황색포도상구균*Staphylococcus aureus* 등의 감염이 원인이다.

토끼의 농양은 두꺼운 막으로 덮인 캡슐 같은 상태로 되어 있다. 농양은 몸 어디에서든 생길 수 있으나 가장 흔한 것은 치근에 형성되는 치근농양과 피하농양(223쪽 참조)이다.

치근농양이 많이 생기는 부위는 위턱 어금니의 치근 부분인 안와(안구가 들어가는 머리뼈 공간) 밑과 아래턱 어금니의 치근 부분인 아래턱 밑이다. 토끼는 아래턱 치근농양이 더 많다. 토끼는 치조골의 골밀도가 낮아서 진득한 고름 덩어리가 많이 생기며 깨끗하게 제거하기가 꽤 어렵다. 완전히 제거하지 않으면 바로 재발하기 때문에 적극적으로 치료해야 한다.

치근농양의 가장 큰 원인은 어금니 부정교합(114쪽 참조)이다. 섬유질이 적고, 많이 씹을 필요가 없는 음식을 토끼에게 먹이면 부정교합이 생기기 쉽다. 부정교합과 이빨 과성장으로 치근이 거꾸로 자라면 이웃한 치근끼리 충돌하여 이빨과 이빨 사이가 벌어진다. 그러면 치주(이빨을 지탱하는 토대)로 세균이 침투하여 치근에 감염을 일으킨다. 또한 앞니를 니퍼로 자르면 이빨에 세로 금이 생

원인

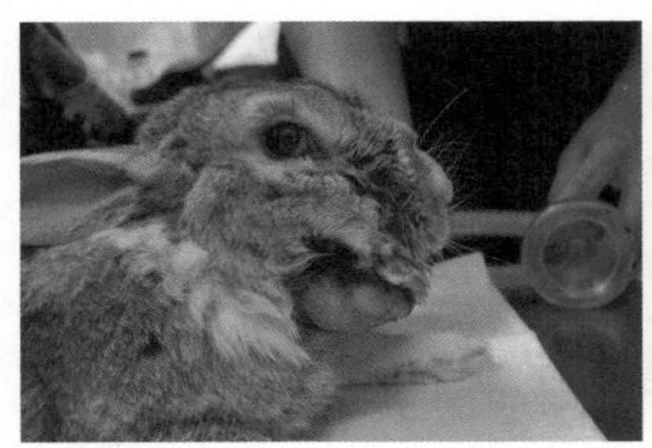
아래턱에 커다란 농양이 생겼다.

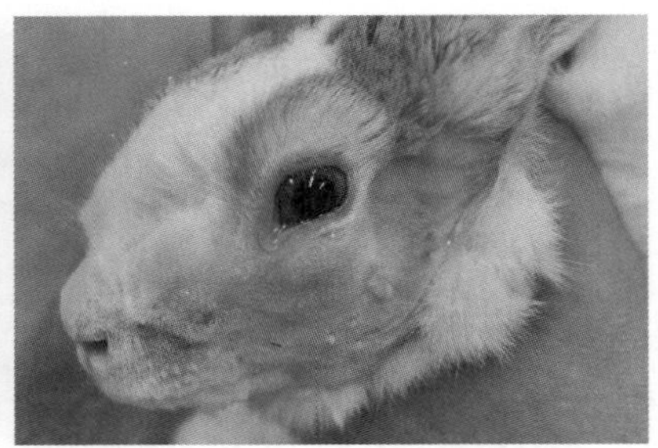
치근농양 때문에 얼굴 표면이 크게 부어올랐다.

기는데, 그 틈으로 세균이 침투하여 치근이 감염된다. 치근에 농양이 생기면 이빨형성세포가 새로 만들어지지 않아 이빨이 갈색으로 변한다.

세균이 치조골까지 침식하면 치근에 치조골 탈회(뼈의 미네랄이 빠져나오는 현상)가 일어나거나 골혹(뼈에 생기는 혹)이 생긴다. 이 정도로 증상이 심해지면 치료가 상당히 어려우므로 부정교합은 무엇보다 미리 예방하는 것이 중요하다.

치근농양을 다른 말로는 근첨농양이라고 한다. 위턱에 생기면 상악농양, 아래턱에 생기면 하악농양이라고도 한다.

▶ 주요 증상

위턱의 농양은 농양이 코 안(비강)과 눈물길(비루관)을 압박하기 때문에 콧물, 재채기, 거친 호흡, 눈물, 하얀 눈곱의 증가 등의 증상이 나타난다. 농양이 안구를 압박하여 눈이 돌출되기도 한다.

아래턱의 농양은 턱에 혹같이 생긴다.

통증 때문에 기운과 식욕이 없어지고 웅크린 채 움직이지 않는다. 먹는 양이 줄어서 변의 크기가 작고 양도 적어지며 체중이 감소한다.

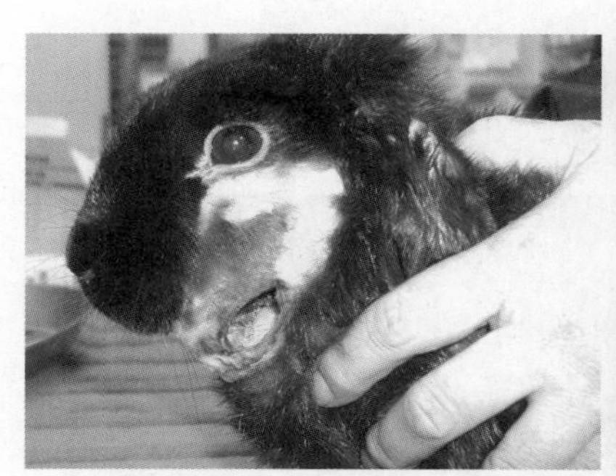
아래턱에 생긴 커다란 농양을 제거한 모습.

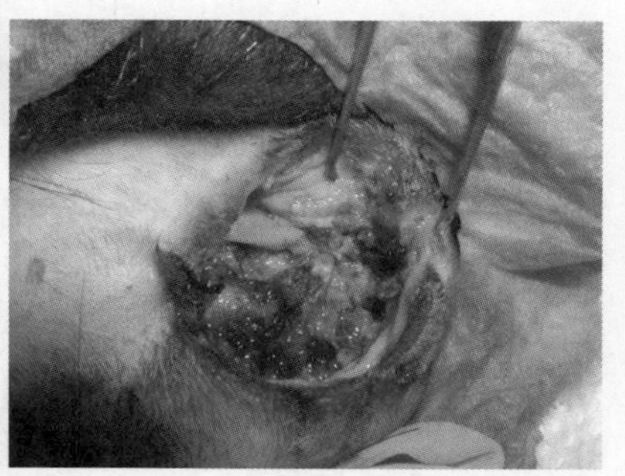
길게 자란 치주가 치조골에서 돌출되었다.

▶ 치료법

엑스레이 검사와 생체조직검사biopsy(347쪽 참조), 조직배양검사를 통해 진단한다.

바깥쪽 또는 구강 내에서 농양을 절개한다. 토끼의 농양은 전부 제거하는 것이 이상적인 치료 방법이다. 제거하기 어려울 때는 절개하여 배농한 뒤 생리식염수로 깨끗이 닦아낸다. 생리식염수 세정은 하루에 1~2번 한다.

항생제를 투여하여 재감염을 예방한다. 항생제 투여는 장기간(3주 이상) 지속한다. 절개한 부분에 항생제를 섞은 폴리메틸 메타크릴산polymethyl methacrylate 구슬을 삽입하면 항생제 효과를 오랫동안 지속할 수 있다. 이 효과는 몇 개월 동안 유지된다. 정기 검사를 통해 필요할 때에는 배농과 항생제를 투여(구슬을 다시 삽입)한다.

통증을 없애기 위해 진통제를 투여한다.

상황에 따라서는 원인이 되는 이빨을 발치한다.

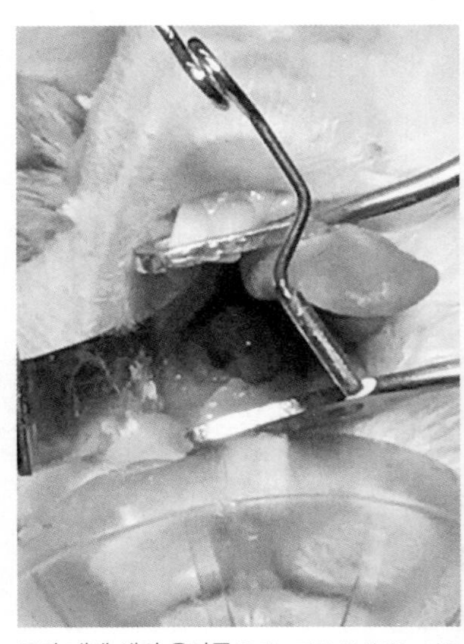

구강 내에 생긴 육아종(육아조직을 형성하는 염증성 종양)

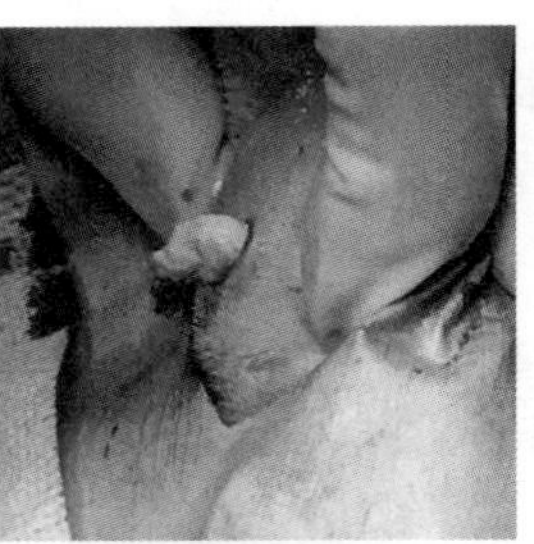

치근농양을 수술하는 모습. 절개한 뒤 고름을 짜서 배농한다.

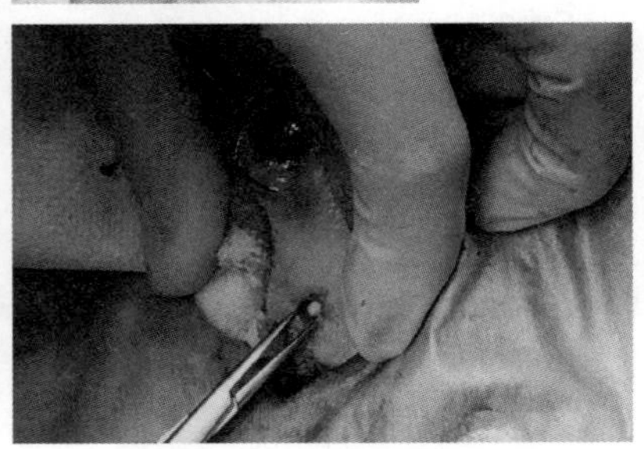

고름을 제거한 부분에 항생제 구슬을 삽입한다.

시술 후에는 스스로 음식을 먹지 못하므로 강제로 급여(362쪽 참조)한다. 토끼의 농양은 자주 재발하므로 인내심을 가지고 치료하는 것이 중요하다.

▶ 예방법

부정교합이 생기지 않게 한다. 건초 같은 섬유질이 풍부한 음식을 급여하여 어금니의 저작 횟수를 늘린다. 또한 부정교합의 조기 발견을 위해 평소에 주의 깊게 관찰한다.

그 밖의 치주 질환

▶ 발치

부정교합, 이빨 부러짐, 치근농양을 치료하기 위해 이빨을 발치한다. 부정교합은 이빨을 깎는 트리밍을 계속할 수 있으면 굳이 발치할 필요가 없다. 하지만 잦은 트리밍으로 식욕부진을 일으키고 체력이 떨어졌다면 발치를 선택할 수도 있다.

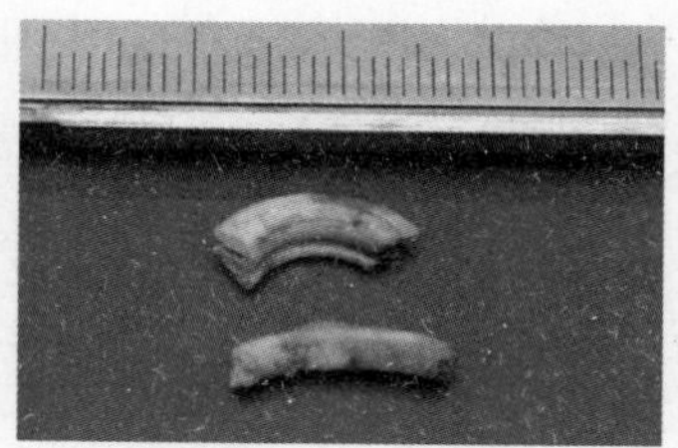
발치한 어금니. 치근이 매우 길다는 것을 알 수 있다.

다만 위턱의 이빨을 뽑으면 그와 맞물리는 아래턱 이빨이 계속 성장하므로 이빨을 정기적으로 트리밍하거나 발치해야 하고, 토끼가 음식을 제대로 못 먹으면 강제 급여를 계속해야 할 수도 있다. 따라서 케어를 할 수 있는지 신중히 고민하고 수의사와 충분히 상담한 뒤 치료 방침을 정하는 것이 좋다.

발치한 앞니. 아래쪽 앞니가 둥글게 굽어 있다.

발치할 때 치근을 완전히 제거하지 않으면 치근주위염, 농양, 치조골염이 생긴다. 게다가 이빨을 여러 개 발치할 경우 치열에 영향을 주므로 이빨 상태를 정기적으로 점검해야 한다.

발치 후에는 먹기 쉬운 음식을 준비한다. 시술 후에 식욕부진을 일으키면 토끼용 유동식으로 강제 급여(362쪽 참조)를 한다. 안정을 되찾으면 스스로 음식을 먹을 것이다. 토끼는 입술을 사용하여 음식을 입 안에 넣을 수 있다. 섬유질이 많고 쉽게 부스러지는 사료, 잘게 자른 채소, 짧고 부드러운 건초 등을 주고, 그 외에도 먹을 수 있는 음식을 찾는다.

체중, 변 상태(크기와 양)를 주의 깊게 관찰한다.

▶ 치주염

이빨과 잇몸 사이에 음식 찌꺼기와 치태가 쌓이면 세균이 번식하여 염증이 생긴다. 이 염증이 치근과 치조골까지 번지면 치주염이 된다. 치근농양을 일으키는 원인 중 하나다.

▶ 충치

충치란 입 안의 세균이 만든 산acid 때문에 이빨이 썩는 질환이다. 세균의 산은 에나멜질을 녹이고 상아질까지 도달한다.

산을 만드는 데 필요한 재료는 당질이다. 충치의 원인인 당질은 탄수화물과 설탕으로 만들어진 반려동물용 간식과 과일에 많다. 건초에도 당질이 포함되어 있으나 건초의 당질은 소량이다.

토끼의 이빨은 계속 깎이고 새로 자란다. 그러나 충치는 음식 찌꺼기가 잘 끼는 어금니 사이에 생기기 쉽고 치근농양의 원인이 될 수 있다.

▶ 울퉁불퉁한 이빨 표면, 이빨 변색

토끼의 앞니는 에나멜질로 덮여 있어서 겉면이 하얗고 매끄러워야 정상이다. 만약 앞니의 표면이 울퉁불퉁하고 가로로 금이 가 있다면 석회화(칼슘이 이빨에 침착하는 것)가 잘 되지 않는다는 의미다. 이 경우 이빨뿐 아니라 전신의 뼈도 약할 가능성이 있다.

토끼의 이빨이 갈색~회색인 경우도 있다. 이것은 이빨형성세포가 활발하게 반응하지 않아 새로운 이빨이 만들어지지 않기 때문이다.

소화기 질환

- 위장정체 • 장폐색 • 장독소혈증(클로스트리듐증)
- 대장균증 • 콕시듐증(장·간) • 점액성 장 질환 • 티저병
- 토끼요충 • 지방간 • 그 밖의 소화기 질환

위장정체rabbit gastrointestinal stasis syndrome

▶ 위장청체란?

위장정체란 소화기관의 운동 기능이 저하되거나 멈춰 버리는 질병이다. 토끼의 질병 중에서도 매우 흔한 질병이다.

토끼의 소화기관은 끊임없이 움직이는 것이 정상이다. 그러나 어떤 이유로 움직임을 멈추면 먹은 음식물이 위와 장에 그대로 머물게 되어 위장정체(울체)를 일으킨다. 울체란 원래 그 장소에 머물러 있으면 안 되는 것이 내

원인

섬유질 부족
전분질 다량 섭취
운동 부족
이물질 섭취

— RGIS(토끼위장증후군)이란? ♥

위장정체는 위장 활동의 저하를 의미하지만 사실 정확한 명칭은 아니다. 그래서 몇 년 전부터 RGIS(rabbit gastrointestinal syndrome)란 용어가 사용되고 있다. 우리말로는 토끼위장증후군이다. 복잡한 증상과 토끼의 소화기관에 영향을 미치는 병적 상태가 동시에 일어나는 질병이다.

려가지 못하고 머무는 현상이다.

위장정체의 가장 큰 원인은 부적절한 음식이다. 섬유질이 적은 음식, 전분이 많은 음식을 섭취하면 소화관의 운동이 저하되어 장 속에서 가스가 이상발효 된다.

사육환경도 위장정체의 원인이다. 스트레스를 받아 교감신경이 긴장하거나 집이 좁아서 운동량이 부족하거나 추운 환경에서는 소화관 기능이 저하된다. 또한 부정교합으로 인한 통증과 식욕부진도 위장정체의 원인이다.

위장정체는 2차 합병증으로도 이어진다. 장폐색(142쪽 참조)이 동시에 일어나거나 소화기관 정체로 클로스트리듐균*Clostridium*이 증식하거나, 장내 이상발효로 가스가 차거나 식욕부진으로 지방간(161쪽 참조)을 일으키는 등의 문제가 생긴다.

• 모구증(헤어볼)

예전에는 모구증(토끼가 삼킨 털이 소화기관에 쌓이는 증상)도 위장정체의 원인으로 여겼으나 이 이론은 최근에 재검토되었다. 모구증이 위장정체의 원인이 아니라 위장정체의 증상 중 하나가 된 것이다.

토끼는 털갈이 시기가 아니어도 그루밍을 하며 자신의 털을 수시로 삼킨다. 실제로 토끼의 소화기관 속에는 토끼가 삼킨 털이 항상 있으며 그것이 정상이다. 토끼가 삼킨 털은 건초의 섬유질에 얽혀 소화기관을 통과한 뒤 변으로 배설되므로 장 속에 오래 머물지 않는다.

하지만 위장정체를 일으키면 삼킨 털이 배출되지 않고 장 속에 점점 쌓여 모구증이 된다.

수분 부족도 모구증의 원인이다. 장 속에는 토끼가 먹은 음식과 털이 섞인 음식물 덩어리가 있다. 수분섭취 부족으로 탈수 상태가 되면 이 음식물 덩어리의 수분량도 적어져 소화 기능이 더욱 나빠진다. 섬유질이 적고 전분이 많은 음식도 털의 배출을 방해한다.

음식물 덩어리가 커져서 장을 막으면 외과적 개입(수술)이 필요할 수 있다. 그러나 수술 시기를 판단하는 건 쉬운 일이 아니다. 철저한 대증요법(증상 완화 치료)과 치료를 하고 반응을 보면서 판단한다.

▶ 주요 증상

발병 초기에는 식욕은 있으나 좋아하는 음식만 먹는다. 증상이 진행되면 식욕이 떨어져 음식을 먹지 않는다. 장내세균총의 균형이 무너지면서 배변

— 전분질이 많은 영양제를 주의한다 ♥

영양제가 아니어도 토끼에게 전분질을 많이 주는 것은 좋지 않다.

영양제 중에는 성분을 알맹이 형태로 만들기 위해 다량의 전분질을 사용하기도 한다. 전분질 다량 섭취는 위장정체를 비롯해 많은 소화기 질환의 원인이다. 영양제는 다 몸에 좋을 거라고 단정짓지 말고 토끼에게 적합한 것을 선택한다.

증상

등을 웅크리고 움직이지 않는다.

의 이상 증세(변의 크기가 작아지고 양이 적어짐, 배변하지 않음, 점액질 변을 배설함, 설사 등)와 체중 감소가 나타난다.

물 마시는 양이 늘기도 한다.

장 속에서 가스가 이상발효 하여 통증이 생기기 때문에 기운이 없어지고, 등을 웅크린 채 움직이지 않는다. 이를 심하게 갈고 배를 누르면 아파한다.

▶ 치료법

촉진과 혈액검사, 엑스레이 촬영을 한다. 위를 촉진하면 반죽한 소맥분 같은 감촉이 느껴지고 청진을 해도 장의 연동음이 들리지 않는다.

소화관의 움직임을 촉진하는 약을 투여한다.

수분이 부족하면 소화기관에 정체된 음식물 덩어리가 딱딱해져서 내려가지 않으므로 수액을 투여한다.

증상이 가벼우면 식욕 촉진제를 투여한다. 음식을 조금이라도 먹으면 소화기관이 자극을 받아 연동운동을 시작하기 때문이다. 비타민 B 제제를 투여하면 식욕 증진 효과를 기대할 수 있다.

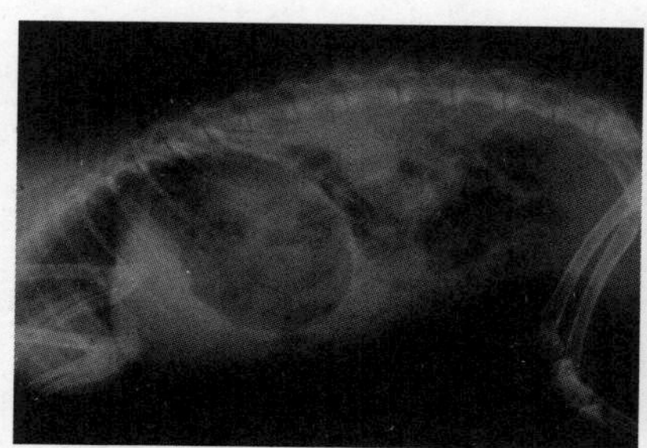
위장정체 엑스레이 사진. 소화관 전체에 가스가 차 있는 것을 알 수 있다(검은 부분).

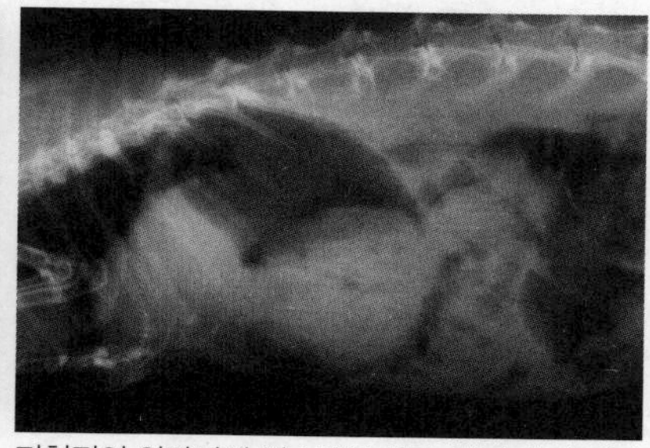
전형적인 위장정체 엑스레이 사진. 위장 속에 헤어볼 덩어리가 있으며 가스가 가득 차 있다.

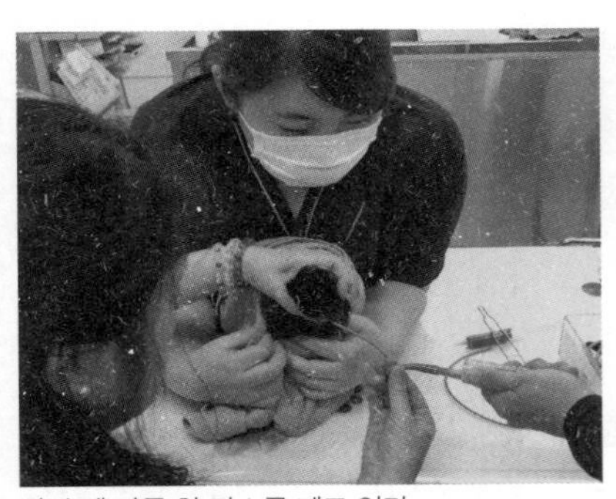
장 속에 가득 찬 가스를 빼고 있다.

가스가 차서 통증이 있을 때는 진통제를 투여한다.

항생제는 일반적으로 필요하지 않지만 세균의 이상 증식을 막기 위해 투여하기도 한다. 클로스트리듐균의 증식을 막고 장독소혈증을 예방하기 위해 고콜레스테롤혈증 치료제를 투여한다.

이물질이 원인이어서 약물로 치료되지 않을 때는 외과수술을 하지만 수술 후에 건강이 회복되지 않을 수도 있다.

강제 급여

토끼는 장시간 아무것도 먹지 않으면 지방간을 일으킨다. 따라서 위장정체의 증세가 가볍고 장폐색이 아닐 때는 강제 급여를 한다.

그러나 위장이 완전히 폐색된 경우에는 강제 급여를 해서는 안 된다.

▶ 예방법

섬유질이 풍부한 음식을 급여한다. 특히 건초는 양을 제한하지 말고 무한 급여한다.

스트레스 경감, 적당한 운동, 적절한 온도 관리 등에 신경을 쓴다.

빠진 털을 많이 삼키지 않도록 빗질을 적절하게 한다.

— 간엽염전

간은 엽이라는 몇 개의 구역으로 나뉜다. 엽의 개수는 동물마다 다르며 토끼는 6개의 엽이 있다.

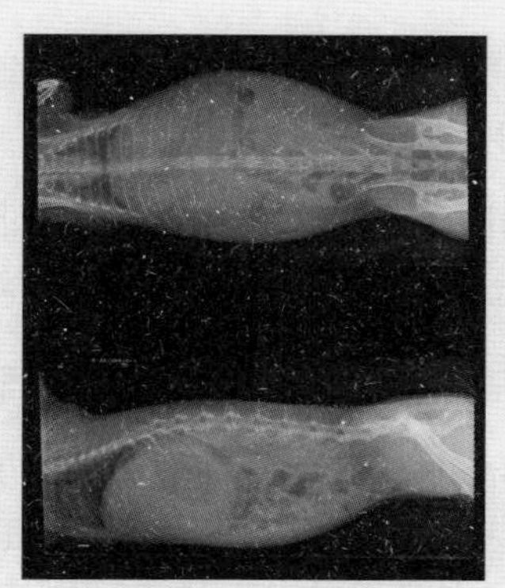

간엽염전의 엑스레이 사진. 위장정체와 비슷하다.

간엽염전肝葉捻轉은 어떤 원인으로 하나 또는 여러 개의 엽이 비틀리는 질환이다. 각각의 엽에는 혈관이 있어서 엽이 비틀리면 혈관도 비틀려 혈류가 멈추고 울혈이 생긴다. 통증이 상당히 심하여 식욕이 급감하고, 기운이 없어지고, 변이 작아지는 급성 증상이 나타난다.

증상과 엑스레이 결과를 보면 위장정체와 매우 비슷하여 위장정체로 착각하기 쉽다. 그러나 간엽염전은 위장정체 치료 방식으로는 치유되지 않는다.

초음파검사와 혈액검사로 진단하며, 신속하게 수술하여 비틀린 간을 적출한다.

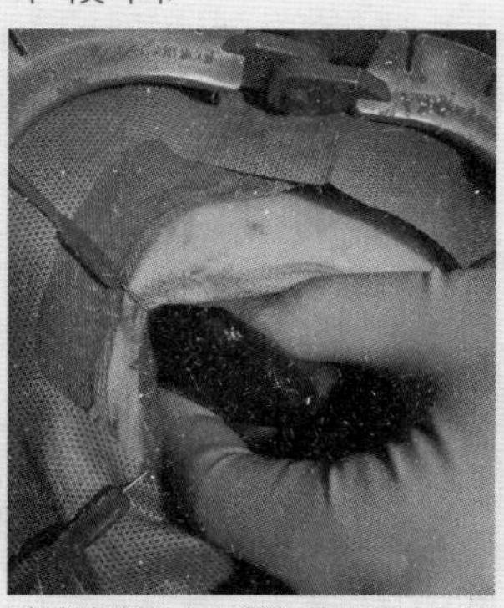

간엽염전 수술. 간이 비틀려서 혈행이 끊기고 시커멓게 변색되었다.

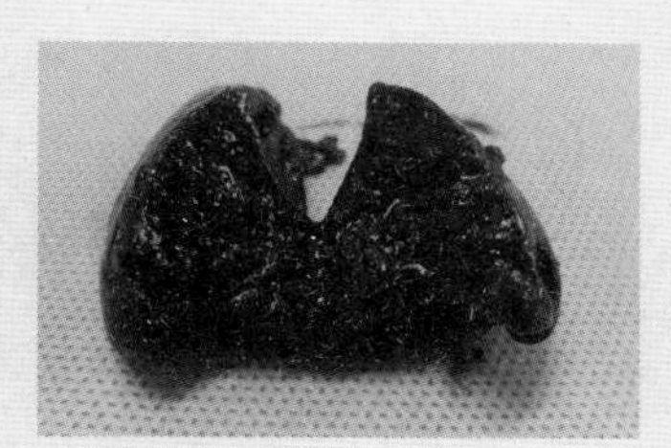

수술로 절제한 염전 부위

장폐색 ileus

▶ 장폐색이란?

장폐색이란 여러 원인으로 장이 막혀 통과장애를 일으키는 질병이다. 장폐색은 크게 기계적 장폐색과 기능성 장폐색으로 나뉜다.

기계적 장폐색은 이물질 섭취 및 장 질환으로 장관이 막히는 상태다.

토끼가 카펫의 화학섬유, 비닐조각 등의 이물질을 삼키고, 그것에 음식물과 털이 엉겨 붙으면 장 속에 커다란 덩어리가 만들어지는데, 이 덩어리가 장을 막아 장폐색을 일으킨다. 장염전과 장중첩(167쪽 참조), 장관에 생긴 종양, 장관에 생긴 염증 등의 장 질환도 장폐색을 일으킨다. 장염전과 장중첩으로 인한 장폐색은 증상이 심각하며 진행이 빠르다. 방치하면 복막염(167쪽 참조)을 일으키고 사망한다.

기능성 장폐색은 장이 막힌 것은 아니지만 장의 연동운동이 멈춘 상태다.

원인

증상

식욕이 없어진다.

변 크기가 작아지거나 양이 적어진다.

등을 웅크리고 움직이지 않는다.

위장정체 또는 소화관의 운동을 관장하는 신경의 기능 저하가 원인이다.

▶ 주요 증상

식욕이 저하된다. 음식을 먹지 않고, 장내세균총의 균형이 무너지면서 배변의 이상 증세가 나타난다(변의 크기가 작아지고 양이 적어짐, 털이 엉켜 있는 변이나 점액질 변을 배설함, 설사하거나 변이 나오지 않음).

장 속에서 가스가 이상발효 하여 통증이 생긴다. 기운이 없어지고 등을 웅크린 채 움직이지 않는다. 이를 심하게 갈고, 배를 누르면 아파한다.

장관이 수분을 흡수하지 못하여 탈수 증상이 일어난다.

▶ 치료법

엑스레이 검사에서 가스의 이상저류(머무름)가 나타난다. 복부에 가스가 차 팽창하여 딱딱해지고, 촉진해 보면 복근의 부드러움이 느껴지지 않는다.

기계적 장폐색이 확인되면 신속히 수술한다. 수술 후에 건강이 회복되지 않을 가능성도 있다.

장폐색일 때 음식을 먹이는 것은 위험하다. 탈수 증세가 나타나면 수액으로 수분을 공급한다.

가스가 차서 통증이 있을 때는 진통제를 투여한다.

세균 번식을 막기 위해 항생제를 투여하기도 한다.

▶ 예방법

카펫, 플라스틱, 비닐, 고무 등의 이물질을 먹지 않게 주의한다. 토끼는 물건을 갉는 습성이 있으므로 천으로 만들어진 용품은 사용하지 않는 것이 좋다.

위장정체(136쪽 참조)를 일으키지 않도록 조심한다.

위장정체, 장폐색을 일으키면 변 크기가 작아지고, 양도 적어진다. 위 사진은 정상 변, 아래 사진은 심하게 작아진 변이다.

— 건초의 관리와 영양가 ♥

오래된 건초는 불쾌한 향이 나며 잎이 시들어 기호도가 낮아진다. 게다가 곰팡이나 진드기가 생기기도 한다. 건초를 잘 먹게 하려면 질 좋은 건초를 구매하고, 올바르게 보관해야 한다.

건초 구매는 상품의 회전율이 빨라서 항상 새것을 팔고 있는 쇼핑몰에서 하는 것이 좋다. 구매 후에는 직사광선이 닿지 않는 서늘한 장소에 보관한다. 효과가 강력한 방습제(카메라용이 좋다)와 함께 밀봉하거나 습도가 낮은 쾌청한 날에 햇빛에 말리는 것이 좋다.

건초의 영양가(%)

	수분	조단백질	조지방	조섬유
볏과				
티모시(생초, 1번초, 출수* 전)	81.7	3.2	0.7	3.4
티모시(건초, 1번초, 출수기)	14.1	8.7	2.4	28.9
오차드 그라스(건초, 1번초, 출수기)	16.3	10.9	2.8	27.9
이탈리안 라이그라스(건초, 수입)	9.4	5.6	1.3	29.2
수단 그라스(건초, 수입)	9.7	7.2	1.5	29.3
연맥(건초, 개화기)	18.8	10.1	3.0	28.6
콩과				
알팔파(건초, 1번초, 개화기)	16.8	15.9	2.0	23.9
레드클로버(건초, 1번초, 개화기)	17.3	12.7	2.5	23.8

* 출수 : 벼, 보리 등의 이삭이 밖으로 나오는 것

출처 : 《일본표준사료성분표》(2009).

장독소혈증enterotoxemia

▶ 장독소혈증이란?

장독소혈증은 클로스트리듐균*Clostridium spiroforme*이 증식하여 생기는 병으로 클로스트리듐증이라고도 한다.

클로스트리듐균은 원래 장 속에 존재하는 세균이지만 장내세균총의 균형이 무너지면 이상 증식하여 엔테로톡신enterotoxin이라는 독소를 방출한다. 이 독소가 혈액을 타고 전신으로 퍼져 장독소혈증을 일으킨다. 장독소혈증은 생후 5~8주의 아기 토끼일 때와 토끼에게 부적절한 항생제를 투여했을 때(166쪽 참조) 흔히 나타난다.

아기 토끼가 모유를 먹는 동안에는 모유의 지방산(밀크 오일)이 항세균 작용을 하여 장내세균총이 제어된다. 밀크 오일은 생후 4~6주에 소실되는데,

마침 이 시기에 젖을 뗀다. 그런데 이 시기 아기 토끼의 위장은 pH가 높다(어른 토끼는 pH 1~2, 아기 토끼는 pH 5~6.5). 그래서 병원균이 위장에서 사멸되지 않고 장까지 내려가 버린다. 게다가 아기 토끼의 장내 환경은 아직 세균총이 불안정하고 면역력도 낮아서 병원균이 증식하기 쉽다.

이런 위험한 시기에 처음 먹는 음식을 많이 주거나 섬유질이 적고 단백질이 많은 음식을 주거나 부적절한 항생제를 투여하거나 심한 스트레스를 받으면 장내세균총이 불안정해져서 병원균이 금방 증식한다.

어른 토끼도 장독소혈증을 일으킨다. 식사 내용이 갑자기 바뀌거나 섬유질 부족으로 장내세균총 균형이 불안정해지는 것이 원인이다. 또한 당질(단당류. 과일에 많음)과 전분질은 클로스트리듐균이 독소를 방출할 때 필요로 하는 영양소이므로 많이 섭취해서는 안 된다.

클로스트리듐균에는 많은 종류가 있는데, 이미 알려진 것 외에도 클로스트리듐 디피실레*C. difficile*, 클로스트리듐 쇼베이*C. chauvoei*, 클로스트리듐 필리폼*C. piliforme*이 있다. 이 중 클로스트리듐 필리폼은 티저병(158쪽 참조)의 원인이 된다.

클로스트리듐 스피로폼*C. spiroforme*은 감염 후 48시간 이내에 사망하며 대장균속*Escherichia* 같은 세균 감염이 동시에 일어난다.

▶ 주요 증상

식욕이 저하된다. 열이 나며 기운이 없어진다. 장에 가스가 차서 움직임 없이 통증을 참는 모습을 보인다. 물 같은 설사를 하고 탈수를 일으킨다. 물 마시는 양이 늘기도 한다. 아기 토끼는 증상이 급격하게 나빠진다.

▶ 치료법

세균 증식을 억제하기 위해 적절한 항생제를 투여한다.

원인

아기 토끼에게 갑자기
어른 토끼의 음식을 준다.

아기 토끼에게 스트레스를 준다.

음식을 갑자기 바꾼다.

섬유질 부족

전분질 다량 섭취

설사로 인한 탈수 증상을 개선하기 위해 수액 처치를 한다. 가스가 차서 통증이 있을 때는 진통제를 투여한다.

장내세균총의 균형을 맞추기 위해 건강한 토끼의 맹장변을 먹이기도 한다.

섬유질이 많은 음식을 주고, 치료와 예방을 위해 콜레스티라민cholestyramine

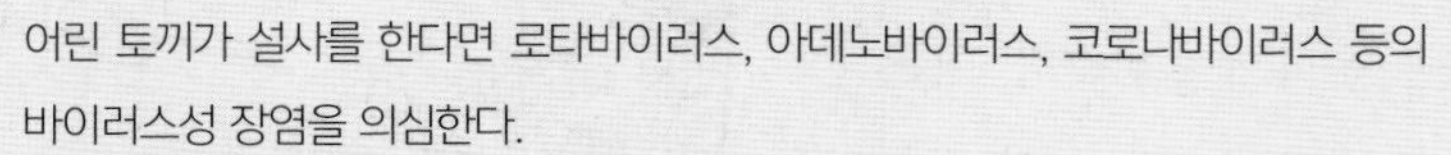

어린 토끼와 아기 토끼에게 흔한 바이러스성 장염

어린 토끼가 설사를 한다면 로타바이러스, 아데노바이러스, 코로나바이러스 등의 바이러스성 장염을 의심한다.

코로나바이러스 장염이 생후 3~8주령의 아기 토끼에게 발생한다는 보고가 있다. 또한 로타바이러스는 수유 중인 아기 토끼와 막 젖을 뗀 아기 토끼에게 장염을 일으킨다.

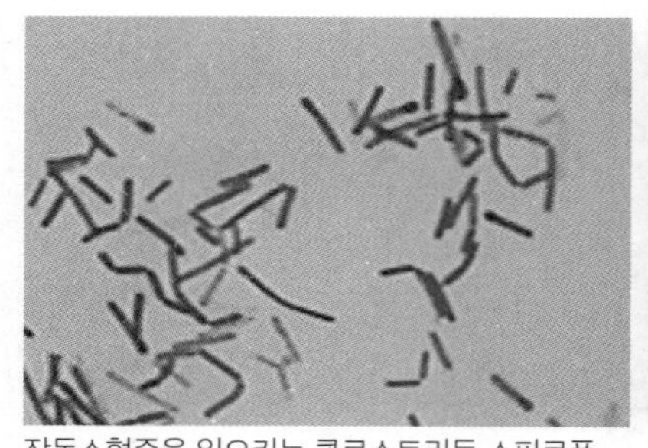
장독소혈증을 일으키는 클로스트리듐 스피로폼

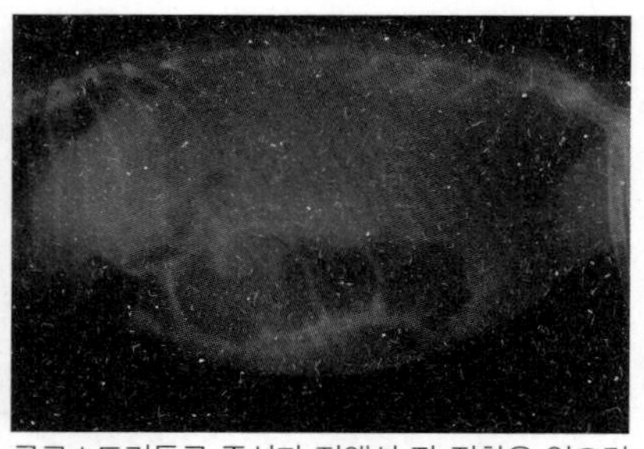
클로스트리듐균 증식과 점액성 장 질환을 일으킨 맹장 엑스레이 사진

수지를 투여한다. 설사를 멈추기 위한 지사제로 비스무트화합물인 차살리실산 비스무트bismuth subsalicylate를 사용하기도 한다.

▶ 예방법

아기 토끼가 스트레스를 받지 않게 주의한다. 건초를 먹이는 것이 예방에 도움이 된다. 어른용 음식을 주기 시작할 때는 아주 조금씩, 시간을 들여 천천히 적응시킨다. 토끼를 입양한 후 처음에는 이전에 먹던 것과 같은 것을 주다가 천천히 새로운 음식으로 바꾼다. 어른 토끼도 먹던 음식을 바꿀 때는 시간을 들여 천천히 시도한다.

당질, 전분질이 많은 음식을 먹이지 않는다. 소화관의 기능

을 원활하게 하고, 장내세균총의 균형을 유지하기 위해 건초를 많이 먹인다.

대장균증colibacillosis

▶ 대장균증이란?

대장균*Escherichia coli*은 원래 장 속에 존재하는 세균이다. 대장균에는 질병을 일으키는 병원성 대장균과 질병을 일으키지 않는 비병원성 대장균이 있다. 다른 세균과의 상호작용으로 장내세균총이 손상되면 병원성 대장균이 증식하는데 대장균이 방출하는 독소로 인해 갑자기 설사 증상이 나타난다.

대장균증은 장내세균총이 불안정한 이유기 전(생후 0~3주)과 이유기(생후 3~5주)의 아기 토끼에게 흔한 질병이다. 특히 이유기 전 아기 토끼의 사망률이 높다.

어른 토끼도 식사 내용이 갑자기 바뀌거나 스트레스가 심한 환경이거나 부적절한 항생제를 투여하거나 섬유질이 적은 음식과 전분질이 많은 음식을 먹으면 대장균이 증식한다.

병원균이 섞인 변을 먹고 감염되기도 하지만 질병을 일으킬 정도의 증식

원인

이유기의 아기 토끼에게 흔하다.

음식을 갑자기 바꾼다.

은 장내세균총의 손상이 원인이다.

설사가 심하면 장중첩(167쪽 참조)이나 직장탈출증(164쪽 참조)을 일으키기도 한다.

▶ 주요 증상

설사를 한다. 이유기 전 아기 토끼는 물 같은 설사를 한다. 항문과 생식기 주위가 노랗게 물들거나, 피와 점액이 섞여 나온다.

기운이 없어지고 식욕이 저하되어, 체중이 감소하거나 성장이 느려진다.

▶ 치료법

분변검사에서 다량의 대장균이 발견된다.

설사로 인한 탈수 증상을 개선하기 위해 수액 처치를 한다.

세균 증식을 억제하기 위해 적절한 항생제를 투여한다.

가스가 차서 통증이 있으면 진통제를 투여한다.

▶ 예방법

아기 토끼에게 어른용 음식을 줄 때는 아주 조금씩, 시간을 들여 천천히

증상

설사를 한다.

식욕이 없어진다.

성장이 느리다.

적응시킨다. 토끼를 입양할 때도 처음에는 이전에 먹던 것과 같은 것을 주다가 새로운 음식으로 천천히 변경한다. 어른 토끼도 먹던 음식을 변경할 때는 천천히 시도한다.

당질, 전분질이 많은 음식을 먹이지 않는다. 소화관의 기능을 원활하게 하고, 장내세균총의 균형을 유지하기 위해 건초를 많이 먹인다.

배설물 처리를 깨끗하게 하고 위생적인 환경을 유지한다.

콕시듐증(장·간)coccidiosis

▶ 콕시듐증이란?

콕시듐 원충에 감염되어 걸리는 감염성 질병이다. 토끼의 콕시듐에는 장콕시듐과 간콕시듐이 있다.

콕시듐 원충

콕시듐 원충은 단세포 미생물의 일종으로 복잡한 성장 과정을 거친다.

콕시듐 원충이 동물의 몸속에 기생하면 달걀 모양의 미성숙한 난포낭oocyst이 변에 섞여 배출된다. 2~3일이 지나면 난포낭 속에서 포자충류의 포자라 불리는 스포로조이트sporozoit가 생성되는데 이것이 동물의 입을 통해 다시 몸속으로 들어간다. 동물의 몸속에 들어간 스포로조이트는 난포낭에서 나와 몇 번의 무성생식을 되풀이한 후 유성생식으로 미성숙한 난포낭을 형성한다. 이것이 변과 함께 배출되면, 동물은 다시 그 난포낭을 먹고 재감염된다. 감염되고부터 난포낭을 배출하기까지는 2~10일 정도 걸린다. 변과 함께 배출된 난포낭은 바깥에서도 몇 개월 동안 감염력을 유지한다.

콕시듐 원충에는 다양한 종류가 있다. 토끼는 구포자충속Eimeria 중 11종류가 장에 기생하고, 1종류가 간에 기생한다고 알려져 있다. 종류에 따라 난포낭의 모양과 기생하는 부위, 증상이 다르다. 난포낭은 현미경으로 확인 가능한 크기로 토끼에게 흔한 토끼소형구포자충*Eimeria perforance*은 길이 16~30마이크로미터×폭 11~18마이크로미터의 달걀 모양을 하고 있다.

감염 경로

변과 함께 배출된 콕시듐 난포낭이 음식과 물, 바닥재를 거쳐 토끼의 입으로 들어가 감염된다. 바닥재에 묻은 난포낭은 토끼의 발과 털에 달라붙고, 토끼는 그루밍하면서 난포낭을 먹는다. 여러 마리의 토끼를 함께 키우면 다른 토끼에게도 감염되며, 스트레스로 면역력이 떨어지면 더 빨리 증식한다.

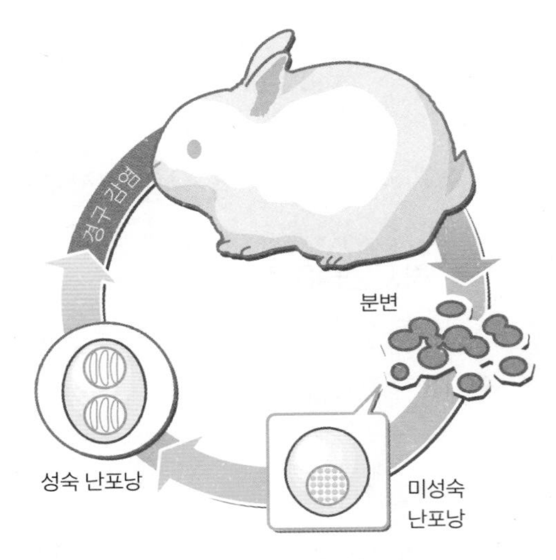

토끼가 콕시듐 원충에 감염되는 경로

맹장변은 감염력이 생기기 전에 먹어 버리기 때문에 맹장변으로 재감염되지는 않는다.

장콕시듐증

장관이 콕시듐 원충에 감염되어 걸린다. 콕시듐 원충은 건강한 토끼의 장 속에도 있다. 감염되어도 증상이 없는 토끼가 있는가 하면, 심한 설사를 일으키는 토끼도 있다. 병원성이 낮아도 스트레스로 면역력이 저하되거나, 새로운 종류에 감염되거나, 면역력이 약한 어린 토끼와 노령 토끼는 증상이 나타난다. 증상이 나타났다면 여러 종류의 원충이 기생하고 있을 확률이 높다. 또한 콕시듐 원충이 기생하면 장내세균총 균형이 무너지고 병원성 있는 세균(예를 들어 클로스트리듐)이 증식하여 설사 증상이 나타날 수 있다.

간콕시듐증

콕시듐 원충이 간에 감염되어 걸리는 전신성 감염증이다.

스트레스로 면역력이 낮아지면 쉽게 감염된다. 증상이 없는 토끼도 있으나 몸이 약한 이유기의 토끼는 돌연사하기도 한다.

토끼가 감염되는 주요 콕시듐 원충의 종류, 기생 부위와 병원성

종류	기생 부위	병원성
Eimeria irresidua	소장	강함
E. maguna	공장, 회장	강함(심한 설사)
E. media	소장, 대장	약함
E. perforance	소장	약함(토끼에게 많음)
E. stiedae	담관, 상피	가변적

▶ 주요 증상

장콕시듐증

어른 토끼는 대부분 무증상이다. 그러나 면역력이 약할 때 대량의 난포낭을 섭취하면 설사 증세가 나타난다. 설사의 상태는 콕시듐 종류에 따라 다르며 묽은 변, 가벼운 설사, 물 같은 설사, 점액과 혈액이 섞인 설사 등을 한다. 설사 때문에 탈수 증상이 생긴다. 설사가 심하면 장중첩(167쪽 참조)을 일으키기도 한다. 식욕이 없어지고, 체중이 감소하며, 아기 토끼는 성장이 느려진다.

원인

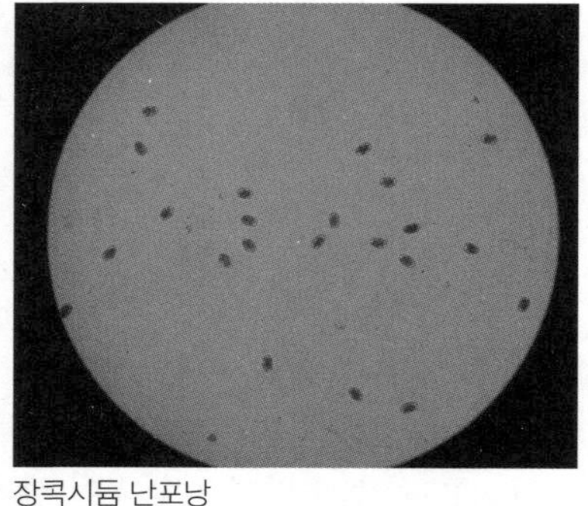
장콕시듐 난포낭

무증상 토끼가 배설한 난포낭 변을 통해 감염

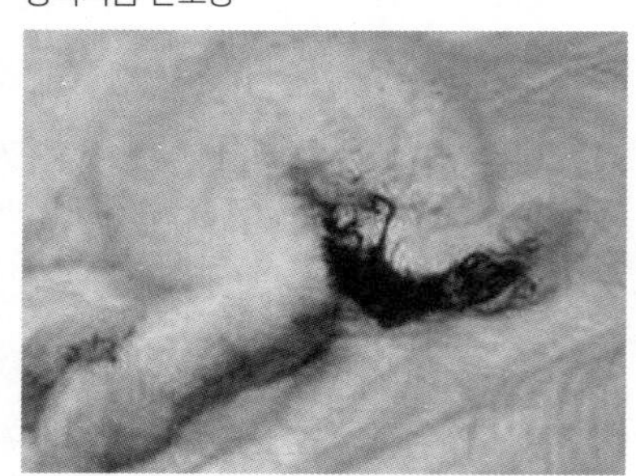
설사 변이 엉덩이에 들러붙었다.

아기 토끼는 증세가 빠르게 심각해지고, 설사와 식욕부진으로 사망하기도 한다.

간콕시듐증

식욕이 없어지고 체중이 감소한다. 기운이 없고 배가 빵빵하게 부푼다. 급사하기도 한다.

▶ 치료법

분변검사로 난포낭을 확인한다.

설파제를 투여하여 구충한다. 콕시듐 원충의 라이프 사이클에 맞춰 투약한다.

정기적으로 분변검사를 하고, 필요하면 투약을 반복한다.

설사로 탈수 증상이 보이면 수액 처치를 한다.

가정에서는 위생적인 환경을 유지하여 재감염을 예방한다.

▶ **예방법**

변을 계속 방치해서는 안 되며, 수시로 청소하여 위생적인 환경을 유지한다. 난포낭이 감염되기까지 2일 이상 걸리므로, 매일 화장실을 청소하고 더러워진 바닥재는 수시로 교환한다. 물의 오염을 막기 위해 물병 형태의 급수기를 사용하거나 물그릇을 사용하고 있다면 자주 교환한다. 토끼가 먹는 음식이 변에 닿지 않게 조심한다. 생후 4개월 미만의 토끼를 오염된 장소에 두지 않는다.

콕시듐 원충 중에는 감염되어도 증상이 나타나지 않는 종류가 있다. 새로 입양한 무증상 토끼의 변을 통해 기존 토끼가 감염되는 사례도 있다. 집에 다른 토끼를 데려올 때는 기존 토끼와 바로 만나게 해서는 안 되며, 검역 기간을 정해 두고 각기 다른 장소에 격리한다. 격리하는 동안 분변검사와 건강검진을 통해 건강 상태를 확인한다. 검역 기간은 21일 정도가 적당하다는 문헌이 있다.

이미 감염된 토끼가 있다면 토끼를 돌볼 때 건강한 토끼부터 돌본다. 한 마리의 토끼를 돌볼 때마다 손을 깨끗이 씻어 반려인이 토끼에게 병원체를 옮기지 않도록 조심한다.

면역력이 약해지지 않도록 토끼를 적절한 환경에서 키워 스트레스 요인을 없앤다.

점액성 장 질환 mucoid enteropathy

▶ 점액성 장 질환이란?

맹장이 큰 토끼 특유의 질병이다. 위장운동이 저하되어 장내세균총의 항상성이 깨지면 점액이 과도하게 만들어진다. 그 결과 맹장의 내용물이 정체되어 덩어리가 되고, 폐색을 일으킨다. 사망 후에 부검하면 맹장에서 점토 상태의 음식물 덩어리가 발견된다. 일반적으로 생후 10주 이상의 토끼에게 흔하며 어른 토끼는 세균성 장염(장독소혈증, 대장균증, 티저병 등)으로 나타난다.

장내세균총이 무너지는 이유는 다양하다. 당질이 많은 음식을 먹어서 맹장 내 pH가 낮아지거나 스트레스로 식욕부진을 일으키거나 부적절한 항생제를 투여하거나 섬유질이 부족한 음식을 먹거나 점토질로 된 화장실 모래(벤토나이트)를 먹는 것 등이다. 야생 토끼에게는 드물며, 부적절한 사육환경으로 스트레스를 많이 받는 토끼에게 잘 일어난다.

식욕이 떨어지지만 조금은 먹기 때문에 이빨 질환과 헷갈릴 수 있다.

조기에 발견하는 것이 어렵고 금방 심각한 상태가 된다. 안타깝지만 예후가 좋지 않은 질병이다.

▶ 주요 증상

정상 변을 배설하지 않는다. 소화되지 않은 섬유질이 섞인 작은 변을 본다. 점액성 설사를 한다(점액이 배출되지 않을 때도 있다). 설사 뒤에 변비를 일으키는 등 변에 이상 증세가 나타난다.

설사가 들러붙어 엉덩이 주위가 더러워지고 탈수 증상을 일으킨다.

가스와 점액 때문에 배가 불룩해진다.

식욕과 기운이 없어지고 체온이 떨어진다. 털이 지저분해지고 체중이 감

증상

점액성 설사를 한다.

가스와 점액 때문에
배가 불룩해진다.

기운이 없어진다.

소한다. 물을 많이 마신다. 배에 힘을 주고 웅크리거나 이를 심하게 가는 등 통증을 느끼는 모습을 보인다.

급성은 1~3일 내로 사망하기도 한다.

▶ 치료법

엑스레이 촬영으로 진단할 수 있다. 또한, 촉진하면 맹장이 딱딱해진 것을 알 수 있다.

체온 저하에 대비하여 온도를 따뜻하게 유지한다.

설사로 인한 탈수 증상을 개선하기 위해 수액을 처치한다.

식욕이 없을 때는 섬유질과 수분이 많이 함유된 유동식을 먹인다.

세균 증식을 억제하기 위해 적절한 항생제를 투여한다.

가스가 차서 통증이 있을 때는 진통제를 투여한다.

지사 작용(설사를 멈추는 작용)을 하는 약제와 질경이는 수분을 흡수하기 때문에 먹이면 안 된다.

▶ 예방법

아기 토끼에게 어른용 음식을 줄 때는 아주 조금씩, 시간을 들여 천천히 적응시킨다. 토끼를 입양할 때도 처음에는 이전에 먹던 것과 같은 것을 주고 새로운 음식으로 천천히 바꾼다. 어른 토끼도 먹던 음식을 바꿀 때는 천천히 시간을 들여 시도한다.

소화관의 기능을 원활하게 하고, 장내세균총 균형을 유지하기 위해 건초를 많이 먹인다.

티저병 tyzzer's disease

▶ 티저병이란?

클로스트리듐균의 일종인 클로스트리듐 필리폼*Clostridium piliforme*이 원인인 감염증이다. 토끼뿐 아니라 설치목 등 다른 포유류에게도 발생한다.

건강한 토끼도 보균하고 있으며, 스트레스를 받아 면역력이 떨어지면 발병한다.

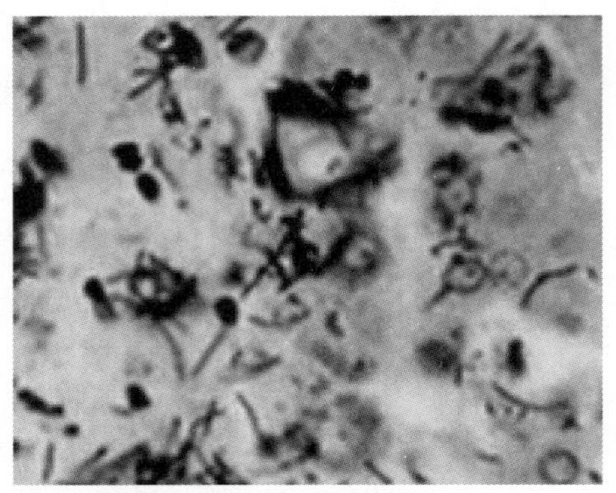
티저병의 원인인 클로스트리듐 필리폼

보균 토끼의 변이 닿은 음식과 물, 바닥재를 통해 경구 감염된다. 바닥재에 있던 균이 토끼의 발과 털에 달라붙고, 그루밍을 통해 입 안으로 들어간다. 감염력이 있는 균은 바닥재와 음식 속에서 몇 년 동안 생존할 수 있다.

이유기의 아기 토끼는 감염 후 증상이 급격히 악화되며, 어른 토끼는 천천히 진행되어 만성질환이 된다.

바닥재를 통해 감염

스트레스가 많은 환경

▶ 주요 증상

어른 토끼는 대부분 증상이 없는 불현성 감염이다. 보통 사망 후 부검을 통해 간과 심근의 감염이 밝혀진다.

털이 더러워지고 기운이 없다. 만성이 되면 체중이 감소한다.

아기 토끼는 급격한 식욕부진과 함께 물 같은 설사를 하며 급사한다.

▶ 치료법

세균 증식을 억제하기 위해 적절한 항생제를 투여한다. 설사로 인한 탈수 증상을 개선하기 위해 수액 처치를 한다.

치료해도 회복이 어려운 질병이다.

▶ 예방법

스트레스가 큰 원인이므로 온도 관리 및 위생에 신경 쓰고, 적절한 사육 환경을 유지한다.

아기 토끼를 입양할 때는 비위생적이고 과밀 사육하는 브리더나 펫숍은 피하고, 위생과 건강을 잘 관리하는 곳에서 입양한다.

토끼요충 oxyuriasis

▶ 토끼요충이란?

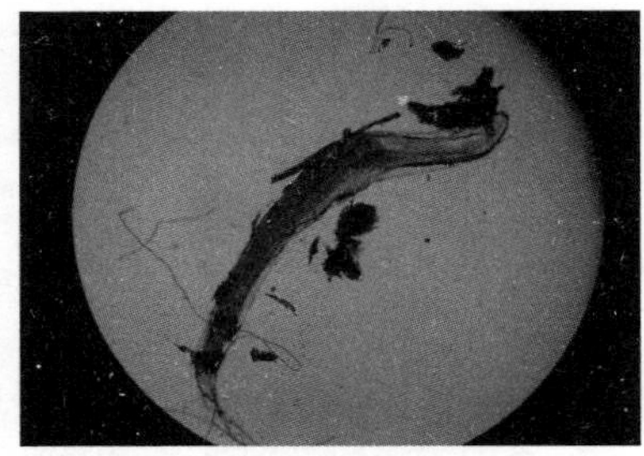
토끼 요충의 현미경 사진

토끼요충*Passalurus ambiguus*은 요충의 한 종류로 토끼의 맹장과 대장에 기생한다. 암컷은 항문으로 이동해 알을 낳고, 그곳에서 사멸한다. 몸길이는 11밀리미터 정도며 육안으로 볼 수 있다. 변에 붙은 상태로 배설된 것이 종종 발견된다. 배설 직후 잠깐 동안 움직이는 모습을 볼 수 있다. 많은 토끼에 기생하고 있으나 병원성은 없다.

변과 함께 배설된 알을 먹고 감염된다.

▶ 주요 증상

증상은 딱히 없다. 드물게 체중 증가가 멈추거나 항문탈출증이 나타난다.

▶ 치료법

구충제를 투여한다.

증상

구충제는 성충에게만 효과가 있다. 그래서 구충하기 전에 낳은 알은 부화하고 다시 성충이 된다. 이 라이프 사이클을 끊으려면 구충제를 10일~2주마다 몇 번 반복해서 먹어야 한다.

변을 흘리면 바로 작은 용기에 모아 분변검사를 한다.

▶ 예방법

변에 요충이 있는지 잘 관찰하고, 정기적으로 동물병원에서 분변검사를 받는다.

지방간 hepatic lipidosis

▶ 지방간이란?

지방간은 '간 리피도시스'라고도 한다.

음식의 영양소는 소화기관에서 소화 흡수된 후 먼저 간으로 운반된다. 간으로 운반된 영양소는 체내에서 활용할 수 있는 형태로 바뀌고, 혈액을 통해 전신에 공급된다. 그러나 어떤 이유로 간에 지방이 쌓이면, 간세포에 중성지방이 많이 축적되어 간이 비대해지고 혈액순환이 나빠져 간 기능이 저하된다.

토끼가 지방간을 일으키는 원인은 크게 두 가지다.

① 지방이 풍부한 음식을 많이 먹었을 때

간에 운반되는 지방이 과하면, 제때 처리하지 못하고 간세포에 중성지방이 축적된다.

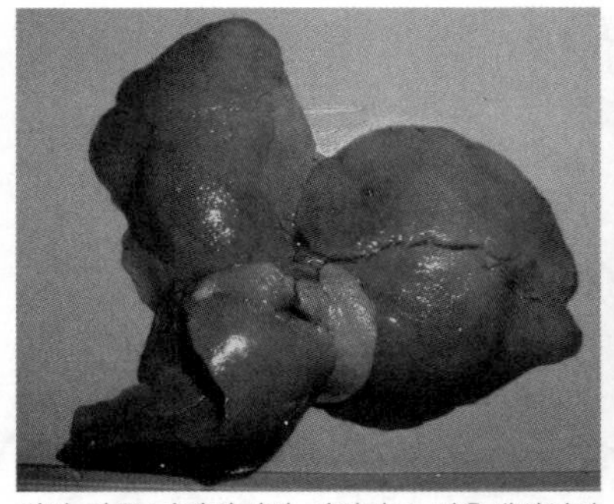

정상 간은 가장자리가 선명하고 선홍색이지만 지방간은 가장자리가 둥그스름하며 노랗게 탈색된다.

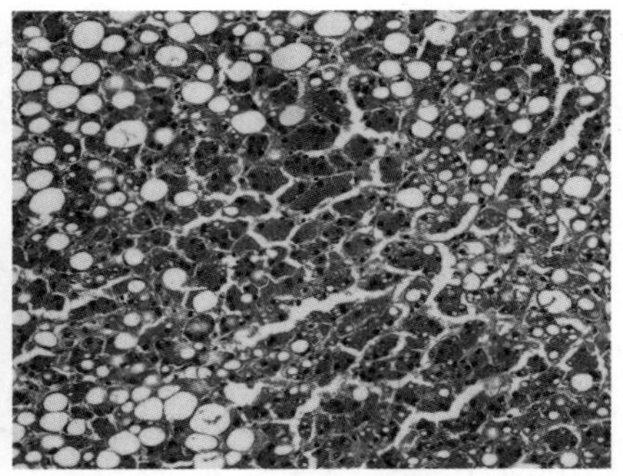

지방간이 생긴 간 조직. 하얀 알갱이가 지방 방울이다.

② 금식

지방은 간으로 운반된 후 형태를 바꾸어 혈액 속으로 흘러가고, 중성지방은 내장지방과 피하지방으로 저장된다.

음식을 먹어야 몸을 유지하는 에너지가 만들어지므로 금식 상태가 계속

원인

되면 에너지를 만들어 내지 못한다. 그래서 이미 체내에 있는 지방을 에너지로 전환하기 위해 지방이 간으로 모이게 된다. 이때 처리할 수 없을 정도로 많은 지방이 간에 축적되면 지방간이 된다.

토끼는 부정교합, 위장정체, 스트레스, 다양한 질병으로 식욕이 없어지는데 장시간 음식을 먹지 않으면 지방간을 일으킨다. 그래서 수액 및 강제 급여 등 상황에 맞는 방법으로 신속하게 영양공급을 해야 한다. 음식을 먹지 않으면 맹장변도 만들어지지 않아 단백질과 비타민 B군, 비타민 K도 결핍된다.

▶ 주요 증상

기운이 없어지고, 식욕부진, 체중 감소, 상복부 팽창(고창증) 등의 증상이 나타난다. 지방간 특유의 증상은 없다.

▶ 치료법

혈액검사, 소변검사를 하고, 이상이 있거나 의심스러울 때는 초음파검사를 한다.

원인이 지방 과잉일 때에는 식단에서 지방을 줄인다.

금식으로 인한 지방간은 에너지가 되는 당질과 비타민류를 수액으로 투여하거나 강제로 급여한다(362쪽 참조).

▶ 예방법

평소에 영양 균형을 맞춘 적절한 음식을 제공한다. 지방, 당질이 많은 음식은 토끼에게 부적합하다.

부정교합 치료 및 수술 등 식욕부진이 예상되는 처치를 할 때는 미리 강제 급여 준비를 한다.

— 직장탈출증 ♥

직장의 점막이 항문으로 나오는 것을 직장탈출증이라고 한다. 직장은 장관 중 가장 항문에 가까운 부위다. 설사가 만성화되면 항문의 괄약근(항문을 조이는 근육)이 느슨해져서 직장탈출증을 일으킨다.

— 좋은 사료를 선택하는 법 ♥

토끼 쇼핑몰에 가면 많은 종류의 토끼용 사료가 있다. 토끼의 주식은 건초지만, 사료는 필요한 영양소를 제공한다. 좋은 사료를 선택하는 방법을 알아본다.

- □ 원재료 표기를 꼭 확인한다. 어른 토끼용 사료는 티모시, 아기 토끼용 사료는 알팔파가 주원료인 것을 선택한다(보통 원재료 중에 맨 앞에 기재된 것이 주원료).
- □ 성분을 확인한다. 어른 토끼는 단백질 12퍼센트, 지방 2퍼센트, 섬유질 20~25퍼센트가 기준이며, 성장기 및 임신, 수유 중인 토끼는 이보다 영양가가 더 높아야 한다.
- □ 원재료, 성분, 유통기한 및 제조일 등이 명확하게 기재되어 있고 되도록 식품첨가물을 사용하지 않은 것을 선택한다.
- □ 말린 채소 등이 섞여 있는 혼합 사료는 주식으로 부적합하다. 쿠키 모양을 한 제품은 지방이 많아서 간식으로도 주면 안 된다.

□ 음식을 갑자기 바꾸면 먹지 않거나 장 질환을 일으킬 수 있다. 지속해서 구매할 수 있도록 유통이 안정적인 제품을 선택한다.

□ 딱딱하지 않고 잘 부스러지는 사료가 치근에 부담을 주지 않는다.

□ 사료는 제조 방법에 따라 3가지 타입으로 나뉜다. 자신의 토끼에게 맞는 것을 선택한다._옮긴이 주

- 하드 타입 : 분말 원료를 압축해서 딱딱하게 굳힌 익스트루전 공정 사료.
- 소프트 타입 : 원료에 열을 가해 발포시킨 익스트루전 공정 사료. 하드 타입보다 이빨 부담이 적다.
- 블룸 타입 : 원료를 압축하지 않고 뭉쳐서 건초 섭취와 유사하게 만든 사료. 소프트 타입보다 이빨 및 소화기관에 부담이 적다.

그 밖의 소화기 질환

▶ 위확장

위확장이란 위의 유문(십이지장과 연결된 위장의 출구)이 막혀 위가 부풀어 오르는 증상이다. 유문이 폐색되면 위에 가스와 액체가 정체된다. 특히 타액은 계속 분비되기 때문에 위액과 함께 위 속에 고여 위를 확장한다.

위확장의 원인으로는 위장정체, 이물질로 인한 유문폐색, 식사 후 심한 운동 등 다양하다. 부풀어 오른 위가 폐와 심장을 압박하여 호흡곤란이 생긴다. 호흡하기 위해 공기를 과하게 들이키면 가스가 더 찬다.

배가 부풀어 오르고, 식욕과 기운이 없어지며, 통증을 느낀다.

조기 발견하면 가스를 제거하는 약으로 치료할 수 있다. 증상이 심할 때는 입에서 위까지 튜브를 꽂아 위 내용물을 빼낸다.

▶ 항생제로 인한 장염

항생제는 병을 치료하기 위해 투여하는 약이지만 어떤 항생제는 토끼에게 설사를 일으킨다.

토끼는 장내세균총의 균형이 무엇보다 중요하다. 그러나 항생제 중에는 토끼에게 필요한 장내 정상 세균까지 모조리 죽이거나 항생제의 내성균을 증식시키는 종류가 있다. 토끼에게 부적절한 항생제를 투여하면 기운과 식욕이 저하되고, 설사 등의 증상이 나타난다. 항생제를 투여한 뒤에 바로 상태가 나빠지기도 하고, 며칠이 지난 후에 증상이 나타나기도 한다. 대체로 클로스트리듐균이 증식하여 장독소혈증(145쪽 참조)을 일으킨다.

그렇다고 항생제 사용을 지나치게 두려워할 필요는 없다. 적절하게 사용하면 토끼의 건강을 회복시키고 생명을 구할 수 있다. 토끼를 잘 아는 동물병원에서 안전성이 검증된 항생제를 처방받고, 항생제를 먹는 동안 토끼의 상태를 주의 깊게 관찰한다.

아미노글리코사이드aminoglycoside는 토끼에게 바로 신장장애를 일으키므로 주의한다. 알벤다졸, 펜벤다졸, 옥시벤다졸 등의 벤즈이미다졸benzimidazole 계열 구충제는 골수 기능을 저하시키고 사망에 이르게 한다는 의혹이 있다.

토끼에게 항생제를 투여할 때는 장내 유익균을 증식시키기 위해 토끼용 유산균제를 함께 먹인다. 그러나 요구르트는 클로스트리듐균을 과잉 증식시키므로 먹여서는 안 된다.

[토끼에게 안전성이 검증된 항생제]

엔로플록사신, 독시사이클린, 클로람페니콜, 메트로니다졸, 설파제, 아지트로마이신, 네오마이신, 테트라사이클린 등

[토끼에게 투여해서는 안 되는 항생제]

페니실린(경구 불가), 세팔로스포린 계열, 아목시실린, 암피실린, 클린다마이신, 린코마이신, 스트렙토마이신, 에리스로마이신, 반코마이신, 토브라마이신, 겐타마이신, 세팔렉신, 테라마이신, 아세틸스피라마이신, 아목시실린과 클라불란산 결합제 등

* 투여 불가 항생제 중에 반코마이신, 토브라마이신, 겐타마이신, 세팔렉신은 아크릴메타크릴레이트 구슬로는 사용할 수 있다.

▶ 장염전과 장중첩

장폐색의 원인 중 하나인 장관 질환이다.

장염전과 장중첩은 증상이 매우 다르다. 장염전은 장관이 비틀린 상태며 장중첩은 장의 일부가 장 속으로 밀려들어가 겹쳐진 상태다. 수술로 치료할 수 있다.

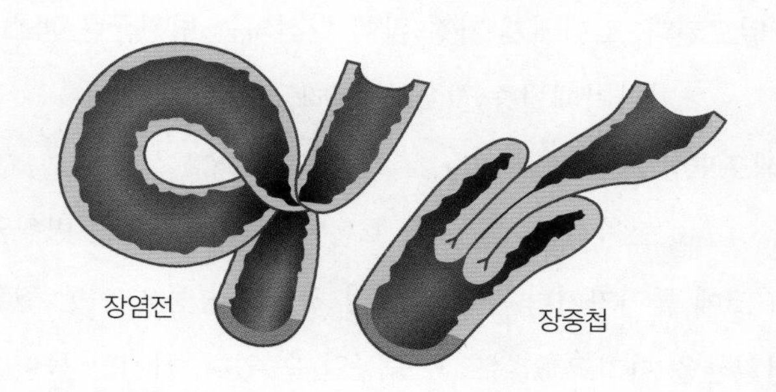

▶ 복막염

복막이란 내장을 보호하기 위해 내장 표면을 둘러싸고 있는 장막을 말한다. 장폐색 등의 내장 질환으로 고름이 복강 전반에 퍼지면 복막염을 일으킨다.

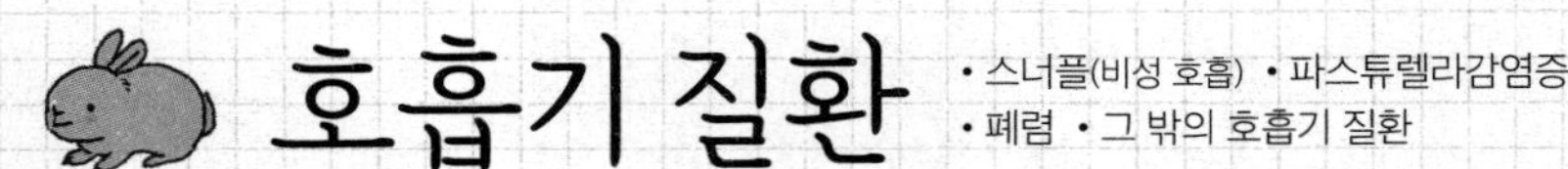

호흡기 질환

- 스너플(비성 호흡) • 파스튜렐라감염증
- 폐렴 • 그 밖의 호흡기 질환

스너플(비성 호흡)snuffle

▶ 스너플이란?

스너플은 토끼에게 흔한 질병으로 다른 말로 만성 비염, 비성 호흡, 폐색성 비호흡이라고 한다. 치명적인 폐렴과 상기도(코, 인두, 목구멍, 후두) 감염으로 발전할 수 있다. 비강에서 발생한 세균성 비염은 중증화되면 부비강(콧구멍에 인접해 있는 뼛속 공간), 눈, 기관지, 폐, 유스타키오관(이관)으로 전이되어, 재채기와 상기도 이상음, 비성 호흡, 만성 비염, 부비강염, 중이염, 사경을 일으킨다. 토끼에게 가장 많이 발견되는 병원균은 파스튜렐라균*Pasteurella multocida*, 기관지패혈증균(보르데텔라균*Bordetella bronchiseptica*)이다. 그 외에도 황색포도상구균*Staphylococcus aureus*, 녹농균*Pseudomonas aeruginosa*, 미코플라스마속*Mycoplasma*, 모락셀라*Moraxella*가 호흡 이상을 수반하는 병원균이다.

이물질이 코에 들어가거나 부정교합 및 치근농양 등의 이빨 질환도 원인이 된다. 병원균을 가지고 있어도 무증상일 수 있다. 하지만 몸이 약해지거나 노령이 되거나 스트레스를 받으면 발병한다. 비위생적이고 환기가 안 되는 환경에서 살거나 과밀 사육일 경우 증상이 심해진다.

▶ 주요 증상

전형적인 증상은 재채기와 콧물이다. 초기에는 맑은 콧물이 나오지만 증상이 진행되면 하얗거나 누런색의 끈적끈적한 콧물, 고름 같은 콧물로 변한다. 콧물 때문에 코 주위가 지저분해진다. 앞발로 콧물을 닦아서 엄지발톱 부분의 털이 꺼슬꺼슬해진다.

눈물길(비루관)이 막혀서 눈물이 심하게 나온다. 파스튜렐라균 감염일 경우에는 하얀 눈곱이 대량으로 나온다. 결막염, 각막염을 일으키기도 한다.

기침을 하고, 상기도가 막혀서 호흡할 때 이상음이 들린다. 상부 호흡기와 폐까지 감염되면 입을 벌리고 호흡하는데(개구호흡), 이 정도면 상황이 심각한 것이다. 급사할 수 있으니 서둘러 치료를 받는다.

▶ 치료법

비강과 부비강의 상태를 자세히 확인하기 위해 머리 CT 검사를 한다.

세균 감염이 원인일 때에는 배양 및 동정(세균을 배양해서 종류를 파악하는 것) 결과를 바탕으로 치료한다.

▶ 예방법

감염된 토끼와 다른 토끼를 함께 두지 않는다.

사육환경과 음식에 신경을 쓴다. 온도가 급격히 변하거나 고온다습한 환경을 피하고, 외풍이 없는 조용한 장소에서 토끼를 키운다. 수시로 배설물 청소를 해서 위생적인 환경을 유지한다. 환기를 자주 해서 공기가 정체되지 않게 한다.

가벼운 증상이 갑자기 심해질 수 있다. 그 전에 진료를 받는다.

환기가 잘 되는 위생적인 환경

파스튜렐라감염증 pasteurellosis

▶ 파스튜렐라감염증이란?

파스튜렐라균에 감염되어 걸리는 질병으로 토끼에게는 매우 흔하다.

파스튜렐라균은 토끼의 비강, 부비강에 60~70퍼센트의 비율로 살고 있다. 토끼가 건강하고 면역력이 높으면 발병하지 않지만(불현성 감염), 스트레스로 면역력이 저하되면 증상이 나타난다.

발병되는 계기는 다양하다. 주로 급격한 기온 변화와 외풍이 부는 장소에서 기르는 것이 원인이다. 화장실 청소를 게을리하여 암모니아 농도가 상승하면 호흡기 질환을 쉽게 일으키며, 습한 환경에서는 재채기와 콧물에 섞여 외부로 방출된 세균이 바로 죽지 않고 살아남는다. 따라서 세균의 생존 기간이 길어져서 재감염되거나 다른 토끼에게 전염된다.

그 밖에도 토끼에게 스트레스를 주는 요인은 다양하다. 다른 동물과의 동거, 환기가 안 되는 환경, 부적절한 음식, 노령과 임신 등으로 인한 면역력 저하는 파스튜렐라감염증이 발병하기 쉬운 상태다.

병원균은 점막을 통해 전염되는데, 보균 토끼의 콧물에 의한 비말감염, 고름에 직접 접촉하여 걸리는 접촉감염이 있다. 또한 어미 토끼의 균이 출산할 때 산도 점막을 통해 새끼에게 전염되거나 수유로도 전염된다. 교미로 감염되기도 한다.

파스튜렐라균에는 여러 타입이 있는데 병원성이 약한 것도 있지만 매우 강한 것도 있다.

파스튜렐라균은 전신에 감염을 일으킨다. 호흡기를 통해 폐가 감염되면 폐렴, 눈물길(비루관)을 통해 눈이 감염되면 눈물주머니염(누낭염), 유스타키오관을 통해 중이와 내이가 감염되면 중이염과 내이염, 내이를 통해 뇌가 감염되면 신경 증상을 일으킨다. 혈관을 통해 심장, 생식기, 피하도 감염될 수 있다.

그루밍하다가 상처를 통해 감염되면 피하농양이 된다. 파스튜렐라균은 치근농양의 원인균이기도 하다.

파스튜렐라균은 사람도 감염되는 인수공통감염증이다. 개와 고양이도 보균하고 있는 병원균으로, 물리거나 긁히면 감염된다. 면역부전을 앓고 있는 사람이라면 봉와직염이나 패혈증에 걸릴 수 있다.

▶ 주요 증상

초기에는 콧물, 재채기(스너플에 대해서는 168쪽 참조) 증상이 나타난다. 눈물길이 막혀 눈곱이 생기고, 눈에 눈물이 고인다. 결막염 등의 눈 질환이 나타난다. 증세가 심해지면 누런색의 끈적끈적한 콧물이 나온다.

앞발로 콧물을 닦아서 엄지발톱 부분의 털이 꺼슬꺼슬해진다. 눈물을 흘

원인

리면 눈 주위에 습성 피부염이 생긴다.

코 주변에 딱지가 생긴다(비슷한 증상인 트레포네마증에 대해서는 226쪽 참조). 코가 막혀서 후각 기능이 떨어지고, 먹을 때는 호흡이 어려워서 식욕이 저하된다.

내이가 감염되면 사경과 안진, 운동실조 증상이 나타난다. 감염 부위에 따라 폐렴이 되거나 피하, 내장, 생식기 등에 농양이 생긴다. 상기도(코, 비강, 인두, 기관지)와 폐까지 감염되면 입을 벌리고 호흡하는 심각한 상황이 된다.

▶ 치료법

기본 치료는 콧물이나 고름을 배양하여 균의 종류를 특정하고, 적합한 항생제를 투여하는 것이다. 그러나 토끼는 콧속에서 검체를 채취하기가 쉽지 않다.

염증의 정도와 전신 상태를 파악하기 위해 혈액검사를 한다.

만성 상기도 감염은 비갑개(코선반, 표면이 점막으로 덮인 콧속의 융기)와 아래턱뼈까지 감염되었을 수 있다. 경부와 흉부 엑스레이 검사로 확인하고, 증상이 심할 때는 두부 엑스레이 검사도 한다.

비루관 세정, 네뷸라이저nebulizer 처치 등 증상에 맞는 치료를 한다.

세균의 독성, 토끼의 면역력, 치료 방법 등에 따라 치료 후의 회복 상태가

예방

달라진다. 비강과 부비강처럼 깊은 부분의 감염과 농양은 관리가 쉽지 않다. 감염을 관리하기 위한 치료를 평생 받아야 할 수도 있다.

▶ 예방법

감염된 토끼와 다른 토끼를 함께 두지 않는다.

사육환경과 음식에 신경 쓴다. 온도가 급격히 변하거나 고온다습한 환경을 피하고, 외풍이 없는 조용한 장소에서 토끼를 키운다. 배설물 청소를 수시로 하여 위생적인 환경을 유지한다. 환기를 자주 하여 습기가 정체되지 않게 한다.

가벼운 증상이 갑자기 심해질 수 있다. 그 전에 진료를 받는다.

폐렴 pneumonia

▶ 폐렴이란?

폐렴은 폐가 세균에 감염되어 염증이 생긴 상태다.

대개 파스튜렐라균이 원인이지만, 황색포도상구균, 기관지패혈증(보르데텔라균) 등 다양한 세균이 폐에 감염을 일으킨다.

폐렴에 걸리면 폐의 가스교환 기능이 떨어져서 호흡곤란이 온다.

병원균에 감염되어도 토끼의 면역력이 높으면 폐렴으로 발전하지 않는다. 하지만 면역력이 낮거나, 지병이 있거나, 스트레스가 심하거나, 부적절한 사육환경(위생 상태와 영양 상태 불량, 부적절한 습도와 온도)에서 생활하고 있다면 증세가 심해진다.

급격히 악화되어 사망하는 토끼가 있는가 하면, 별다른 증상 없이 만성질환이 되는 토끼도 있다.

자궁암과 유선암이 폐로 전이되어 폐렴을 일으키기도 한다.

▶ 주요 증상

증상이 없는 경우가 종종 있다.

기운이 없어지고, 식욕이 떨어진다. 호흡이 거칠어지는데 호흡곤란이 온다면 매우 심각한 상태다.

토끼는 본래 호흡이 빠르지만 폐렴에 걸리면 호흡할 때마다 가슴 부위가 크게 움직인다.

▶ 치료법

청진기로 호흡 소리를 듣거나 엑스레이 촬영을 한다. 단, 호흡이 불안정한 토끼를 강제로 붙드는 것은 위험하니 무리하지 않는 선에서 진찰한다.

항생제와 기관지 확장제 등을 투여하고, 수액 처치와 강제 급여(362쪽 참조)를 한다. 네뷸라이저를 이용해 산소를 흡입하게 한다.

폐렴으로 발전하면 치료가 쉽지 않다.

▶ 예방법

사육환경에 신경을 쓴다. 온도가 급격히 변하거나 고온다습한 환경을 피하고, 외풍이 불지 않는 장소에서 토끼를 키운다. 수시로 배설물을 청소하여 위생적인 환경을 유지한다. 공기가 정체되지 않도록 자주 환기한다.

그 밖의 호흡기 질환

▶ 호흡곤란

중증의 파스튜렐라감염증(170쪽 참조), 폐렴, 종양의 폐전이, 심장 질환 등의 질병은 호흡곤란을 동반한다. 운동 후 숨을 헐떡이는 토끼는 옆으로 누워 호흡을 진정시키지만 호흡곤란을 일으키면 앉은 상태로 목을 길게 뻗어 콧구멍을 크게 벌리고 호흡한다. 보통 토끼는 코로만 호흡하지만 호흡곤란이 심해지면 입을 열고 개구호흡을 한다.

사지경직증 또는 하반신마비인 토끼는 스스로 움직이지 못하기 때문에 자세에 따라 호흡곤란을 일으킬 수도 있다.

호흡곤란이 있을 때 추측 가능한 질병은 파스튜렐라증, 칼리시바이러스 감염(바이러스성 출혈성 질환), 열사병, 심장병, 비염, 기관폐색, 흉수, 전이성 질환, 폐 질환 등이다. 스트레스도 호흡곤란을 일으킨다.

▶ 오연성 폐렴

음식이나 물을 기도로 잘못 삼키는 것을 '오연誤嚥'이라고 한다. 오연했을 때 입 안의 세균이 폐에 침투하여 생기는 폐렴이 오연성 폐렴이다.

토끼에게는 흔하지 않지만 강제 급여(362쪽 참조)를 하다가 음식물이 기도로 넘어갈 수 있으니 주의한다.

심장 질환

• 심근증 • 그 밖의 심장 질환

심근증 cardiomyopathy

▶ 심근증이란?

심장은 일정한 리듬으로 수축과 이완을 반복하면서 특유의 펌프 기능으로 전신에 혈액을 보낸다. 심장의 벽을 구성하는 심근의 작용으로 수축할 때는 심장의 혈액을 동맥으로 보내고, 이완할 때는 정맥으로부터 혈액을 받아들인다.

심근증은 심장의 근육인 심근이 기능장애를 일으키는 질환이다. 특히 장애가 잘 생기는 부위는 심장을 구성하는 4개의 방(우심방·우심실·좌심방·좌심실) 중, 전신에 혈액을 보내는 좌심실이다.

심근증의 종류에는 확장형, 비대형, 구속형이 있다. 확장형 심근증은 심실의 벽이 얇게 늘어나 심장 내부 공간이 커지는 질병이다. 그 결과 좌심실의 벽이 늘어나고 혈액을 내보내는 기능에 문제가 생겨 울혈성 심부전이 생긴다. 좌심실이 혈액을 내뿜는 힘은 심장의 벽이 늘어날수록 약해진다. 따라서 심근이 늘어난 정도가 중증도를 판정하는 기준이 된다. 돌연사도 드물지 않게 발생한다. 비대형 심근증도 확장형과 마찬가지로 심부전 증상이 나타나므로 심장 초음파검사가 유용하다.

심근증은 노령이 될수록 증가하는 질병이며 유전적 요소도 있다. 고칼슘혈증, 세균 감염도 원인 중 하나다.

심근증 같은 심장 질환은 흉수와 폐수종의 원인도 된다.

확장형 심근증

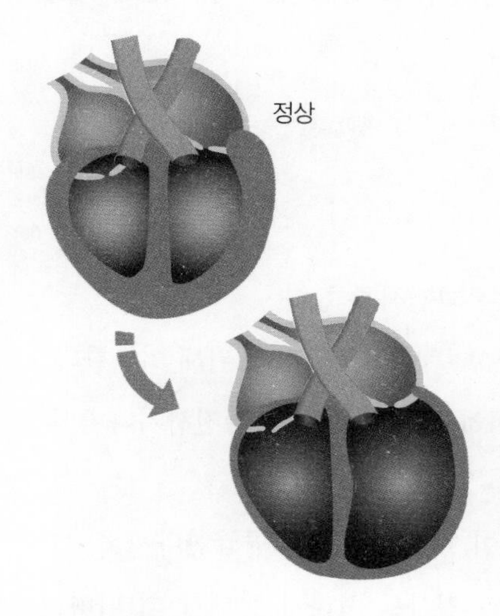

심장(특히 좌심실) 근육의 수축 능력이 저하되어 좌심실이 확장되는 질병이다. 고혈압, 심장판막증, 심근경색 등이 원인이다.

흉수 : 흉막강(두 겹의 가슴막 속에 밀폐된 공간)에는 흉수가 조금 있다. 이 흉수는 호흡할 때 폐와 흉벽 사이의 저항을 줄이는 윤활유 역할을 한다. 흉수는 벽측 흉막(늑골과 횡격막 안쪽을 뒤덮는 막)에서 생성되고 장측 흉막(폐를 둘러싼 막)에서 흡수되면서 일정한 양이 유지된다. 그런데 만약 이 생성-흡수 기전에 문제가 생기면 과도한 양의 흉수가 발생하여 흉수 저류(가슴에 물이 고이는 상태)가 일어난다.

폐수종 : 심장 질환이 원인인 폐수종은 폐의 혈액순환장애로 혈액의 액체 성분이 혈관에서 빠져 나와 폐에 고이는 질병이다. 아무도 모르게 발병하기 때문에 반려인이 눈치 챘을 때는 상당히 진행된 후다.

▶ 주요 증상

증상이 없는 경우도 종종 있다.

식욕과 기운이 없어진다. 쉽게 피곤해진다. 움직임이 적고, 멍하니 있는

증상

시간이 길다. 호흡이 빨라진다. 옆으로 눕지 않으며, 앉아서 목만 길게 빼고 콧구멍을 크게 벌려 호흡한다.

증상이 심해지면 호흡곤란을 일으킨다.

▶ **치료법**

청진과 엑스레이 검사, 심전도검사, 초음파검사를 한다.

완치될 수는 없지만 진행 속도를 늦추고 증상을 조절하기 위해 치료한다.

흉수가 고여 있을 때는 이뇨제를 투여하여 수분 배출을 촉진하거나 침을 꽂아 물을 빼내는 흉강천자를 한다.

강심제, 강압제를 투여한다. 호흡곤란이 있으면 산소를 공급한다.

호흡 상태가 좋지 않은 토끼는 진찰과 검사를 하다가 상태가 더 나빠질 수 있으므로 수의사의 사전 설명을 주의 깊게 듣는다.

▶ **예방법**

예방책은 없다. 스트레스가 적은 환경에서 적절한 사육관리를 하는 것과 조기 발견이 중요하다.

그 밖의 심장 질환

▶ **심장판막증**

판막이란 심장의 심실과 심방 사이에 미닫이문처럼 존재하는 4개의 출입구로, 심장 내의 혈액을 일정한 방향으로 흐르게 하는 역할을 한다. 그러나 노화 등의 이유로 판막이 두꺼워지거나 딱딱해지면 판막이 제대로 닫히지 않아 폐쇄부전을 일으킨다. 판막증이란 폐쇄부전으로 혈액이 역류하여 심장 기능에 이상이 생기는 질병이다. 폐쇄부전은 어느 판막에 일어났느냐에 따라 대동맥판막협착증, 승모판막폐쇄부전증, 삼첨판막폐쇄부전증으로 구별된다.

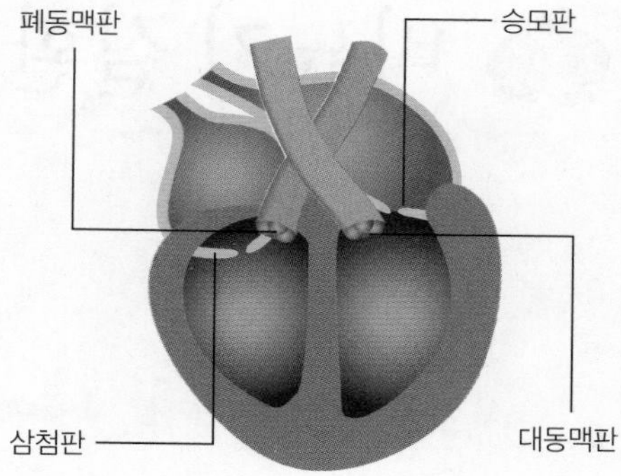

병이 심해지기 전까지 증상이 없는 경우가 많다. 쉽게 지치고, 식욕이 없어진다. 증세가 심해지면 폐수종, 호흡곤란, 심부전을 일으킨다.

호흡곤란이 있을 때는 산소를 공급한다. 흉수가 고여 있을 때는 이뇨제를 투여한다. 혈압을 내리는 약을 투여하기도 한다.

▶ 대동맥 석회화

대동맥 혈관벽에 칼슘이 침착하는 증상이다. 엑스레이 검사로 발견할 수 있다. 심장 질환이나 발작, 만성 신부전을 앓을 때 발생한다. 토끼는 만성 신부전이 원인인 경우가 많으며, 엔세팔리토준증encephalitozoonosis(268쪽 참조)도 관련이 있다.

토끼의 독특한 칼슘대사로 인해(28쪽 참조) 신부전이 심해지면 칼슘과 인이 배설되지 못하고 체내 여러 조직에 쌓이는데, 주로 대동맥에 석회화가 일어난다.

▶ 그 밖의 질환

토끼에게 발생하는 심장 질환으로는 심근증, 심장판막증 외에도 부정맥, 감염성 심근염, 동맥경화, 선천성 심장 기형인 심실중격결손 등이 보고되어 있다.

요로결석증 urolithiasis

▶ 요로결석증이란?

요로결석증은 요로(신장, 요관, 방광, 요도)에 결석이 생기는 질병이다. 토끼는 주로 방광결석이 생긴다. 수컷은 요도가 길고 막히기 쉬운 구조여서 걸리기 쉽다.

결석은 보통 미네랄이 결정화된 것이지만 토끼의 결석 성분은 대개 탄산칼슘이다. 드물게 스트루바이트(인산마그네슘암모늄) 결석도 발견된다. 또한 결석이 진흙 형태의 침전물일 경우 엑스레이를 촬영해 보면 방광 전체가 하얗게 보인다.

토끼의 칼슘대사는 독특하다(28쪽 참조). 일반적으로 칼슘의 과잉 섭취가 결석의 원인이지만 뚜렷한 이유는 아직 밝혀지지 않았다.

물을 조금 먹어서 소변량이 감소하는 것도 원인이다. 물 먹는 양이 적은 이유는 여러 가지지만 주로 급수기(볼을 굴리는 타입)에 문제가 있다. 토끼가 급수기 사용법을 모르거나, 급수기 위치가 불편하거나, 급수기 입구가 토끼에게 맞지 않거나, 부정교합으로 급수기 사용이 어려운 경우 등이다. 또한 환경이 불안해도 물 먹는 양과 횟수가 줄어든다.

작은 결석이나 진흙 형태의 침전물은 소변을 통해 자연스럽게 배출된다. 하지만 소변량이 적으면 배출되지 못하고 커다란 결석이 되어 요로를 막아버린다. 화장실이 불편한 위치에 있거나, 좁고 비위생적이어도 배뇨를 방해

원인

한다.

유전적으로 결석이 잘 생기는 토끼도 있다.

요로결석증과 방광염은 서로 영향을 주고받는다. 결석이 형성되려면 결석의 성분을 모으는 중심핵이 필요하다. 방광염으로 요로에 염증이 생기면, 염증에서 탈락한 조직이 중심핵이 되어 결석을 형성한다. 반대로 결석이 방광에 상처를 입혀 방광염을 일으키기도 한다.

결석이 요로를 막아 소변이 배출되지 못하면 요독증을 일으킨다.

엔세팔리토준증이 요로결석증의 원인이 되기도 한다.

▶ 주요 증상

소변량이 줄어들거나 소변이 나오지 않거나 혈뇨를 보는 등 소변에 이상이 생긴다.

소변을 자주 본다. 화장실을 들락거리며 배뇨 자세를 취하지만 소변이 나

증상

통증 때문에 몸을 웅크린다.

갑자기 화장실을 가리지 못한다.

오지 않아 배에 힘을 준다. 소변을 보는 자세가 평소와 다르다. 통증 때문에 소변을 보면서 소리를 내거나 잘 가리던 화장실을 가리지 못하는 등의 변화가 생긴다.

소변이 찔끔찔끔 나와 회음부가 젖어서 짓무름이 생기고 털이 더러워진다. 통증이 있으면 등을 웅크리고 가만히 있거나 이를 심하게 간다. 식욕부진이 생기고 기운이 없어지는 증상도 나타난다.

▶ 치료법

소변검사, 혈액검사를 한다. 방광염을 동반하기도 하므로 만성 방광염으로 인한 신장 질환은 없는지, 혈중 칼슘 농도가 높은지 확인한다.

엑스레이 촬영, 초음파검사로 진단한다. 상황에 따라 요도에 카테터를 꽂거나 방광을 압박해서 배뇨를 촉진한다.

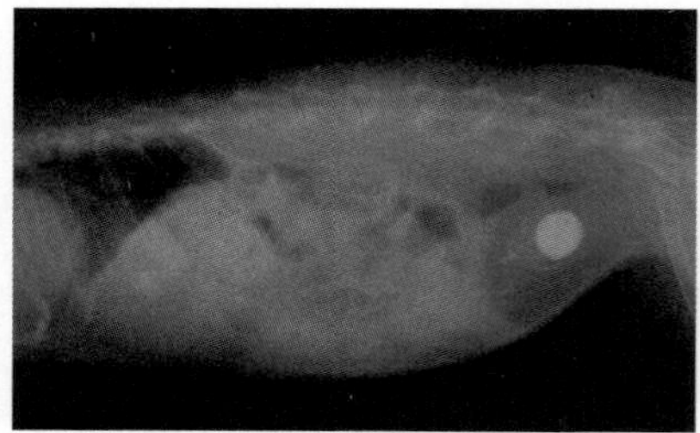

엑스레이 촬영으로 방광 속 결석을 확인할 수 있다.

지름 1센티미터 정도의 결석을 자연 배출한 토끼. 얼굴 앞에 있는 것이 결석이다.

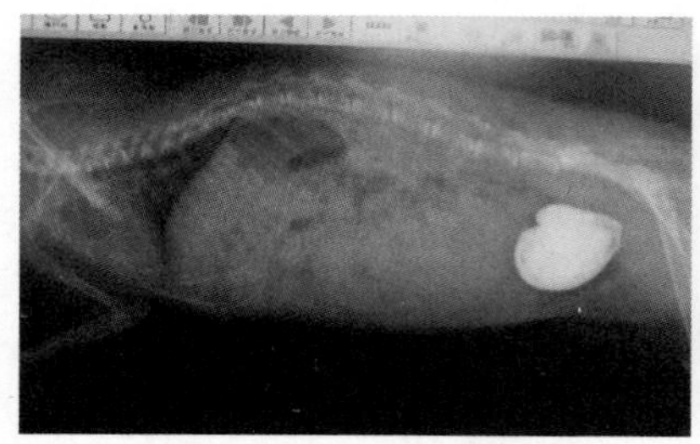

방광에 가득 찬 결석과 주위의 칼슘뇨

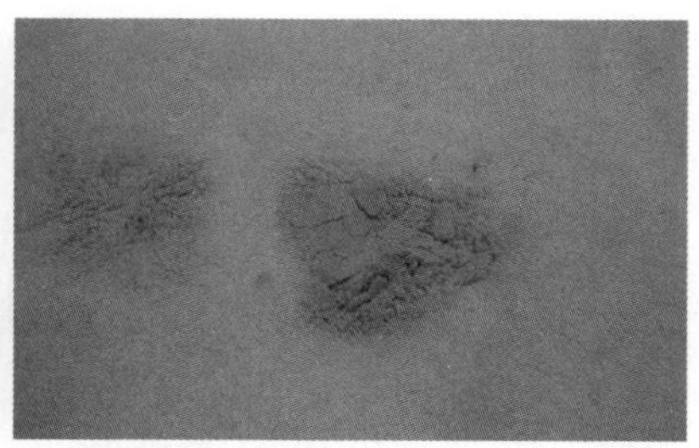

모래 형태의 침전물이 배설되었다.

결석이 작거나 진흙 형태의 침전물이 보여도 심하지 않을 때는 이뇨제나 수액(경구 투여, 피하주사, 링거)을 투여하고, 수분이 많고 칼슘이 적은 잎채소를 먹여 자연스러운 배출을 유도한다.

결석이 요로를 막고 있을 때는 수술로 적출한다.

세균 감염을 막기 위해 항생제를 투여한다.

통증을 없애고 요도괄약근을 이완시켜 소변 배출이 원활해지도록 진통제를 사용한다.

▶ 예방법

물을 충분히 제공한다. 토끼가 급수기를 편하게 사용하는지, 물을 잘 마시는지 확인한다.

화장실을 편하게 사용하는지 점검한다.

칼슘이 많이 함유된 음식과 영양제는 주지 않는다. 칼슘은 뼈와 이빨을 구성하는 주요 영양소지만 토끼에게 필요한 칼슘 양은 평소 먹는 음식(건초, 사료)만으로도 충분하다.

요로결석은 비만 토끼에게 잘 생긴다. 균형 잡힌 식사로 체중을 관리하고 운동으로 소변 배출을 원활하게 한다.

방광염cystitis

▶ 방광염이란?

방광이 세균에 감염되어 염증을 일으키는 질병이다. 주로 녹농균*Pseudomonas aeruginosa*과 대장균*Escherichia coli*이 원인이다. 비위생적인 사육환경(특히 화장실)에서 잘 걸린다. 방광염이 방광결석의 원인이 되기도 하고, 방광결석이 방광에 상처를 입혀 방광염을 유발하기도 한다. 방광의 소변은 일정량이 모여야 배설되는데 물을 적게 마시면 소변이 적게 만들어지고 농축뇨가 되어 세균이 쉽게 번식한다.

혈뇨는 방광염의 대표적인 증상이다. 그러나 토끼는 혈뇨가 아니어도 붉은색 소변을 볼 때가 있다(28쪽 참조). 소변에 혈액이 섞여 있는지는 소변검사로 판별할 수 있다. 시중에 판매되는 소변검사지로 가정에서 검사하거나, 정확한 검사를 원한다면 동물병원에서 소변검사를 받는다.

병원에서는 소변이 자연 배출되지 않으면 요도 카테터를 삽입하여 채뇨한다. 가정에서 소변을 받아오면 토끼의 채뇨 스트레스를 줄일 수 있다. 토끼 화장실에 있는 배변 패드를 뒤집어 깔고, 토끼가 소변을 보면 바로 스포이트나 투약 병으로 빨아들인다. 소변검사는 신선한 소변으로 해야 하므로 바로 병원에 가져가야 하지만, 그럴 수 없는 상황이라면 차갑고 어두운 장소에 보관한다. 토끼의 소변이 진할 때는 수분을 많이 먹여 걸쭉하지 않은 소변도 가져간다.

▶ 주요 증상

혈뇨, 고름 같은 소변, 암모니아 냄새가 강한 소변 등 소변에 이상이 나타난다.

증상

소변이 잘 나오지 않으며 통증을 느낀다.

소변에서 심한 암모니아 냄새가 난다.

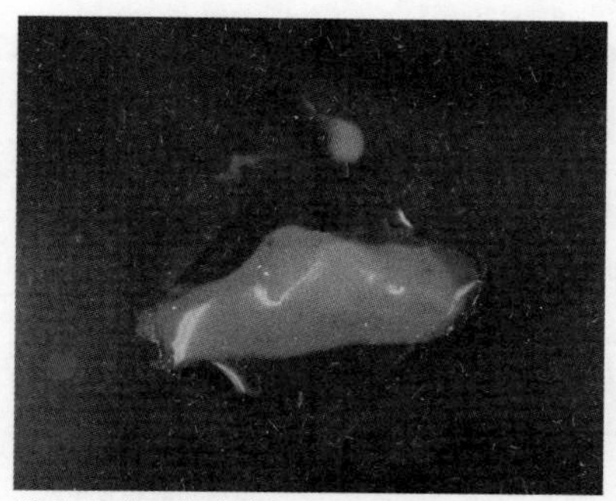

방광이 세균에 감염되어 고름 섞인 소변을 배설했다.

소변을 자주 보거나, 소변을 보는 자세가 평소와 다르다. 소변량이 적고, 배에 힘을 준다. 최대한 빨리 발견하는 것이 예방에 중요하다.

▶ 치료법

소변검사를 하고, 소변 배양으로 세균의 유무를 확인한다.

항생제, 진통제, 이뇨제를 투여한다. 소변의 양을 늘리기 위해 수액 처치를 한다.

요로결석이 있을 때는 외과적 수술로 결석을 적출한다.

▶ 예방법

물을 충분히 제공한다. 토끼가 급수기를 편하게 사용하는지, 물을 잘 마시는지 확인한다.

화장실을 포함한 사육환경을 위생적으로 유지한다.

스트레스로 면역력이 떨어지지 않도록 쾌적한 환경을 만든다.

고칼슘뇨증 hypercalciuria

▶ 고칼슘뇨증이란?

방광 내에 칼슘이 진흙 형태의 침전물로 쌓여, 하얗고 진한 소변이나 페이스트 같은 소변을 보는 증상이다.

토끼의 소변에 칼슘이 많은 것은 정상이다(토끼의 독특한 칼슘대사에 대해서는 28쪽 참조). 그러나 칼슘이 배출되지 못하고 방광에 쌓이면 결석이 되거나, 요도에 통증이 생기거나, 만성 방광염이 된다.

칼슘이 방광에 쌓이는 이유는 여러 가지다. 음부 짓무름으로 인한 배뇨통 때문에 토끼가 소변을 참거나, 몸이 아파서 잘 움직이지 않거나, 화장실이 불편해도 칼슘이 쌓인다.

섭취하는 음식에 인이 부족하면 고칼슘뇨가 된다는 보고도 있다.

▶ 주요 증상

보통은 진흙 같은 소변이 나오지만, 침전물은 방광에 쌓이고 정상 소변만 배설되기도 한다.

화장실을 들락거리고, 소변이 잘 나오지 않는 듯 등을 구부린 자세로 이를 가는 등 배뇨 행동에 변화가 생긴다. 회음부가 짓무른다.

통증이 있으면 식욕과 기운이 없어진다.

증상

진한 소변이 회음부에 묻어 지저분해지거나 짓무른다.

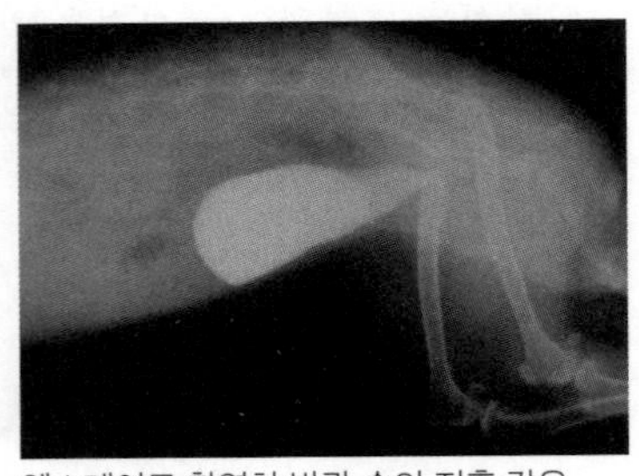

엑스레이로 촬영한 방광 속의 진흙 같은 칼슘

▶ 치료법

엑스레이 촬영을 해보면 방광이 하얗게 보인다.

방광 속의 진흙 같은 침전물을 배출하기 위해 수액 처치를 한다. 압박 배뇨 또는 요도 카테터를 사용해 배뇨한다. 방광 세척을 하거나 상태에 따라 수술로 적출한다.

세균에 감염되었을 가능성이 있으므로 필요에 따라 항생제를 투여한다.

▶ **예방법**

물을 충분히 제공한다. 토끼가 급수기를 편하게 사용하는지 물을 잘 마시는지 확인한다.

화장실을 편하게 사용하는지 점검한다.

칼슘이 많이 함유된 음식과 영양제는 주지 않는다. 칼슘은 뼈와 이빨을 구성하는 주요 영양소이지만, 토끼가 필요로 하는 칼슘 양은 평소 먹는 음식(건초, 사료)으로 충분하다.

고칼슘뇨증은 비만 토끼에게 잘 생긴다. 균형 잡힌 식사로 체중을 잘 관리하고 운동을 하면 소변 배출이 원활해진다.

신부전renal failure

▶ **신부전이란?**

신장의 주요 기능은 체내를 순환한 혈액을 여과하는 것이다. 필요 없는 수분과 노폐물은 소변으로 배출하고, 필요한 물질은 다시 혈액으로 보내 재이용한다.

그러나 신장 기능이 약해지면 여과 기능이 떨어져 노폐물이 배출되지 않고 몸속에 머물게 된다. 그리고 체내 수분량 조절 및 혈액 속 전해질(나트륨, 칼륨 등) 조절도 제대로 하지 못한다. 그로 인해 여러 증상이 나타나는 것이 신부전이다.

급성 신부전과 만성 신부전이 있는데 만성 신부전은 노령 토끼에게 잘 생긴다.

급성 신부전

증상이 급격하게 진행된다.

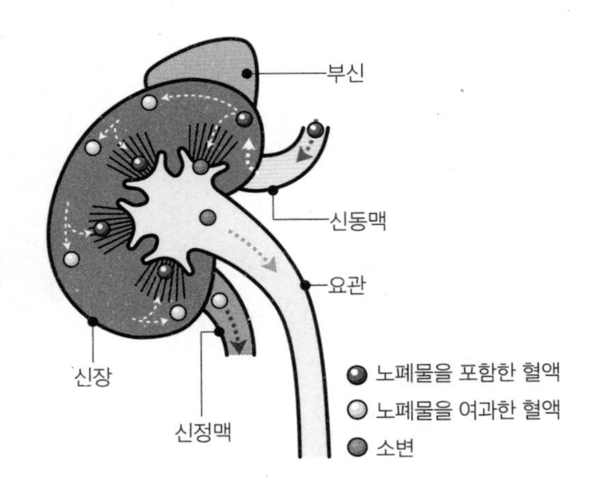

급성 신부전의 원인은 다양하다. 쇼크, 심한 스트레스 경련 발작, 심부전(심장 질환으로 혈액이 충분히 순환되지 않음), 외상, 열사병 등으로 신장으로 가는 혈류가 줄었을 때, 패혈증의 독성물질로 신세뇨관이 손상되었을 때, 결석이 소변의 흐름을 방해해 요로폐색을 일으켰을 때 등의 상황에서 급성 신부전을 일으킨다. 급성 신부전은 원인을 특정할 수 없는 경우가 많다.

신장은 한쪽이 손상되어도 남은 한쪽의 정상 신장만으로도 제 기능을 할 수 있다. 그래서 신장기능검사를 해도 대개는 정상으로 나온다. 이것이 급성 신부전이 잘 검출되지 않는 이유다.

만성 신부전

오랜 시간에 걸쳐 증상이 느리게 진행된다.

만성 신부전의 원인은 세균 감염, 지속적인 고단백질 섭취, 칼슘 및 비타민 D의 과잉 섭취, 노화, 엔세팔리토준증, 당뇨병, 종양 등이다. 급성 신부전

원인

이 완전히 낫지 않은 채 만성이 되기도 한다. 발병해도 증상을 알기 어렵고, 확실한 증상이 나타날 때는 이미 중증이 된 후다.

▶ 주요 증상

급성 신부전

급속히 기운이 없어지고, 식욕부진을 일으킨다. 혈뇨를 보며, 말기에는 소변을 못 보는 상태가 된다.

증상

만성 신부전

물을 많이 마시고 소변도 많이 본다. 기운이 없어지고, 식욕부진을 일으킨다. 전신의 상태가 천천히 나빠지며, 빈혈, 체중 감소가 나타난다.

▶ 치료법

체중과 체온을 측정하고, 촉진으로 신장의 형태와 피부의 탈수 상태를 진단한다.

혈액검사를 통해 적혈구 수, 백혈구 수, 기본적인 검사항목(BUN : 혈액요소질소), 혈청 크레아티닌, ALT(알라닌아미노전이효소), ALP(알칼리인산분해효소) 외에 혈당, 헤마토크리트hematocrit, 총단백, 인, 칼슘, 나트륨, 칼륨 등의 전해질 수치에 이상이 없는지, 엔세팔리토준증의 항체가는 어떤지 확인한다.

소변검사와 엑스레이 검사, 초음파검사도 하여 신장의 형태와 진행 상황을 진단한다. 고름뇨, 단백뇨, 혈뇨는 급성 신부전일 때 나타난다.

신부전을 일으키는 질병의 원인을 안다면 그 질병을 치료한다. 그러나 신부전은 진행성 질병이라 수액 처치와 적절한 영양 공급 등의 대증요법으로 치료한다.

감염증이 있을 때는 항생제를 장기 투여한다. 신낭종(신장에 생기는 낭종), 요관결석으로 인한 폐색, 종양이 있을 때는 수술도 고려한다.

▶ 예방법

병이 심해지기 전에 뚜렷한 증상이 나타나지 않는다. 건강검진 차원에서 정기적으로 혈액검사를 하여 조기에 찾아낸다.

균형이 잡힌 음식과 충분한 물을 제공한다. 급수기 불량으로 물 섭취량이 줄어 신장에 부담이 가해지는 사례가 많다.

그 밖의 비뇨기 질환

▶ 암컷의 혈뇨

암컷의 생식기는 질의 중간에 요도구멍이 연결된 구조여서 질과 요도의 출구가 같다. 그래서 소변에 피가 섞여 있어도 원인이 방광인지 자궁인지

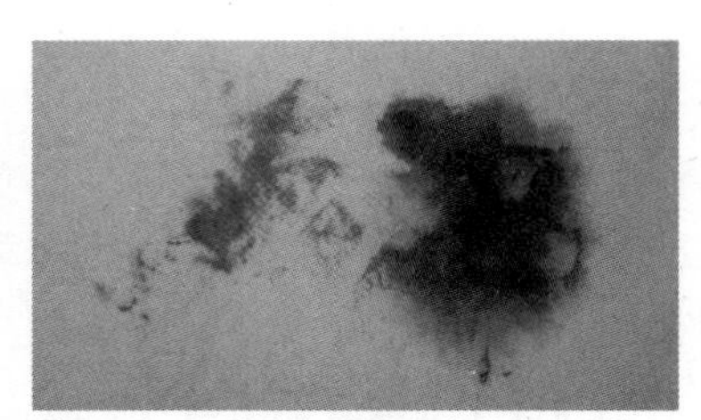

혈뇨. 비뇨기 질환과 생식기 질환이 의심된다.

알기 어렵다(192쪽 참조).

▶ 일시적 결뇨

소변의 양이 줄어드는 것을 결뇨라고 한다.

토끼는 스트레스를 받거나 긴장하면 아드레날린 호르몬이 분비된다. 호르몬 작용으로 신장으로 가는 혈액량이 줄면 일시적으로 결뇨를 일으킨다.

외출할 때 토끼가 이동장 안에서 대소변을 보지 않는다면 심하게 긴장한 것이다. 일시적인 현상이라면 걱정하지 않아도 된다.

가능하면 이동 시간은 짧게 하고, 미리 이동장에 적응시킨다. 일상생활 속에서 토끼가 스트레스를 받을 만한 요인을 제거한다.

▶ 요실금

토끼도 사람과 마찬가지로 소변이 보고 싶을 때와 보고 싶지 않을 때가 확실히 구분된다. 자신의 의사와 상관없이 소변이 나오는 것을 요실금이라고 한다.

요로결석증, 방광염, 고칼슘뇨증을 앓고 있는 토끼는 종종 소변을 흘리는데, 그 때문에 음부가 짓물러 습성 피부염이 생긴다.

척추골절 등으로 중추신경이 손상되어 방광이 마비되어도 요실금이 나타난다.

노령 토끼는 특별한 질병이 없어도 요실금이 생길 수 있다.

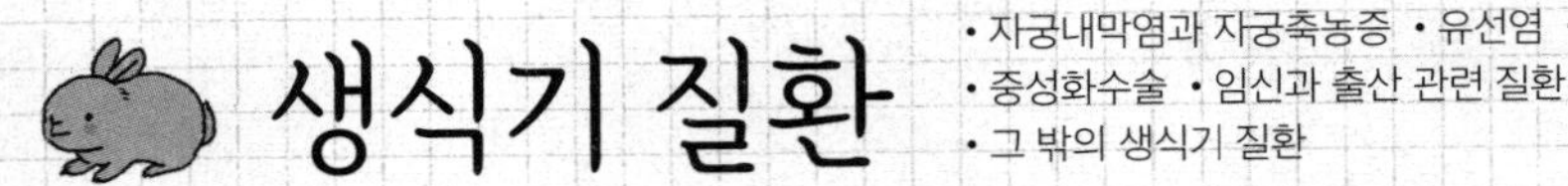

자궁내막염과 자궁축농증 endometritis & pyometra

▶ 자궁내막염, 자궁축농증이란?

암컷에게만 나타나는 질병이다.

자궁내막(자궁 안쪽을 덮고 있는 점막조직)이 과형성되어 염증을 일으키는 질병이다. 과형성은 세포가 과도하게 증식한다는 의미다. 원인균은 주로 파스튜렐라균*Pasteurella multocida*과 황색포도상구균*Staphylococcus aureus* 등이다. 파스튜렐라균은 토끼에게 스너플 같은 호흡기 증상을 일으키는 것으로 유명하나, 파스튜렐라균이 혈류를 타고 이동하여 생식기에 감염되기도 한다.

균에 감염되어 자궁 내에 고름이 고이는 증상을 자궁축농증이라고 한다.

자궁내막염과 자궁축농증 둘 다 번식 경험과 상관없이 발병하며, 노령이 되면 호르몬 균형에 변화가 생겨 발병 확률이 높아진다. 암컷 토끼는 생식기 질환에 취약하므로 예방 차원에서 중성화수술을 검토한다.

자궁내막염은 자궁선암종(283쪽 참조)의 전 단계로 발병하기도 하므로 정기적으로 검사해야 한다.

▶ 주요 증상

혈뇨 및 소량의 질 분비물(고름과 혈액)이 보인다. 질 출혈로 인한 혈뇨는 질에 뭉쳐 있던 피가 마지막 소변에 섞여 배출된다. 그래서 피가 소변에 부분적으로 섞여 있다는 특징이 있다.

식욕과 기운이 없어지고, 배가 빵빵해지는 증상도 나타난다.

▶ 치료법

촉진과 엑스레이 검사, 초음파검사로 진단한다.

자궁내막염은 항생제를 투여한다.

자궁축농증은 조기 발견하여 난소적출술을 한다.

▶ 예방법

가장 효과적인 예방책은 중성화수술을 하는 것이다.

유선염 mastitis

▶ 유선염이란?

유선염은 토끼에게 흔한 질병이다. 유선에 염증이 생기는 병으로 비감염성인 낭포성 유선염과 감염성 유선염이 있다.

낭포성 유선염

임신 경험이 없는 3살 이상의 암컷에게 많이 나타난다. 유선에 낭포(물집 같은 것)가 생기는 것으로, 낭포 안에 분비물이 고여 있다. 하나 또는 여러 개의 유선에 나타난다.

시간이 지나면 없어지기도 하지만, 다른 질병과 관련되었을 수 있으니 방

심해서는 안 된다. 유관의 기계적 폐색(물리적으로 막히는 것)은 자궁의 과형성(정상 범위를 벗어난 세포의 증식), 자궁선암종에 수반되는 에스트로겐 과잉, 프로락틴을 분비하는 하수체성 호르몬(하수체종양)과 관련되어 있다고 알려져 있다.

감염성 유선염

수유 중인 암컷과 상상임신 중인 암컷에게 종종 나타난다. 유선이나 유두가 바닥재에 쓸리거나 상처가 생긴 후 세균에 감염되면, 유선이 염증을 일으켜 농양이 된다. 주요 원인균은 황색포도상구균이지만, 연쇄상구균속 *Streptococcus*도 원인균이 된다. 비위생적인 환경과 상상임신도 감염의 원인이다. 증상이 심해지면 사망하기도 한다.

▶ 주요 증상

낭포성 유선염

전신성 증상은 나타나지 않는다.

유선이 딱딱하게 부푼다. 황색포도상구균 감염일 경우, α 용혈독이란 독성물질이 맥관(혈액이 이동하는 통로) 괴사를 일으켜 유선이 푸르스름하게 변한다(티아노제). 유두에서 투명하거나 거무스름한 액체 또는 피가 섞인 유즙이 나온다.

유두에서 거무스름한 유즙이 나온다(낭포성 유선염).

물을 자주 마신다(감염성 유선염).

감염성 유선염

새끼를 키우는 어미 토끼라면 수유를 거부한다.

기운과 식욕이 없어지고 열이 난다. 물을 자주 마신다. 유선이 부풀고 딱딱해지거나 색이 푸르스름해진다(티아노제).

▶ 치료법

낭포성 유선염

가장 효과 있는 치료는 유선제거수술이나 자궁난소적출술이다. 수술하지 않는다면 정기적으로 검사를 받는다.

감염성 유선염

열이 나면 적절한 항생제를 투여한다.

통증이 있으면 진통제를 투여하거나, 환부에 습포*를 댄다. 감염이 심하면 환부를 절개 배농, 절제한다.

* 습포 : 습포란 물에 적신 수건이다. 환부에 통증이 있는 경우, 급성 통증에는 냉습포, 만성 통증에는 온습포를 사용한다(1일 2~3회). 열이 나는 환부는 냉습포로 식히고, 차가운 환부는 온습포로 데우면 통증이 누그러진다. 냉습포를 만들 때는 수건을 상온의 물에 적시고, 온습포는 목욕물 정도의 따뜻한 물에 적신다. 수건을 짜서 물기를 뺀 후 비닐봉지에 넣어 환부에 댄다. 젖은 수건을 직접 환부에 대면 털이 젖어서 체온이 떨어진다.

▶ 예방법

낭포성 유선염

가장 확실한 예방책은 중성화수술이다.

감염성 유선염

토끼가 다치지 않도록 부드러운 바닥재를 깔고, 청결한 환경을 유지한다.

토끼가 새끼를 키울 때는 청소를 꼼꼼히 하기가 어렵지만 서늘하고 건조한 환경을 유지해 세균 번식을 막는다.

고환염 orchitis

▶ 고환염이란?

수컷에게 나타나는 질병으로 고환이 세균에 감염되어 일어난다.

세균은 파스튜렐라균이 많으며 황색포도상구균도 보인다. 신체의 다른 부위에 감염된 파스튜렐라균이 혈류를 타고 고환으로 이동하거나 상처를 통해 감염된다.

성성숙한 토끼의 고환이 커지는 것은 정상이다. 그러나 고환염을 일으키면 왼쪽과 오른쪽 고환의 크기와 색이 달라지거나 열감이 느껴진다.

▶ 주요 증상

식욕이 없어지고 체중이 줄어든다. 열이 나고, 고환이 붓는(좌우의 상태가

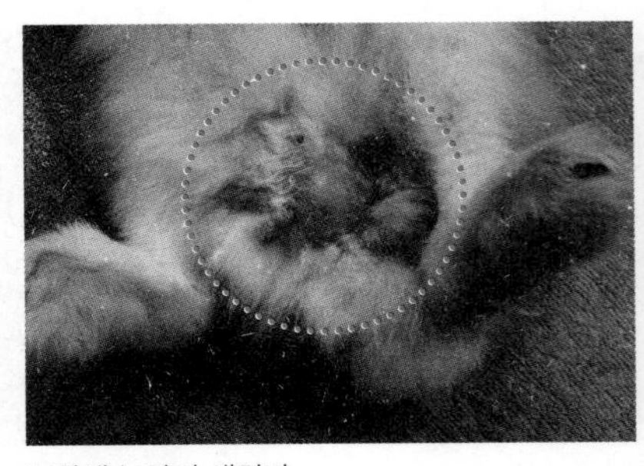

고환에 농양이 생겼다.

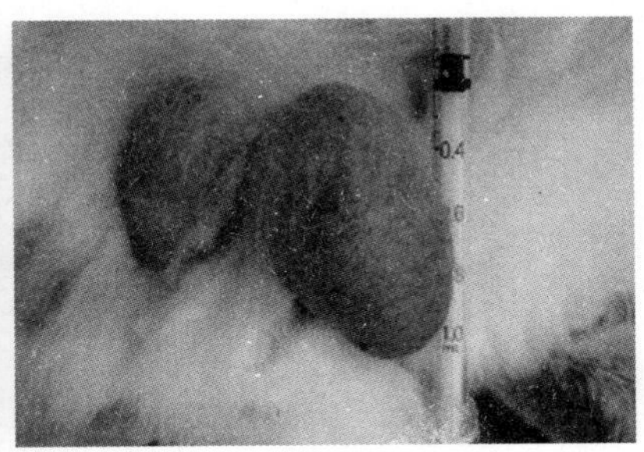

좌우 고환의 크기가 다르다.

증상

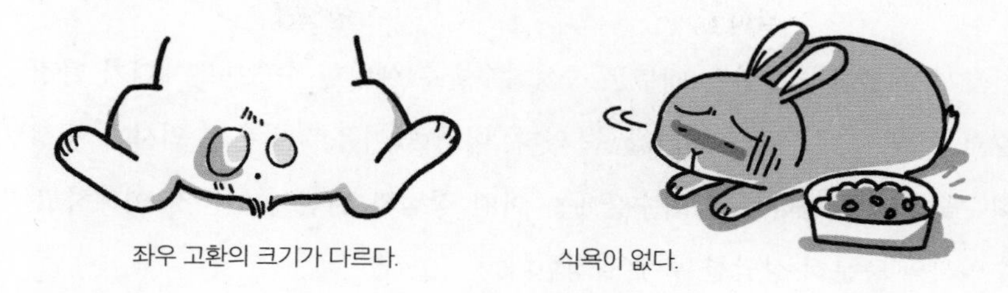

좌우 고환의 크기가 다르다.

식욕이 없다.

다름) 증상이 나타난다. 번식용 토끼는 번식 능력이 저하된다.

▶ 치료법

항생제를 투여하여 상태를 안정시킨 뒤 중성화수술을 한다.

▶ 예방법

중성화수술은 고환염뿐 아니라 고환종양도 예방할 수 있다.

거친 바닥재와 은신처, 뾰족한 건초 등을 제거하여 상처를 예방하고, 사육 환경을 청결하게 유지한다.

예방

중성화수술을 한다.

고환에 상처를 입힐 만한 물건을 없앤다.

중성화수술neutering

토끼의 생식기 질환은 대부분 중성화수술로 예방할 수 있다. 게다가 발정으로 인한 문제행동도 해결할 수 있다. 이러한 이유로 많은 수의사가 중성화수술을 권장한다. 중성화수술에는 어떤 장점과 위험이 있는지 이해하고, 수의사와 충분히 상담한 후에 결정한다.

▶ 중성화수술의 장점 : 수컷

- 고환염, 고환종양 등의 생식기 질환을 예방할 수 있다.
- 중성화한 토끼가 장수하는 경향이 있다.
- 소변 스프레이가 줄어들고, 화장실 교육이 쉬워진다.
- 영역표시 행동이 줄어든다.
- 공격 행동이 줄어든다.
- 두 마리 이상 키울 경우 싸움을 막을 수 있다.
- 어릴 때 중성화를 하면 다른 토끼에게 너그러워진다.
- 사람에게 하는 교미 행동이 줄어든다.

수컷

▶ 중성화수술의 장점 : 암컷

- 임신을 예방할 수 있다.
- 자궁선암종, 유선염 등의 생식기 질환을 예방한다.

- 영역표시 행동이 줄어든다.
- 공격 행동이 줄어든다.
- 상상임신을 하지 않는다.
- 화장실 교육이 쉬워진다.
- 두 마리 이상 키울 경우, 싸움을 막을 수 있다.

▶ **미리 알아두어야 할 점**

토끼 중성화수술이 가능한 동물병원과 풍부한 경험을 가진 수의사가 점차 늘고 있다. 적절한 전신마취약과 사전 마취약으로 진통 처치가 가능해졌으며, 마취 관리도 안전해졌다.

그러나 수술은 언제나 위험이 따른다. 건강 상태가 안 좋은 토끼를 수술하는 것은 위험한 일이다. 그래서 사전에 수술을 견딜 만한 체력이 있는지 충분히 검사해야 한다. 또한 토끼는 특수동물이라 경험이 풍부한 토끼 전문 수의사에게 수술을 맡겨야 한다. 수의사의 이야기를 잘 듣고 이해한 다음에 수술을 결정한다. 수술 후 가정에서의 보살핌도 중요하다(수술 전 검사와 수술 후 보살핌에 대해서는 351~355쪽 참조).

수술 후에는 번식을 위한 에너지 요구량이 줄기 때문에, 수술 전과 같은 열량을 섭취하면 살이 찔 수 있다. 무턱대고 식사량을 줄이기보다는 체중과 체격 변화에 신경 쓰며 조절한다.

또한 수컷은 중성화수술을 해도 5~6주 정도는 부생식선(정자를 만드는 장소 중 하나)에 정자가 남아 있어서 암컷을 임신시킬 수 있다. 따라서 그 기간이 지날 때까지 암컷과 만나지 않도록 조심한다.

▶ 중성화수술 방법

수컷은 음낭을 절개하여 고환을 제거한다. 음낭은 몸 밖에 있어서 개복하는 암컷에 비해 침습(몸에 상처 입히는 것) 범위가 적고, 대부분 당일 퇴원할 수 있다. 수술할 때 서혜륜(살굴구멍) 부위가 크게 열린 상태이므로 반드시 서혜륜을 폐쇄해야 한다.

암컷은 개복수술을 한다. 나이와 상황에 따라 난소만 적출하는 경우와 난소와 자궁을 전부 적출하는 경우가 있다. 수술 후 상태와 병원 방침에 따라 다르지만 보통 2~3일 입원한다.

▶ 중성화수술 나이

성성숙 시기가 지나면 수술을 할 수 있다.

암컷의 경우 이상적인 시기는 생후 6~8개월 정도다. 수컷은 생후 6개월 이후 요도의 성장이 끝난 후가 좋으며 한 살이 되기 전에 하는 것이 이상적이다.

문제행동을 교정하기 위해 수술하기도 한다. 그러나 문제행동이 이미 습관화된 후라면 수술해도 행동이 남아 있을 수 있다.

임신과 출산 관련 질환

▶ 임신중독

임신 후기나 출산 후, 상상임신 중에 드물게 일어나는 질병이다. 병명에 '중독'이라고 되어 있으나 중독에 인한 질병은 아니다.

확실하게 밝혀진 원인은 없다. 주로 비만 토끼, 임신 후기에 영양 섭취가 부족한 토끼, 바뀐 음식에 적응하지 못하고 단식하는 토끼에게 발병한다. 급격한 환경 변화와 실내 온도가 부적절하여 받게 되는 스트레스로도 발병하며, 겨울에 많이 발병한다. 호르몬 균형이나 대사의 불균형, 유전이 원인인 경우도 있다.

단식이 계속되면 지방간(161쪽 참조)을 일으킨다. 뱃속의 태아가 성장하면 위장을 압박하여 음식이 들어갈 공간이 줄어든다. 그래서 필요한 영양을 충분히 섭취하지 못한다.

원인

증상

기운이 없다.

신경 증상이 나타난다.

증상은 식욕과 기운이 없어지고, 드물지만 호기(내쉬는 숨)에 아세톤 냄새가 나기도 한다. 저체온, 호흡곤란, 운동실조 등의 신경 증상, 떨림이 나타나며, 혼수상태에 빠지거나 돌연사한다. 증상이 없을 수도 있다. 비만, 모구증, 운동 부족, 기아와 식욕부진 상태가 계속되면 지방산이 급속히 상승하여 산성화되고, 대사성 케토애시도시스ketoacidosis(케톤체라는 물질이 증가)나 순환부종을 일으킬 수 있다. 소변 속에 탄산칼슘 결정이 녹아 소변이 투명해지고, 소변검사와 혈액검사를 하면 소변이상(산성뇨, 단백뇨, 케톤뇨)과 고칼륨혈증, 케톤혈증, 저칼슘혈증 등이 나타난다.

중증 상태에서는 효과적인 치료법이 없다. 따라서 포도당 주입이 목적인 수액 처치 등 대증요법을 한다.

임신 중인 토끼는 적절한 관리가 필요하다. 임신 후기에 영양 부족이 되

예방

임신 중에는 영양가가 높은 음식을 제공한다.

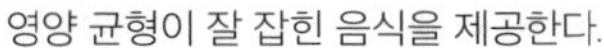
영양 균형이 잘 잡힌 음식을 제공한다.

지 않도록 영양가가 높은 음식을 제공한다.

▶ 상상임신

임신하지 않았는데 마치 임신한 것 같은 증상을 말한다. 토끼는 가슴과 배의 털을 뽑아 산실을 만든다. 유선이 부풀고 실제로 모유가 나오며 영역 의식이 강해지는 행동이 나타난다. 이러한 상태는 16~18일 정도 계속되는데, 일 년에 몇 번씩 반복하는 토끼도 있다. 노령이 되면 상상임신으로 인한 유선의 이형성(정상 세포가 아닌 세포가 생김)이 보인다.

상상임신은 교미했으나 실패했을 때, 중성화한 수컷과 교미했을 때, 다른 암컷이 마운팅했을 때 등 교미 같은 행위를 하면 일어난다.

상상임신 증상은 자연스럽게 사라지며, 질병이 아니므로 치료할 필요는 없다. 다만 상상임신을 반복하면 중성화수술을 고려

상상임신 때 볼 수 있는 행동

산실을 만들기 위해 자신의 털을 뽑는다.

한다. 중성화하면 암컷 토끼에게 잘 생기는 자궁선암종도 예방할 수 있다.

▶ 난산

토끼에게는 많이 나타나지 않는다.

임신 중에 스트레스를 받거나, 심하게 뚱뚱하거나, 자궁에 대형 태아 1마리만 있거나, 태아의 수가 적어서 과성장했을 때 난산이 된다. 소형종 암컷과 중대형종 수컷을 교배해도 태아가 커서 난산한다. 생식 기관이 기형(골반이 작거나 산도가 좁음)이거나, 진통이 약하거나, 자궁 수축이 약해도 난산한다.

난산의 증상으로는 경련, 복압 상승(배에 힘이 들어감), 질 분비물(피가 섞이거나 초록빛이 도는 갈색 분비물) 등이 있다. 난산이라 생각되면 지켜보지 말고 바로 동물병원에 데려간다. 태아의 크기나 모양이 이상하거나, 태아의 위치가 이상할 때는 제왕절개를 해야 어미와 새끼의 목숨을 구할 수 있다.

난산 예방을 위해 비만 토끼와 성장기 토끼는 번식시키지 않는다. 또한 임신한 토끼가 안정을 취할 수 있는 편안한 환경을 만든다.

토끼의 출산에 대비하려면 임신 징후를 알아두는 게 좋다. 임신한 토끼는 신경이 예민해지며, 산실을 만들기 위해 땅을 파는 행동, 털을 뽑는 행동, 건

난산의 원인

초를 입에 물어 옮기는 행동을 한다. 임신 후 10일 정도부터 포도알 크기의 태아를 확인할 수 있다. 임신 마지막 주에는 어미 토끼의 옆구리에서 태아의 움직임을 볼 수 있다.

▶ 자궁외임신

수정란은 자궁 내에 착상하는 것이 정상이다. 그러나 수정란이 복강으로 나오거나 자궁이 파열되면 자궁외임신이 된다. 자궁외임신으로 성장이 멈춘 태아는 죽어서 미라 상태가 된다. 복부를 촉진하면 죽은 태아가 만져진다.

▶ 유산, 태아의 흡수

출산일이 되기 전에 유산하거나 태아가 사망하여 흡수되기도 한다. 유산과 태아 사망은 주로 태반의 형태가 변하는 임신 13일쯤, 태아가 성장하여 형태가 변하는 20~23일쯤에 발생한다.

원인은 유전, 과밀 사육과 소음으로 인한 스트레스, 배를 세게 부딪침, 전신성 질병 등이다. 비타민 E, 비타민 A, 단백질의 결핍, 비타민 A 과잉도 유산을 일으킬 우려가 있다.

사망한 태아가 자궁 내에 남아 있으면 자궁염이 생긴다. 출산 예정일이 지나도 새끼가 태어나지 않으면 동물병원에서 진료를 받는다.

▶ 난임

중성화수술을 하지 않았는데 교미해도 임신이 되지 않는 토끼가 있다. 개체의 문제, 영양의 문제, 사육환경의 문제, 자궁 질환(자궁내막염) 등이 원인이다. 개체의 문제는 나이가 너무 많거나 어린 나이, 전신성 질병, 반복된 번식 등이다. 영양 문제는 비타민 E·비타민 A·단백질의 결핍, 비타민 A의 과잉 등이다. 사육환경 문제는 과밀 사육, 소음, 더위, 급격한 환경 변화로 인

난임의 원인

노령 토끼,
너무 어린 토끼

영양 문제

한 스트레스 등이다. 토끼를 번식시킬 생각이라면 이러한 점에 주의한다.

▶ 너무 이른 이유(젖을 뗌)

아기 토끼는 생후 3주 동안 모유를 먹는다. 특히 처음 며칠 동안 나오는 모유에는 질병으로부터 몸을 지키는 높은 레벨의 항체가 섞여 있다. 3주가 지나면 알팔파 건초와 사료를 조금씩 먹기 시작한다. 품종에 따라 다르지만 보통 8주가 되기 전에 젖을 뗀다.

어미 토끼와 아기 토끼를 너무 일찍 분리하면 아기 토끼는 모유의 항체를 충분히 얻지 못한다. 아기 토끼의 장은 아직 미성숙하여 모유의 항체가 없으면 장내세균총의 균형이 무너지는데, 이 상태로 며칠이 지나면 스트레스성 설사를 일으킨다. 어미 토끼가 새끼를 양육하지 못하는 경우가 아니라면 젖을 떼는 이유기까지 어미와 새끼를 함께 지내게 한다. 그래야 스트레스에 강하고 마음이 안정된 토끼로 성장한다.

▶ 육아 포기

어미 토끼가 태어난 새끼를 돌보지 않는 것을 말한다. 새끼를 포기하는 원인은 부적절한 사육환경 때문이다. 산실이 없거나, 소음이 심하거나, 사람이 산실을 엿봐서 토끼가 불안을 느끼거나, 사람이 맨손으로 새끼를 만져서

새끼에게서 사람 냄새가 나면 새끼를 포기한다. 불안한 환경에서 위험을 감수한 채 새끼를 키우기보다는 다음 기회를 준비하자고 판단하는 것이다.

어미가 새끼를 먹는 일도 있다. 사산했을 경우, 새끼가 기형이거나 쇠약할 경우, 어미 토끼가 신경질적인데 초산인 경우, 음식과 물이 부족한 경우에 일어난다.

어미가 육아를 포기해도 운이 좋으면 인공포유로 새끼를 살릴 수 있다. 하지만 그런 일이 일어나지 않도록 어미가 안심할 수 있는 환경을 만든다.

▶ 번식을 피해야 하는 토끼

토끼를 번식시킬 때는 심신이 건강한 토끼를 선택한다.

너무 어리거나 나이가 많은 토끼는 번식에 적합하지 않다. 성성숙만 끝나면 2세를 만드는 능력은 생기지만 아직 몸과 마음이 어른이 되지 않은 상태다. 완전히 성장한 후에 번식시킨다. 번식할 수 있는 나이는 암컷은 3살까지, 수컷은 4살까지다. 늦은 초산은 암컷의 몸을 상하게 하므로 시도하지 않는다.

너무 뚱뚱하거나 마른 토끼, 출산 직후의 토끼, 유전 질환이 있는 토끼, 계속 육아에 실패한 토끼, 신경질이 심한 토끼, 공격적인 토끼도 번식에 적합하지 않다.

그 밖의 생식기 질환

▶ 난소 관련 질병

난소가 파스튜렐라균에 감염되면 농양과 종양이 생긴다. 난소적출술로 치료할 수 있다. 또한, 난포낭종, 낭포형성, 석회화, 난소선종, 난소괴사 등의 질환도 있다.

▶ 정류고환

보통 고환은 생후 3~4개월에 복강에서 음낭으로 내려온다. 그러나 생후 16주가 되어도 고환이 내려오지 않는 증상을 정류고환이라고 한다. 한쪽만 내려오지 않는 경우와 양쪽 다 내려오지 않는 경우가 있다. 유전으로 추측되며, 교미행동은 하지만 정자 생성 능력이 부족하다. 다른 동물의 경우 정류고환이 종양이 된 사례가 있다. 암컷 토끼의 자궁암 같은 종양은 아니지만, 정류고환이 종양이 될 가능성은 있다.

긴장하면 고환이 복강 안으로 들어가는 토끼도 있다.

★ 토끼의 생식기 질환 중 가장 흔한 종양(자궁선암종, 유선종양 등)에 대해서는 279쪽 '종양' 편 참조.

어미 토끼가 육아를 포기하면 사람이 도와주어야 한다. 다른 어미 토끼에게 새끼를 맡기거나 사람이 직접 인공포유를 한다.

▶ 언제 인공포유를 시작할까?

토끼의 수유 시간은 1회 4~5분, 하루에 1~2회로 매우 짧다. 그래서 평소대로 수유를 하고 있는데도 '새끼를 포기한 것이 아닐까?'라는 의심이 들 수 있다. 급한 마음에 아기 토끼에게 손을 대면 진짜로 새끼를 포기할 수 있으니 주의한다. 모유수유가 잘 되고 있는 새끼는 매일 성장하고 피부에 탄력이 있다. 그러나 모유를 먹지 못한 새끼는 산만하게 산실을 돌아다닌다. 탈수 상태가 되어서 피부가 쭈글쭈글해지고, 잡아당겨도 바로 원상태로 돌아가지 않는다(만약을 위해 새끼를 만질 때는 깨끗한 일회용 장갑을 착용하여 사람 냄새가 배지 않도록 한다). 이러한 상태에 처한 새끼를 살리려면 사람의 도움이 필요하다.

인공포유 타이밍

아기 토끼가 산만하게 돌아다닌다.

피부를 잡아당겨도 바로 원상태로 돌아가지 않는다.

▶ 다른 어미 토끼에게 새끼를 맡긴다

육아 중인 다른 토끼가 있다면 그 토끼에게 새끼의 양육을 맡길 수도 있다. 이때 새끼를 다른 토끼의 산실에 그대로 옮겨서는 안 된다. 토끼는 냄새에 민감하므로 육아 중인 다른 토끼의 냄새가 밴 산실 재료를 새끼의 몸에 문지른 다음에 다른 새끼들이 있는 산실 바닥에 둔다. 운이 좋으면 다른 토끼가 모유도 먹이고 키워 줄 것이다. 육아 중인 다른 토끼가 없거나 대리 양육을 거절하면 인공포유를 해야 한다.

▶ 인공포유를 한다

인공포유로 동물을 키우는 것은 쉬운 일이 아니다. 어미 토끼가 돌보던 시기가 짧으면 짧을수록 결과가 안 좋을 가능성이 크다. 그러나 인공포유로 살아나는 생명도 있다. 위생을 청결하게 하고 세심한 주의를 기울이며 최선을 다한다.

※ 온도 관리

토끼의 산실은 어미가 뽑은 털로 겹겹이 둘러싸여 있어서 포근하고 따뜻하다. 게다가 생후 14일까지는 여러 마리의 새끼가 몸을 맞대고 있어서 서로의 체온으로 따뜻한 환경이 만들어진다. 또한 새끼의 몸에는 갈색지방이 저장되어 있어서 지방의 대사로 열을 만든다. 따라서 인공포유를 할 때도 산실은 따뜻해야 한다.

산실 속에는 부드러운 건초와 무릎 담요를 넣고, 토끼의 털로 겹겹이 둘러싸 보온한다. 반려동물용 난방 패드를 사용하는 방법도 있다. 그러나 난방 패드에 새끼를 직접 올려놓아서는 안 된다. 뜨거운 열에 저온 화상을 입을 수 있고 탈수가 일어날 수 있으며 난방 패드에서 벗어나면 체온이 떨어질 수 있다. 난방 패드는 면적이 넓은 시트 타입을 구매하여 산실 밑에 깐다. 난방 패드의 열로 건초와 털 등의 산실 재료가 따뜻해지면 그 열이 새끼에게 전달된다.

토끼의 체온이 39℃ 정도인 것을 고려하여, 산실의 온도는 높게 유지한다. 성장하면서 체온 유지 기능이 좋아지므로 조금씩 온도를 낮춘다. 출산 후 바로 인공포유를 할 경우, 생후 1일에는 35℃, 4~5일에는 32℃, 9일부터는 29℃가 기준이다.

생후 3일째

※ 반려동물용 분유 준비

우유가 아닌 반려동물용을 준비한다. 분말로 된 반려동물용 산양유, 고양이용 초유가 좋다. 정장작용과 감염 예방 작용을 하는 아시도필루스균acidophilus(유산균의 일종, 반려동물용 영양제로 판매)을 첨가해도 좋다. 오염 방지를 위해 분유는 먹일 때마다 만든다. 분유의 온도는 토끼의 체온인 39℃ 정도가 적당하다.

※ 분유 먹이는 방법

분유를 먹일 때에는 포유병(작은 아기 고양이용)이나 바늘 없는 주사기를 이용한다. 하루에 2번, 토끼가 원하는 만큼 먹인다. 아래 표는 하루에 급여하는 분유의 총량 기준이다. 한 번에 마시는 양이 적으면 횟수를 늘린다.

포유병을 사용하면 토끼는 자연스러운 동작으로 분유를 마실 수 있고, 후두가 닫히기 때문에 흡인성 폐렴을 예방할 수 있다. 그러나 저체온일 때는 흡인력과 소화 기능이 떨어진다. 흡인성 폐렴을 예방하려면 반드시 몸이 따

새끼에게 먹이는 분유의 양

신생아	2.5cc
1주령	6~7cc
2주령	12~13cc
3~6주령	15cc까지

표기는 1회 양이다. 하루 2회 먹인다.

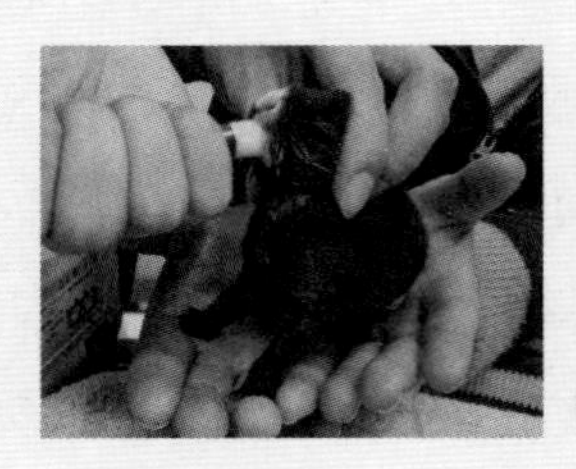
주사기로 포유할 때에는 기도로 넘어가지 않도록 조금씩 흘려 넣는다.

뜻할 때 포유를 시작한다. 주사기를 사용할 때는 더욱 조심한다. 분유가 기도로 넘어가지 않게 조심하면서 조금씩 흘려 넣는다. 분유를 다 먹인 뒤에는 천에 미지근한 물을 적셔 입 주위를 닦는다. 토끼를 잡은 사람의 손이 차가우면 토끼의 몸도 차가워진다. 토끼를 잡을 땐 몸을 천으로 감싸는 게 좋다.

※ 배설 유도 방법

원래는 어미 토끼가 새끼의 음부와 항문을 자극하여 배설을 유도한다. 그러나 어미 토끼가 없을 때에는 사람이 배설을 도와야 한다. 먼저 분유를 먹인 다음, 부드러운 천을 미지근한 물로 적신 뒤 꼭 짜서 물기를 제거한다. 그런 다음 그 천으로 하복부를 부드럽게 문질러 배설을 촉진한다. 스스로 배설할 수 있을 만큼 성장할 때까지 계속한다.

※ 체중 측정

인공포유를 하는 동안 매일 체중을 재고 기록한다. 새끼의 체중은 매일 증가하는 것이 정상이다. 만약 증가하지 않는다면 분유에 달걀노른자를 섞어서 먹이는 방법도 있다.

※ 이유(젖떼기)

새끼는 생후 2~3주쯤부터 건초와 사료에 흥미를 보인다. 그때부터 사료(먹기 쉽게 부수거나, 따뜻한 물이나 분유로 불린 것)나 부드러운 알팔파 건초를 조금씩 먹인다.

음식에 적응하는 것도 중요하지만 이유기인 5~6주쯤까지는 분유를 충분히 먹어야 한다.

장내세균총의 균형이 깨지기 쉬운 시기이므로 음식을 바꿀 때는 아주 조금씩(젖을 빨리 뗀 새끼는 사망률이 높다) 변 상태를 관찰하며 바꾼다. 생후 25~35일부터 소화기관의 락타아제(유당분해효소)가 감소하므로, 생후 4~5주부터 천천히 젖을 떼는 것이 바람직하다.

※ 토끼의 번식생리 데이터

- 성성숙 : 소형종은 생후 4~5개월, 중형종은 4~6개월, 대형종은 5~8개월 사이에 2차 성징이 나타난다.
- 배란 : 정해진 배란일 없이 교미 자극 배란을 한다. 교미 후 9~13시간 사이에 배란이 이루어지고, 수정되면 배란일로부터 7일 뒤에 자궁 내에 착상, 임신된다.
- 번식 시즌 : 사육환경에서는 1년 내내 가능하다. 야생에서는 봄(겨울의 끝 무렵부터 여름의 시작 무렵까지)에 번식한다. 수컷은 기온이 오르면 정자 생성 능력이 감소하고, 수정 능력이 떨어진다.
- 발정 주기 : 명확한 발정 주기는 없지만 7~10일의 허용기와 1~2일의 휴지기가 주기적으로 반복된다.
- 임신 기간 : 평균 31~32일(29~35일)
- 태아 수 : 6~8마리. 소형종은 적고 대형종은 많다. 번식 경험이 많고 일조 시간이 길면 태아 수가 늘어난다. 어미 토끼의 나이가 많을수록 태아 수는 감소한다.

※ 새끼의 성장

● 탄생 : 체중 30~80g(품종 및 태아 수에 따라 다름). 집토끼는 만성성(晩成性 : 탄생 후 어미의 도움이 오랫동안 필요함)으로 태어날 때 털이 없고 눈을 뜨지 못한다. 같은 토끼지만 멧토끼(산토끼)는 조성성(早成性 : 태어날 때부터 눈을 뜨고 털이 있음)이다.

● 수유 : 새끼는 하루에 1~2번, 4~5분 정도의 짧은 시간에 체중의 20퍼센트 정도의 모유를 먹는다. 유즙의 성분은 단백질 10.4퍼센트, 지방 12.2퍼센트, 당분 1.8퍼센트다. 영양가가 높고 면역물질이 함유된 초유는 첫 2~3일간 분비된다. 생후 3주까지 많으면 하루 200~250mL의 모유가 분비된다.

● 성장 기준

- 생후 4일 : 전신에 솜털이 자란다.
- 생후 7일 : 귓구멍이 열린다.
- 생후 8일 : 어미의 맹장변을 섭취하면서 유익균을 얻는다.
- 생후 10일 : 눈을 뜬다.
- 생후 3주 : 어른과 같은 음식을 먹는다.
- 생후 30일 : 어금니가 빠지고, 생후 40일 무렵 영구치가 자란다.
- 생후 5~6주 : 서서히 이유를 시작한다.
- 생후 8주 : 독립이 가능하다.

습성 피부염moist dermatitis

▶ 습성 피부염이란?

피부가 습해서 세균 감염을 일으키는 질병으로 세균성 피부염의 일종이다. 습해져도 바로 건조해지면 문제가 되지 않지만 습해지는 상황이 반복되거나 항상 습한 상태거나 습도가 높아서 잘 마르지 않으면 습성 피부염이 생긴다.

원인균은 황색포도상구균*Staphylococcus aureus*과 녹농균*Pseudomonas aeruginosa* 등으로 황색포도상구균은 피하종양과 유선염, 비절병의 원인이 되기도 한다. 녹농균에 감염되면 녹농균의 색소 때문에 털이 녹색으로 변한다.

비위생적인 환경, 고온다습한 환경, 스트레스가 많은 환경도 습성 피부염을 일으키는 요인이다. 스트레스는 면역력을 떨어뜨리고 세균 증식을 돕는다.

습성 피부염이 잘 생기는 부위와 원인은 다음과 같다. 주로 눈물과 타액, 소변이 원인이다.

턱에서 목, 가슴까지

부정교합으로 침을 흘리면 턱 밑이 축축해진다.

암컷 토끼는 목에서 가슴 부위까지 턱 밑 주름이 발달한다. 턱 밑 주름의 풍성하게 늘어진 피부 주름 사이는 습해지기 쉬운 장소다.

불량 급수기를 사용하면 물을 마실 때마다 털과 피부가 물 범벅이 된다.

발바닥과 복부

케이지 바닥이 항상 습하고 더러우면 습성 피부염이 생긴다. 특히 비만 토끼는 몸이 무거워서 발바닥과 복부에 부자연스러운 압력이 가해지고 염증이 생긴다.

신체 마비나 운동실조 토끼는 몸을 일으키지 못하기 때문에 털과 피부가 쉽게 오염된다.

눈 밑

부정교합이나 눈, 코의 질병으로 눈물이 많아지면 눈 밑이 항상 축축한 상태가 된다.

하복부

비뇨기 질환과 하반신마비 등으로 배뇨를 조절하지 못하면 하복부가 항상 축축하고 피부에 짓무름이 생긴다.

설사를 만성적으로 하면 항문 주위가 항상 축축하다.

원인

턱 밑 주름은
습해지기 쉽다.

눈물이 많아지면
눈 밑이 항상 축축하다.

비위생적인
환경

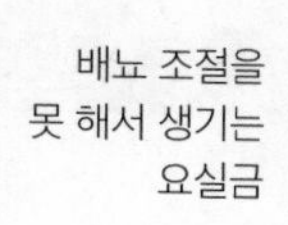

배뇨 조절을
못 해서 생기는
요실금

몸에 통증이 있으면 그루밍을 제대로 못 해서 하복부가 지저분해진다.

신체 마비나 비만으로 맹장변을 먹지 못하면 맹장변이 항문 주위에 달라 붙어 하복부가 지저분해진다.

비만

비만 토끼는 털 밑의 군살이 커지거나 피부가 늘어져 주름이 생긴다. 주름이 접힌 부분이 습해져 피부염을 일으킨다. 그루밍을 못하는 것도 피부 위생을 위협하는 요인이다.

▶ 주요 증상

피부가 붉게 변하거나 궤양(피부가 짓물러서 함몰되는 증상)이 생긴다. 환부의 털이 엉키거나 빠진다. 피부에서 분비물이 나오고 가려움증이 생긴다.

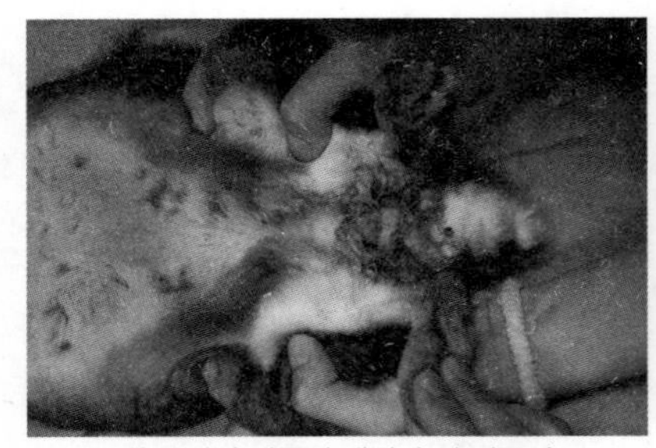

요도 구멍 주변이 짓물러 생긴 습성 피부염

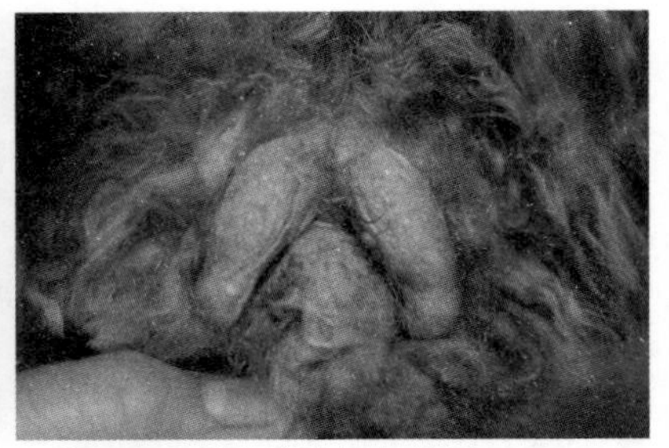

요실금으로 고환에 생긴 습성 피부염

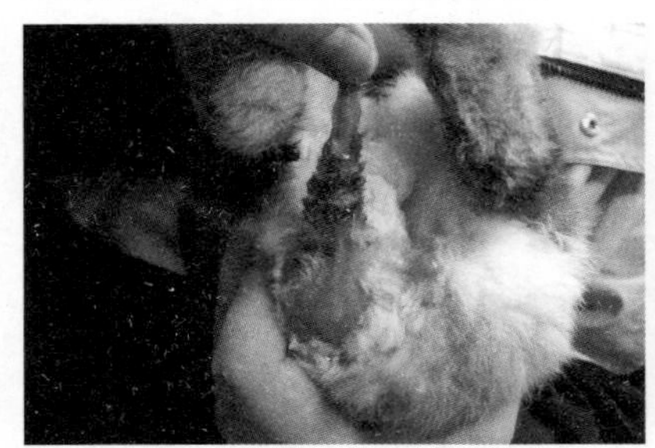

꼬리에 나타난 탈모 증상

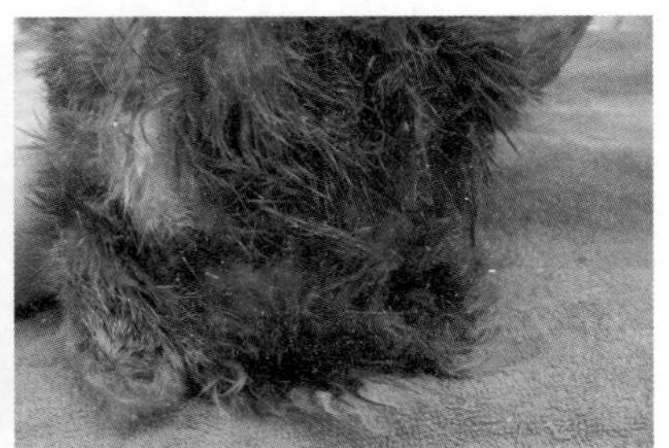

욕창으로 인한 습성 피부염

예방

▶ 치료법

사육환경의 개선이 중요하다. 부정교합 치료 등 몸을 습하게 하는 원인을 없앤다.

환부를 세정하고 건조한다. 고름이 고여 있으면 배농한다. 필요하면 항생제를 투여한다.

▶ 예방법

건조하고 위생적인 환경을 유지한다. 토끼의 몸을 습하게 하는 질병을 예방한다. 살이 찌지 않게 주의한다.

비절병 pododermatitis

▶ 비절병이란?

발바닥 피부에 굳은살이 박이거나 염증이 생기는 질병이다. 비절飛節, hock이란 동물의 뒤꿈치로 비절병은 토끼의 뒤꿈치에 생기는 질병이라는 의미로 통용된다. 발바닥피부염, 궤양성 발바닥피부염 등으로도 불린다.

토끼의 발바닥에는 다른 동물처럼 발바닥 패드가 없는 대신 두툼한 털이 피부를 보호한다.

비절병은 발바닥에 가해지는 압력으로 인해 혈액순환에 문제가 생겨 발생한다. 토끼는 걷고 뛸 때 발가락으로 중심을 잡고, 가만히 있을 때는 뒤꿈치와 발허리뼈(중족골: 뒤꿈치에서 발가락 뿌리까지의 부위)로 중심을 잡는다. 그래서 가만히 앉아 있는 시간이 길면 뒤꿈치에 가해지는 압력이 커진다. 그래서 비절병은 주로 뒷다리의 뒤꿈치(한쪽 또는 양쪽)에 생기며 드물지만 앞 발바닥에도 생긴다.

초기에는 작은 탈모 증상으로 시작해서 증상이 진행되면 두꺼운 딱지가 생기고 고름이 고여 농양이 된다. 화농이 심해져 염증이 뼈까지 침투하면 골수염, 관절골막염, 패혈증 등의 심각한 질병을 일으킨다.

감염 원인균은 대개 황색포도상구균, 파스튜렐라균*Pasteurella multocida*이다.

원인은 다음과 같다.

비절병의 원인

★ 체중이 무겁다(대형종, 비만 토끼).

★ 선천적으로 발바닥 털이 적다(유전이거나 렉스처럼 품종 특성상 발바닥 털이 적은 경우).

★ 예민해서 스텀핑을 자주 하거나 흥이 많은 성격이어서 방향 전환을 급하게 한다.

★ 노령이 되면 어느 정도 비절병이 생긴다. 나이가 많은 비만 토끼, 움직이지 못하는 토끼에게 잘 생긴다.

★ 발톱이 지나치게 길다(발톱이 구부러질 정도로 길면 발가락 끝이 떠서 뒤꿈치에 체중이 실림).

사육환경과 관련된 상황

★ 비위생적인 환경. 토끼 집 바닥에 배설물이 방치되어 항상 습하다(털에 물기가 묻어 완충재 역할을 하지 못한다).

★ 부적절한 바닥재. 케이지 철망처럼 단단하고 거친 바닥. 소나무나 삼나무 등의 자극적인 바닥재

★ 제한된 활동 범위. 부적절한 바닥재가 깔린 좁은 케이지 안에서 오랫동안 가만히 있어야 하는 경우

▶ 주요 증상

탈모가 생기고, 피부 염증이 생겨 붉게 변한다. 털이 빠진 부분에 딱딱한 굳은살이 생긴다. 얕은 피부 짓무름으로 시작해 궤양으로 증상이 진행된다.

초기에는 통증도 증상도 없지만 진행되면 깊은 곳까지 염증이 침투한다. 그러면 통증 때문에 발바닥에 체중을 싣지 않거나 발바닥을 신경 쓰거나 움직임이 어색해지는 증상이 나타난다. 통증 때문에 식욕과 기운이 없어진다.

▶ 치료법

작은 탈모 증상만 있고 세균 감염이 없으면 치료할 필요가 없다. 증상이 진행되지 않도록 환경을 개선하고 증상의 추이를 주의 깊게 관찰한다.

증상이 진행되면 엑스레이 촬영, 혈액검사, 배양검사를 한다.

환부를 씻어서 소독 및 건조한 후 적절한 항생제를 투여한다.

통증이 있다면 진통제를 투여한다.

필요에 따라 붕대를 사용한다.

골막염을 일으킬 정도로 진행했을 때는 환부를 잘라내거나 항생제를 섞은 생리식염수로 환부를 매일 씻긴다. 그 후에 장기적인 감염 예방을 위해 치료용 항생제 구슬을 넣기도 한다.

발바닥을 바닥에 대지 않고 생활하는 것은 불가능하다. 그래서 비절병은 치료에 시간이 걸릴 뿐 아니라, 중증이 되면 치료가 어려워진다. 나을 때까지 케이지 레스트cage rest(좁은 케이지에 넣어서 움직임을 제한하는 것)를 한다. 또한 사육환경을 적절하게 개선한다. 부드러운 바닥재를 바닥에 깔고, 위생적으로 유지한다.

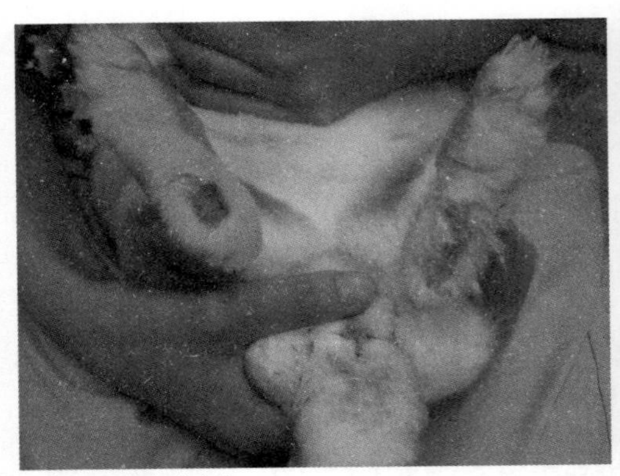

뒤꿈치에 생긴 비절병

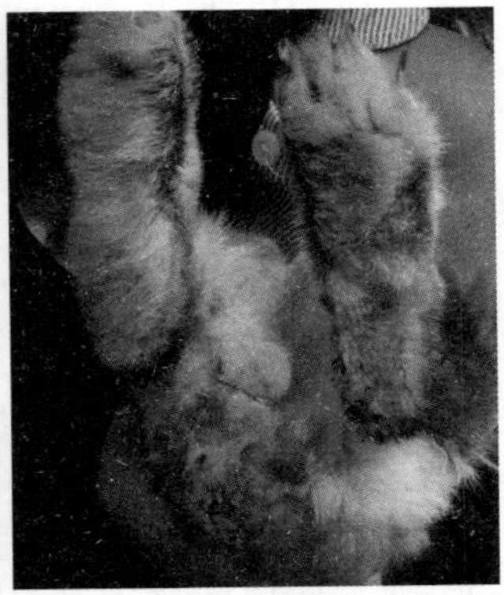

비절병과 함께 꼬리 주위에 습성 피부염이 생겼다.

▶ 예방법

비만이 되지 않게 주의하고, 적절한 시기에 발톱을 자른다. 운동시간을 확보하고, 케이지 청소를 자주 하여 위생적인 사육 환경을 유지한다. 토끼의 집에 부드러운 바닥재를 깔아 발바닥에 자극이 가해지지 않게 한다.

예방

발톱이 길게 자라지 않게 관리한다.

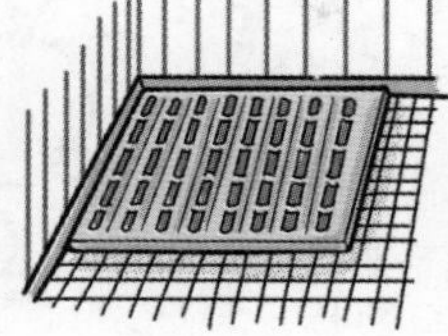

발바닥에 자극이 되지 않는 바닥재를 사용한다.

토끼에게서 발견되는 세균

황색포도상구균, 파스튜렐라균, 녹농균 외에 연쇄상구균속*Streptococcus*, 클레브시엘라속*Klebsiella*, 프로테우스속*Proteus*, 리스테리아속*Listeria*, 방선균속*Actinomyses*, 악티노바실루스속*Actinobacillus* 등이 있다. 배양 결과에 따라 적절하게 치료한다.

피부사상균증dermatophytosis

▶ 피부사상균증이란?

피부에 곰팡이(진균)가 감염되어 생기는 피부 질환이다. 진균증이라고도 한다.

피부사상균증을 일으키는 진균에는 약 40종류가 있다. 모두 소포자균속*Microsporum*과 백선균속*Trichophyton* 진균이다. 이 진균은 주로 동물에 기생하며 사람도 감염된다. 증상은 피부의 한 부분에서 시작되며 염증 부분이 원을 그리듯 동심원 모양으로 넓어져 링웜ringworm이라고도 한다. 동물에게서 자

원인

주 발견되는 진균은 모창백선균*Trichophyton mentagrophytes*, 견소포자균*Microsporum canis*, 석고상소포자균*Microsporum gypseum*이다. 특히 토끼는 모창백선균 감염이 많다.

진균은 피부에 흔히 존재하지만 건강하고 면역력이 높으면 문제가 되지 않는다. 그러나 비위생적인 환경, 부적절한 온습도, 과밀 사육, 영양 불균형, 스트레스 등으로 면역력이 떨어지면 진균이 증식한다. 면역력이 약한 새끼와 노령 토끼, 기저질환이 있는 토끼는 더 취약하다.

증상은 머리와 얼굴, 코끝, 귀, 앞발에 많이 나타나며 다른 부위에서도 발견된다. 토끼는 앞발로 얼굴과 귀를 닦기 때문에, 앞발에 생긴 곰팡이가 코끝에 옮거나 얼굴에 생긴 곰팡이가 앞발에 옮아 감염 범위가 넓어진다.

사람에게도 감염되는 인수공통감염증이다.

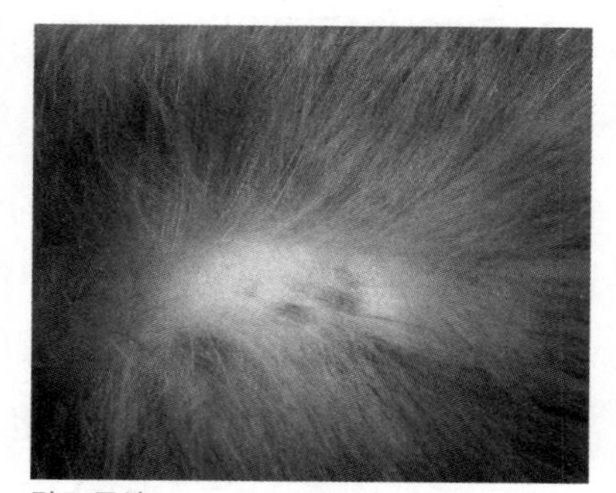
탈모 증상

▶ 주요 증상

건조한 원형 탈모가 전형적인 증상

이다. 원형이 아닌 것도 있다. 비듬이나 딱지, 가려움증이 생긴다.

▶ 치료법

환부의 털을 현미경으로 보거나 배양하여 원인균을 조사한다.

증상만으로 피부사상균을 추정할 수 있을 때는 원인균 조사와 동시에 항진균제를 투여한다.

중증 피부사상균증은 최소 3~4개월 동안 치료해야 한다.

피부와 털이 불결하다면 청결하게 개선한다. 필요하다고 판단되면 약물 목욕을 한다.

▶ 예방법

건강을 유지하고, 숨은 질병은 조기에 치료한다. 스트레스가 없는 환경을 유지한다.

감염된 동물과 접촉하지 않는다. 여러 마리를 키우는 환경에서 발병했다면 감염된 토끼를 격리한다. 토끼를 돌볼 때에는 감염된 토끼를 마지막 순서로 하여 감염 확산을 막는다.

피하농양 subcutaneous abscess

▶ 피하농양이란?

농양이란 세균 감염된 부위에 고름이 고여서 생긴 '종기', '혹'을 말한다. 치근농양(129쪽 참조)을 비롯하여 다양한 농양이 전신 어디에든 생길 수 있다.

피하농양은 토끼에게 흔한 질병이다. 토끼의 몸에 생긴 상처를 통해 세균이 침투한 뒤 피부 밑에서 증식하면 고름이 고여 농양이 된다. 스트레스로

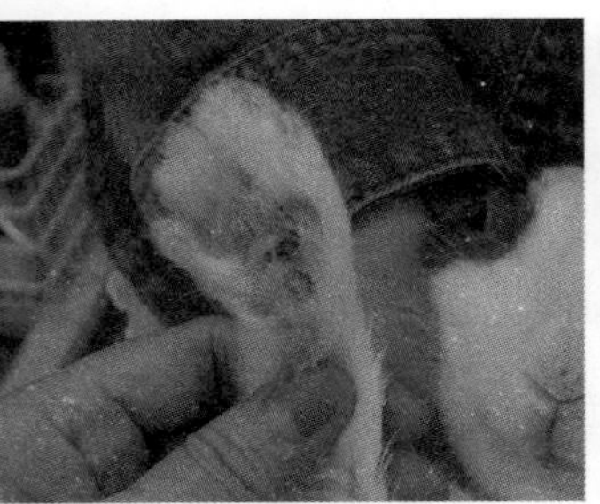
앞발바닥에 생긴 피하농양

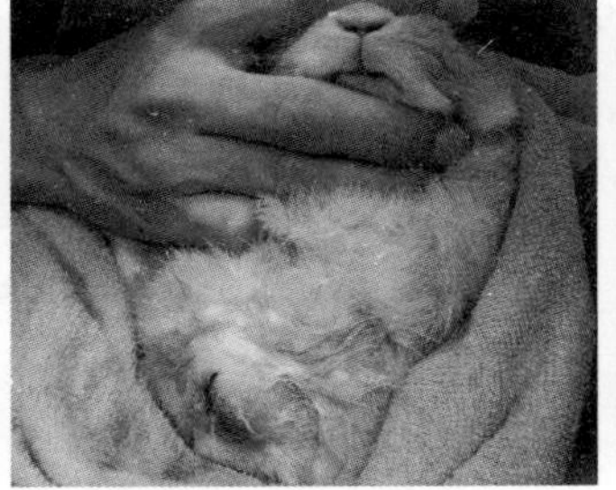
가슴 부위에 생긴 피하농양

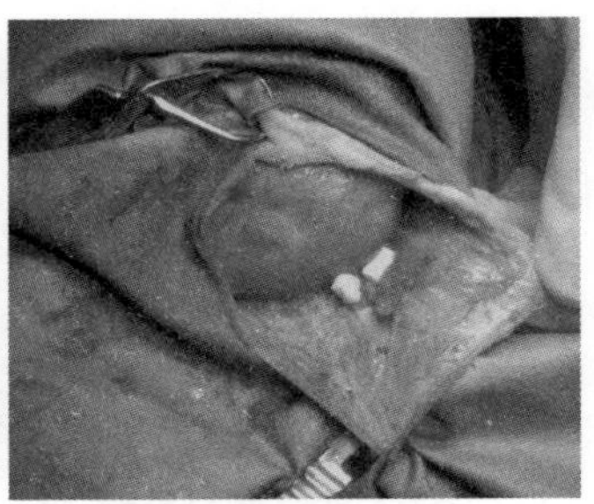
환부에 항생제 구슬을 삽입한다.

원인

토끼의 싸움

발톱으로 피부를 긁다가 상처가 생긴다.

면역력이 떨어지거나 노령이면 농양이 생길 가능성이 커진다. 세균성 피부염이 피하농양으로 진행되기도 한다.

농양의 원인균으로는 황색포도상구균, 파스튜렐라균, 녹농균 등이 있다. 대개 포도상구균속 또는 혐기성 세균(산소가 필요하지 않은 세균)으로 인해 발병한다. 파스튜렐라균은 파스튜렐라감염증으로 잘 알려져 있으나 피하농양도 일으킨다.

토끼의 고름은 하얗고 진한 크림 상태며, 치료해도 다시 재발할 수 있다. 빗질이나 건강 상태를 확인할 때 몸의 구석구석까지 만져서 농양이 있는지 확인한다. 심각해지기 전에 조기 발견해야 한다.

▶ 주요 증상

피부가 부어오른다. 증상이 진행되면 통증 때문에 식욕을 잃는다.

▶ 치료법

언뜻 보면 피부종양으로 보인다. 확실하게 구별하기 위해 바늘로 환부를 찔러 세포진cytodiagnosis검사를 한다. 토끼의 고름은 액상이 아니라 막으로 뒤덮인 코티지치즈 형태다. 그래서 그 고름을 덩어리째 적출하거나 환부를 절개하여 고름을 배출하고 세정한다. 항생제를 장기 투여하거나 치료용 항생제 구슬을 환부에 삽입하기도 한다.

▶ 예방법

토끼가 다치지 않는 환경을 만든다. 토끼의 집에 몸이 걸릴 만한 뾰족한 부분이 있는지 확인한다. 싸움을 예방하기 위해 사이가 나쁜 토끼는 함께 키우지 않는다.

▶ 농양 치료의 예

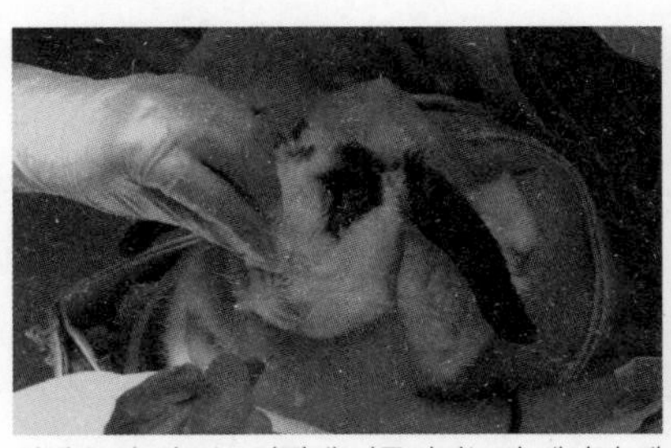

실제 농양 치료는 어떻게 이루어지는지 레이저 메스를 사용한 예시를 소개한다.

1. 토끼의 코 위에 농양이 생겼다.

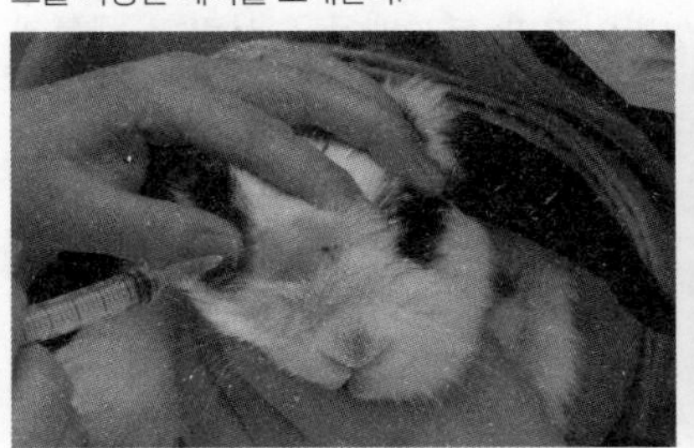

2. 환부를 부분마취한다.

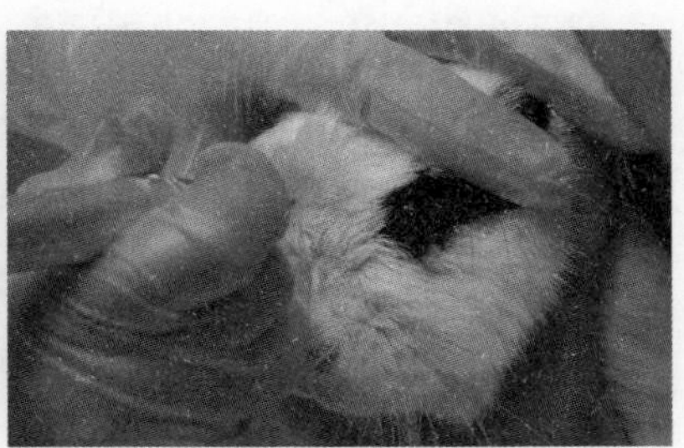

3. 레이저로 고름이 고인 곳에 구멍을 뚫는다.

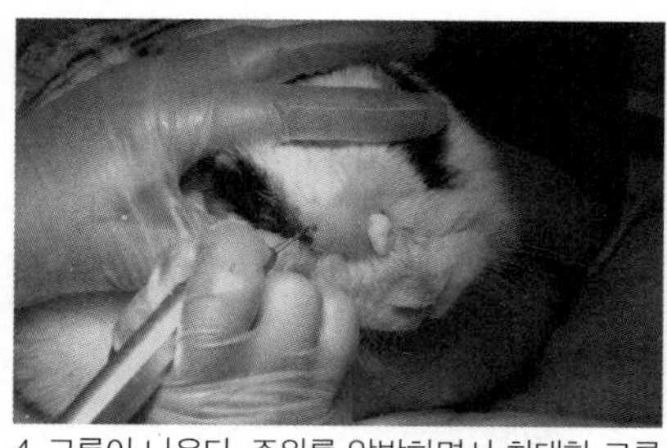

4. 고름이 나온다. 주위를 압박하면서 최대한 고름을 배출한다.

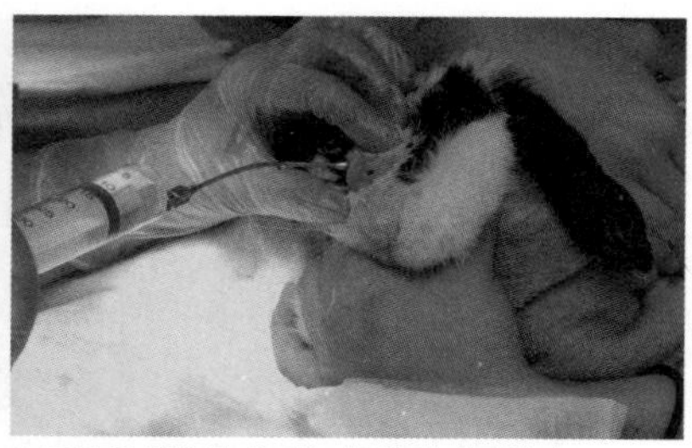

5. 고름을 배출한 후에는 꼼꼼히 세정한다.

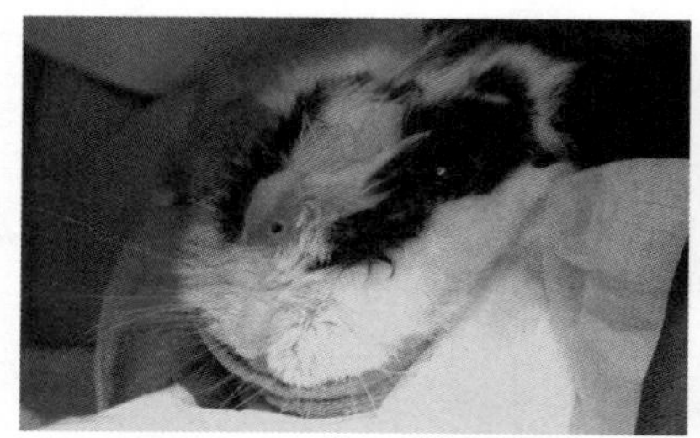

6. 배농과 세정이 끝났다. 환부의 부종이 가라앉았다.

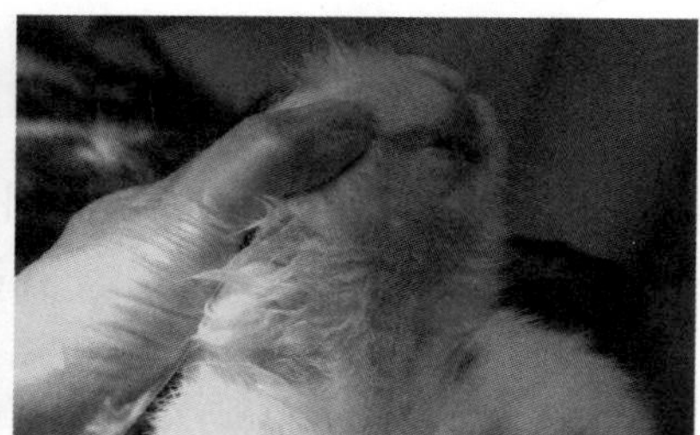

7. 털 아래에도 농양이 있었으나 깨끗하게 치료되었다.

트레포네마증(토끼매독)treponema

▶ 트레포네마증(토끼매독)이란?

트레포네마균*Treponema paraluiscuniculi* 감염으로 인한 질병으로 토끼매독이라고도 불린다. 트레포네마균은 일반적인 세균과 구조가 다른 스피로헤타라는 세균의 일종이다. 사람의 매독은 성병이지만 토끼매독은 사람의 매독과 균의 종류가 다르며 인수공통감염증도 아니다.

트레포네마균을 배양하는 데에는 3~6주 정도 걸린다. 트레포네마증은 감염된 토끼와 교미하거나 직접 접촉하여 감염된다. 출산과 수유를 통해 어미가 새끼에게 옮기기도 한다.

얼굴과 생식기에 증상이 나타나는 것이 특징이다. 토끼가 셀프 그루밍을

원인

할 때 입에서 회음부로 전염되거나 반대로 전염되어 감염 부위가 넓어진다. 춥거나 스트레스를 받으면 더 쉽게 발병한다.

▶ 주요 증상

증상이 없을 수도 있다.

주요 증상은 생식기 피부가 붉어지고 물집이 생기는 피부 변이다. 증상이 진행되면 얼굴(턱, 입술, 코 주위, 눈 주위, 귀)에 딱지가 생긴다. 가려움증이 생기기도 한다.

코에 딱지가 생기면 재채기를 한다.

림프절이 붓는다.

기운이 없어지는 전신 증상은 나타나지 않는다.

얼굴에 딱지가 생긴다.

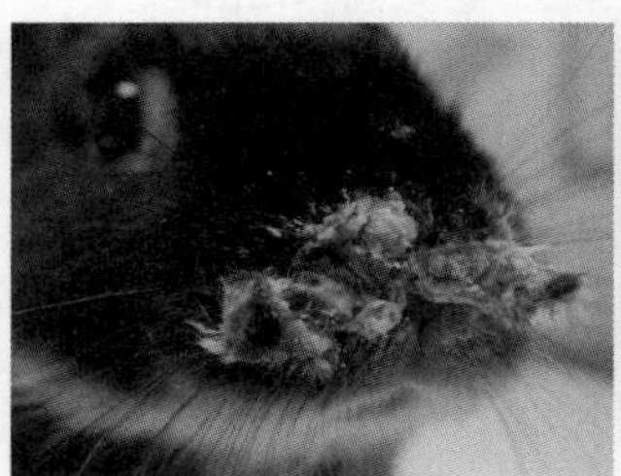

얼굴에 생긴 딱지

코 밑에 생긴 딱지

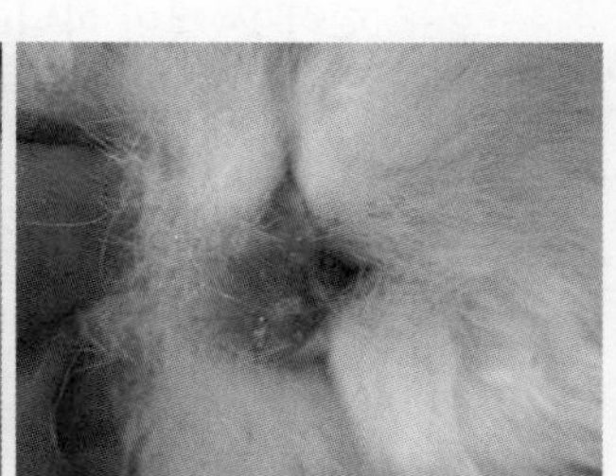

생식기가 붉어지고 붓는다.

▶ 치료법

조직검사, 혈청학적 검사, 암시야현미경검사로 환부의 피부를 긁어내어 진단한다. 항생제를 투여한다.

▶ 예방법

트레포네마균에 감염된 토끼와 접촉 및 교미시키지 않는다. 번식시킬 때는 사전에 항체검사를 하여 감염 여부를 확인한다.

그 밖의 피부 질환

▶ 탈모

토끼는 앞에서 설명한 피부 질환 외에도 다양한 이유로 탈모가 생긴다.

털의 성장주기에는 '성장기·이행기·휴지기'라는 사이클(모주기)이 있다. 탈모의 원인이 되는 질병을 치료해도 그때가 털의 휴지기라면 성장기가 되기 전까지는 털이 자라지 않는다. 수의사와 상담하면서 느긋하게 기다린다.

사육환경

간혹 서열이 높은 토끼가 낮은 토끼의 옆구리 털을 물어뜯을 때가 있다. 스스로 뜯은 것이 아니라 다른 토끼에게 뜯기면 입이 닿지 않는 장소(이마나 목 주변, 등, 엉덩이, 옆구리 등)에 탈모가 생긴다.

은신처의 입구가 토끼보다 작으면 같은 부위의 마찰이 계속되어 그 부위의 털이 끊어지기도 한다.

복부 탈모증은 알레르기일 가능성이 있다.

스트레스로 자교증self biting(298쪽 참조)을 일으키기도 한다. 너무 지루한

원인

나머지 자신의 털을 뜯어먹거나 몸을 집요하게 핥아서 탈모가 생긴다.

식사 내용

필수 아미노산 중 라이신, 메티오닌은 털의 케라틴을 구성한다. 라이신과 메티오닌이 부족한 곡류를 많이 먹으면 털의 발육이 느려진다.

본능적 행동

토끼는 임신하면 따뜻한 산실을 만들기 위해 자신의 가슴과 배의 털을 뽑는다. 이 행동은 상상임신일 때도 나타난다.

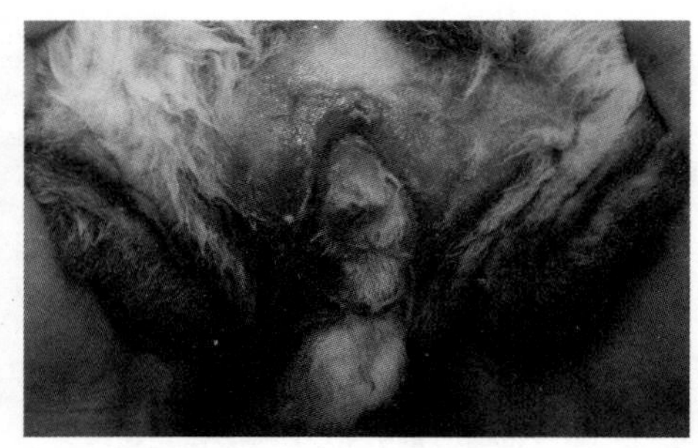
회음부 습성 피부염(세균 감염)으로 인한 탈모

유전

유전적으로 숱이 적어서 탈모처럼 보이기도 한다.

털갈이 시기

털의 성장기가 시작되면 피부가 살짝 두꺼워지면서 그 부분의 털이 빨리 발육한다. 그래서 털갈이 시기에는 새털이 올라오는 부위에 반점이 생긴다. 이 반점을 아일랜드 스킨이라 부르는데 질병이 아니다. 앙고라와 롭이어에게 종종 나타난다.

★ 진드기, 벼룩 등의 외부기생충에 대해서는 231~241쪽을 참조.

외부기생충

• 귀진드기증 • 털진드기증 • 벼룩
• 참진드기 • 이 • 그 밖의 외부기생충

귀진드기증 ear mite disease

▶ 귀진드기증이란?

귀진드기증은 옴진드깃과에 속하는 개선충의 한 종류인 토끼귀진드기 *Psoroptes cuniculi*가 귀의 표피 깊숙한 곳에 기생하여 생기는 질병이다. 이 진드기가 귓바퀴와 귀 입구에 기생하면 진드기와 진드기 변, 벗겨진 피부에서 나온 혈액이 섞여 두꺼운 딱지를 만든다. 그리고 딱지 아래 피부는 축축하게 짓물러 염증을 일으킨다.

처음에는 외이도(귓구멍 입구에서 고막까지)에 비듬 같은 딱지가 생긴다. 가려움증이 생겨 토끼가 뒷발로 귀를 긁거나 심하게 머리를 흔든다. 통증을 동반하기도 한다.

증상이 진행되면 두꺼운 딱지가 귓바퀴까지 번지는데 딱지의 무게 때문에 귀를 세우지 못하고 늘어뜨린다. 염증이 몸통까지 번져서 몸통에도 탈모, 가려움, 비듬이 나타난다.

드물지만 증상이 더 진행되면 중이(고막 안쪽부터 내이 앞까지의 공간)에도 이차적 세균 감염이 일어나 염증이 퍼진다. 외이염, 중이염이 진행되어 염증이 내이와 뇌까지 침투하면 사경 증상이 나타난다.

귀진드기에 감염된 토끼와 접촉하여 감염된다. 스트레스로 인해 면역력이 떨어져 있으면 증식 속도가 빨라진다.

성충의 크기는 암컷 0.40~0.75밀리미터, 수컷 0.37~0.5밀리미터다. 토끼

원인

귀진드기에 감염된 토끼와 접촉한다.

귀진드기의 생애주기life cycle(탄생 후 다음 세대를 만들어 내는 주기)는 3주다. 이 진드기는 토끼의 몸에서 떨어져도 생존하기 때문에 치료와 동시에 사육환경을 위생적으로 유지해야 한다.

▶ 주요 증상

귀 안쪽에 두꺼운 딱지(연갈색~흑갈색)가 생긴다.

귀에서 불쾌한 냄새가 나거나 가려워하며 머리를 흔든다. 감염된 귀를 늘어뜨리거나 머리가 기울고 산만해지는 증상도 나타난다. 가려움 때문에 뒷발로 긁어서 귀에 상처가 생긴다.

증상

귀 안쪽이 지저분하다.

사경 증상이 나타난다.

귀가 가려워서 머리를 흔든다.

▶ 치료법

귀진드기에 감염되면 특이한 증상이 나타나므로 눈으로도 진단할 수 있다. 딱지 부분을 채취하여 현미경검사를 하면 진드기를 발견할 수 있다.

병원에서는 구충제를 2주 간격으로 3~4번 반복 투여한다. 벼룩 구충제도 효과적이다.

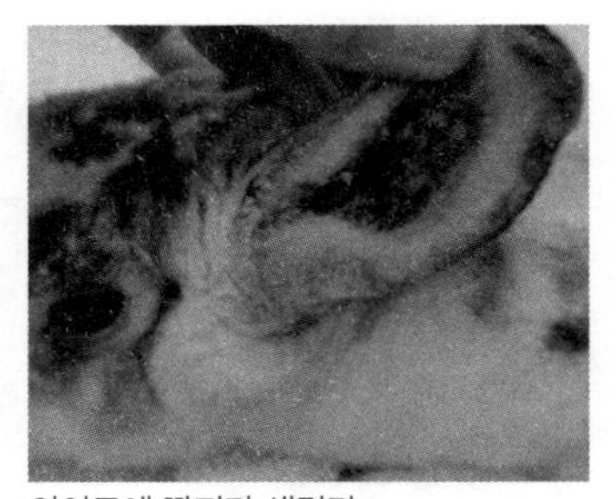

외이도에 딱지가 생겼다.

토끼를 여러 마리 키우고 있다면 집에 있는 모든 토끼를 동시에 치료하고, 위생적인 환경을 유지한다.

딱지는 자연스럽게 떨어진다. 억지로 떼려고 하면 심하게 아파하므로 강제로 떼지 않는다.

▶ 예방법

귀진드기에 감염된 토끼와 만나게 하지 않는다. 토끼가 모이는 장소에 갈 때도 주의한다.

토끼의 귀를 청소해 줄 필요는 없으나 깨끗한지 상처나 딱지는 없는지 자주 확인한다.

털진드기증 cheyletiellosis

▶ 털진드기증이란?

동물마다 기생하는 진드기가 정해져 있다. 토끼는 귀진드기 외에도 털진드기(셸레티엘라 파라시티보락스 *Cheyletiella parasitivorax* 또는 리스트로포루스 기부스 *Listrophorus gibbus*)가 기생한다. 털진드기 중에 리스트로포루스 기부스는 감염되어도 증상이 거의 없으므로 여기서는 셸레티엘라 파라시티보락스에 대해서만 설명한다.

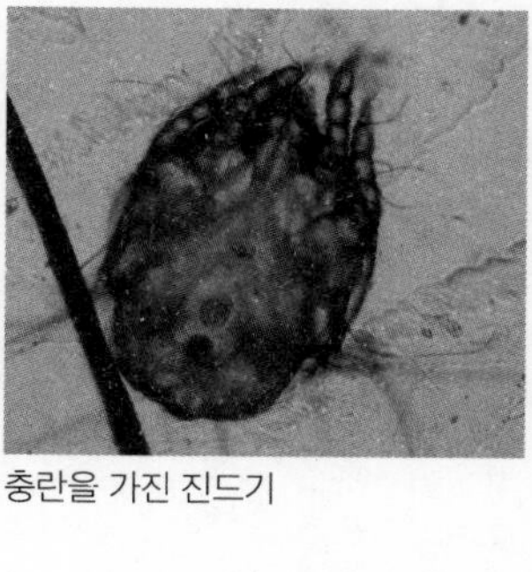

털진드기는 주로 머리부터 등, 엉덩이까지 폭넓게 기생한다.

바닥재나 감염된 동물과의 접촉으로 감염된다. 감염된 토끼는 증상이 가볍거나 없을 수도 있다. 그러나 새끼와 노령 토끼, 질병과

충란을 가진 진드기

증상

스트레스로 면역력이 떨어진 토끼는 증상이 나타난다.

성충의 크기는 암컷 0.35~0.50밀리미터, 수컷 약 0.40밀리미터다. 털진드기의 생애주기는 35일이다.

다른 동물에게도 전염된다. 사람과 동물의 공통 감염증으로, 사람이 감염되면 가려움을 동반한 붉은 작은 병변이 생긴다.

▶ 주요 증상

증상이 없을 수도 있다.

희끄무레한 비듬이 생긴다. 털의 숱이 적어지거나 탈모가 생기고 피부가 붉게 변한다. 딱지와 가려움증이 생긴다.

▶ 치료법

셀로판테이프로 감염 부위의 피부 조각과 털을 채취하여 현미경으로 진드기의 종류를 판별한다. 기생하는 진드기가 많으면 눈으로도 볼 수 있다.

치료 방법은 기본적으로 토끼귀진드기와 같다(구충제 투여).

치료와 함께 사육환경을 위생적으로 관리한다. 토끼가 모이는 장소에 다녀온 뒤에는 털 속을 꼼꼼하게 확인한다.

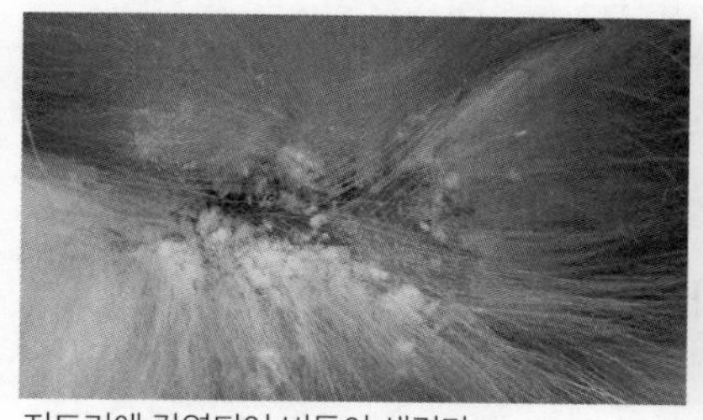
진드기에 감염되어 비듬이 생겼다.

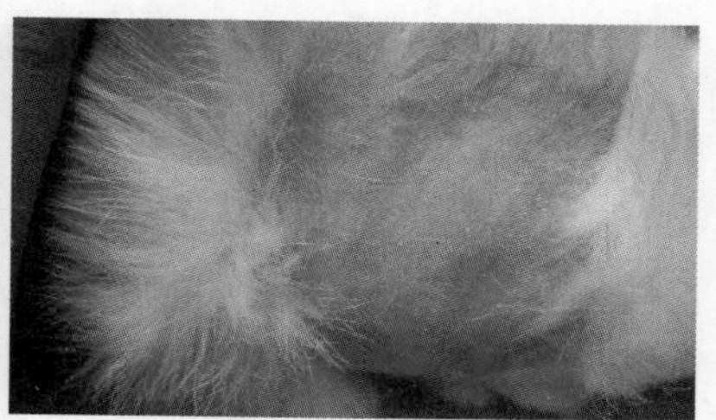
진드기에 감염되어 탈모가 생겼다.

▶ 예방법

감염된 동물과 접촉하지 않는다.

스트레스가 없는 환경을 만든다.

털진드기는 숙주의 몸에서 떨어져도 장기간 생존할 수 있다. 토끼의 환경을 위생적으로 관리하기 위해 노력한다.

벼룩 flea

▶ 벼룩이란?

토끼의 몸에는 고양이벼룩*Ctenocephalides felis*과 개벼룩*Ctenocephalides canis*이 기생한다. 개, 고양이와 접촉하거나 함께 생활할 때 감염되며, 특히 여름에 밖에서 산책할 때 감염된다. 토끼벼룩*Cediopsylla simplex*도 있지만 감염되는 일은 드물다.

토끼가 많이 감염되는 벼룩은 고양이벼룩이다. 고양이벼룩은 알·유충·전용(번데기 전 단계)·번데기·성충이라는 5기를 거치며 생애주기는

개와 고양이로부터 옮는다.

2~3주다. 성충의 크기는 수컷 1.2~1.8밀리미터, 암컷 1.6~2.0밀리미터다. 성충은 동물의 몸에서 거의 떨어지지 않지만 알은 바닥에 떨어진 상태로 부화하고 성충의 혈액이 섞인 변을 먹으며 성장한다. 따라서 토끼의 치료와 함께 사육환경을 위생적으로 유지해야 한다.

▶ 주요 증상

대개는 증상이 없지만 가벼운 가려움증이나 2차 감염으로 세균성 피부염이 생길 수 있다. 증상이 심각할 때에는 빈혈이 생기거나 사망할 수도 있다.

▶ 치료법

벼룩과 벼룩의 배설물은 눈으로 확인할 수 있으므로 벼룩 제거 빗으로 털을 빗겨 보면 쉽게 진단할 수 있다.

구충제를 일정 기간 투여한다. 생후 8주 이상의 토끼에게 가장 안전하고 효과적인 약 성분은 이미다클로프리드(상품명 애드보킷 고양이용)와 세라멕틴(상품명 레볼루션)이다. 이미다클로프리드는 3~4주 간격으로 사용하고, 세라멕틴은 토끼의 체내에서 빠르게 대사하므로 효과적인 치료를 위해 7일 간격으로 사용한다. 어떤 성분을 사용할지는 토끼의 상태와 체중을 고려하여 수의사와 상의한다.

치료와 함께 집 안을 꼼꼼하게 청소하여 벼룩의 알이 부화하는 것을 예방한다.

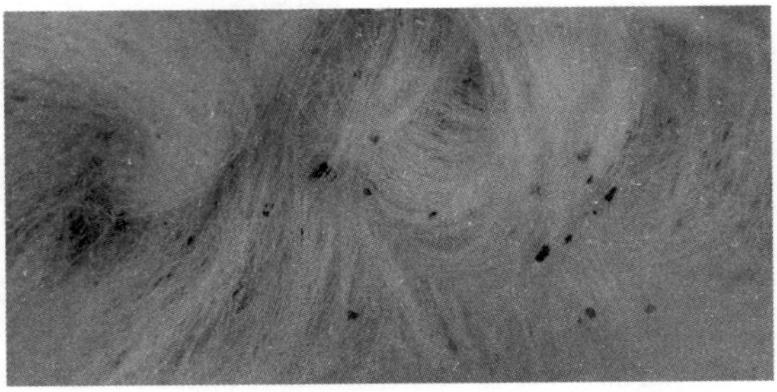

벼룩이 기생하면 털 속에 벼룩의 변이 보인다.

▶ 예방법

벼룩에 감염된 동물과 접촉하지 않는다. 토끼 외에도 다른 동물을 함께 키우고 있다면 그 동물이 벼룩에 감염되지 않게 구충한다.

— 외부기생충 구충제 ♥

외부기생충 구충제는 온라인 쇼핑몰에서 구입할 수 있다. 그러나 대부분 개·고양이용 구충제라서 그중에는 프론트라인(상품명)처럼 토끼에게 투여해서는 안 되는 종류도 있다. 그러므로 독자적인 판단으로 사용하는 것은 상당히 위험하다. 반드시 토끼 전문병원의 진료를 받고 처방받는다.
외부기생충 치료는 기생충의 생애주기를 고려해야 한다. 구충제는 성충에게만 효과가 있고 알에는 효과가 없기 때문이다. 성충이 죽어도 알이 부화하면 다시 성충이 생긴다. 따라서 알을 낳지 않은 성충이 사멸될 때까지 구충을 반복해야 한다.

참진드기tick

▶ 참진드기란?

참진드기는 야외에 서식하는 진드기로 참진드깃과에 속하는 참진드기의 총칭이다.

풀숲에 서식하기 때문에 야외 산책 중 풀숲에서 몸에 달라붙는다.

흡혈성 진드기로 평소 크기는 4밀리미터 정도지만 흡혈하면 콩알 크기만큼 커진다.

기생하는 부위에 피부염이 생기고, 참진드기가 많이 달라붙으면 빈혈을 일으킨다.

▶ 주요 증상

주로 얼굴에 기생한다. 흡혈해서 몸집이 커진 참진드기가 발견된다.

▶ 치료법

참진드기를 제거한다. 참진드기는 갈고리 모양의 턱으로 피부를 꽉 물고 있어서 억지로 잡아당기면 턱이 피부에 박힌 채 몸만 떨어진다. 가정에서 떼기보다는 동물병원에서 처치를 받는 것이 안전하다.

참진드기는 풀숲에 숨어 있으므로 토끼를 풀숲에 데려가지 않는다.

▶ 예방법

야외 풀숲에 토끼를 데려가지 않는다. 바깥 산책 후에는 토끼의 몸을 꼼꼼하게 살펴서 참진드기가 붙어 있는지 확인한다.

이 lice

▶ 이란?

이는 동물마다 기생하는 종류가 다르다. 토끼는 '토끼 이*Haemodipsus ventricosis*'라는 종류가 기생한다. 주로 등과 옆구리에 기생하며 털을 채취하여 현미경으로 확인할 수 있다.

성충의 크기는 수컷 약 1.0밀리미터, 암컷 약 1.5밀리미터다. 알은 털에 붙어 있다가 7일 후에 부화하며, 생애주기는 30일이다. 이는 숙주에 기생한 상태로 평생을 보내며 숙주에서 떨어지면 하루 안에 죽는다.

원인

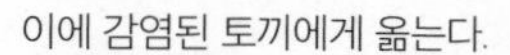
이에 감염된 토끼에게 옮는다.

면역력이 낮은 어린 토끼와 노령 토끼는 쉽게 감염된다.

이에 감염된 토끼와 접촉하거나 바닥재를 통해 감염된다.

어린 토끼와 노령, 질병으로 면역력이 떨어진 토끼는 쉽게 감염되며 증상도 심하게 나타난다.

▶ 주요 증상

가려움증과 탈모가 생긴다. 이가 많이 기생하면 기운이 없어지고, 비듬, 딱지, 빈혈 등의 증상이 나타난다.

▶ 치료법

외부기생충 구충제를 외용약으로 사용한다.

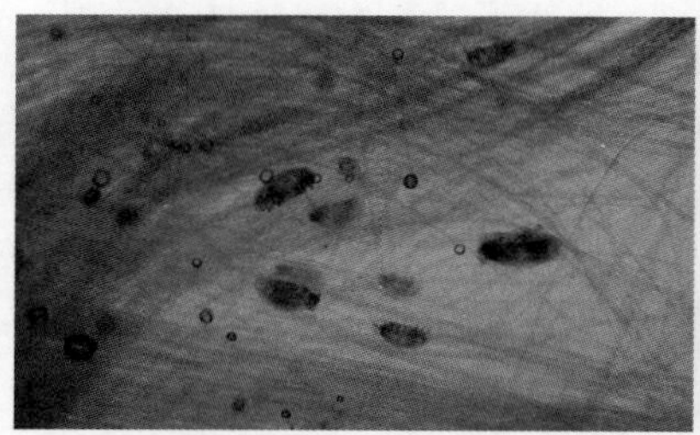

이는 털을 검사하면 확인할 수 있다.

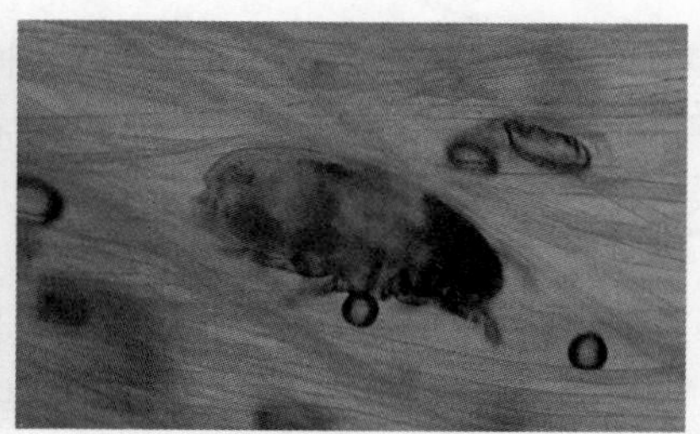

숙주 특이성이 있어서 토끼에게는 '토끼 이'가 기생한다.

구충제를 일정 기간 투여한다. 이의 생애주기를 고려하여 일주일에 한 번, 3회 반복한다.

▶ 예방법

이에 감염된 토끼와 접촉하지 않는다. 위생적인 환경을 유지한다.

그 밖의 외부기생충

▶ 파리구더기증

여름철에 말파리속*Cuterebra*에 속하는 파리 유충이 기생하여 생기는 질병이다. 피부 밑에 기생한 파리 유충은 3~5주에 걸쳐 길이가 30밀리미터까지 성장한다.

파리 유충이 기생하는 부위는 주로 턱 밑 주름 아래, 옆구리 아래, 사타구니 등 습해지기 쉬운 부위다. 습성 피부염이 있거나, 사타구니가 지저분하거나, 그루밍을 할 수 없거나, 부정교합이나 상처가 있어도 쉽게 감염된다.

실내에서 생활하는 토끼는 거의 감염되지 않는다. 여름철에 밖에서 생활하는 토끼에게 흔하게 나타나며 바깥 산책을 자주 하는 토끼도 주의가 필요하다.

말파리 유충은 피하에 기생하기 때문에 감염되면 피부가 솟아오른다. 기생하는 유충이 많으면 중증 피부염 및 피부괴사, 체중 감소, 쇠약해지는 증상이 나타난다. 후구마비 같은 질병의 말기에 감염되면 사망하기도 한다.

파리구더기증 치료는 괴사한 피부를 잘라내고 유충을 모조리 제거하는 외과적 처치를 한다. 이때 유충 제거는 매우 주의 깊게 해야 한다. 피부를 짜거나 핀셋으로 유충을 꺼내는 중에 유충이 찢어지면 아나필락시스 반응이

원인

습성 피부염이 있으면 감염되기 쉽다.

실외 생활을 하는 토끼와 비만 토끼는 감염되기 쉽다.

일어나거나 만성 감염증이 될 수 있다. 구더기를 조심스럽게 제거한 후 세정, 소독하고, 진통제, 항생제를 투여한다.

치료와 함께 토끼의 생활환경을 건조하고 위생적으로 유지한다.

예방을 위해 습성 피부염이나 외상이 있는 토끼는 바깥 산책을 하지 않는다. 비만이 되지 않게 주의하고, 건강을 유지한다.

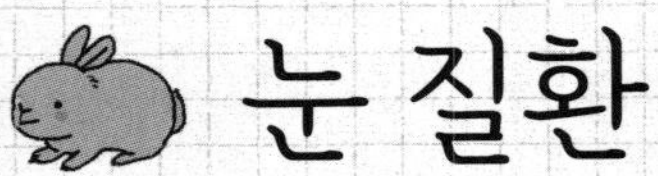

눈 질환

• 결막염 • 각막궤양 • 눈물주머니염(누낭염) • 포도막염
• 백내장 • 눈물길(비루관)폐쇄 • 그 밖의 눈 질환

결막염 conjunctivitis

▶ 결막염이란?

결막이란 눈꺼풀 안쪽과 안구 사이에 있는 점막이며 아랫눈꺼풀을 뒤집으면 볼 수 있다. 결막염은 이 결막에 염증이 생기는 것이다.

파스튜렐라균*Pasteurella multocida*과 황색포도상구균*Staphylococcus aureus* 등에 감염되어 나타난다.

파스튜렐라균은 토끼의 호흡기 질환인 스너플(168쪽 참조)의 원인균 중 하나다. 이 균이 눈물길(비루관)을 통해 눈으로 이동하여 결막염을 일으킨다.

결막원개conjunctival fornix(눈꺼풀 속)에는 평소에도 세균총이 서식한다. 그래서 황색포도상구균감염증, 트레포네마증(226쪽 참조), 폭스바이러스감염증 등도 결막염의 원인이 된다.

이빨 질환도 원인이다. 위턱 어금니에 치근농양이 생기면 농양이 안구를 자극하고, 눈물길(비루관)폐쇄(254쪽 참조)를 일으켜 결막염이 나타난다.

건초 부스러기, 나무 베딩(톱밥, 우드 펠릿, 우드 칩 등) 부스러기, 먼지가 눈에 들어가도 결막염을 일으키기 쉽다. 토끼의 생활환경도 원인이 될 수 있다. 원재료가 침엽수인 나무 베딩에서는 휘발성 물질이 나오고, 화장실 청소를 게을리하거나 사육환경이 좁고 환기가 안 되면 암모니아 농도가 진해지며, 소독제와 방향제의 자극적인 냄새 등도 결막염을 일으킨다.

토끼는 이물감 등으로 눈에 자극을 느끼면 눈을 비벼서 증상을 악화시키

원인

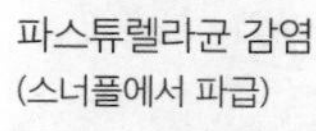

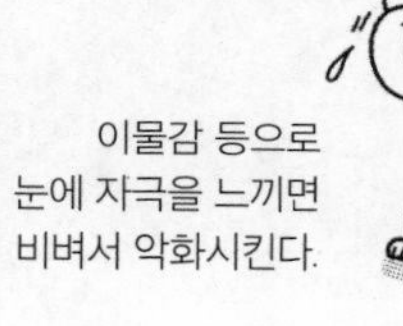

므로 주의해야 한다.

▶ 주요 증상

결막과 눈의 테두리가 충혈된다. 눈에 눈물이 고이거나 흐른다. 세균성 결막염은 고름처럼 끈끈한 눈곱이 생기고, 자극성 결막염은 물기가 많은 눈곱이나 녹색을 띤 하얀 분비물이 생긴다. 눈꺼풀이 붓고, 눈부신 듯한 눈 모양을 한다. 눈곱이 심해지면 위아래 눈꺼풀이 달라붙는다. 눈 아래가 축축해지고 털이 빠진다. 통증이나 가려움증이 생긴다. 콧물이 나오고, 노력성 호흡(자연스러운 호흡이 아니라 힘을 주고 하는 호흡)을 하며, 미열이 나는 등 호흡기 질병 증상이 나타난다.

▶ 치료법

원인을 찾기 위해 눈곱을 채취하여 세균검사(세균배양)를 한다.

세정액으로 눈을 조심스럽게 세정하고, 안연고와 점안액을 투여한다. 토끼의 피부는 예민하므로 눈 주위에 묻은 세정액은 증류수로 씻어낸다. 전신성 항생제를 투여하기도 한다.

파스튜렐라증 및 치근농양이 원인일 때에는 눈물길(비루관)을 세정한다. 눈물길 세정은 정기적으로 계속할 수도 있다.

치료와 함께 사육 방법과 사육환경 개선이 매우 중요하다.

노령 토끼의 마이봄샘meibomian gland(눈꺼풀 테두리에 있는 피지선) 개구부가 막히거나, 눈꺼풀에 안검내반entropion(눈꺼풀이 안으로 접히는 증상) 같은 이상이 있을 때는 절개하거나 수술한다.

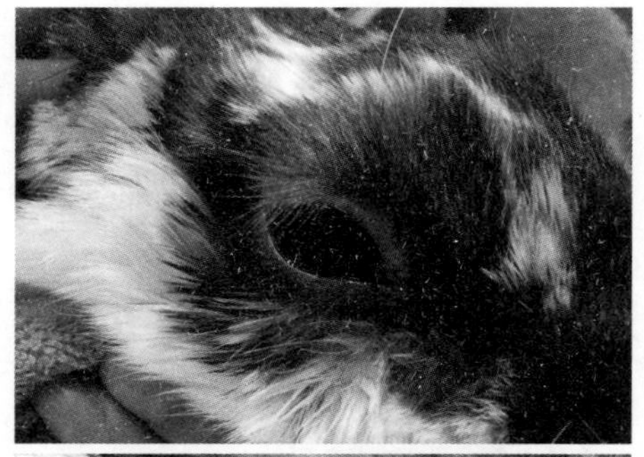

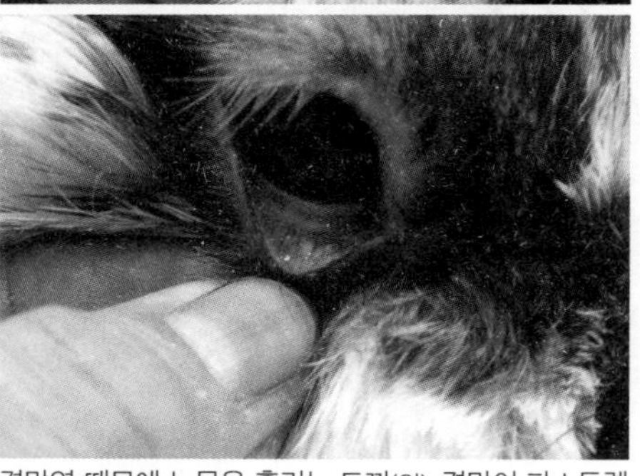

결막염 때문에 눈물을 흘리는 토끼(위), 결막이 파스튜렐라균에 감염되었다(아래).

▶ 예방법

화장실 청소를 자주 하여 위생적인 환경을 유지한다. 부스러기가 많은 건초와 나무 베딩, 침엽수로 만든 나무 베딩은 사용하지 않는다. 눈에 티끌이 들어갈 수 있으니 바람이 심한 날에는 바깥 산책을 하지 않는다.

토끼의 주변에서 소독제나 방향제 같은 자극성 물질을 사용하지 않는다.

결막염의 원인 질병을 조기에 발견한다. 음식을 씹는 모습에 이상이 있는지, 눈물을 흘리는지, 턱 밑의 털이 꺼슬꺼슬한지 등 작은 변화도 놓치지 않는다. 질병을 발견하면 서둘러 치료한다.

눈의 구조

토끼의 눈에는 3안검third eyelid(순막)이 있다. 평소에는 눈구석 안에 숨어 있다가 눈을 감으면 각막 전체를 덮는다. 3안검의 역할은 각막(눈의 표면)을 보호하고 누액을 제공하는 것이다.

눈물은 좌우에 하나씩 있는 눈물샘(아랫눈꺼풀 뒷면의 눈머리 쪽에 있다), 하르더샘(하부 안구의 중앙), 3안검샘, 안구 정맥총에서 만들어진다.

눈을 깜빡이는 횟수는 1시간에 10~20회로 적은 편이다.

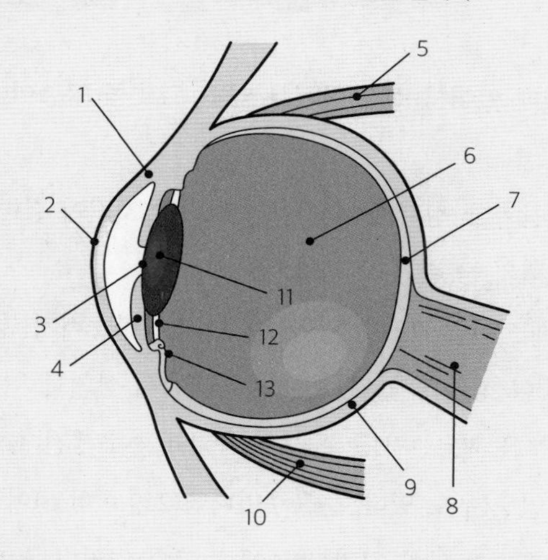

1. 결막 2. 각막 3. 동공 4. 홍채 5. 위곧은근(상직근) 6. 유리체 7. 망막 8. 시신경 9. 공막 10. 아래곧은근(하직근) 11. 수정체 12. 섬모체(모양체) 소대 13. 섬모체(모양체)

각막궤양keratitis

▶ 각막궤양이란?

각막은 안구 앞쪽에 있으며 빛을 모아 굴절시키는 렌즈 역할을 한다. 눈

원인

나무 베딩의 부스러기가 눈에 들어간다.

다른 토끼와 싸워서 외상을 입는다.

셀프 그루밍을 하다가 발톱으로 눈을 찌른다.

의 가장 바깥쪽 표면에 있어서 쉽게 상처를 입고, 그곳에 염증이 생기면 각막염이 된다.

각막궤양은 외상, 찰과상, 심각한 염증 등으로 각막 조직이 결손되어 움푹 파이는 질환이다. 토끼의 눈 질환 중 가장 많다.

각막궤양의 원인에는 여러 가지가 있다. 먼지, 건초 부스러기 등의 이물질이 눈에 들어가 염증이 생기거나, 다른 동물과 싸워서 상처를 입거나, 그루밍하다가 발톱으로 눈을 찌르는 사고 등으로 각막궤양이 생긴다.

다른 질병이 원인인 경우도 있다. 눈물주머니염(249쪽 참조)이 생기면 눈물이 정상적으로 배출되지 않아 각막 표면에 눈곱이 덮인다. 녹내장(257쪽 참조), 안구궤양, 치근농양, 호흡기부전 등의 질병에 걸리면 안구돌출 증상이 나타난다. 엔세팔리토준증으로 인한 시신경 질환도 각막궤양의 원인이다. 토끼는 눈에 통증이 있으면 계속 눈을 비빈다. 이 자극으로 상처가 생기고 감염 부위가 넓어진다.

▶ 주요 증상

눈에 눈물이 고이거나 흐른다. 눈곱이 생긴다. 눈꺼풀에 경련이 일어난다. 결막이 충혈된다. 동공이 좁아진다. 눈 속에 하얀 아지랑이가 생긴다. 각막

증상

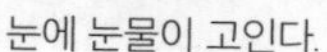

눈에 눈물이 고인다.

각막에 백탁 증상이 나타난다.

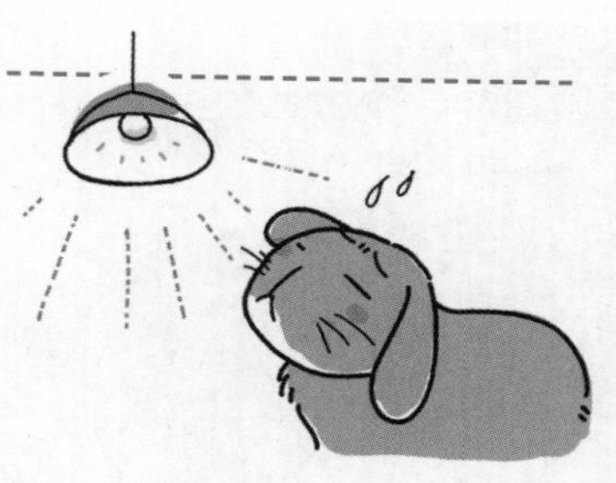

밝은 쪽을 보면 눈이 부신 듯하다.

백탁 증상이 나타난다. 통증 때문에 눈 주변을 만지면 싫어한다. 밝은 쪽을 볼 때 눈부신 듯이 눈을 게슴츠레 뜬다.

▶ 치료법

플루오레세인fluorescein 염색액을 결막낭(눈꺼풀과 안구 사이의 공간)에 투여한 뒤 정제수로 씻고 코발트블루 필터라는 광원을 사용해 관찰한다. 각막에 상처가 있으면 그 부분이 밝은 초록색으로 보인다. 안저경 또는 슬릿 검사로 눈 속을 관찰한다(349쪽 참조).

항생제와 각막장애를 치료하는 점안액을 투여한다.

치료와 함께 사육환경에서 눈에 상처를 입히는 원인을 제거한다.

▶ 예방법

눈에 상처가 생기지 않는 환경을 만든다. 부스러기가 많은 건초와 나무 베딩을 사용하지 않는다. 눈에 티끌이 들어갈 수 있으니 바람이 심한 날에는 바깥 산책을 하지 않는다. 정기적으로 발톱을 자르고, 다른 토끼를 만날 때는 싸움이 일어나지 않도록 조심한다.

바람이 심한 날에는 외출을 피한다.

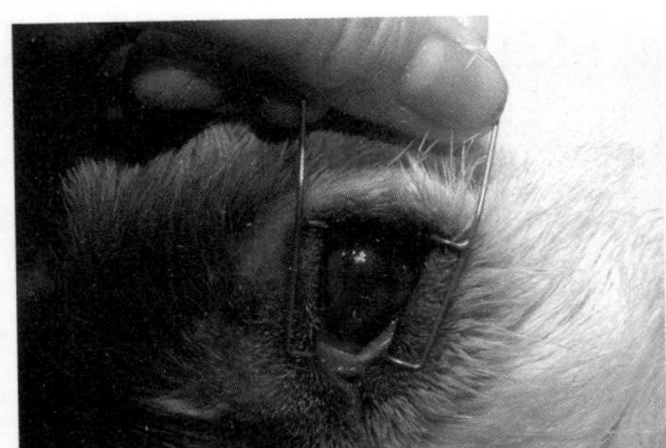

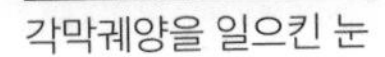

각막궤양을 일으킨 눈

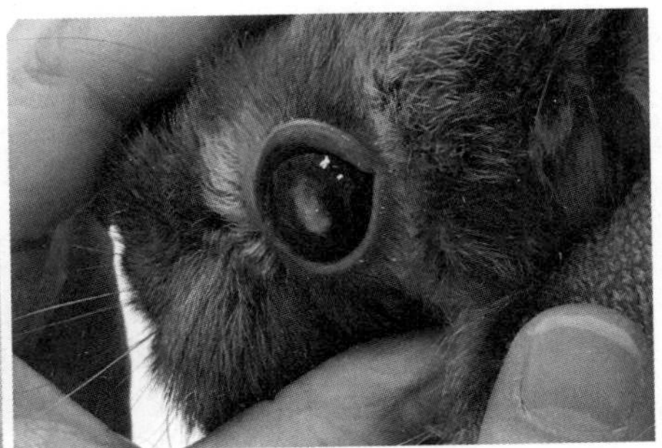

전안방농양. 각막 조직이 결손되었다.

— 각막궤양 최신 치료법

각막궤양은 토끼에게 많은 눈 질환이다. 각막장애는 일반적으로 항생제와 각막장애 점안액으로 치료한다. 그러나 최근 아자부대학의 가네마키 노부유키 교수의 주도로 '자기 피브린 풀'을 이용한 각막 질환 치료가 진행되고 있다.

단백질의 일종인 피브리노겐에 트롬빈 효소가 작용하면 혈액 응고 단백질인 피브린으로 변한다. 이것이 피브린 풀이라는 생체 접착제다. 피브린 풀은 지혈과 장기의 상처를 접착하는 용도로 사람에게 사용하고 있다. 자기 피브린 풀이란 이 접착제를 자신의 혈액으로 만드는 걸 의미한다.

치료 대상 토끼에게서 채혈한 혈액(혈장)에서 농축 피브리노겐액을 추출한 뒤 트롬빈, 칼슘 혼합액과 함께 토끼의 눈에 점안한다. 그러면 각막 위에 피브린 막이 생성되어 손상된 각막이 회복된다.

심각한 각막궤양도 개선될 가능성이 있다. 자신의 혈액이 원료이므로 알레르기 같은 거부반응이 일어나지 않으며 감염 우려도 없다.

각막 위에 형성된 피브린 풀에는 각막 표면을 건강하게 하는 성분이 포함되어 있을 가능성이 있다.

눈물주머니염(누낭염)dacryocystitis

▶ 눈물주머니염이란?

눈물주머니(누낭)는 눈물샘에서 분비된 눈물을 저장하는 장소다(255쪽 참조). 눈물을 흡인해서 눈물길(비루관)로 보내는 펌프 역할을 한다.

눈물주머니염은 파스튜렐라균 등의 세균 감염으로 눈물주머니에 염증이 생기는 질병이다. 부정교합과 눈물길(비루관)폐쇄도 원인이 된다.

눈의 표면은 항상 눈물로 덮여 있다. 그래서 누낭염이 생기면 눈물을 매개로 해서 결막염과 각막염이 생기기도 한다.

치료에는 시간이 걸리는 병이다.

▶ 주요 증상

끈적이는 고름 같은 눈곱이 많이 생긴다.

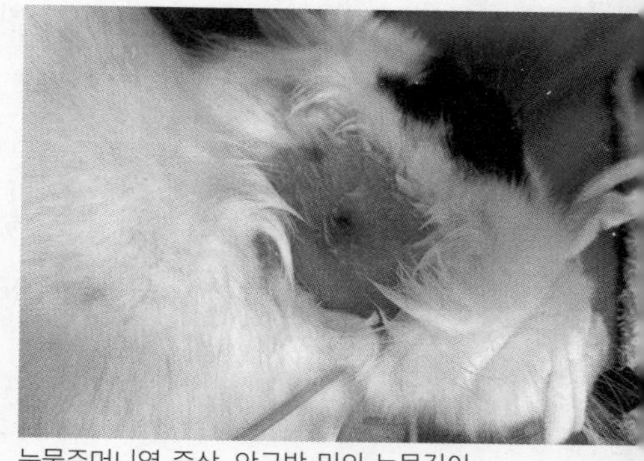
눈물주머니염 증상. 안구방 밑의 눈물길이 막혀 눈물주머니에서 피부로 구멍이 뚫렸다.

▶ 치료법

고름 배양검사로 진단하고 항생제를 투여한다. 눈물길이 막혀 있으면 치료하고, 항생제와 생리식염수로 눈물주머니를 반복 세정한다.

▶ 예방법

파스튜렐라증, 부정교합, 눈물길폐쇄 등이 생기지 않도록 예방한다(각 질병에 해당하는 페이지를 참조).

포도막염 uveitis

▶ 포도막염이란?

포도막uvea은 안구 전체를 감싸고 있는 조직이다. 혈관이 풍부하며, 맥락막, 섬모체(모양체), 홍채로 이루어져 있다. 이 조직에 염증이 생기는 것이 포도막염이다.

원인은 파스튜렐라균 감염이 많지만 엔세팔리토준(268쪽 참조) 원충이 유발하는 파낭성(수정체를 감싸는 막이 찢어짐) 포도막염도 원인 중 하나다. 외상, 각막염, 각막궤양도 원인이 될 수 있다.

▶ 주요 증상

결막과 각막의 충혈, 눈물과 눈곱의 대량 분비 등의 증상이 나타난다.

증상이 진행되면 눈 속에 희끄무레한 아지랑이가 보인다. 눈부심, 눈꺼풀 경련, 통증 등의 증상도 있다.

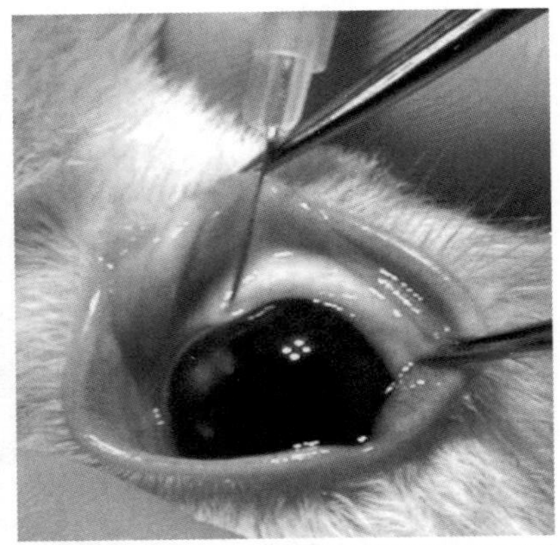

포도막염을 일으킨 눈. 결막과 각막이 충혈되어 있다.

▶ 치료법

눈 검사를 통해 진단한다.

세균 감염을 발견하면 항생제를 투여한다. 스테로이드제와 동공확대제를 치료에 사용하기도 한다.

급성 포도막염은 통증 때문에 식욕부진을 일으키므로 진통제를 투여한다.

다른 질병이 원인일 때는 그 질병을 치료한다.

▶ 예방법

파스튜렐라감염증을 예방하고, 외상을 입지 않도록 조심한다.

백내장 cataract

▶ 백내장이란?

백내장이란 눈 속의 수정체가 하얗게 혼탁해져 시력이 저하되는 질병이다. 수정체는 볼록렌즈 같은 모양을 하고 있는데 사물을 볼 때 초점을 맞추는 역할을 한다. 수정체의 단백질이 과산화지방에 의해 산화되면 백내장이 발병한다. 여기서 과산화지방lipid peroxide이란 활성산소가 지방과 반응하여 만들어진 물질로 조직장애와 노화의 주범이다. 활성산소는 체내의 효소 변화로 발생하며 세포를 상하게 한다.

백내장의 원인은 다양하다. 활성산소의 한 종류인 자유라디칼free radical 또는 활성산소에 의한 산화스트레스(체내 활성산소가 많아져 생체 산화 균형이 무너진 상태)와 관련이 있다고 추정된다. 드물지만 태어날 때 이미 선천성 백내장에 걸린 경우도 있다. 엔세팔리토준 원충과 파스튜렐라균 감염도 원인이다. 당뇨병(2형 당뇨병의 합병증) 등의 대사성 질환과 영양 부족, 노화, 유전, 방사선, 약, 태양광(자외선), 머리 부위의 외상도 원인이 될 수 있다. 외상이 원인일 때에는 수정체가 어긋나거나, 파열되거나, 안구에 구멍이 뚫리는 증상이 나타난다. 한 번 생긴 백탁은 사라지지 않는다.

노령 토끼에게 잘 생기는 질병이지만 젊은 토끼도 발병한다. 2세 미만의 젊은 토끼는 엔세팔리토준증이 원인인 포도막염이 나타난다. 뉴질랜드 종의 백내장은 유전이다.

백내장이 생겨도 진행 속도가 느리면 토끼는 시력 감소에 천천히 적응한

수정체에 생긴 백탁. 눈이 하얗게 되는 것이 백내장의 전형적인 증상이다.

노령성 백내장

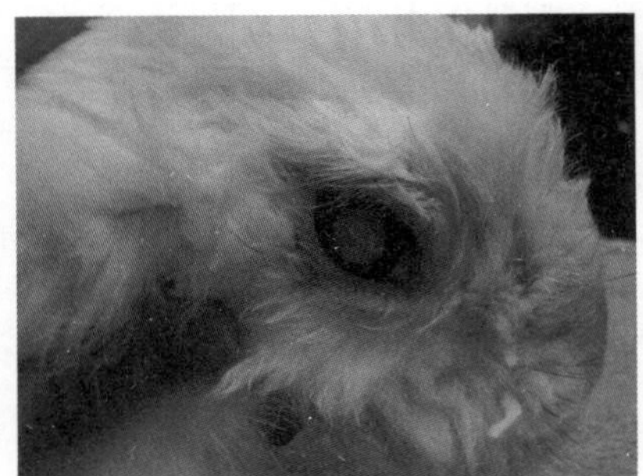

백내장이 포도막염으로 이행되었다.

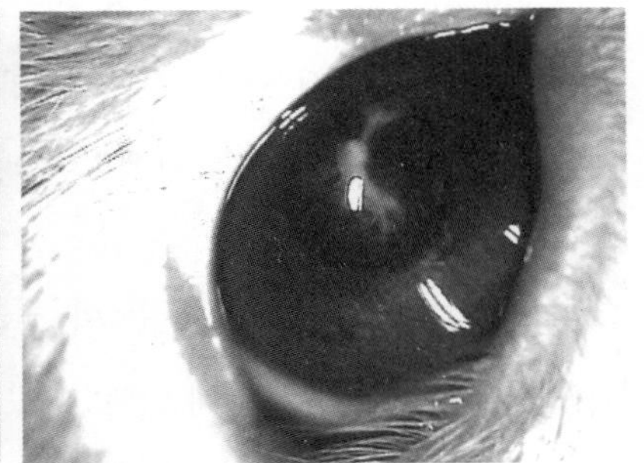

유전된 백내장

다. 눈이 안 보여도 과거의 습관으로 장소를 구분하므로 토끼의 집 구조를 바꾸지 않는 것이 중요하다.

백내장은 초기에 치료하면 진행을 늦출 수 있다. 백내장이 의심되면 서둘러 진료를 받는다.

▶ 주요 증상

초기에는 일부분에만 백탁이 나타나지만 증상이 진행되면 범위가 넓어진다. 그대로 두면 안압이 높아지고 시야가 좁아지는 녹내장(257쪽 참조)이 될 수도 있다.

▶ 치료법

다른 질환이 있어서 수술할 수 없는 토끼는 비스테로이드성 또는 스테로이드성 항염증성 점안액(피레녹신, 글루타치온)을 투여하여 진행을 늦춘다. 점안액 사용은 어디까지나 백내장의 진행을 늦추는 것이 목적이다.

수정체 백탁을 제거하는 초음파 흡인 수술을 하기도 한다.

▶ 예방법

노화로 인한 백내장은 천천히 진행된다. 그러므로 토끼가 시력을 잃어도 안전하게 생활할 수 있도록 토끼의 환경을 미리 정비한다.

백내장을 유전 질환으로 가지고 있는 토끼는 번식시키지 않는다.

외상으로 인한 백내장을 예방하기 위해 토끼가 다치지 않도록 주의한다.

백내장이 포도막염으로 이행되는 것을 예방하려면 눈 검진을 정기적으로 해야 한다. 초기에 발견하고, 항산화 물질을 급여하여 수정체 산화를 방지한다.

예방

안전한 환경을 만든다.

백내장을 유전 질환으로 가지고 있는 토끼는 번식시키지 않는다.

눈물길(비루관)폐쇄nasolacrimal duct obstruction

▶ 눈물길(비루관)폐쇄란?

눈물길(비루관)은 눈과 코를 연결하는 통로다. 아래눈꺼풀 안쪽에 있는 작은 구멍인 눈물점부터 콧구멍 속까지 연결되어 있다. 이 비루관이 세균에 감염되어 막히는 증상을 눈물길(비루관)폐쇄라고 한다.

눈물의 역할은 눈 표면에 수분을 공급하고, 외부 침입 균과 이물질을 씻어내고, 각막에 효소와 영양분을 보내는 것이다. 그리고 역할이 끝나면 눈물길을 통해 콧속으로 흘러내린다.

그런데 눈물길이 막히면 배출되지 못한 눈물이 눈에 고이거나 흐르고 눈곱이 생긴다. 눈물 때문에 눈 밑의 털이 항상 축축하거나 빠지고 피부가 짓무른다. 눈물길이나 눈물주머니(누낭, 249쪽 참조)가 세균에 감염되면 하얗고 탁한 눈물을 흘린다.

눈물길의 통로는 눈물점과 위턱 앞니 부근을 지날 때 좁아진다. 그래서 주로 이 두 장소가 막힌다.

파스튜렐라균, 황색포도상구균, 폭스바이러스 등의 세균 감염은 눈물길폐쇄의 주요 원인이다. 눈물길이 감염되면 결막염을 일으키고, 반대로 결막염 때문에 눈물길에 염증이 생긴다. 결막염과 눈물길 염증이 계속되면 눈물길이 좁아져서 막힌다.

눈물길 입구는 눈꺼풀 안쪽에 있다.

눈물길 통로가 위턱 앞니와 어금니 치근 부근을 지나므로 부정교합도 눈물길폐쇄의 원인이 될 수 있다. 부정교합이 원인일 때에는 통증으로 식욕 저하가 나타난다.

원인

토끼가 눈물을 흘리면 주변에 자극물질(담배, 방향제, 아로마 오일, 소취제 등)이 있는지, 계속 눈물이 나오는지 확인한다. 눈물이 심하면 이물질 침입, 눈썹이상, 각막궤양, 녹내장, 포도막염 등의 눈 질환을 의심해 봐야 한다. 신경 질환으로 인한 안검내반(속눈썹말림)도 원인이다.

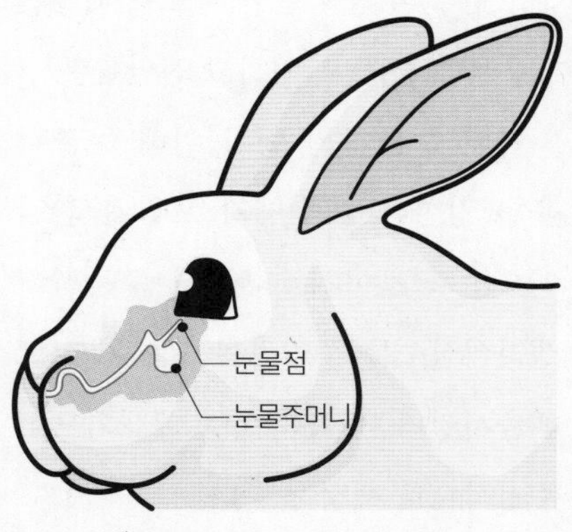

눈물길은 이빨이나 눈 질환으로 쉽게 막힌다. 세정이 필요할 수 있다(256쪽 참조).

눈물길폐쇄는 토끼에게 흔한 질병이지만 눈물 흘림, 눈곱, 충혈은 눈물길 폐쇄 이외의 질병에도 나타나는 증상이므로 눈물길폐쇄 증상이 나타나면 다른 숨은 질병이 있는지 의심해 본다.

▶ 주요 증상

눈에 눈물이 고이거나 흐른다. 눈곱이 생긴다. 눈물 때문에 눈 구석 주변 털이 빠지고 피부에 염증이 생긴다. 얼굴을 그루밍하면서 앞발에 눈물과 눈곱이 묻어 털이 꺼슬꺼슬해진다. 세균에 감염되면 끈적하고 하얀 눈곱이 생긴다.

▶ 치료법

눈물 양을 검사하는 쉬르머 눈물 검사Schirmer test(350쪽 검사)를 한다.

이물질, 속눈썹이상, 이빨 질환, 호흡기 질환, 각막궤양 등을 확인한다. 누관개통검사(비루관이 막혔는지 확인하는 검사)와 눈물길 세정으로 배출된 내용물(고름)을 확인하고 진단한다.

막힌 눈물길을 뚫기 위해 눈물길을 세정한다. 마취제가 포함된 점안액으로 국소마취를 한 뒤 눈물점에 생리식염수를 주입하여 고름을 코로 배출시킨다. 반복적으로 폐쇄되므로 주기적으로 세정해 준다.

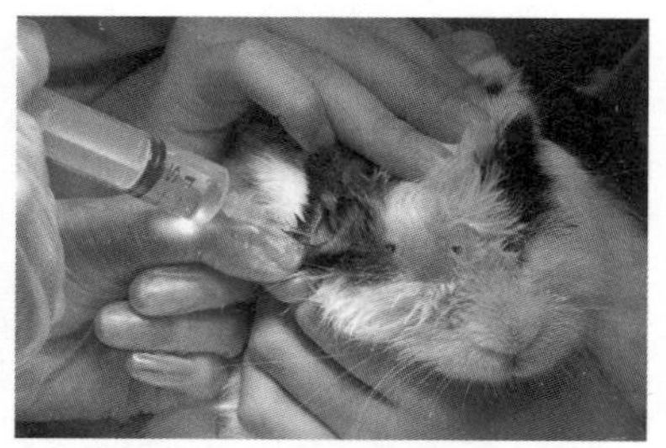
눈물길이 막혀 있으면 카테터를 넣어 세정한다.

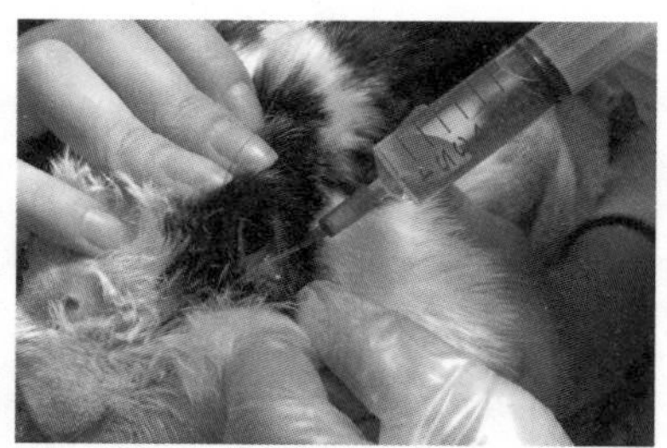
막혀 있지 않으면 세정액이 코로 나온다. 일부는 목을 통해 입으로 넘어가서 토끼가 입을 오물거린다.

▶ 예방법

결막염이나 부정교합을 예방한다.

그 밖의 눈 질환

▶ 결막과증식

결막과증식은 결막이 비정상적으로 자라 각막을 덮는 질병이다. 소형종의 어린 수컷에게 많이 나타나며 선천적인 경우도 있다. 원인은 아직 밝혀지지 않았다. 발병하면 시야가 좁아져서 사물을 잘 보지 못한다.

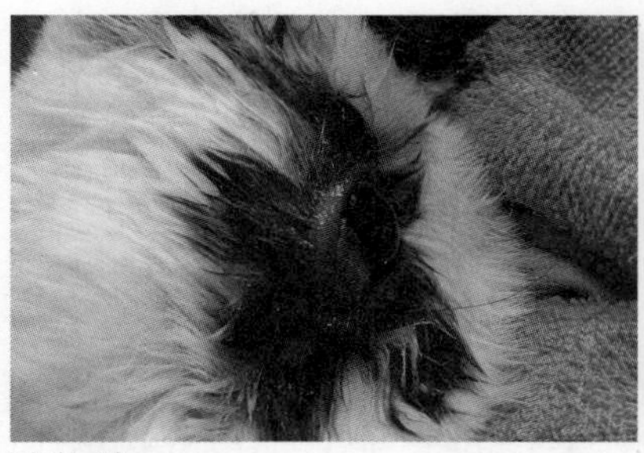
안와농양

결막과증식

결막과증식은 외과적 처치로 치료한다. 결막을 덮고 있는 증식 결막과 각막을 완전히 분리한 후 절제한다. 그다음에 눈을 세정하고 결막 증식을 억제하는 점안액을 투여한다. 수술 후에는 면역억제제 및 스테로이드 계통 염증약을 몇 주 동안 투여한다. 재발이 잘되는 질병이며 반복되면 만성화된다. 재증식을 억제하기 위해 평생 주의해야 한다.

▶ 안와농양

안와(눈확 : 머리뼈에 안구가 들어가는 공간)에 농양이 생기는 질병이다.

대개 어금니 부정교합이 원인이므로 부정교합을 치료해야 한다. 토끼는 위턱 치근과 안와가 밀접하게 닿아 있다. 그래서 위턱 치근에 염증이 생기면 안와에 농양이 생긴다. 농양이 안구를 압박하면 눈이 돌출되거나 눈꺼풀이 닫히지 않으며, 토끼는 강한 통증을 느낀다. 항생제로 진행을 억제하고, 수술로 배농한다. 증상이 심해져서 각막손상과 전안구염(안구 속에 생기는 염증)을 일으키면 안구 적출도 검토한다.

▶ 녹내장

안구 속은 방수라는 투명한 액체로 가득 차 있다. 방수는 안구 속을 순환하면서 각막과 수정체에 영양을 보내고 안구의 형태를 유지한다. 그런데 방수 배출장치가 고장 나 방수가 적절히 배출되지 않으면 안압이 올라가고 눈이 돌출되며 끝내 시력을 잃는다. 이것이 바로 녹내장이다.

뉴질랜드화이트 품종의 유전 질환으로 알려져 있으며, 포도막염이 원인이 되어 발생하기도 한다. 녹내장은 유감스럽게도 완치가 어려운 질병이다.

녹내장이 생기면 통증 때문에 눈에 눈물이 고이거나 충혈된다.

병원에서는 안압을 측정하고, 안압을 떨어뜨리는 점안액(탄산탈수효소 저해제 또는 방수 생성 억제 효과가 있는 약제)으로 치료한다. 다른 질병이 원인일 때는 그 병을 치료한다.

▶ 눈꺼풀 속말림증(안검내반)

토끼의 눈꺼풀 속말림증은 대개 선천적이다.

눈꺼풀이 안쪽으로 말려 있어서 속눈썹이 안구를 찌르는 증상이다. '안검내반'이라고도 불린다. 속눈썹이 눈을 자극해서 눈물이나 눈곱이 증가하고 각막궤양으로 발전하기도 한다.

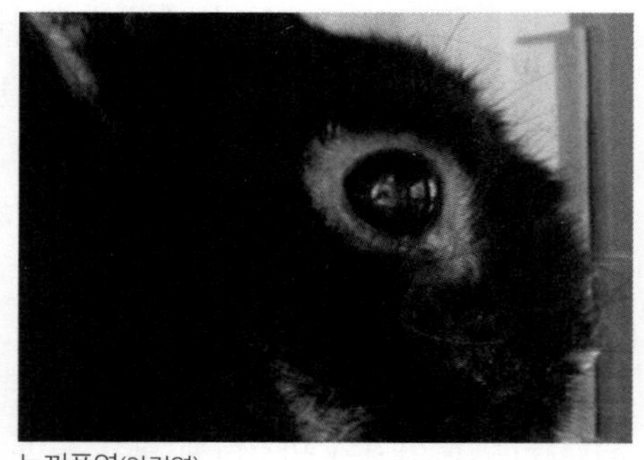
눈꺼풀염(안검염)

임시방편으로 눈을 찌르는 속눈썹을 뽑거나, 눈꺼풀 일부를 봉합하거나, 절제 수술을 한다.

▶ 유루증

눈물이 과하게 생성되거나 배출되지 않아 눈물을 흘리는 질병이다. 토끼는 부정교합과 눈물길(비루관)폐쇄가 원인인 경우가 많다. 결막염이나 각막궤양일 때도 눈물 양이 많아진다.

눈물 때문에 항상 눈 밑의 털이 축축하거나 꺼슬꺼슬하고 탈모 증상이 나타난다. 습성 피부염을 일으키기도 한다.

눈물을 흘리게 하는 원인이 되는 질병을 치료하거나 감염 예방을 위해 항생제가 섞인 안연고를 투여한다.

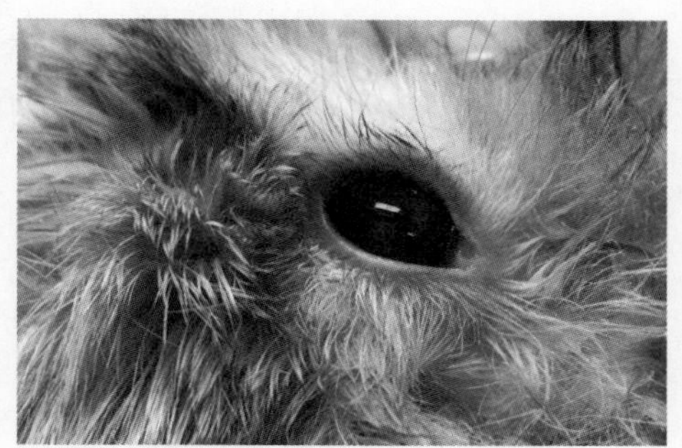
눈물 때문에 눈구석에 염증이 생겼다.

▶ 안구 적출

치료가 힘들고 통증이 심해서 삶의 질을 심하게 떨어뜨리면 안구 적출을 선택할 수 있다.

토끼는 집 구조를 바꾸지 않으면 시력을 잃어도 과거의 습관대로 생활한다. 안구 적출의 장단점을 숙지하고 수의사와 충분히 상의하여 결정한다.

▶ 3안검의 과형성(체리아이)

토끼의 눈구석에는 3안검(순막)이라는 세 번째 눈꺼풀이 있다. 3안검은 눈을 감을 때 각막을 보호하는 역할을 한다.

가끔 눈을 뜨고 있을 때 3안검이 보이기도 한다. 일시적인 현상이라면 문제가 되지 않는다.

3안검이 크게 부풀어 올랐다.

그러나 3안검이 과형성되거나 염증, 농양 등으로 부어올라 제자리로 돌아가지 않을 때는 치료가 필요하다. 병원에서는 상태를 확인한 뒤 3안검을 절개하고 고름을 배출한다.

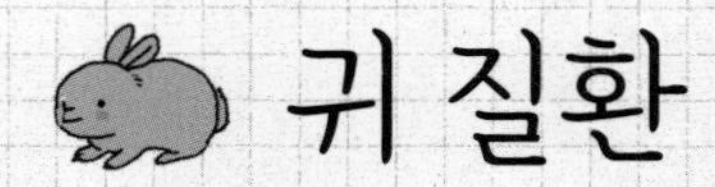

귀 질환

외이염external otitis

▶ 외이염이란?

외이(바깥귀)란 귓바퀴에서 고막까지의 부위다(귀의 구조에 대해서는 265쪽 참조). 외이염은 외이가 세균과 진균에 감염되어 염증이 생기는 질병이다.

토끼는 뒷발로 귀를 긁거나 앞발로 문지르는 습성이 있다. 이때 발톱이 길면 귀에 상처가 생겨 세균에 감염된다. 고온다습한 환경은 세균 증식을 촉진하여 감염 속도가 빨라진다.

원인균은 파스튜렐라균, 황색포도상구균, 녹농균, 대장균, 리스테리아균 *Listeria monocytogenes* 등이 있다.

귀진드기(231쪽 참조)도 외이염의 한 종류다.

외이염을 치료하지 않으면 중이염, 내이염으로 진행하니 치료를 빨리 시작한다. 롭이어 품종은 귀가 아래로 처져 있어서 병의 징후를 알아차리기가 쉽지 않다. 그래서 귀 안쪽을 자주 확인해야 한다.

귀 안쪽은 피부가 얇아서 쉽게 상처가 생긴다. 따라서 가정에서 귀를 청소하는 것은 바람직하지 않다. 귀 청소가 필요할 때는 수의사의 진료를 받는다.

▶ 주요 증상

귀를 가려워하고 가려움 때문에 머리를 흔든다. 외이염이 생긴 귀를 늘어

원인

뜨리거나 고개가 기울어진다. 귓속(외이도)이 붉게 변하고 붓는다. 불쾌한 냄새가 난다. 변색된 분비물(귀 고름, 진물)이 나온다. 귀를 만지면 싫어한다.

▶ 치료법

증상이 가벼울 때는 귓속을 면봉으로 조심스럽게 닦고 점이액을 사용한다. 증상이 심할 때는 침출액(염증에서 배어 나온 액체)을 배양하여 원인균을 찾는다. 우선 항생제를 경구 투여하여 염증을 억제하고, 마취 상태에서 귓속을 깨끗이 세정한다.

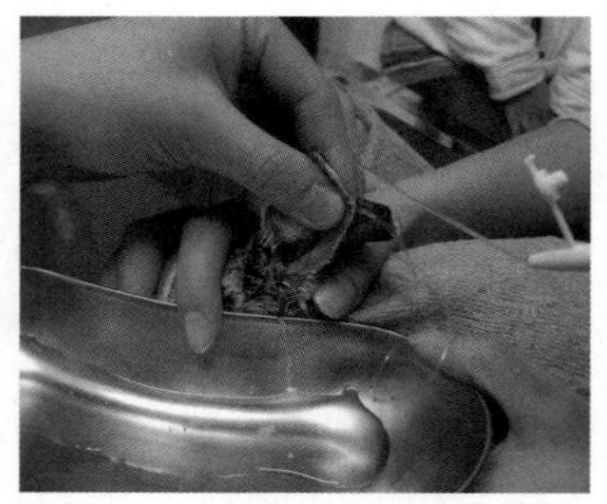

이관(유스타키오관)이 막혀서 세정하고 있다.

귀진드기 치료, 긴 발톱 자르기 등 외이염의 원인을 제거한다. 적절한 온도와 습도를 유지하는 등 사육환경을 개선한다.

▶ 예방법

토끼의 발톱을 자주 확인하고 길어지면 자른다.

토끼에게 적합한 온도와 습도에서 키운다.

중이염otitis media

▶ 중이염이란?

고막에서 내이(속귀)까지의 공간을 중이(가운뎃귀)라고 하며, 중이에 세균이 감염된 질병이 중이염이다. 중이염의 원인균은 파스튜렐라균이 많고, 그 외에도 황색포도상구균, 녹농균, 기관지패혈증균*Bordetella bronchiseptica*(보르데텔라균), 대장균 등이다.

중이염의 감염 경로는 비염과 외이염이다.

비염의 세균이 이관(유스타키오관, 귀와 코의 연결 통로)을 타고 이동해 중이염을 일으킨다. 중이에 고름이 가득 차면, 고막이 파열되어 염증이 외이로 번지거나 내이염으로 진행될 수 있다.

또는 외이염의 염증이 중이로 번져 중이염을 일으킨다. 조기 발견하여 신속하게 치료하는 것이 중요하다.

토끼가 머리를 심하게 흔들고 귀를 긁는데, 귀진드기 같은 외부기생충이

원인

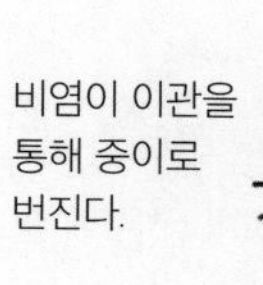

외이염이 중이로 번진다.

비염이 이관을 통해 중이로 번진다.

보이지 않는다면 중이염을 의심한다.

▶ 주요 증상

대부분 증상이 없다. 간혹 머리를 흔들고, 귀를 긁고, 고름 같은 침출액이 나오는 걸 볼 수 있다.

간혹 귀 아래쪽 피부에 농양이 가득 찬 혹이 생기기도 한다.

내이염으로 진행되면 신경장애로 안면마비를 일으키고, 사경이나 운동실조 증상이 나타난다.

▶ 치료법

엑스레이나 CT 검사로 감염을 확인한다. 침출액을 배양검사 하여 원인균을 특정하고, 그에 맞는 항생제나 항염증제를 투여한다.

고름이 고여 있으면 세정하거나 수술한다.

▶ 예방법

외이염, 비염을 발견하면 신속히 치료한다.

적절한 보살핌으로 높은 면역력을 유지한다.

— 귀의 구조 ♥

토끼의 귀는 귓바퀴가 크다는 특징이 있다.

내부 구조는 사람과 마찬가지로 외이(바깥귀), 중이(가운뎃귀), 내이(속귀)라는 3개의 공간으로 나뉜다.

이도(귓구멍) 입구는 수직 통로로 시작하며, 고막 근처에서 수평으로 구부러지는 구조다. 수평이도는 길이가 짧은데, 이 공간에 귀지가 잘 쌓인다. 이렇게 귓바퀴부터 고막 전까지가 외이다.

고막부터 고막 안쪽에 있는 고실이라는 공간이 중이다. 이곳에 있는 3개의 귓속뼈(청소골 : 망치뼈, 모루뼈, 등자뼈)를 통해 소리를 내이로 전달한다.

내이에서는 달팽이관이 소리를 뇌로 전달하고, 반고리관이 평형감각을 담당한다.

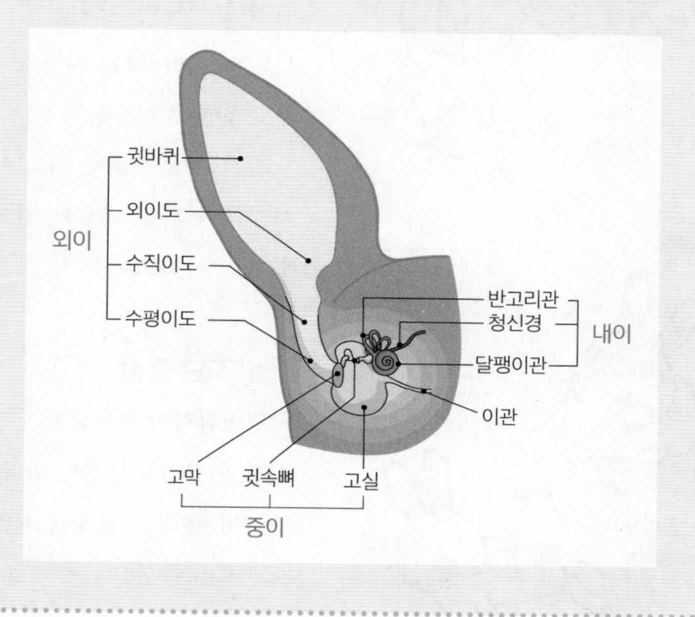

내이염(미로염)labyrinthitis

▶ 내이염이란?

내이(속귀)는 중이 안쪽에 있으며 내이에는 반고리관과 달팽이관이 있다. 내이염은 내이가 세균 감염된 상태다.

토끼에게 많은 사경(276쪽 참조)은 대부분 내이염이 원인이다.

원인균은 파스튜렐라균이 가장 많다. 토끼의 입과 코로 침투한 파스튜렐라균이 중이염을 일으키고, 중이에서 내이로 염증이 번져 발병한다. 치근농양(129쪽 참조)의 원인균이 중이와 내이로 침투하거나, 외이염이 중이, 내이로 진행되기도 한다. 내이염은 뇌염과 수막염으로 진행될 가능성도 있다.

귀진드기증(231쪽 참조)이 내이까지 감염되면 난청을 일으킬 수 있다.

▶ 주요 증상

평형감각이 손상되어 사경, 운동실조, 안구진탕 증상이 나타난다.

몸이 뜻대로 통제되지 않아 식욕부진을 일으킨다.

▶ 치료법

엑스레이나 CT 검사로 감염을 확인한다. 항생제와 항염증제를 투여한다.

고름이 고여 있으면 수술(고막 절개 등)로 배농한다.

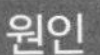

▶ 예방법

중이염, 외이염, 비염을 발견하면 신속히 치료한다. 적절한 보살핌으로 높은 면역력을 유지한다.

그 밖의 귀 질환

▶ 귀지가 쌓임

토끼의 귀에는 밀랍 같은 귀지가 쌓인다. 롭이어 품종은 귀의 통기성이 나빠 귀지가 더 잘 쌓인다. 너무 많이 쌓인 귀지는 외이염의 온상이 될 수 있다.

가정에서 귀 청소를 하면 귀에 상처가 날 위험이 있다. 토끼 전문병원을 방문하여 귀 질환이 있는지를 확인하고, 올바른 귀 청소법을 배운다.

▶ 귀 부상

다른 토끼에게 물리거나 뾰족한 물건에 걸려 귀가 잘릴 수 있다. 귀는 계속 움직이는 부위라서 작은 상처라도 압박지혈만으로는 피가 잘 멈추지 않는다. 세균 감염을 막기 위해서 병원에서 치료를 받는다.

▶ 이혈종(귀혈종)

혈액이 고여 귓바퀴가 부어오르는 질병이다. 토끼가 귀를 긁다가 모세혈관이 손상되면 내부 출혈이 생겨 부어오른다. 내용물을 배출해도 계속 재발하면, 외과수술로 부은 귓바퀴를 절개하고 안에 고여 있는 혈액을 깨끗하게 제거한다. 그리고 피부와 연골을 봉합하여 다시 혈액이 고이지 않게 한다. 귀를 가렵게 하는 원인 질환이 있으면 치료한다.

신경 질환

엔세팔리토준증(뇌회백염)encephalitozoon

▶ 엔세팔리토준증이란?

엔세팔리토준 원충*Encephalitozoon cuniculi*이 뇌와 신장에 기생하여 발병한다. 토끼뿐 아니라, 개와 고양이, 설치목, 사람도 감염된다고 알려졌으나 아직 밝혀지지 않은 점이 많다.

주요 감염 경로로 경구감염과 태반감염이다.

엔세팔리토준 원충은 동물의 몸속에 침투한 뒤 감염력이 있는 포자spore 성장 단계일 때 소변으로 배설된다. 이 포자가 입으로 들어가면 경구감염이 된다. 면역력이 떨어지면 더 쉽게 감염된다.

태반감염은 임신 중 태반을 통해 태아에게 전염된다. 수유 기간에 젖을 먹이다가 전염되기도 한다.

감염률이 높으며 주로 감염되는 장기는 신장, 중추신경, 눈이다. 눈에 침투한 원충은 수정체에 기생하여 포도막염(250쪽 참조), 백내장(251쪽 참조)을 일으킨다. 스트레스, 기압의 변화, 질병 등이 있으면 더 쉽게 발병한다.

감염되어도 증상이 없는 '불현성 감염'이 많은 것이 특징이다. 모든 토끼의 약 40퍼센트가 잠재적 보균자다. 그래서 증상이 없어도 항체검사를 하면 양성으로 나올 수 있다. 이러한 점이 치료 방침에 혼란을 초래한다.

예를 들어 사경은 내이염과 엔세팔리토준증의 공통 증상이다. 사경의 원

원인

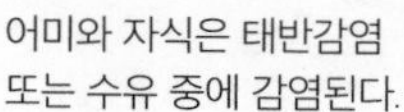
어미와 자식은 태반감염
또는 수유 중에 감염된다.

스트레스를 받으면
발병하기 쉽다.

인이 내이염일 때에는 내이염을 신속히 치료해야 한다. 그러나 항체검사에서 엔세팔리토준 양성 반응이 나오면 수의사는 사경의 원인을 엔세팔리토준증이라 착각하고 내이염 치료를 뒤로 미루는 문제가 발생한다.

진짜 엔세팔리토준증인지 확인하는 확정 진단은 토끼가 사망한 뒤에 감염 조직의 병리검사를 해봐야 알 수 있다.

신경 증상이 나타나면 스스로 음식과 물을 먹는 것이 힘들어진다. 또한, 몸의 움직임을 통제할 수 없어 여기저기 부딪힌다. 그래서 반려인의 세심한 간호가 매우 중요하다.

▶ 주요 증상

대부분 증상이 없다.

그러나 사경, 후구마비, 경련, 진전(떨림), 갑작스러운 흥분, 쓰러짐 등의 신경 증상이 나타날 수 있다. 몸의 움직임을 통제할 수 없어서 식욕부진을 일으키거나 기운이 없어진다.

▶ 치료법

혈액을 채취하여 항체검사를 한다.

항체검사 결과가 나오기까지 시간이 걸린다. 이미 사경 등의 신경 증상이 나타났다면, 지체 말고 엔세팔리토준증이란 가정하에 구충제를, 내이염이란 가정하에 항생제를 병용 투여한다. 항체검사에서 항체가가 높으면 엔세팔리토준증일 확률이 높으므로 구충제를 계속 투여한다. 검사 결과로 판단하기 어려울 때는 2~3주 후에 다시 항체검사를 한다.

엔세팔리토준증으로 인한 뇌염을 억제하기 위해 스테로이드제를 사용하기도 한다.

▶ 예방법

어미로부터의 감염은 예방이 어렵다.

소변을 통한 감염을 막기 위해 화장실 청소를 자주 하고, 항상 위생적인 환경을 유지한다.

— 사경 토끼 간호 사례 ♥

사랑하는 토끼 루크(6살 9개월)에게 사경 증세가 나타난 것은 5살 하고 반년이 지났을 때였다. 원래 루크는 잠잘 때나 혼자 있을 때는 케이지에서 지내고, 집에 사람이 있을 때는 거실에서 생활했다. 그러나 사경 증세가 나타난 후부터 안전을 위해 증상과 회복 상태에 따라 환경을 바꾸었다.

처음 발병했을 때는 안구진탕과 심한 롤링 증상이 있었다. 제대로 걸을 수 없었고, 넘어지면서 여기저기에 부딪혔다. 그래서 케이지에 쿠션을 채워 넣고, 거실 카펫에 있을 때는 루크의 주변을 쿠션으로 둘러쌌다. 이때는 물에 갠 유동식을 1밀리리터 주사기에 넣어 하루 3~5번 나누어 먹였다. 80밀리리터를 먹이는 데 하루에 3~4시간이나 걸렸다.

평평한 접시나 테두리가 둥그스름한 뚜껑을 식기 대신 사용했다. 음식을 바닥에 두지 않으면 먹을 수 없었다.

조금 움직일 수 있게 되자 루크는 스스로 물

사경 첫날. 전기 매트 위에 목욕수건을 깔고, 어떤 위치에서든 먹을 수 있게 사방에 건초를 두었다. 빙글빙글 도는 선회 증상만 있어서 목욕수건 밖으로 나오지 않았다.

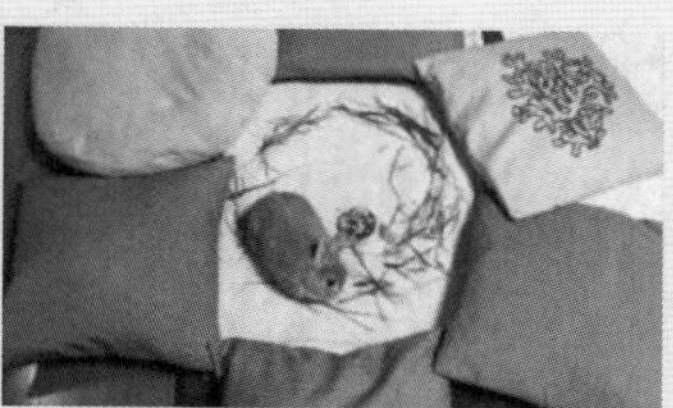
2~3일째부터 롤링 증상이 나타났다. 매트에서 벗어나지 않도록 주위를 쿠션으로 둘러쌌다.

상태가 조금 안정된 후부터 케이지 안에서 간호했다. 주위를 쿠션으로 둘러쌌다.

러그 주위에 길게 접은 모포를 둘러 벽을 만들었다. 롤링하다가 다치지 않도록 식기도 수건으로 감쌌다.

을 마셨다. 이때는 케이지 천장을 떼어내고 철망 안쪽에 쿠션을 대어 롤링할 때 발이 철망에 걸리지 않게 했다. 고개를 위로 들면 롤링이 시작되어서 급수기를 매우 낮은 위치에 설치했다.

엔세팔리토준증 특유의 안구진탕과 격렬한 롤링이 없어진 후, 주치의 수의사가 "사경 증세는 집에서 재활 치료가 가능하다"라고 하여 병원 치료는 3개월 만에 종료했다.

움직임이 더 좋아져서 지금은 거실에서 생활한다. 가능한 한 자유롭게 움직일 수 있는 환경을 제공하고 있다. 몸을 많이 움직여서인지 사경의 각도도 점차 좋아졌다. 스스로 그루밍하고 많이 움직이는 것이 재활에 도움이 되는 듯하다. 목 마사지도 자주 해 주었다.

증상이 처음 나타났을 때는 심하다고 느낄 정도로 중증이었고, 치료 기간도 길었다. 그러나 수의사도 나도 포기하지 않았다. 직장 생활을 하면서 매일 병원을 방문하고 루크의 식사와 약을 챙겼다. 덕분에 루크는 천천히 병을 이겨냈다. 증상과 치료 반응을 통해 엔세팔리토준증이라 추정 진단하고 치료에 임했다. 루크가 전보다 애교쟁이가 되어서 더욱 사랑스럽고, 이런 게 전화위복이라고 생각한다.

사경을 일으킨 토끼는 많다. 하지만 증상의 정도는 모두 다르고, 목숨을 잃는 사례도 많다. 루크의 사례는 토끼의 상태에 맞게 환경을 바꾸는 것이 중요하다는 가르침을 주었다.

후구마비paralysis of hind limb

▶ 후구마비란?

하반신이 마비되는 질환이다.

척추손상(골절이나 탈구)으로 척수신경이 다쳐서 생긴다. 토끼는 주로 제1요추와 제7요추(가장 마지막 요추)가 골절된다. 척추 내부에는 척수라는 중추신경이 지나고 있어서 척추가 손상되면 다양한 신경 증상이 나타난다.

척추손상의 원인은 여러 가지가 있다. 뭔가에 놀라 패닉 상태로 날뛰거나, 높은 위치에서 떨어지거나, 케이지나 이동장에서 날뛰거나, 세균이나 원충이 신경에 침투하거나, 노령성으로 척추손상이 일어난다.

후구마비가 되면 뒷다리를 움직일 수 없다. 그래서 욕창과 습성 피부염이 생기고 하복부에 배설물이 묻는다. 스스로 그루밍을 할 수 없어서 털이 지저분해지고 다양한 피부병이 생긴다. 뒷발로 귀를 파지 못해서 귀에 귀지가 쌓인다.

방광을 담당하는 신경이 마비되면 배뇨장애(배뇨곤란 및 요실금)가 생긴다.

▶ 주요 증상

손상 부위와 정도에 따라 뒷다리를 움직이지 못하거나 질질 끈다. 후구마비와 함께 배뇨장애, 습성 피부염 등이 발병한다.

▶ 치료법

부상 직후에는 절대 안정을 취해야 한다. 증상이 가볍고 치료가 빠르면 나을 가능성도 있다. 반면 중증 척추손상으로 인한 후구마비는 예후가 좋지 않다. 반려인이 극진하게 간호해야 한다.

바닥에 부드러운 바닥재를 깔아 다리를 보호한다. 수시로 배설물을 청소해서 습해지지 않게 주의한다. 빗질과 귀 청소로 피부 질환을 예방한다.

소변을 보지 못할 때는 압박배뇨(370쪽 참조)를 해야 한다.

▶ 예방법

토끼가 다치지 않도록 안전한 사육환경을 만들고, 사람에게 안기는 행위에 적응시킨다. 새로운 장소에서 패닉에 빠지지 않도록 동물병원 방문 등으로 사회화 연습을 한다.

토끼를 안을 때는 떨어뜨리지 않게 주의한다. 토끼가 안기는 행위에 익숙하지 않다면 반드시 앉아서 안는다. 높은 장소에서 뛰어내리다가 다치는 사례가 많다. 토끼의 생활환경에 위험한 장소가 있는지 살핀다.

후구마비가 되어도 반려인의 세심한 간호로 삶의 질을 높일 수 있다.

사지경직증 splay leg

▶ 사지경직증이란?

4개의 다리가 정상 위치에서 몸을 지탱하지 못하고 바깥쪽으로 벌어지는 질병이다. 오른쪽 다리는 오른쪽으로, 왼쪽 다리는 왼쪽으로 벌어진다.

한 다리에만 증상이 나타나기도 하고, 네 다리 모두 발병하기도 한다. 주로 뒷다리에 생긴다. 증상이 가볍고 한 다리에만 나타나면 일상생활에 지장이 없다. 그러나 중증이면 걷지 못한다.

대부분 유전이며 척주와 골반의 발달이상, 고관절탈구, 신경장애 등이 원인으로 추정된다. 아기 때부터 증상이 나타나는 경우가 많다.

다리로 몸을 지탱하지 못해 음식과 물을 섭취하기가 어렵다. 또한 다리를

증상

질질 끌며 이동하기 때문에 긁힌 상처가 생긴다. 하반신에 배설물이 묻어서 습성 피부염이 생긴다.

▶ 주요 증상

1개 혹은 여러 다리가 바깥쪽으로 벌어진다. 뒷다리로 몸을 지탱하지 못하고 다리를 질질 끌며 걷는다.

▶ 치료법

완치는 어렵다.

2차 질환을 예방하기 위해 일상적인 간호가 중요하다. 식사량이 적으면 강제 급여가 필요하다. 바닥에 부드러운 바닥재를 깔아 다리를 보호하고, 배설물 청소를 수시로 하고, 습해지지 않게 주의한다. 부드럽게 스트레칭을 해

치료

식사량이 적으면 강제 급여가 필요하다.

부드러운 바닥재를 깔아 다리를 보호한다.

좌우 뒷다리가 벌어져 있다.

주면 증상 악화를 예방하고 정상 다리에 가해지는 부담이 줄어든다.

▶ 예방법

사지경직증인 토끼, 사지경직증이 있는 토끼와 혈연 관계인 토끼는 번식시키지 않는다.

그 밖의 신경 질환

▶ 사경

사경은 질병이 아니라 고개가 옆으로 기우는 증상이다.

사경의 원인은 크게 말초성(뇌, 척수 이외의 신경손상)과 중추성(뇌의 중추

기능손상)으로 나뉜다.

말초성 사경의 원인은 주로 내이염이다. 내이에는 평형감각을 담당하는 기관이 있는데 이 기관이 감염되면 사경 증상이 생긴다. 이때는 토끼의 머리가 내이염이 발병한 쪽으로 기운다.

중추성 사경을 일으키는 질병은 엔세팔리토준증이다(268쪽 참조).

소형종 토끼는 엔세팔리토준증에, 중형종 토끼는 중이염과 내이염에 취약하다고 알려져 있다.

그 외의 원인으로는 외이염(가능성은 낮음), 머리 외상, 뇌혈관장애, 뇌종양, 리스테리아증, 내부기생충(회충)의 이동, 귀진드기의 침입 등이다.

사경 초기에는 고개가 살짝 기울어진다. 그러나 증상이 진행되면 기울기가 심해져 자신의 몸을 통제하지 못한다. 선회와 회전, 기립불능 증상이 나타나 음식과 물을 섭취하기 힘들어진다. 사경이 사망의 직접적인 원인은 아니지만 사경으로 인한 상황(식사 불가, 외상 등)으로 위험한 상태가 될 수 있

예방

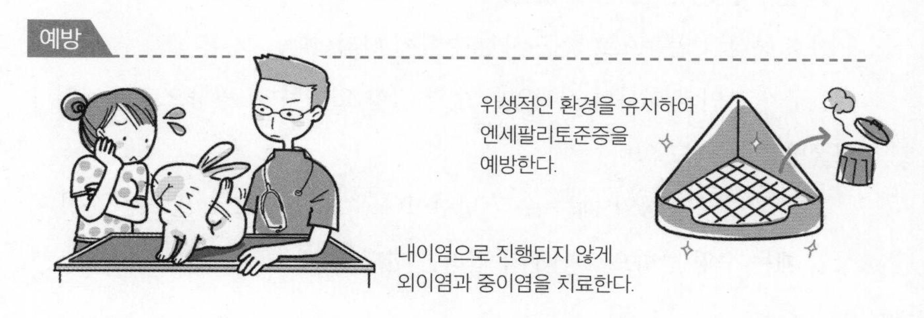

사경을 일으킨 토끼. 고개가 살짝 기운 가벼운 증상부터 선회 증상이 나타나는 중증도 있다. 자신의 몸을 통제하지 못해 수건이나 쿠션에 의지해 몸을 지탱한다. 먹기 편하게 건초를 입 근처에 놓아 준다.

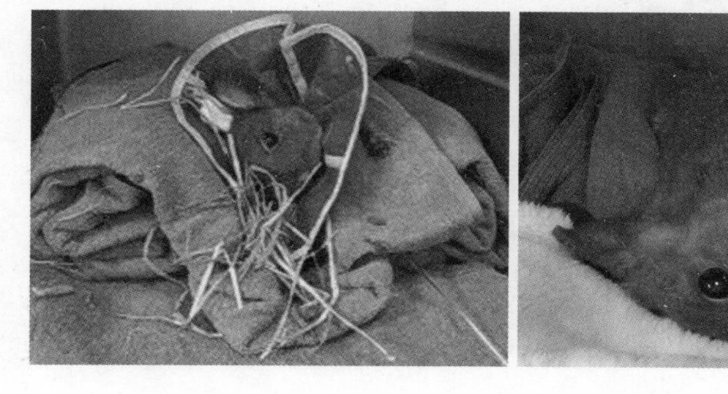

다. 발병 후에 신속히 치료를 시작하면 좋아질 가능성이 있으므로 토끼의 상태가 이상하면 바로 병원에 데려간다.

적절한 치료와 함께 반려인의 극진한 간호가 중요하다. 식사를 도와주고 안전한 환경을 만든다(368~373쪽 참조).

▶ 선회 / 회전

운동실조인 선회와 회전은 사경과 함께 나타나는 신경 증상이다.

선회circling는 사경으로 기울어진 머리를 주축으로 하여 빙글빙글 도는 증상이다. 회전rolling은 균형을 잡지 못하고 빙글빙글 도는 증상이다. 양쪽 다 토끼의 의지가 아니라 몸이 제멋대로 움직이는 것이다. 토끼는 자신의 몸을 통제할 수 없어서 패닉 상태에 빠진다. 당황한 토끼가 날뛰다가 벽에 부딪히지 않도록 쿠션 등으로 토끼를 보호한다.

▶ 안구진탕(안진, 안구 떨림)

신경 증상의 일종으로 종종 사경과 함께 나타난다.

안구가 본인의 의사와 상관없이 수평 방향 또는 수직 방향으로 움직인다. 빙글빙글 돌 때도 있다.

중추성 신경 증상일 때는 수직 방향이나 수평 방향으로, 말초성 신경 증상일 때는 수평 방향으로 안구가 떨리곤 한다.

▶ 안면마비

중이염, 내이염, 치근농양, 머리에 가해진 충격 등으로 안면신경이 손상되어 안면마비를 일으킬 수 있다. 귀가 처지고, 눈꺼풀이 감기지 않으며, 입술이 처지는 증상이 나타나며, 좌우 얼굴이 비대칭된다.

원인 질병을 치료하고, 먹기 편한 음식을 주는 등 세심히 간호한다.

종양

• 종양이란? • 자궁선암종 • 유선종양(유선암)
• 피부 표면의 종양 • 그 밖의 종양

종양이란?

▶ 규칙을 위반한 세포 증식

생명체의 몸은 세포로 구성되어 있다. 생명체가 살아 있는 이유는 세포가 각각 정해진 규칙에 따라 증식, 분화, 분열하기 때문이다.

그런데 세포분열 과정에서 유전자가 복제 오류를 일으키면 세포가 규칙을 무시하고 제한 없이 과잉 증식한다. 이 이상 증식한 조직 덩어리가 종양이다. 다른 말로 신생물이라고 한다.

종양tumor에는 양성종양과 악성종양 두 가지가 있다.

▶ 양성종양

양성종양은 그 장소에서만 증식하며 비교적 천천히 커지다가 어느 시점에서 증식을 멈춘다. 증식한 조직은 한 덩어리며, 주위의 건강한 조직과 경계가 확실히 구분되어 있다. 수술 후에 전이나 재발은 거의 일어나지 않는다. 그래서 양성종양은 외과적 적출 수술로 완치할 수 있다.

▶ 악성종양(암)

악성종양은 증식이 빠르고 격렬하며 멈추지 않는다. 주위의 건강한 조직과 경계가 불확실하고 주위를 침범하면서 증식한다. 혈액과 림프의 흐름을 타고 먼 부위에까지도 전이된다. 재발이 잘 된다. 악성종양이 흔히 말하는 암이다.

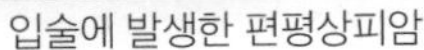
입술에 발생한 편평상피암

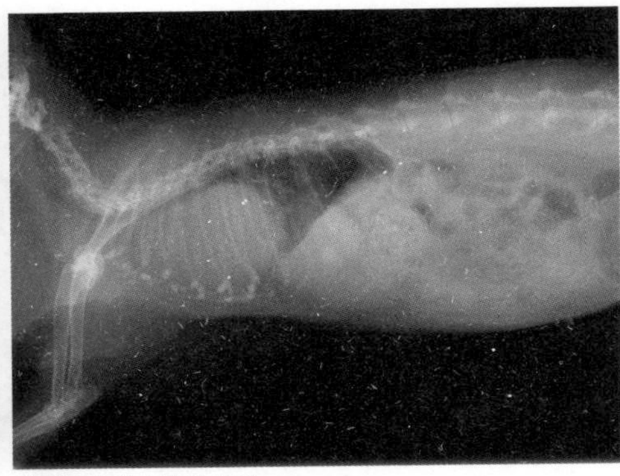
흉선종의 엑스레이 사진

암이 생기는 장소

암은 체내 거의 모든 장소에서 발생한다. 피부 바로 밑에 생기는 암은 혹이나 종기가 만져지므로 조기에 발견할 수 있다. 반면에 내장에 생긴 암과 육종(뼈, 근육, 지방에 생기는 악성종양)은 증상이 진행된 후에야 발견되곤 한다.

토끼에게 가장 많은 암은 자궁암이다. 중성화하지 않은 암컷에게 잘 생긴다. 이렇듯 동물의 종류에 따라 발생하는 암이 다르다.

암이 생기는 원인

암이 생기는 원인은 다양하다. 나이, 호르몬 균형, 유전, 바이러스와 세균, 환경(화학물질, 자외선, 방사선 등), 식생활, 일상적인 스트레스 등이 암의 원인이라고 알려져 있다.

암 치료

암은 불치병이라는 선입견이 있으나 사람은 조기 발견과 치료로 암을 극복하는 사례가 많다.

동물의 암도 완치가 어려운 질병이지만 최근에는 암과 적극적으로 맞서 싸우려는 수의사와 반려인이 늘어나고 있다. 수의학이 발전했고 반려인의 의

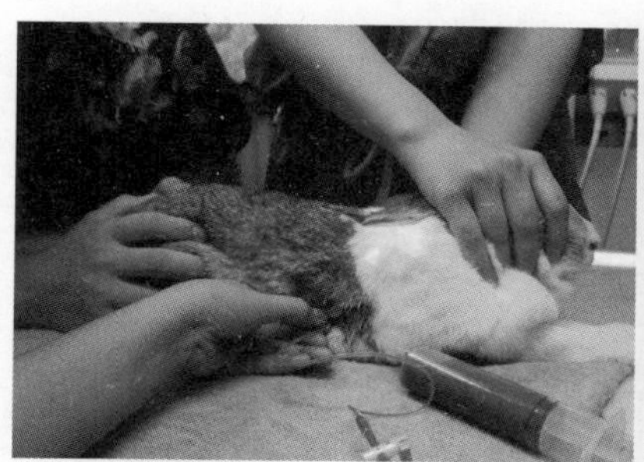

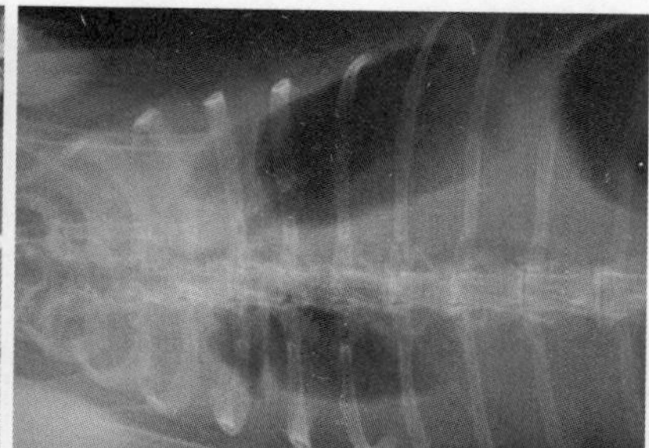

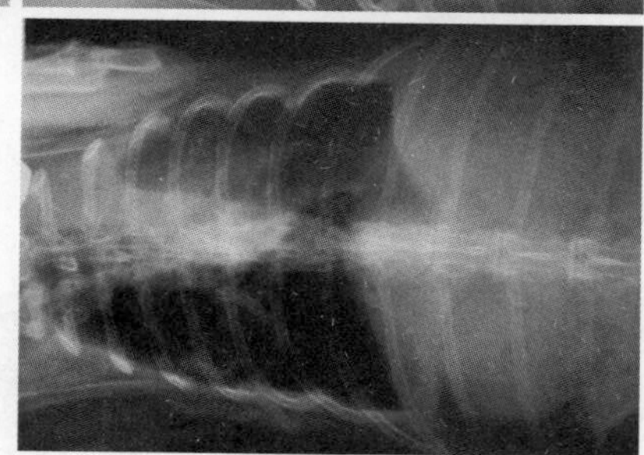

림프종 토끼의 흉부에 고인 흉수를 빼고 있다.
(오른쪽 위) 흉수를 빼기 전 엑스레이 사진
(오른쪽 아래) 흉수를 뺀 후의 엑스레이 사진

식도 변화했기 때문이다. 동물의 노령화가 암 발생 증가로 나타나기도 한다.

구체적인 치료법은 외과요법(절제 수술로 암 조직을 제거함), 화학요법(항암제 치료), 방사선요법(암세포를 사멸시켜 증식을 억제함)이 있다.

치료법을 결정할 때는 치료 방향(완전히 낫게 할지, 진행을 늦출지, 증상을 억제하는 치료만 할지 등), 동물의 나이와 체력, 반려인의 상황(경제적·시간적·심리적 부담을 감당할 수 있는지), 어떤 레벨의 치료가 가능한지 등의 환경을 고려하여 판단한다.

모든 반려인이 동물에게 최고급 치료를 제공할 수는 없다. 하지만 반려인이 동물을 사랑하는 마음으로 한 결정이라면 그것이 최고의 선택이다. 수의사와 충분히 상의하여 치료 방침을 정한다.

암의 예방

암을 완전히 예방하는 방법은 유감스럽게도 없다. 그러나 토끼에게 흔한

예방

스트레스가
적은 생활

동물병원에서
정기적인 건강검진

자궁암은 중성화수술로 예방할 수 있다. 다른 암의 발생 가능성을 낮추기 위해서는 스트레스가 적은 환경을 만든다.

설령 암이 생겨도 조기에 발견하면 선택의 폭이 넓어져 적절한 치료를 시도할 수 있다.

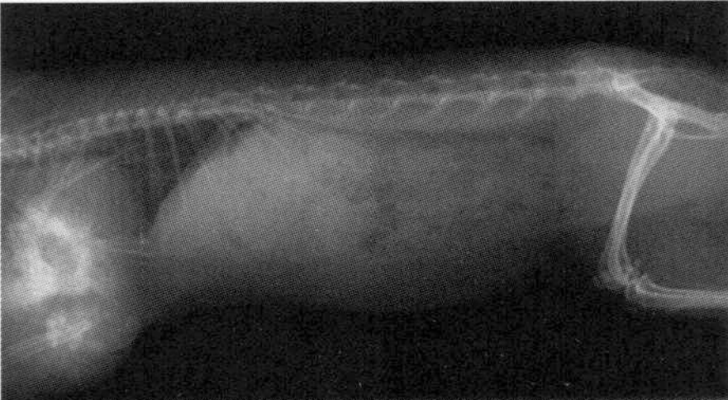

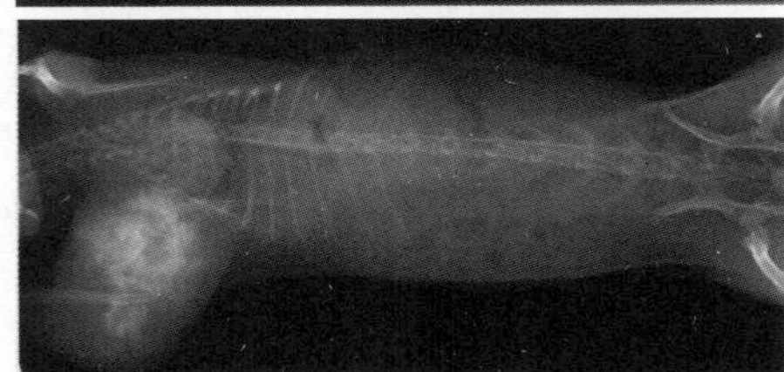

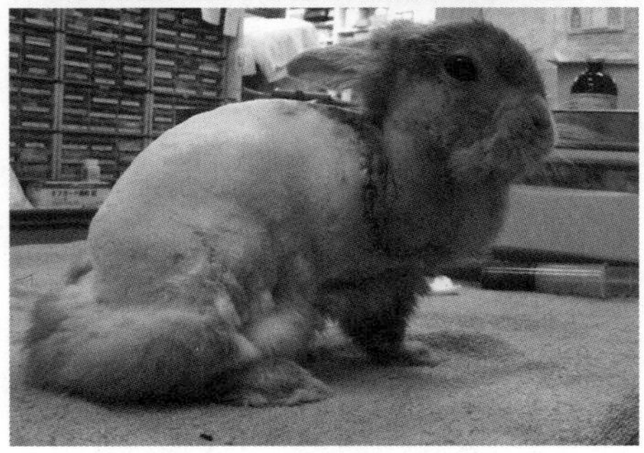

앞다리 윗부분에 종양이 생겨 절단한 토끼의 엑스레이

토끼와 암

토끼에게 가장 흔한 암은 283~287쪽에서 설명하는 자궁선암종, 유선암, 피부 표면의 종양 등이다. 중성화수술로 예방할 수 있는 암을 제외하면 토끼가 암에 걸릴 확률은 높지 않다.

그러나 암은 전신 어디에든 생길 수 있다. 토끼의 수명이 길어지고 수의학이 발전하면서 지금까지 찾지 못했던 암이 발견되기도 한다. 조기에 발견하면 치료도 가능하다.

자궁선암종uterine adenocarcinoma

▶ 자궁선암종이란?

자궁선암종은 암컷 토끼에게 가장 많은 종양이다.

선(샘)은 몸의 여러 부위에 존재하는, 필요한 분비물을 분비하는 조직이다. 자궁선암종이란 자궁 내에 있는 자궁선에 생기는 암으로 악성종양이다.

번식 경험과 상관없이 3살이 지나면 암 발생률이 증가한다. 탄, 프렌치, 실버, 하바나, 더치 같은 특정 품종은 3살 이하에서 4퍼센트, 3살 이상에서 50~80퍼센트가 발병한다. 이외의 젊은 토끼도 암에 걸릴 가능성이 있으므로 꾸준히 건강 상태를 확인한다.

원인은 확실하지 않다. 그러나 계속 임신을 반복하는 야생토끼와 달리 반

원인

3살 이상이 되면 발병 확률이 증가한다.

더치, 탄 등 특정 품종에 많이 나타난다.

려토끼는 번식 활동을 전혀 하지 않는다. 그로 인한 호르몬 균형의 영향이라는 추측이 있다.

유전인 경우도 있고, 자궁내막염(192쪽 참조)에 이어 발병하기도 한다. 종양이 발견되기 전에 이상분만, 사산, 태아 수 감소 등이 나타난다.

자궁선암종은 6~24개월에 걸쳐 매우 천천히 진행하는 질병으로 치료하지 않으면 반드시 사망한다. 혈류와 림프의 흐름을 타고 전신에 퍼져 림프절이나 간에 전이된다. 폐에도 전이되므로 발병한 지 오래된 토끼는 흉부 엑스레이 검사를 해야 한다.

조기에 발견하면 자궁난소적출술로 완치가 가능하다.

▶ 주요 증상

초기에는 증상이 없다.

토끼의 혈뇨를 보고 질병을 발견하는 경우가 많다. 주로 배뇨의 끝 무렵

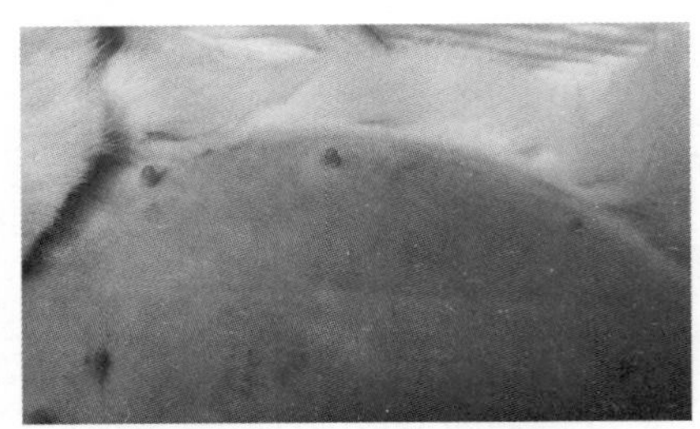
자궁선암종으로 유두가 부었다.

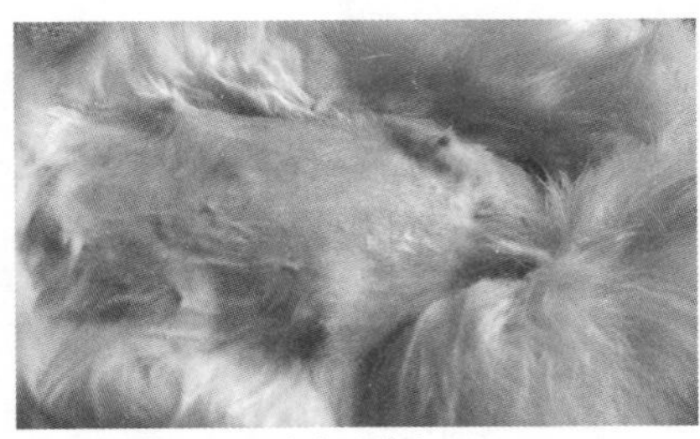
자궁선암종으로 유선이 부었다.

에 피가 섞여 나온다. 피가 섞인 질 분비물이 나오고, 유선이 부풀어 오르며, 유두가 붉게 변한다.

종양이 커지면 배가 불룩해진다. 폐에 전이되면 식욕과 기운이 없어지고 살이 빠지며 호흡곤란을 일으킨다.

번식용 토끼는 번식 능력 저하, 새끼 수 감소, 유산과 사산 등이 나타난다.

▶ 치료법

토끼의 증상과 촉진, 소변검사, 엑스레이 검사, 초음파검사, 혈액검사 등을 종합하여 진단한다.

초기일 때는 자궁난소적출술을 한다. 증상이 진행되어 전이되면 회복이 어렵다.

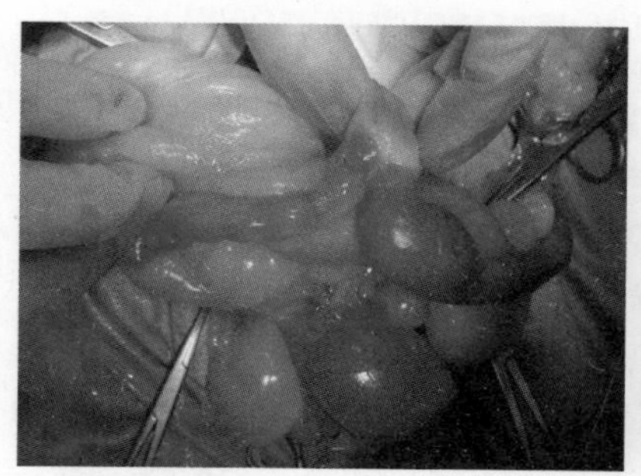

크게 부어오른 자궁

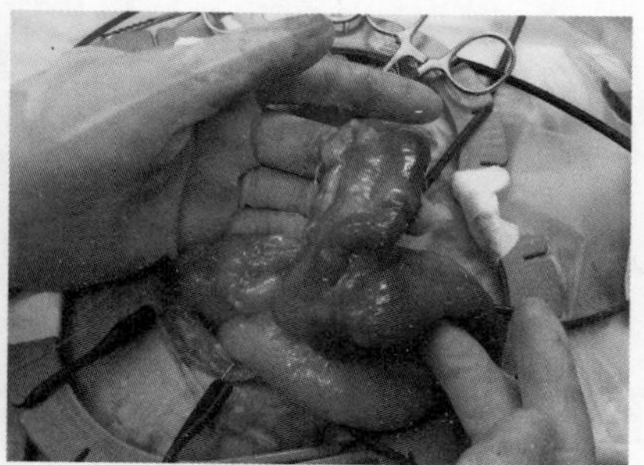

자궁선암종 수술

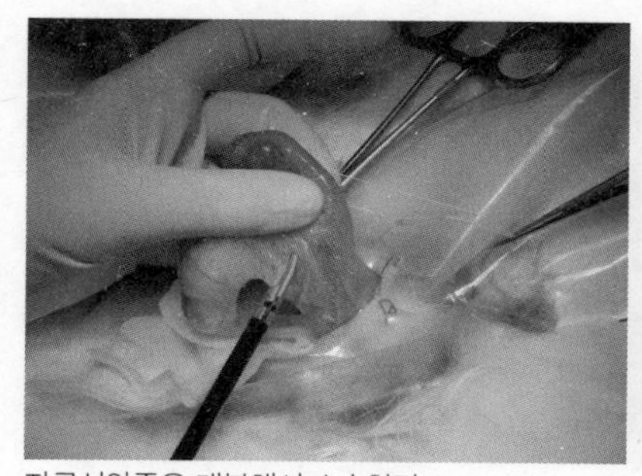

자궁선암종은 개복해서 수술한다.

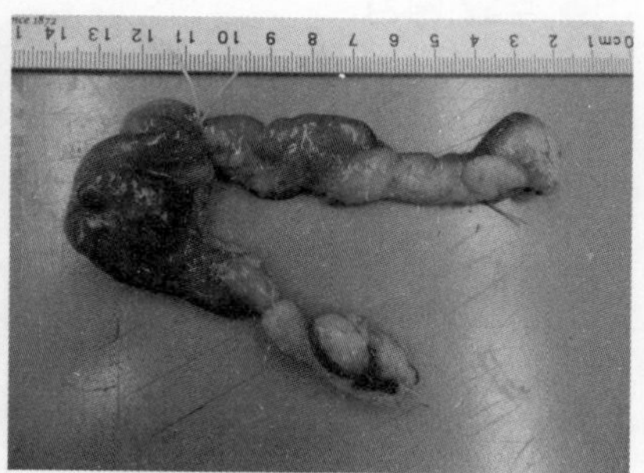

적출한 자궁과 난소

▶ 예방법

가장 효과적인 예방 방법은 중성화수술이다. 암컷 토끼를 키운다면 자궁질환 예방을 위해 중성화수술을 고려한다.

정기적인 건강검진으로 질병을 조기에 발견한다. 1년에 한 번, 4살 이후에는 반년에 한 번씩 토끼 전문병원에서 건강검진을 받는다.

유선종양(유선암)mammary gland tumor

▶ 유선종양(유선암)이란?

유선암은 유선에 생기는 종양으로 토끼에게 흔하며 대부분 악성종양이다. 낭포성 유선염(193쪽 참조)이 진행되어 유선암이 되며, 노령 토끼는 노화가 원인이다. 전이가 잘 되며, 림프절과 폐에 전이되는 경우가 많다.

▶ 주요 증상

유선이 부풀거나 혹이 생긴다. 심하게 부으면 바닥에 쓸려서 염증을 일으킨다.

유두에서 분비물이 나온다.

▶ 치료법

세포진검사를 하여 진단한다.

유선과 자궁, 난소를 적출하는 수술을 한다.

▶ 예방법

가장 효과적인 예방 방법은 중성화수술이다.

정기적인 건강검진으로 질병을 조기에 발견한다. 1년에 한 번, 3살 이후에는 반년에 한 번씩 토끼 전문병원에서 건강검진을 받는다.

피부 표면의 종양body surface tumor

▶ 피부 표면의 종양이란?

토끼의 피부 표면에는 여러 종류의 종양이 발생하는데 주로 혹이나 종기로 발견된다.

종양은 종류에 따라 양성과 악성으로 나뉜다.

모낭모세포종과 유두종은 양성종양인 경우가 많다. 모낭모세포종은 모낭에 있는 모아세포에서 발생한 종양으로 토끼에게 비교적 흔하다. 유두종은 유두 같은 모양을 한 작은 종기다. 편평상피암은 몸과 장기 표면에 생기는 악성종양으로 진행이 빠르다.

종양이 생기면 토끼의 나이와 상태, 종양이 발생한 장소 등을 고려하여 적출 수술을 결정한다.

그러나 피부 표면에 생긴 모든 혹과 종기가 종양은 아니다. 고름이 고인 농양일 수도 있다.

▶ 주요 증상

피부 표면에 혹이나 종기가 생긴다.

복부에 생긴 종양은 바닥에 쓸려서 상처가 나거나 토끼가 갉을 수 있다.

▶ 치료법

세포진검사와 조직검사 결과로 진단한다.

적출 수술을 한다.

▶ 예방법

건강 상태를 매일 확인하여 조기에 발견한다.

정기적인 건강검진으로 조기에 발견한다.

그 밖의 종양

▶ 흉선종

흉선(가슴샘)은 흉부에 있는 기관으로 피막으로 덮여 있으며 면역에 관여하는 세포(T세포)를 만든다. 인간의 흉선은 어른이 되면 위축되지만 토끼의 흉선은 퇴화하지 않는다. 흉선종은 흉선에 생긴 종양이며 노령이 되면 발병률이 높아진다. 흉선종의 증식 속도는 느린 편이다.

토끼의 흉강이 좁아서 흉선이 커질수록 흉강을 압박한다. 흉강 압박으로 호흡이 힘들어지면 식욕이 없어지거나 움직이지 않으려고 한다. 혈압이 상승하여 안구가 돌출되거나 3안검(순막)이 튀어나온다. 전신에 탈모와 비듬(각질)이 생기기도 한다(피지선염).

엑스레이 검사, CT 검사, 초음파검사 등으로 진단하거나 세포진검사를 한다.

▶ 고환종양(고환암)

수컷에게 발생하는 종양으로 양성종양인 경우가 많다.

고환(한쪽 또는 양쪽)이 딱딱하게 붓고, 바닥에 쓸려서 염증이 생긴다. 한쪽에만 발생했을 때는 다른 한쪽이 위축된다.

양쪽 고환을 적출하여 치료한다.

▶ 폐종양

토끼는 자궁선암종 같은 악성종양이 폐로 전이된다. 폐에 생긴 종양은 치료가 어렵다. 산소흡입 같은 대증요법으로 삶의 질을 유지한다.

질병과 관계 없는 토끼

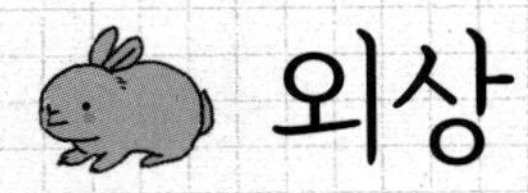

외상

• 창상 • 골절 • 탈구 • 그 밖의 외상

창상 injury

▶ 창상이란?

토끼는 다양한 원인으로 열상, 교상 등의 창상(부상)이 생긴다.

가장 많은 원인은 다른 토끼와의 싸움이다. 서열 및 영역 경쟁, 서로 안 맞는 궁합, 새끼를 지키려는 어미의 방어 본능 등이 싸움의 이유다. 토끼의 싸움은 이빨로 물어뜯거나, 뒷다리 발톱으로 피부를 찢는다.

개와 고양이에게 공격당하거나 뾰족한 부분에 피부가 걸려서 다치기도 한다.

작은 상처는 그대로 두어도 낫지만 상처를 통해 세균에 감염되면 고름, 피하농양(223쪽 참조)으로 진행된다. 심한 상처는 봉합해야 한다.

▶ 주요 증상

작은 상처는 털에 가려 보이지 않는다.

피가 나거나 토끼가 그 부분을 계속 핥으며 신경 쓴다.

농양이 생긴 후에 발견되기도 한다.

▶ 치료법

세균 감염을 막기 위해 항생제를 투여한다.

상처가 크고 깊으면 봉합 처치를 한다.

원인

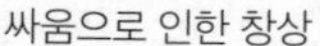

싸움으로 인한 창상

포식동물의 공격으로 인해 창상을 입을 수 있다.

▶ 예방법

여러 마리의 토끼를 함께 키우거나 다른 동물(특히 포식동물)과 접촉할 때 주의한다.

토끼의 생활환경에 위험한 것이 있는지 점검한다.

골절fracture

▶ 골절이란?

토끼의 뼈는 얇고 가벼워서 비교적 쉽게 골절된다. 반려토끼의 골절 원인은 두 가지다. 하나는 사람과의 생활과 관련이 있고, 또 하나는 토끼가 사는 환경과 관련이 있다.

사람과의 생활에 관련된 것은 안다가 떨어뜨리는 사고다.

토끼는 원래 공중에 뜨는 행위를 싫어한다. 그래서 탈출을 시도하다가 뛰어내리거나 떨어져서 골절된다. 특히 토끼는 뒷다리 근육이 강인해서, 외부 충격이 없어도 강한 힘으로 발버둥 치다가 골절될 수 있다. 사고를 예방하려면 토끼가 안기는 것에 적응할 때까지 앉은 상태에서 안는다.

사람의 다리에 차이거나 밟히는 사고도 많다.

실내에서 자유롭게 노는 토끼는 사람의 발 근처로 다가오고는 한다. 이때 발에 차이거나 밟히는 사고가 일어난다. 사람의 뒤를 따라다니다가 방문에 끼이기도 한다. 토끼를 자유롭게 풀어놓을 때는 항상 토끼의 위치를 확인하며 조심스럽게 움직이고, 방문을 세게 닫지 않는다.

케이지와 실내에서 일어나는 사고도 있다.

카펫의 올가미와 케이지 틈새에 발톱이 걸리는 사고, 케이지 철망이나 입구에 다리가 끼이는 사고, 아기 토끼는 케이지나 울타리 철장 사이에 머리가 끼이는 사고가 일어난다. 이때 토끼가 빠져나오려고 발버둥 치다가 골절되기도 한다. 그 외에도 갑작스러운 큰 소리에 놀라서 날뛰다가 골절되기도 한다.

토끼는 발판만 있으면 높은 가구에 잘 올라간다. 뒷다리가 발달해서 쉽게 올라가지만 뛰어내릴 때는 앞다리가 짧아서 착지 충격을 버티지 못하고 골절된다.

골절의 종류도 다양하다. 뼈에 금이 간 골절, 뼈가 부러졌으나 피부를 뚫지 않은 폐쇄골절(단순골절), 피부를 뚫고 뼈가 튀어나온 개방골절(복잡골절)

원인

카펫의 올가미에
발톱이 걸린다.

케이지 입구에
다리가 걸린다.

안는 법이 불안정해서
버둥거린다.

높은 곳에서 떨어진다.

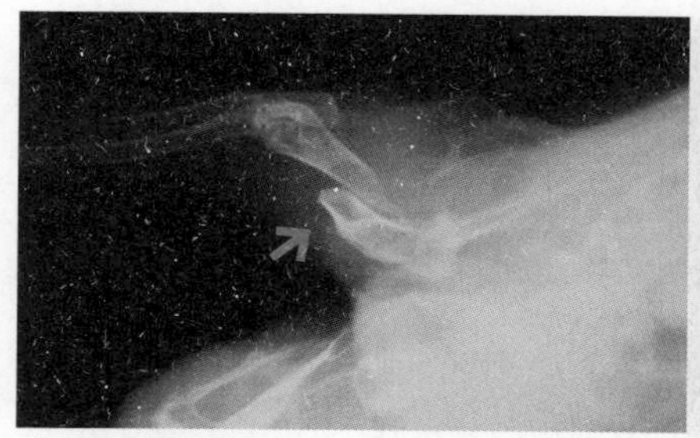

위팔뼈(상완골)골절

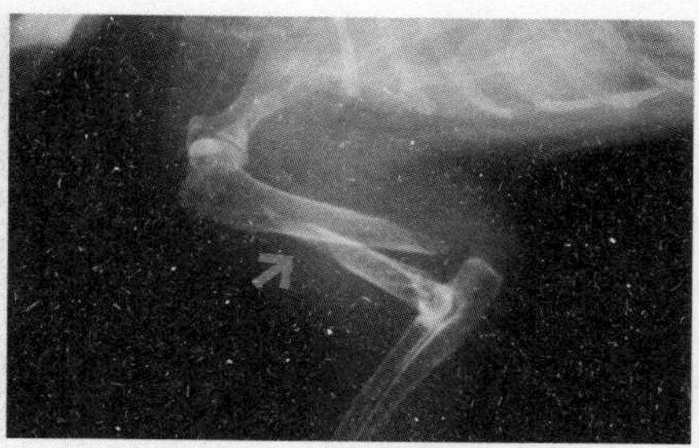

다양한 각도에서 엑스레이 촬영을 하면 골절 상태를 상세히 알 수 있다. (옆의 사진과 같은 토끼다.)

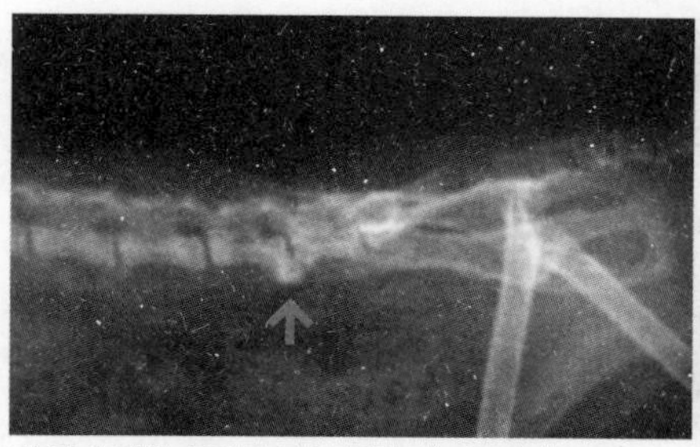

제7요추골절. 토끼가 많이 골절되는 부위다.

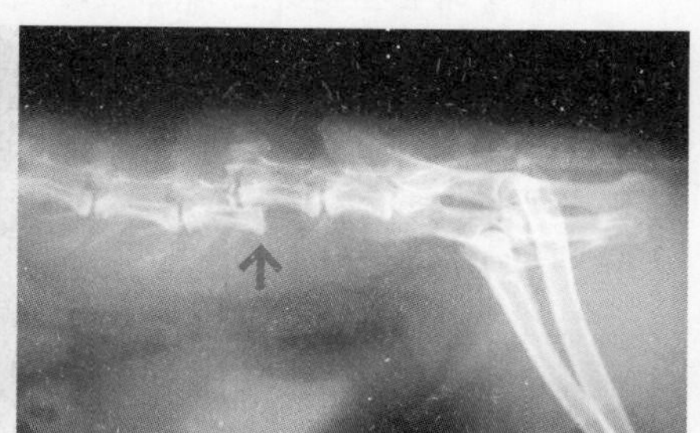

제7요추골절

등이 있다.

골절이 많이 일어나는 부위는 정강이뼈(경골)다. 척추(제7요추)골절도 드물지 않으며, 척추골절은 척수손상을 일으켜 후구마비(272쪽 참조) 등의 신경 증상이 나타난다.

이 외에도 뼈의 감염증이나 영양장애로 뼈가 약해지면 쉽게 골절된다. 골밀도가 높은 튼튼한 뼈를 유지하려면 적당한 칼슘 섭취(적절한 사료와 건초를 제공하면 칼슘을 따로 섭취할 필요는 없다)와 운동이 필요하다.

▶ 주요 증상

골절된 다리를 들거나 질질 끌며 걷는다. 통증 때문에 움직임이 없어진다. 개방골절은 출혈과 뼈, 피하 조직이 드러난다.

척추가 손상되면 몸을 자유롭게 움직이지 못하고, 스스로 배설할 수 없다.

▶ 치료법

골절 상황, 토끼의 상태, 엑스레이 검사, CT 검사 등으로 진단한다.

골절이 심하지 않으면 케이지 레스트(좁은 케이지에 가두어 움직임을 제한함)를 하고 자연스럽게 뼈가 붙기를 기다린다. 토끼가 싫어하지 않으면 환부를 붕대로 고정하고 케이지 레스트를 한다.

상황에 따라 부러진 뼈를 플레이트와 핀으로 고정하는 수술을 한다.

플레이트 수술(플레이팅)은 의료용 금속제 플레이트(뼈판)를 나사로 뼈에 고정시키는 것이다. 토끼는 뼈가 얇고 나사산(나사의 솟아 나온 부분)이 걸리는 부분이 적어서 플레이트를 고정하는 것이 쉽지 않다. 핀 수술(피닝)은 뼈 중심부에 있는 골수에 핀(침)을 넣어 부러진 뼈와 뼈를 연결하는 것이다. 몸 바깥쪽(정강이뼈가 부러졌다면 정강이 바깥쪽)에서 핀을 넣어 뼈를 연결하는 외고정법外固定法도 있다. 핀이 몸 밖에 나와 있는 상태이므로 그 부분을 접착제 퍼티로 고정한다.

상처가 있거나 개방골절일 때, 수술했을 때는 세균에 감염되는 것을 막기 위해 항생제를 투여한다. 필요에 따라 항염증제와 진통제를 투여한다.

척추가 손상되었을 때에는 스테로이드제를 투여하는 것이 효과적이다.

골절 상태가 심하고, 수술해도 삶의 질이 떨어질 때는 절단을 선택할 수 있다. 다리 한 개를 잃어도 적응하면 생활하는 데에는 큰 지장이 없다.

▶ 예방법

토끼와 교감하고 놀 때는 안전한 방법으로 한다.

예방

탈구 dislocation

▶ 탈구란?

탈구란 관절을 구성하는 뼈가 서로 어긋나거나 빠지는 것이다.

토끼가 탈구되는 사례는 골절보다 적다. 그러나 낙하 사고나 사물에 걸리는 등 골절과 같은 이유로 탈구도 발생한다.

탈구가 잘 발생하는 부위는 무릎관절과 고관절(엉덩관절)이다.

무릎관절탈구는 이른바 슬개골(무릎뼈)이 안쪽으로 어긋나는 탈구로 외상이 원인이다. 고관절탈구는 원래 고관절(골반과 대퇴골을 잇는 관절)에 연결

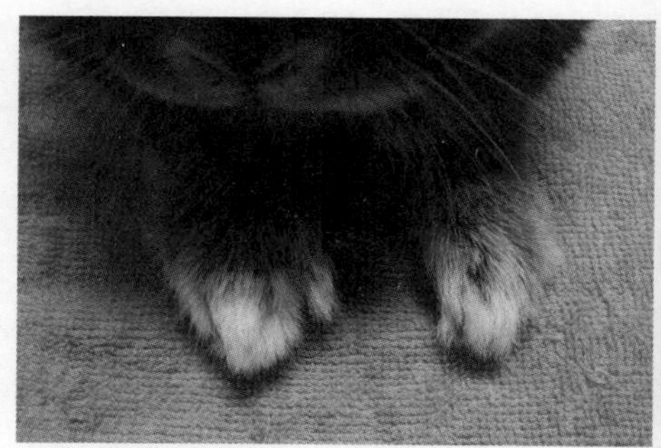

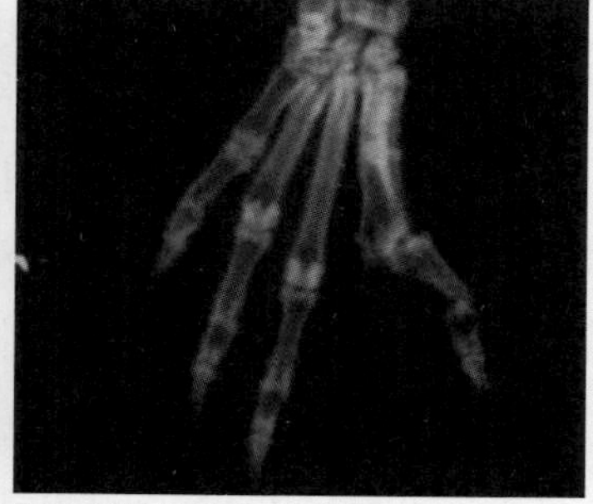

오른쪽 앞 발가락이 탈구되었다. 엑스레이를 찍으면 탈구 상태를 확실히 알 수 있다.

되어 있어야 할 대퇴골두(대퇴골 위쪽 끝에 있는 둥근 부분)가 빠진 상태다.

▶ 주요 증상

탈구되면 다리를 들고 걷는다. 만지면 아파하고, 움직임이 없어진다. 탈구된 관절이 부어오르기도 한다.

▶ 치료법

증상이 가벼울 때에는 수의사가 손가락으로 눌러 정복整復(골절이나 탈구로 어긋난 뼈를 원래 위치로 되돌리는 것)한다. 중증일 때는 수술해야 한다.

▶ 예방법

토끼와 교감하고 놀 때는 안전한 방법으로 한다.

그 밖의 외상

▶ 저온 화상

화상은 주로 뜨거운 물이나 기름에 데였을 때 생기지만 토끼가 주의할 것은 저온 화상이다.

전기매트 타입의 난방용품은 온도가 뜨겁지 않아도 그 위에 장시간 동안 있으면 저온 화상을 입는다. 토끼는 털 때문에 사람만큼 뜨거움에 민감하지 않고, 피부의 상태 변화를 알기 어렵다.

특히 질병이나 노령으로 장시간 누워 있는 토끼는 더욱 주의해야 한다. 보온 유지는 중요하지만 뜨거워도 스스로 움직일 수 없기 때문이다.

저온 화상을 입으면 피부가 붉게 변하고, 심하면 물집이 생긴다. 상황에 따라 피부 감염을 막기 위해 항생제를 투여한다.

자동으로 온도가 올라가는 타입의 난방용품을 사용할 때는 온도 설정에 주의한다. 다양한 타입의 난방용품이 있으므로 토끼의 생활방식에 맞는 것을 선택한다.

▶ 감전

실내에서 돌아다니다가 전선을 갉으면 감전될 위험이 있다.

전선을 갉은 흔적만 있고 토끼는 아무 이상이 없어 보여도, 토끼의 입 속은 화상을 입었을지도 모른다. 쇼크 상태에 빠지거나 심정지를 일으키기도 한다.

감전되었을 때 주의할 점은 폐수종이다. 폐 속에는 공기를 모으는 폐포라는 주머니가 있다. 폐수종은 모세혈관의 수분이 폐포로 배어 나오는 질병이다. 감전 직후가 아니라 하루가 지난 뒤에 증상이 나타나니 유의한다.

토끼의 행동 범위에 있는 전선은 전부 제거해야 한다.

감전된 후 괜찮아 보여도 반드시 동물병원에 데려가 진료를 받는다.

문제행동이란?

토끼를 비롯해 개와 고양이 같은 반려동물은 문제행동behavior problem을 보인다.

크게 나누면 '동물에게도 정상이 아닌 이상한 행동'과 '동물에게는 정상이지만 반려인에게는 문제가 되거나 자주 하면 문제가 되는 행동'이다.

이상한 행동 - 자교증(자가창상증)

이상한 행동 중에는 자교증(자가창상증)이 있다.

동물은 심한 스트레스를 받으면 같은 행동을 반복하는 정형행동을 한다. 자기 몸의 한 부분을 계속 핥거나 갉고, 털을 뽑고, 더 나아가 피부에 상처를 내는 행동으로 손가락과 꼬리, 생식기를 갉기도 한다.

토끼는 피부 질환이 있을 때, 위화감을 느낄 때, 심심할 때, 성적 욕구불만이 쌓였을 때 자교증이 나타난다. 토끼의 자교증은 주로 앞발이 타깃이다. 앞발을 집요하게 핥고, 발가락이 없어질 때까지 갉기도 한다. 피부 질환은 치료와 동시에 쾌적한 환경을 만들어 원인을 제거한다. 성적 욕구불만은 중성화수술로 해결할 수 있다.

자교증으로 보이지만 정상 행동인 경우도 있다. 임신(상상임신 포함)한 토

원인

심심한 환경은 토끼에게 스트레스를 준다.

심한 스트레스는 정형행동을 일으킨다.

행동

끼가 산실을 만들기 위해 가슴 털을 뜯는 건 정상 행동이다. 함께 사는 토끼의 몸을 집요하게 핥거나 털을 갉는 것은 서열이 높은 토끼가 낮은 토끼에게 하는 행동이다.

정상이지만 문제가 되는 행동

▶ 사람 물기

야생 토끼는 영역을 지키기 위해, 교미 상대를 차지하기 위해, 새끼를 지키기 위해 다른 토끼와 싸운다. 토끼는 원래 사람에게 공격적인 동물이 아니다. 그러나 자신의 몸을 지키고 자신의 의사를 전달하기 위해 무는 행동을 할 때가 있다. 토끼는 상당히 절박한 이유가 있을 때 사람을 문다.

공포와 불안

토끼가 사람을 무는 이유는 대부분 공포와 불안 때문이다.

동물은 공포와 맞닥뜨렸을 때 투쟁fight과 도주flight 중 하나를 택한다. 따라서 도망칠 수 없으면 필사적으로 싸운다.

천성적으로 겁이 많은 토끼도 있고, 학대를 당해 공포에 민감한 토끼도 있다. 무섭다는 감정은 마음속 깊이 자리 잡으므로 주의해야 한다.

컨디션이 나쁘다

상태가 안 좋거나 통증을 느낄 때는 자신의 몸을 지키기 위해 공격한다. 평소 같으면 물지 않을 상황에서 갑자기 물려고 한다면 어딘가 아픈 것이 아닌지 의심한다.

스트레스와 흥분

스트레스, 흥분, 호르몬 불균형으로 예민할 때 공격할 수 있다. 이른바 사춘기에도 나타나는 공격성이다.

▶ 사춘기의 변화

토끼의 성장 과정에서 갑자기 성격이 변한 것처럼 느껴지는 시기가 있다. 사람을 잘 따르고 잘 안기는 토끼였는데 갑자기 안기는 걸 거부하고 사람을 물려고 한다.

사춘기가 되면 안기는 걸 싫어한다.

이런 변화가 나타나는 시기를 통칭 사춘기라고 한다. 성성숙이 시작되어 영역의식이 강해지고, 자기 주장도 확실해진다. 토끼의 성장 단계에서는 정상적인 변화며, 발정 주기와 관련이 있다.

▶ 마운팅

원래는 교미행동이지만 집단 속에서는 서열이 높은 토끼가 낮은 토끼에게 서열을 정리하는 행동이다.

서열이 높은 토끼가 낮은 토끼에게 마운팅을 한다.

반려토끼는 사람에게도 마운팅을 한다. 팔다리를 세게 물면서 할 때도 있다. 이 행동은 사람과 교미하거나 서열을 과시하려는 의도가 아니다. 전위행동(갈등 상태에 빠졌을 때 그 상황과 전혀 관계없는 행동을 하는 것)이 버릇으로 굳어진 것이라고 추정된다. 일부러 상대할 필요는 없으며 그냥 그 장소를 떠나면 된다.

사람에게 마운팅을 한다.

▶ 소변 스프레이

성성숙한 수컷에게 자주 보이는 행동이다(암컷도 한다). 소변을 흩뿌려 자신의 냄새로 영역을 표시하는 것이다. 개중에는 360도로 돌며 원을 그리듯 뿌리는 토끼도 있다. 다른 토끼가 자신의 영역을 침범할 것 같은 불안감이

수컷도 암컷도 소변 스프레이를 한다.

들면 더 자주 뿌린다.

토끼를 토끼의 집에서 꺼내 운동시킬 때도 소변을 뿌린다. 넓은 실내를 제한 없이 돌아다니게 하면 토끼는 모든 공간을 자신의 영역이라 생각한다. 그래서 영역을 지키고자 여기저기에 소변을 뿌린다. 토끼를 실내에 풀어놓을 때는 반려인의 주도하에 노는 시간을 정하고, 시간이 되면 집으로 돌려보낸다. 반려동물용 울타리로 노는 구역을 정하는 것도 좋다.

▶ 철장 갉기

토끼가 철장을 갉으면 그만두게 하려고 간식을 주거나 꺼내는 경우가 있다. 그런 행동이 반복되면 토끼는 '갉으면 좋은 일이 생긴다'라고 학습하고 점점 더 자주 갉는다.

철장을 갉는 버릇은 부정교합의 원인이 된다.

철장 같은 딱딱한 물건을 갉으면 부정교합이 생길 수 있으니 버릇이 되게 해서는 안 된다. 이미 버릇이 되었다면 철장 안쪽에 토끼용 건초 매트를 설치하여 이빨을 보호한다.

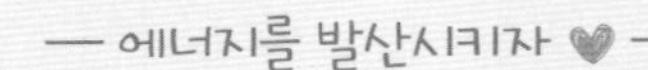

문제행동은 체벌로 해결되지 않는다. 마음의 여유를 가지고 토끼가 에너지를 발산할 수 있는 환경을 만든다. 음식을 찾으면서 시간을 보내는 행동 풍부화 방법도 있다(66쪽 참조). 토끼가 즐겁게 시간을 보낼 수 있게 아이디어를 짠다.

그 밖의 질환과 문제점

· 열사병 · 중독
· 비만 · 그 밖의 질환

열사병 heat stroke

▶ 열사병이란?

토끼는 더위에 매우 약한 동물이다.

토끼 같은 항온동물은 외부 기온에 상관없이 체온을 일정하게 유지하는 능력이 있다. 그래서 더울 때도 체온이 심하게 상승하지 않고 적정 체온을 유지한다.

더워서 체온이 상승하면, 사람은 땀을 흘리고 개는 혀를 내민 채 크게 호흡하여 몸에 쌓인 열을 발산한다. 토끼는 귀에 있는 풍부한 모세혈관으로 체열을 발산하여 적정 체온을 유지한다.

그러나 이런 시스템에도 한계는 있다. 외부 기온이 참을 수 없을 정도로 높아지면 체온 유지가 어려워진다. 지나치게 높은 온도, 습도, 직사광선, 환기 불량, 물 부족 등의 환경에서는 사람도 개도 토끼도 열사병을 일으킨다.

토끼의 체온은 38.5~40℃(직장 온도). 40.5℃가 넘으면 경련 등의 신경 증상을 일으킨다. 42~43℃까지 올라가면 몇 분 안에 세포가 파괴된다.

특히 열사병에 취약한 대상은 비만 토끼, 장모종 토끼(피하지방이 많거나 털이 두꺼우면 체열이 잘 쌓이고 발산이 어렵다), 노령 토끼(체온 조절 기능이 약하다), 아기 토끼(체온 조절 기능 미발달), 투병 중인 토끼(특히 순환 기능과 호흡 기능이 약해졌을 때) 등이다.

원인

증상

▶ 주요 증상

체열이 쌓여 체온이 상승한다. 체열을 발산하기 위해 귀의 말초혈관에 피가 모여 귀가 붉어진다. 침을 많이 흘린다. 숨이 찬 듯 호흡이 빨라진다.

진행되면 티아노제(혈중 산소 부족으로 입술 점막이 청보라색으로 변함) 증상과 경련을 일으키고, 축 늘어진다. 처치가 늦으면 의식을 잃고 사망한다.

▶ 치료법

신속한 처치가 필요하다. 열사병이 의심되면 바로 체온을 식히는 응급처치를 한다(385쪽 참조).

동물병원에서는 몸을 식히면서 체온을 모니터링한다. 체온을 적정 온도까지 내리고, 탈수 증상을 완화하기 위해 수액 처치를 한다.

가정에서 응급처치로 토끼가 회복되었어도 신장과 심장에 이상이 있는지 검사를 받는다. 동물병원에 데려갈 때는 토끼가 덥지 않게 조심한다.

▶ 예방법

토끼는 매우 더위를 잘 탄다. 여름에는 토끼가 있는 방을 수시로 환기하고, 온도는 최고 25℃ 정도, 습도는 50퍼센트 정도를 유지한다. 직사광선이 닿는 장소에 케이지를 두어서는 안 되며, 물은 부족하지 않게 채워 둔다. 토끼가 여름을 쾌적하게 보낼 수 있게 시원한 환경을 만든다.

온도 관리를 위해 토끼의 케이지 근처에 온도계와 습도계를 놓아둔다. 최고최저온도계를 사용하면 부재중에 실온이 어디까지 상승했는지 알 수 있다. 최고최저온도계는 외출 후 집에 돌아왔을 때 토끼가 축 늘어져 있다면 그 원인을 파악하는 판단 자료 중 하나가 된다.

비만 토끼는 열사병에 취약하므로, 비만이 되지 않게 주의한다.

이동 중에 이동장 안에서도 열사병을 일으킨다. 이동 중에도 수시로 환기를 하고, 이동장 안의 온도가 올라가지 않게 대책을 세운다.

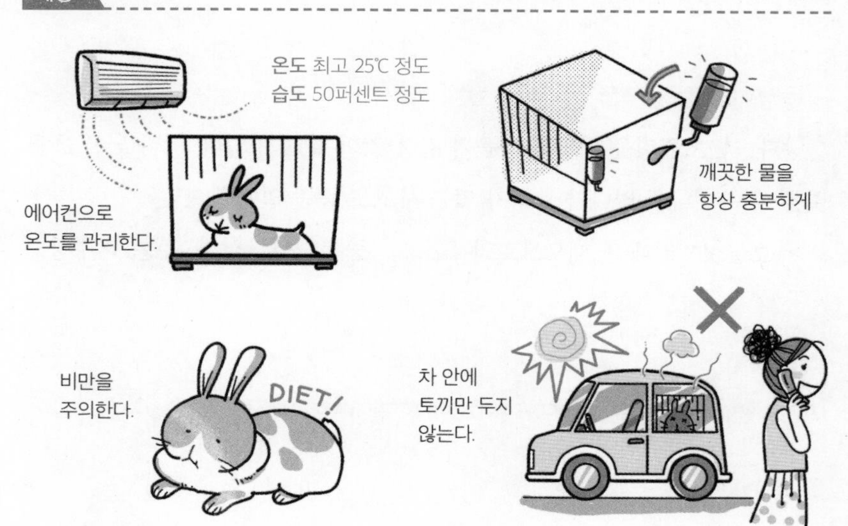

열사병은 잠깐 사이에도 발병한다. 특히 자동차로 외출할 때 주의한다. 봄에서 가을까지는 아무리 짧은 시간이라도 토끼만 차 안에 두어서는 안 된다. 일본자동차연맹JAF 웹사이트[*]에 따르면 외부 기온이 23℃일 때 차 안은 최고 48℃, 대시보드 위는 70℃까지 오른다.

열사병은 반려인이 조금만 조심하면 예방할 수 있는 질병이다.

중독 toxicosis

▶ 중독이란?

중독이란 독성물질이 체내에 주입되어 몸에 기능장애가 나타나는 것이다. 토끼의 생활환경에 독성물질이 의외로 많다.

독성이 있는 식물

아이비와 몬스테라 같은 친숙한 관엽식물에도 독성이 있다. 토끼의 행동범위에는 절대 관엽식물을 두어서는 안 된다(독성이 있는 원예·관엽 식물에 대해서는 404쪽 참조).

독성이 있는 음식

양파, 파, 초콜릿을 비롯해 다음과 같은 것이 알려져 있다. 먹다 남은 초콜릿을 아무 데나 두었다가 토끼가 먹는 사고도 종종 일어난다.

* 초콜릿 : 카페인, 테오브로민theobromine 중독. 구토, 설사, 흥분, 혼수상태

---

[*] http://www.jaf.or.jp/eco-safety/safety/usertest/temperature/ (2018년 2월 기준)

등의 증상이 나타난다.

* 감자 싹 : 감자의 싹과 초록색 껍질에 포함된 솔라닌solanine 중독. 신경 마비와 위장장애 등의 증상이 나타난다.

* 파류 : 파, 대파, 쪽파, 부추, 양파, 마늘 등에 포함된 아릴프로필디설파이드allylpropyldisulfide 중독. 빈혈, 설사, 신장장애 등의 증상이 나타난다.

* 생 대두 : 적혈구응집소로 인해 소화효소를 저해한다.

* 과일 씨 : 장미과 벚나무속(체리, 비파, 복숭아, 살구, 매실, 자두, 비식용 아몬드)의 덜 익은 과실과 씨앗에 포함된 아미그달린amygdalin 중독. 구토, 간 장애, 신경장애 등의 증상이 나타난다.

* 땅콩(곰팡이 독소) : 땅콩 껍질의 곰팡이는 맹독인 아플라톡신aflatoxin을 생성한다. 강력한 발암물질이다.

* 아보카도 : 페르신persin에 의한 유선염, 젖마름증, 심부전, 호흡곤란 등의 증상이 나타난다.

납으로 된 제품

현재는 납을 사용한 제품이 거의 없으나 오래된 페인트, 소리를 차단하는 납 시트를 붙인 벽, 커튼 추, 낚싯봉, 골동품 장식 등에는 납이 포함되어 있으므로 주의한다.

그 밖의 위험한 물건

화학약품(살충제, 제초제 등), 담배, 사람의 의약품 등 토끼에게 위험한 물건은 매우 많다. 가정에서는 토끼의 행동 범위에 위험한 물건을 두어서는 안 되며, 방 정리를 철저히 하고, 안전한 장소에서만 놀게 한다. 토끼와 바깥 산책을 할 때는 제초제를 뿌리지 않은 장소에서 한다.

▶ 주요 증상

무엇을 섭취했느냐에 따라 증상이 다르다. 증상이 심각할 때는 급성 설사, 늘어짐, 거품 물기, 경련 같은 신경 증상 등이 나타난다. 납에 중독되면 기운과 식욕이 없고 체중이 감소한다.

▶ 치료법

토끼의 중독은 치료가 매우 까다롭다. 먹은 것을 빨리 토해 내야 하는데 토끼는 구토를 할 수 없기 때문이다. 상태를 지켜보지 말고 한시라도 빨리 동물병원에서 치료를 받는다. 응급 상황이라면 병원에 미리 연락하고 방문한다. 토끼가 무엇을 먹었는지 반드시 수의사에게 알려야 한다.

치료 방법은 섭취한 독성물질이 무엇이냐에 따라 다르다. 납중독일 때는 킬레이트제를 투여한다.

▶ 예방법

토끼의 행동 범위에는 안전한 물건만 둔다.

토끼가 간식으로 먹는 허브와 야생초도 '약용식물'이다. 한꺼번에 대량을 먹으면 건강을 해친다.

대처

토끼는 구토를 하지 못하므로 한시라도 빨리 동물병원에 간다.

예방

독성이 있는 위험한 물건은 멀리한다.

비만 obesity

▶ 비만의 원인

비만은 질병이 아니다. 하지만 정상 범위를 벗어난 과도한 비만은 다양한 질병의 원인이 되며, 때로는 질병 치료를 방해하기도 한다. 비만이 되지 않으려면 섭취 칼로리와 소비 칼로리의 균형이 맞아야 한다.

토끼의 비만 원인은 주로 간식을 많이 먹어서 섭취 칼로리가 과잉된 탓이다. 다른 원인은 나이에 맞지 않은 식단이다. 노령 토끼가 되면 운동량이 줄고 신체 대사가 느려진다. 그런데 젊을 때와 같은 음식을 먹으면 살이 찐다. 또한 중성화수술(198쪽 참조)이 비만의 계기가 되기도 한다.

▶ 비만의 위험

비만은 심폐 기능에 큰 부담을 준다. 특히 마취할 때 마취가 잘 되지 않으며 잘 깨어나지 못한다. 적정 체중인 토끼도 마취할 때는 심폐 기능에 주의해야 하는데 비만 토끼는 위험률이 더 높다. 게다가 열사병에도 취약하다.

비만이 되면 움직임이 둔해진다. 또한 그루밍을 꼼꼼히 하지 못해서 털이 지저분해진다. 항문에 입이 닿지 않아 맹장변을 먹지 못하고, 항문 주위가 더러워진다. 암컷은 턱 밑의 주름이 커져서 습성 피부염을 일으킨다.

몸이 무거워지면 뼈와 관절에 부담이 되고, 발바닥에 가해지는 부담이 커져 비절병을 쉽게 일으킨다.

과식으로 지방간이 생길 수도 있다.

▶ 비만 판별과 적절한 체형

토끼가 비만인지 아닌지는 체중뿐 아니라 실제 체격과 근육, 지방 상태로 판단한다. 같은 체중이라도 근육질이 단단하면 좋은 체격이지만, 피하지방이 많이 늘어지면 비만이다.

특히 장모종 토끼는 털이 풍성해서 실제 체격을 알기 어렵다. 겉모습만으로 판단하지 말고 몸을 만져서 확인한다.

개, 고양이용 체격 판별 방법인 신체충실지수BCS, Body Condition Score를 토끼에게도 사용한다. 신체충실지수란 동물의 지방 상태를 평가하여 체격을 5단계로 나눈 것이다. 눈에 보이는 모습 및 손으로 만져지는 척추와 갈비뼈의 감촉으로 평가한다.

토끼의 신체충실지수

단계	특징
1 BCS 1 저체중	• 뼈가 매우 앙상하고 골반과 갈비뼈가 바로 만져진다. • 갈비뼈가 도드라진다. • 엉덩이가 움푹 들어가 있다.
2 BCS 2 마름	• 뼈가 앙상하고 골반과 갈비뼈가 만져진다. • 엉덩이가 평평하다.
3 BCS 3 정상 체중	• 골반과 갈비뼈가 만져지지만 뼈가 앙상하지 않고 체형이 둥그스름하다. • 엉덩이가 평평하다.
4 BCS 4 과체중	• 손에 힘을 줘야 갈비뼈가 만져진다. • 엉덩이가 둥글다.
5 BCS 5 비만	• 갈비뼈가 잘 만져지지 않는다. • 엉덩이가 매우 둥글다.

적정 체중은 개체마다 다르다

순혈종 토끼는 래빗 쇼의 심사기준(스탠더드)을 근거로 적정 체중이 정해져 있다. 예를 들어 순종 네덜란드드워프 어른 토끼의 이상 체중은 906그램이다.

그러나 이것은 어디까지나 래빗 쇼의 기준이다.

가정에서 키우는 토끼는 체격에 맞게 살집이 적당히 있는 것이 적정 체중이다.

▶ 적정 체중을 위한 다이어트

처음에 할 일

정말로 체중 감량이 필요할 만큼 살이 쪘는가, 이미 비만으로 인한 질병이 있는가를 동물병원에서 확인한다.

간식을 점검한다

토끼가 비만이 되는 이유는 간식의 다량 섭취 및 운동 부족으로 섭취와 소비 칼로리의 균형이 무너졌기 때문이다.

당질과 지방이 풍부한 고칼로리 간식은 서서히 양을 줄이고, 생채소와 말린 채소 같은 건강한 간식으로 바꾼다.

식사의 질을 점검한다

토끼가 평소 먹는 음식을 점검한다.

사료를 시니어용 또는 티모시가 주원료인 것으로 바꾸면 섭취 칼로리를 줄일 수 있다. 다만 사료를 갑자기 바꾸면 토끼가 거부할 수 있으니 기존 사료에 새 사료를 조금씩 섞으면서 천천히 적응시킨다. 브랜드가 같은 사료는

원인

건초보다 사료를 많이 먹으면 비만이 된다.

증상

털 밑의 주름이 커져서 습성 피부염을 일으키고, 몸이 무거워서 뼈와 관절에 무리가 온다.

맛이 비슷해서 바꾸기 쉽다.

건초를 주식으로

건초보다 사료를 많이 먹으면 살이 찐다. 비만 예방을 위해 볏과 건초를 주식으로 한다. 어른 토끼에게 가장 좋은 건초는 티모시 1번초다. 만약 토끼가 건초에 익숙하지 않다면 큐브나 펠릿 형태로 만든 건초부터 시작해도 좋다. 토끼 쇼핑몰에서 다양한 건초를 판매하니 우선 토끼가 잘 먹는 건초를 찾는다.

토끼를 살찌게 하는 상황도 있다. 건초를 바로 먹지 않으면 걱정이 되어서 간식을 주는 행동이다. 토끼는 똑똑하기 때문에 건초를 무시하면 간식을 먹을 수 있다는 걸 학습한다. 토끼가 아픈 것이 아니라면 건초를 주고 난 뒤에 잠깐은 내버려 둔다.

시간을 들여 천천히

다이어트는 시간을 들여 조금씩 시도한다. 정기적으로 체중을 재고, 몸을 만져서 체격을 확인하고, 음식을 잘 먹고 있는지 배설물을 확인한다.

적당한 운동

운동 시간을 만들어 칼로리를 소비하게 한다. 그러나 운동 시간에도 적극적으로 돌아다니지 않는 토끼가 있다. 그럴 때는 토끼를 건강 간식으로 유인하여 몸을 움직이게 한다.

주의 성장기 토끼는 다이어트 금물! 성장기에는 영양이 풍부한 음식을 충분히 섭취해야 한다.

▶ 비만 예방법

건강을 유지하며 살을 빼는 것은 쉽지 않다. 애초에 살이 찌지 않게 주의해야 한다.

티모시를 주식으로 한 볏과 식물 위주의 식생활이 중요하다. 사료는 체격

예방

식사는 섬유질을 중심으로 한다.

비만인지 동물병원에서 확인한다.

스킨십으로 피하지방을 확인한다.

적당한 운동으로 칼로리를 소비한다.

을 유지할 만큼만 먹인다.

간식을 선택할 때도 조심한다. 가공 간식은 (설령 토끼용이라 해도) 당질, 전분질, 지방이 풍부해서 비만의 원인이 된다. 과일 같은 고칼로리 간식도 피하거나 아주 소량만 준다. 토끼에게 가장 좋은 간식은 채소 같은 자연 간식이다.

토끼가 아무리 졸라도 넘어가지 않겠다는 반려인의 의지가 필요하다. 간식을 여러 번 주고 싶을 때는 그날 먹을 사료를 간식처럼 준다.

평소에 적당한 운동을 시키고 스킨십을 하면서 피하지방이 너무 많은지 살펴본다.

▶ 저체중도 주의한다

비만에만 신경 쓰다가 살이 너무 많이 빠져도 위험하다.

저체중이 되면 근력이 소실되고 체력이 약해진다. 따라서 움직임이 줄고 공복을 느끼지 않아 식욕도 사라진다. 체력 저하뿐 아니라 식욕상실로 인한 부정교합과 위장정체로 이어질 수 있다.

피하지방이 적당히 있는 다부진 체형이 이상적인 모습이다.

그 밖의 질환

▶ 퇴행성 관절염

노령 토끼에게 흔한 질병이다. 나이가 들면 관절연골이 변형되거나 닳아서 움직일 때 통증을 느낀다. 처음에는 걸을 때 조금 아픈 정도이지만 진행되면 관절을 움직일 때마다 아픔을 느낀다. 그래서 움직이지 않거나 다리를 들거나 끌면서 걷거나 관절이 붓는 증상이 나타난다.

진행성 질병으로 상황에 따라 항염증제와 진통제를 투여한다.

비만은 관절에 큰 부담을 주기 때문에 다이어트가 필요하다(311쪽 참조). 관절근육을 유지하기 위해 적당한 운동은 필요하다. 그러나 통증이 있을 때는 무리해서는 안 된다. 수의사와 상담하며 천천히 시도한다.

퇴행성 척추증

노령 토끼에게 흔한 질병이다. 척추의 연골(추간판)이 변형되면 디스크 주변 뼈에 가시 같은 돌기가 생긴다. 이 돌기가 주변 근육과 신경을 자극하여 증상이 나타난다.

강한 통증과 사지마비 증상이 나타나고 배뇨장애가 생겨 소변을 흘린다.

▶ 플로피 래빗 증후군

전신의 힘이 빠지는 질병으로 유럽과 미국에서 사례가 보고되고 있다.

플로피 래빗 증후군Floppy Rabbit Syndrome은 축 늘어지다는 뜻이다. 갑자기 사지가 마비되어 바닥에 배를 깔고 엎드린 상태가 된다. 이때 토끼는 고개를 들지도, 일어서지도, 걷지도 못한다.

발병 징후는 딱히 없으나 균형을 잡기 어려워하는 모습이 나타난다.

확실하게 밝혀진 원인은 없다. 그러나 혈중 칼륨 및 단백질 부족, 셀렌과 비타민 E의 결핍, 소화흡수 기능의 저하와 관련 있다고 추정된다.

토끼의 입이 닿는 범위에 음식과 물을 놓아두면 스스로 먹을 수 있다. 칼륨을 함유한 수액과 비타민 E를 3일 정도 투여하면 좋아진다.

토끼의 취선

토끼는 영역표시를 하는 취선이 있다. 취선은 턱 밑, 항문 양옆 서혜샘(샅고랑림프샘), 항문샘에 있다. 서혜샘은 분비물로 막히기도 하므로 가끔 확인하여 분비물을 제거한다.

영역표시는 암컷보다 수컷이 많이 하고, 여러 마리를 키울 때는 서열이 높은 토끼가 자주 한다. 어미 토끼가 출산할 때 자신의 새끼에게도 한다. 그래서 자신의 냄새가 나지 않는 남의 새끼는 돌보지 않고 쫓아낸다. 어미가 죽거나 새끼를 포기해서 새끼가 홀로 남았을 때는 수유 중인 다른 토끼에게 맡길 수 있다. 맡기기 전에 그 토끼의 냄새를 새끼에게 묻혀야 쫓겨나지 않는다. 수유 중인 토끼가 사용하던 건초 깔개를 새끼의 몸에 문지르는 방법이 있다.

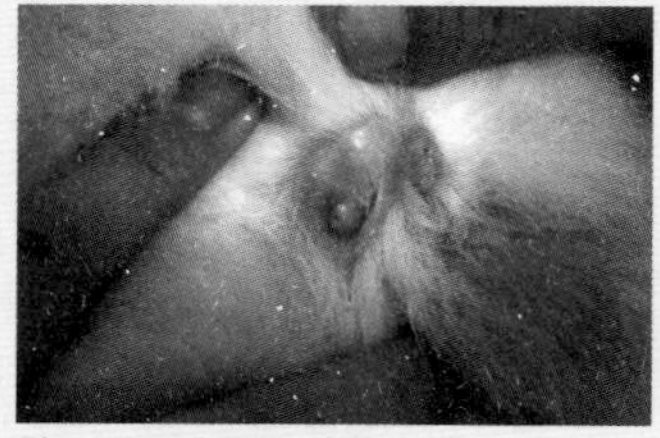

항문 좌우에 있는 서혜샘

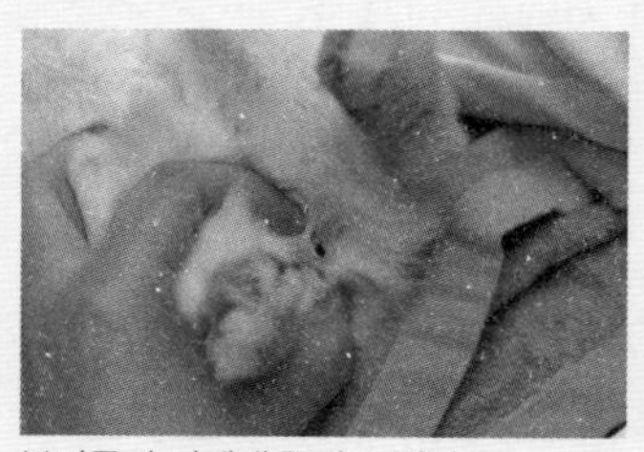

분비물이 서혜샘을 막고 있다.

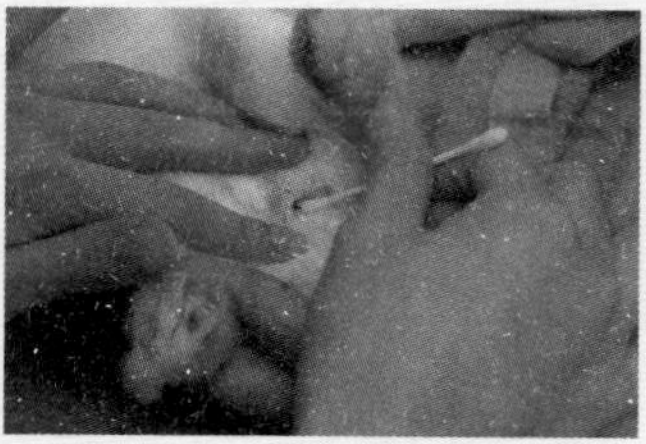

서혜샘 청소는 물에 적신 면봉으로 살짝 닦아낸다.

항문 옆에 있는 취선(서혜샘/샅고랑림프샘)의 분비물은 토끼가 그루밍을 하면서 깨끗이 청소한다. 하지만 살이 쪄서 항문에 입이 닿지 않거나 분비물이 많으면 거무스름한 분비물이 쌓인다.

그럴 때는 사람의 손이 필요하다. 힘으로 잡아당기거나 문지르지 말고, 면봉에 물이나 알코올을 묻힌 뒤 살짝 닦아낸다.

영역표시는 다른 토끼나 자신의 새끼에게도 한다.

사물이나 가구에 턱을 문지르는 행위는 턱 밑의 취선으로 영역표시를 하는 것이다.

3장

토끼와 병원

토끼의 건강관리를 위해 동물병원에서 건강검진을 받아야 한다. 토끼가 병에 걸렸을 때 어떤 마음가짐으로 병원 진료와 검사를 받을지, 처방받은 약은 어떤지, 수술을 하는 게 좋을지 등에 대해 알아본다.

병원에 가기 전

병원에 가기 전에 준비할 것

▶ 예약 시간 지키기

예약제 병원이라면 방문 전에 예약하고, 예약 시간에 늦지 않게 도착한다. 예약제라도 앞의 진료가 길어지거나 응급 환자가 들어오면 예약 시간보다 늦어질 수 있다. 반대로 본인 토끼의 진료가 길어지기도 한다. 응급 상황이 아니라면 시간적 여유를 가지고 방문한다.

응급 상황이 발생했을 때는 예약을 하지 못했다고 포기하지 말고 병원에 연락해서 진료 가능 여부를 물어본다. 예약제가 아닌 동물병원은 한산한 시간대를 물어본다.

▶ 사용하기 편한 이동장 준비

위에 입구가 달려 있는 이동장이 토끼를 꺼내기 쉽다. 입구가 옆에 있어 옆으로 꺼내는 이동장은 토끼가 겁에 질려 이동장 안쪽 끝으로 도망갈 수 있다.

이동장 문을 열자마자 토끼가 튀어나올 수도 있으므로 사고로 이어지지 않게 주의한다.

▶ 이동 시 추위와 더위에 대비

응급 상황을 제외하고, 여름에는 오전과 저녁 이후 서늘한 시간대에 예약을 잡는다.

더울 때는 보냉제나 얼린 페트병을 수건에 감싸 이동장에 넣는다. 추울 때는 담요를 준비하여 토끼의 스트레스를 줄인다.

▶ 준비물 확인

변이나 소변이 필요할 수 있다. 병원 예약을 할 때 문의한다.

건강 관찰일기나 사육 상황을 알 수 있는 사진, 동영상 등을 준비하면 도움이 된다.

▶ 진료 스트레스 줄이기

토끼는 진료와 치료, 검사하는 과정에서 심한 스트레스를 받는다. 그래서 병원에 다녀온 뒤에 상태가 나빠지기도 한다. 평소에 사람이 안거나 만지는 것에 적응시키면 진료 스트레스를 줄일 수 있고, 집에서도 건강 상태를 꼼꼼하게 확인할 수 있어서 질병을 조기 발견하는 데 도움이 된다.

스킨십에 적응하면 진료 시에 토끼가 받는 스트레스를 줄일 수 있다.

▶ 적합한 보호자

가족 모두 함께 토끼를 돌보고 있다면 그중에서 토끼를 가장 많이 돌보는 사람이 병원에 데려간다. 토끼의 평소 모습을 수의사에게 상세히 전달할 수 있고, 집에서 토끼를 간호하는 방법을 배워야 할 수도 있기 때문이다.

반려인의 마음가짐

수의사와의 대화

▶ 토끼의 상황을 올바르게 전달한다

질병 치료는 수의사와 반려인이 신뢰 관계를 맺고 서로 협력하는 2인 3각 경기나 마찬가지다. 그래서 수의사와 대화를 충분히 나누는 것이 중요하다.

반려인은 토끼의 생활환경과 건강 상태를 수의사에게 정확히 전달해야 한다. 반려인이 알려주는 정보는 질병을 진단할 때 매우 큰 도움이 된다. '이렇게 키웠다고 한심하게 보면 어떡하지'라는 생각이 들지라도 숨김없이 말해야 결과적으로 토끼에게 도움이 된다.

수의사에게 토끼의 증상을 전달할 때는 냉정하고 객관적이고 구체적으로 한다. 그냥 '토끼가 아픈 것 같아요'라고 하면 증상이 제대로 전달되지 않는다. 어디가 어떻게 이상한지, 평소와 어떻게 다른지를 냉정하게 관찰하고 전달한다.

▶ 납득될 때까지 설명을 듣는다

질병 설명과 검사 내용, 치료 방침 등이 잘 이해되지 않아 불안하고 의문이 든다면 이해가 될 때까지 질문한다. 반려인이 질문하지 않으면 수의사는 반려인이 이해했다고 생각한다. 그러면 반려인의 불안과 의문은 점점 커지기만 할 것이다. 신뢰 관계를 쌓기 위해서라도 수의사와 충분히 대화한다.

다만 진료시간 중에는 수의사가 매우 바쁘고 많은 동물 환자들이 치료를 기다리고 있으니 복잡한 질문이 나 의문이 있다면 다시 시간을 예약하거나 메일 또는 전화를 활용한다.

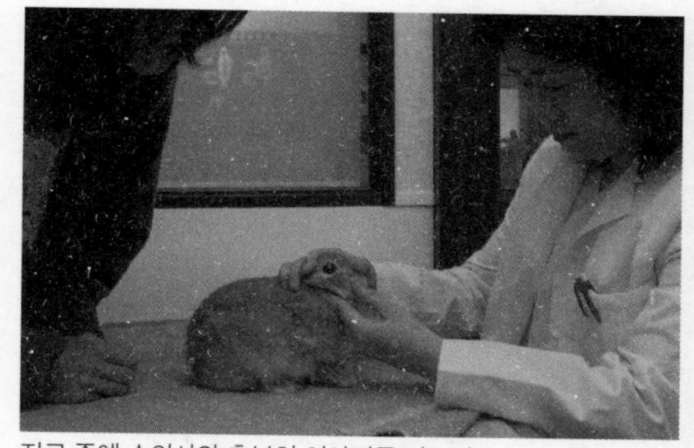
진료 중에 수의사와 충분히 이야기를 나눈다.

치료법 정하기

▶ 위험성을 이해한다

아픈 토끼의 치료법을 결정할 때는 토끼의 나이와 체력 등 여러 가지를 고려해야 한다.

치료에 어떤 위험이 따르는지 수의사의 설명을 충분히 듣고 이해한다. 상황에 따라 수술이나 리스크가 높은 치료를 할 수도 있다.

리스크가 있어도 적극적인 치료를 원하는 반려인이 있는가 하면, 힘든 치료보다는 토끼가 남은 날을 평온하게 보내길 원하는 반려인도 있다. 토끼는 자신의 치료 방침을 스스로 선택할 수 없다. 토끼를 소중하게 여기는 반려인의 판단이 토끼에게는 최고의 선택이다. 후회 없는, 최선의 선택을 하기 위해서라도 수의사의 설명을 충분히 듣고 이해하는 것이 중요하다.

▶ 판단 기준

● 토끼의 상태

질병 상태, 나이, 체력 등

● 동물병원 선택

평소 다니던 동물병원에서 치료할 것인지, 전문성이 높은 병원을 소개받을 것인지.

● 치료의 최종 목표

목숨이 걸린 질병을 치료할 때 완치를 목표로 적극적인 치료를 할 것인지, 통증 관리만 하며 삶의 질을 높이는 것을 우선시할 것인지.

● 반려인의 상황

가정에서 간호할 시간적 여유가 있는지, 치료비는 어느 정도까지 지출할 수 있는지.

▶ 근치요법과 대증요법

● 근치요법

질병의 원인을 제거하여 완치를 목표로 하는 치료 방식이다. 종양 부위는 절제 수술하고, 감염증은 약으로 바이러스와 세균을 격퇴한다.

완치 후에는 재발하지 않는다는 장점이 있다. 그러나 노령이나 쇠약한 토끼는 치료를 견디지 못하거나 약 부작용이 일어날 수 있다.

● 대증요법

증상을 완화하여 고통과 불쾌감을 없애는 치료 방식이다.

통증이 있으면 진통제를 투여하고, 설사로 탈수 증상이 생기면 수액을 놓고, 식욕부진은 강제 급여와 수액 처치를 한다.

완치가 목적은 아니지만 고통과 불쾌감에서 해방되면 삶의 질이 높아진다. 대증요법으로 체력을 회복한 뒤에 근치요법을 하는 방법도 있다.

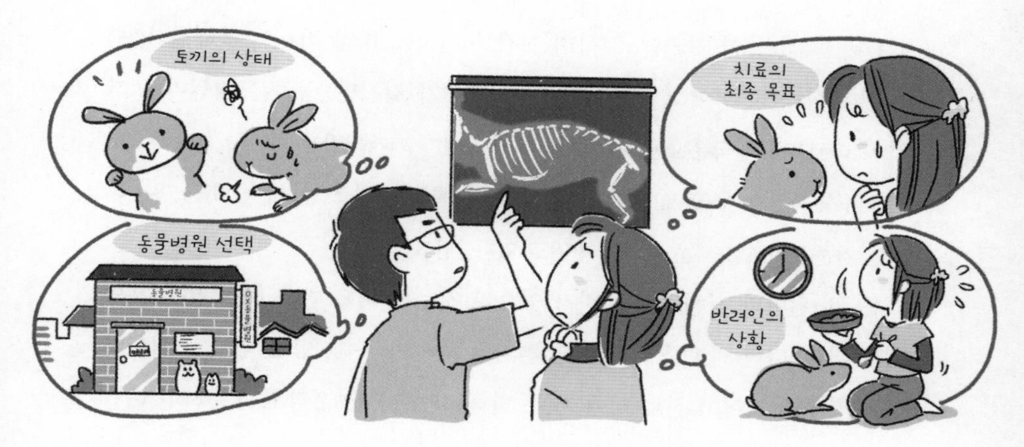

여러 가지 판단 자료를 종합하여 치료법을 정한다.

근치요법과 대증요법은 어느 한쪽을 선택할 수도 있고, 양쪽을 병행할 수도 있다.

▶ 검사는 정확한 진단을 위해 필수

병원에서는 진단을 내리기 위해 여러 가지 진찰과 검사를 한다. 혈액검사가 가장 많고, 상황에 따라서는 마취한 후 검사하기도 한다. 사람을 진료하는 의사도 환자의 말만 듣고 병을 진단하지는 않는다. 하물며 말이 통하지 않는 동물은 검사하지 않으면 정확한 질병을 알 수 없다. 필요한 검사라면 왜 하는지, 검사를 통해 무엇을 알 수 있는지 수의사에게 묻고, 토끼를 위해 냉정하게 판단한다.

▶ 동물병원 진료비

사람과 달리 동물은 건강보험제도가 없다. 그래서 반려인이 진료비를 전액 부담해야 한다(펫보험은 전액 중 일부를 지원한다).

진료비에는 초진비나 재진비 외에도, 검사비, 주사 등의 처치비, 수술비,

입원비, 약값 등이 있으며, 검사비는 각종 검사에 따라 비용이 정해진다. 사람은 보험 진료는 어느 병원에 가도 의료비가 같지만, 동물은 병원마다 가격이 다르다. (한국은 1999년 동물의료수가제가 폐지되면서 병원이 자체적으로 진료비를 책정할 수 있게 되었다. 병원마다 다른 진료비로 반려인들의 불만이 많지만 기준 표준수가제는 도입되지 않고 있다._편집자 주)

동물병원마다 정해진 진료비가 있으니 진료를 처음 받을 때 비용을 문의해도 된다. 다만 진료를 하다 보면 검사를 해야 할 수도 있고, 필요한 처치가 늘어날 수도 있어서 진료 전에 '전부 다 해서 얼마에요?'라고 질문하면 대답하기 곤란하다.

반려인이 지출할 수 있는 진료비에도 한계가 있을 것이다. 그 범위 내에서 치료를 요청하는 것도 한 방법이다.

▶ 주치의가 아닌 다른 수의사의 조언 듣기

질병의 치료 방법과 접근 방식은 하나만 있지 않다. 치료 방법을 정하기 전에 다른 선택지나 의견을 듣고 싶을 수 있다. 그럴 때 다른 수의사의 의견

치료법을 정하기 위해 다른 수의사의 의견을 듣는다.

을 듣는 것도 좋다. 이상적인 방법은 주치의와 상담한 후 토끼가 그동안 받은 치료와 검사 결과 등의 데이터를 받아서 다른 수의사에게 판단 자료로 제공하는 것이다.

모든 수의사가 이런 방법에 적극적으로 협력하는 것은 아니지만 토끼를 치료하기에 앞서 후회 없는 선택을 하고 싶다면 고려해 본다.

이에 대한 오해도 있다. 이 방법은 다른 수의사의 의견을 듣는 것이지 병원을 옮긴다는 의미가 아니다(결과적으로 병원을 옮기는 사례도 있다). 우리 토끼에 대해서 잘 아는 주치의 병원을 바꾸는 것은 토끼와 반려인 모두에게 좋지 않기에 권장하지 않는다.

알아두어야 하는 약 지식

치료에 필요한 약 이해하기

약을 빼놓고 질병을 치료할 수 없다. 약은 형태(정제, 연고 등), 복용 방법(먹는 약, 바르는 약), 효능(항생제, 항염증제 등)에 따라 여러 분류 방법이 있다. 약의 종류에 대해 알아본다.

▶ 약의 형태 및 복용 방법

● 내복약

입으로 먹는(경구 투여) 약으로 알약(정제), 가루약, 시럽제 등이 있다.

● 외용약

연고, 환부에 바르는 크림 같은 약, 환부에 떨구는 점안액 및 점이액, 약용 샴푸 같은 약용제 등이 있다. 토끼용은 아니지만 파스처럼 붙이는 약도 외용약의 한 종류다.

● 주사제

주삿바늘로 체내에 주입하는 약제로 바늘을 어느 위치에 찌르느냐에 따라 정맥주사, 근육주사, 피하주사 등이 있다.

▶ 약 형태에 따른 효능 차이

연고와 점안액 등의 외용약은 환부에 약을 바르거나 점안하여 효능을 발휘한다.

내복약과 주사약은 그 성분이 혈류를 타고 전신을 돌며 효능을 발휘한다. 효능은 약의 형태에 따라 차이가 있다.

내복약이 체내에 흡수되는 과정은 음식에서 영양분을 섭취하는 것과 같다. 약 성분은 주로 소장에서 흡수된 뒤 혈류를 타고 간으로 운반된다. 간은 이물질을 분해·해독하는 기능을 하는데 약 성분도 이 기능으로 분해된다. 분해된 약 성분은 혈류를 타고 온몸으로 퍼진 다음, 목적 장소에 도달하여 효능을 발휘한다. 그리고 다시 간으로 돌아와 분해되고, 마지막에는 소변과 함께 배설된다. 내복약의 효능은 대체로 완만하며 식사와 함께 투여하는 등 투여법에 따라 체내에서 약의 움직임이 변한다.

주사약 중 정맥주사는 혈관 내에 직접 주사한다. 바로 혈류를 타고 전신을 돌기 때문에 효과가 빠르게 나타난다. 근육주사와 피하주사는 각각 근육과 피하에 주사된 후 혈류를 탄다. 따라서 정맥주사보다는 효과가 느리지만

약의 작용기전

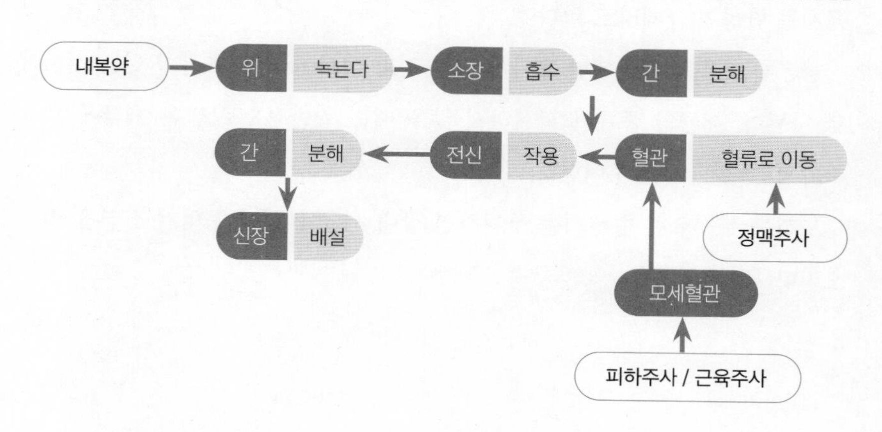

내복약보다는 빠르다. 근육주사와 피하주사 중에서는 근육주사 효과가 더 빠르다. 주사약도 전신을 돌고 난 후 간으로 운반되고, 그곳에서 분해되어 배설된다.

성분이 같은 약을 내복약과 주사약 등으로 각각 만들기도 한다. 토끼의 증상과 체력 등을 종합적으로 고려하여 어떤 형태를 사용할지 결정한다. 반려인이 약을 먹일 수 있는지도 중요한 고려 사항이다. 반려인이 토끼에게 약을 먹이지 못한다면 내복약을 처방하는 것은 의미가 없다.

주로 사용하는 약

▶ 항균제(항생제·합성 항균제)

세균 감염으로 생긴 질병을 치료할 때 사용한다. 병원성 세균을 죽이는 효능이 있다.

최초로 발견된 항생제인 페니실린이 푸른곰팡이에서 만들어졌다는 이야기는 유명하다. 이처럼 미생물의 항균작용을 이용하거나 그 작용 기전을 이용해서 만든 항균제를 항생제라고 한다. 처음부터 인공적으로 만들어진 항균제는 합성 항균제라고 한다.

항균제는 특정 세균에만 효과가 있는 것과 여러 세균에 효과가 있는 것으로 나뉜다. 세균의 종류가 확실하지 않을 때는 일반적으로 많은 세균에 효과가 있는 항균제를 투여한다.

토끼는 부적절한 항생제를 투여하면 장내 세균 균형이 무너져 장염을 일으킨다(166쪽 참조).

▶ 생균제

생균제는 프로바이오틱스라고 하며 장내 세균 균형을 개선하는 살아 있는 미생물이다. 항생제를 투여할 때 함께 먹이기도 한다.

▶ 항진균제

진균이란 곰팡이로 피부사상균증의 원인이다.

항진균제는 진균의 세포막을 파괴하는 타입과 세포막 생성을 저해하는 타입이 있다.

▶ 구충제

기생충 감염을 치료하는 약물이다. 기생충에는 콕시듐 원충 같은 내부기생충, 귀진드기와 옴진드기처럼 피부에 기생하는 외부기생충이 있다.

내부기생충에 작용하는 구충제는 원충의 단백질 합성을 저해하거나 세포 조직을 변화시켜 효과를 나타낸다. 외부기생충에 작용하는 구충제는 진드기나 벼룩의 신경에 작용한다. 내복약과 일정한 지점에 바르는 스폿 타입이 있다.

스폿 타입의 구충제 중에는 프론트라인(상품명)처럼 토끼에게 투여해서는 안 되는 종류도 있으므로 주의한다.

▶ 소화기계 약

신경에 작용하여 위장운동이 활발해지도록 도와주는 위장운동 촉진제와 위산분비 세포에 작용하여 위산 분비를 억제하는 위산분비 억제제가 있다.

변비약은 배변을 촉진하는 방법에 따라 여러 종류가 있는데 수분을 변에 모아 변을 부드럽게 하는 타입, 장을 자극하여 연동운동을 촉진하는 타입 등이 있다. 설사를 멎게 하는 지사제에는 장의 수분 분비를 억제하여 수분

흡수를 촉진하는 타입, 장의 연동운동을 억제하는 타입, 장관 점막을 보호하는 타입 등이 있다.

▶ 항염증제

염증을 가라앉히는 작용을 한다. 스테로이드계 항염증제와 비스테로이드계 항염증제가 있다.

스테로이드계는 부신피질호르몬(당질코르티코이드)을 주성분으로 하는 항염증제다. 강력한 항염증 작용과 뛰어난 효과를 기대할 수 있지만 대사와 호르몬 기능에도 영향을 주기 때문에 잘못 사용하면 부작용을 일으킬 수 있다. 투약량과 투약 기간은 수의사의 지시에 따르고, 회복 후에도 투약량은 천천히 줄여야 한다(비스테로이드계 항염증제도 부작용은 있다).

▶ 진통제

항염증제의 진통 작용을 이용하는 타입과 통증 유발물질의 작용을 억제하는 타입이 있다.

▶ 심장병약

심부전 등의 심장 질환이 있을 때 사용한다. 심근의 수축력을 높이거나 심박수를 줄이는 작용을 한다.

▶ 강압제降壓劑

혈압이 높을 때와 신장 질환이 있을 때, 신장을 보호하기 위해 사용한다. 혈압을 높이는 물질을 억제하는 타입과 혈관을 확장하는 타입 등 여러 종류가 있다.

▶ 혈관수축제

교감신경을 흥분시키는 작용으로 혈관 수축 및 기관지 확장 효과가 있다.

▶ 이뇨제

신장은 체내 수분량과 미네랄을 조절하고, 혈액을 여과하여 소변을 만든다. 이뇨제는 신장 기능을 조절하여 소변량을 늘리는 작용을 한다. 배뇨량을 늘리고 체액을 줄여 심장에 가해지는 부담을 줄인다.

▶ 항히스타민제

히스타민의 작용을 억제하는 약물이다. 히스타민은 알레르기 증상에 관련된 물질이다.

▶ 호르몬제

호르몬은 체내에서 생리 기능을 조절하는 물질이다. 성호르몬과 성장호르몬 등이 있다. 호르몬제는 그 작용을 이용한 약물이다.

▶ 킬레이트제

의료 및 공업 영역에서 사용하는 물질로 일정한 금속 이온과 결합하는 성질이 있다. 의료에서는 납중독 등의 중금속 중독 치료에 사용한다.

▶ 백신

무독화 및 약독화한 병원체를 접종하여 바이러스에 대항하는 면역력을 활성화한다.

(한국은 1980년대에 유행성 출혈열신증후군출혈열, hemorrhagic fever with renal syndrome이 크게 유행한 적이 있어서 유행성 출혈열 백신을 접종하고 있다. 유럽은 점액종증

백신, 바이러스성 출혈성 백신을 접종하고 있다. 일본은 유행성 출혈열이 발생한 적이 없어서 토끼에게 백신 접종을 하지 않는다._옮긴이 주)

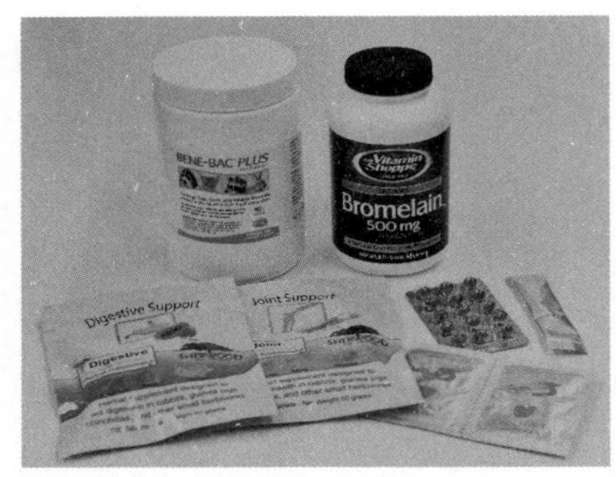

동물병원에서 처방한 영양 보조제

▶ 항암제

악성종양 치료에 사용하는 약물이다. 암세포의 증식을 억제하거나 암세포 자체를 파괴하는 작용을 한다.

약 부작용

약은 몸의 조직과 체계를 변화시켜 좋은 효과를 일으키는 주작용을 한다. 그러나 약이 꼭 좋은 작용만 하지는 않는다. 치료 목적과 관계없고, 몸에 나쁜 영향인 부작용도 있다.

모든 약에는 부작용이 있다. 부작용의 정도가 가볍다면 약 투여로 인한 장점을 우선으로 한다. 설령 강력한 부작용이 있어도 치료하지 않는 것보다 치료하는 편이 나을 때는 충분한 주의를 기울이면서 약을 투여한다.

부작용의 정도는 약의 종류에 따라 가지각색이다. 투약할 때는 수의사의 설명을 주의깊게 듣고, 이해되지 않는 부분이 있다면 질문하고 이해한 후에 치료를 진행한다.

약의 효능과 부작용에 대해 주의깊게 듣는다.

건강검진

건강검진을 받는다

▶ 건강검진의 필요성

● 질병의 조기 발견

건강한 줄 알았는데 갑자기 병이 생기는 것은 사람이나 토끼나 마찬가지다. 갑자기 심각한 증상이 나타날 때도 있지만 대부분 조용히 발병하여 눈치채지 못하는 사이에 병이 진행된 경우다. 질병은 초기에 발견하면 진행을 막을 확률이 높아진다. 건강검진은 질병의 조기 발견에 도움이 된다.

● 질병 예방

건강검진은 토끼의 진찰뿐 아니라 반려인이 토끼를 돌보는 방식을 수의사에게 알려주는 역할도 한다. 반려인의 사육 방식이 부적절할 때는 수의사가 무엇이 문제인지 지적할 것이다. 이를 통해 계속 이렇게 키우면 병에 걸릴 수 있다는 것을 배우게 된다. 건강검진은 질병의 발견뿐 아니라 질병을 예방하는 기능이 있다.

● 토끼 전문병원을 탐색하는 계기

대부분 토끼가 아플 때 처음 병원을 찾는다. 그러나 현실적으로 토끼를 진료하는 동물병원은 매우 적다. 토끼가 아플 때는 토끼 전문병원을 찾을 경황이 없으므로 건강할 때 미리 병원을 찾아둔다. 건강검진을 통해 토끼를

전문적으로 진료하는 병원을 미리 알아둔다.

▶ 질병의 조기 발견

건강 상태 확인은 반려인의 일과 중 하나다. 매일 토끼의 건강 상태를 관찰하면 건강검진을 받을 필요가 없다고 생각하는 반려인도 있을 것이다. 물론 건강 상태를 매일 확인하는 것은 매우 중요하며, 질병의 조기 발견에 도움이 된다. 그러나 질병의 징후는 눈에 보이지 않는 곳에서도 생긴다. 토끼 진료 경험이 풍부한 수의사만 알 수 있는 질병과 정밀 검사를 해야만 알 수 있는 질병도 있다.

또한 많은 반려인이 '설마 병에 걸리겠어', '병이 아닐 거야'라는 마음으로 토끼를 바라보곤 한다. 질병의 조기 발견을 위해 객관적인 검진을 받아야 하는 이유다.

건강검진의 종류

▶ 일반 신체검사

특별한 검사기기를 사용하지 않고 토끼의 겉모습을 보고 만지며 검사한다. 동물병원에 건강검진을 받고 싶다고 요청했을 때 하는 기본 검사다.

겉모습만 보고 진단하기 때문에 숨어 있는 질병까지 발견할 수 없다. 그

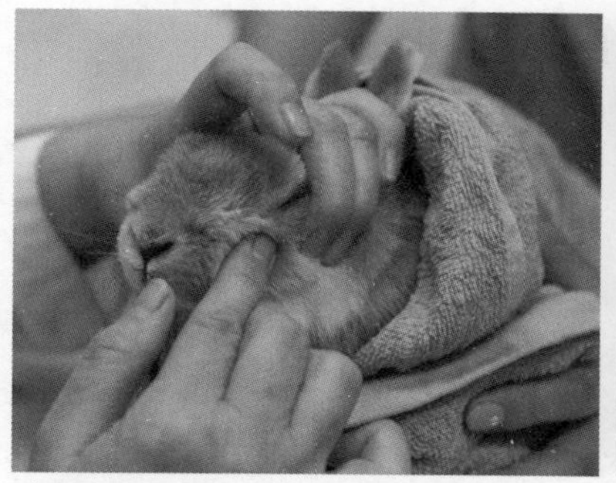

일반 신체검사를 하는 모습. 몸을 보고 만지며 진단한다.

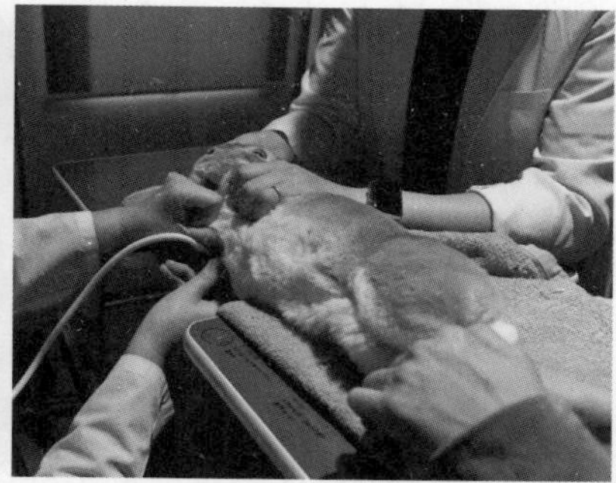

심장 초음파검사를 하기 전에 청진기로 심장 소리를 확인한다.

러나 정밀검사에 비해 토끼가 받는 스트레스가 적고 반려인의 경제적 부담도 크지 않다는 이점이 있다.

노령이거나 질병의 징후가 확실히 있을 때는 임상검사를 받는 것이 좋으나 젊고 건강한 토끼라면 일반 신체검사만 받아도 충분하다.

▶ 임상검사

일반 신체검사만으로 알 수 없는 항목을 검사한다. 노폐물이 배출되는 변과 소변검사, 체내를 순환하는 혈액검사, 몸에서 검체를 채취하는 검사, 엑스레이 검사, 심전도검사, 초음파검사 등이 있다.

검사를 하려면 다양한 기기와 검사 키트가 필요하다. 또한, 검사로 얻은 데이터가 정상인지 판단하는 기준과 비교 대상(수치 등)도 필요하다.

임상검사는 질병을 진단하기 위한 중요한 검사다. 노령 토끼는 일반신체검사와 함께 임상검사도 하는 것이 좋다. 임상검사에는 많은 종류가 있다. 어떤 검사로 무엇을 알 수 있는지 알아둔다.

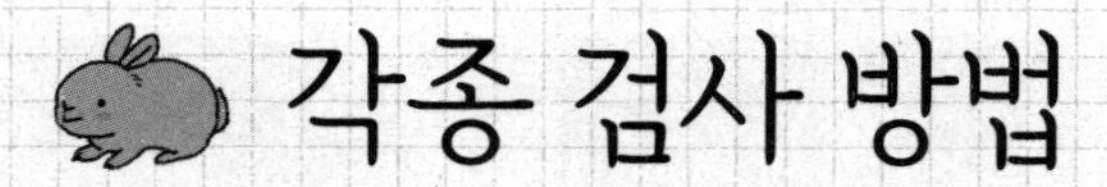

각종 검사 방법

일반 신체검사

▶ 문진

문진은 가장 먼저 하는 검사로 수의사가 토끼의 몸 상태와 사육환경, 기타 건강에 관련된 정보를 반려인에게 질문한다. 반려인의 이야기를 들으며 수의사는 토끼의 상황을 자세히 알아간다. 문진을 통해 얻은 정보를 토대로 질병 가능성이 있는 부위를 더 꼼꼼하게 검사하고, 사육 방식이 부적절할 때는 적절한 방법을 지도한다.

반려인은 질문에 대답할 때 수의사가 반려토끼에 대해 아는 것이 전혀 없다는 사실을 염두에 두고 가능한 한 객관적이고 구체적으로 이야기한다. 평소에 건강 상태를 기록해 두면 도움이 된다(98쪽 참조).

문진 절차는 병원마다 다르다. 수의사가 진찰실에서 직접 문진하거나 대기실에서 동물 간호사가 질문하거나 미리 마련된 문진표에 증상을 적고 그것을 토대로 문진하기도 한다.

문진의 내용은 일반적으로 다음과 같지만, 동물병원마다 다르다.

문진 항목

- 토끼의 기본 정보 : 품종, 나이, 성별, 중성화수술 여부
- 병력 : 지금까지 걸렸던 질병, 지금까지 받은 수술 등
- 사육환경 : 어떠한 환경에서 키우고 있는지, 운동량, 다른 토끼나 동물이 있는지 등

· 식사 : 식사 내용, 양, 빈도, 부식 및 간식의 내용, 물 마시는 양 등
· 상태 : 기운이 있는지, 식욕이 있는지, 배설물 상태, 기타 평소와 다른 점 등

▶ 육안으로 관찰하기(시진)

토끼의 외관을 보고 진찰한다. 머리와 얼굴에서 등, 꼬리 방향으로 진찰하고, 뒤집어서 앞발의 발끝에서 복부, 생식기, 뒷발의 발바닥까지 본 뒤, 몸의 움직임 등 전신 상태를 확인한다.

이경을 사용해서 귓속을 보는 등 보는 부위에 따라 도구를 사용하기도 한다. 얼마나 세심히 진찰하는지는 수의사마다 다르며, 이상한 점이 있을 때는 더 자세히 검사하는 등 상황에 따라 달라진다.

육안으로 관찰할 항목이 많지만 숙련된 수의사는 짧은 시간 내에 정확히 진찰한다.

육안으로 관찰하는 항목

· 머리 : 사경 증세가 있는가 → 내이염, 엔세팔리토준증 등
· 안면 : 좌우대칭 상태 확인, 부기의 유무 등 → 아래턱농양 등
· 눈 : 점막의 색, 눈물 흘림, 눈의 크기, 결막, 각막, 홍채, 3안검, 안검 주위 등 → 결막염, 전방축농, 백내장, 포도막염, 안구농양 및 녹내장으로 인한 안구돌출, 눈물길(비루관)폐쇄, 눈물주머니(누낭)염, 결막과증식 등
· 귀 : 귀지 색, 냄새, 양 등 이경을 사용하여 귓속 체크 → 귀진드기, 외이염 등
· 코 : 콧물, 궤양, 딱지 등의 유무 → 스너플, 트레포네마증(토끼매독) 등
· 이빨 : 앞니 맞물림, 과성장, 어금니 표면의 교합 상태, 뾰족함 등, 이경이나 내시경을 사용하여 입 안 체크 → 부정교합, 이빨과성장
· 다리 : 앞다리 안쪽(입 주변을 그루밍하는 부위)의 털이 꺼슬꺼슬한지, 뒷발바닥에 상처나 궤양이 있는지 등 → 비절병 등

· 복부 : 유선의 부종 및 경화, 분비물 유무, 티아노제 유무, 생식기 오염과 분비물, 하복부가 변이나 소변으로 인해 지저분한지 등 → 자궁선암종, 자궁내막염 등
· 털 : 탈모, 비듬, 딱지, 오염, 모질 등 → 벼룩, 이, 진드기, 피부사상균증 등
· 호흡 패턴 : 호흡수를 세고, 호흡 상태를 본다 → 폐렴, 상부기도염 등

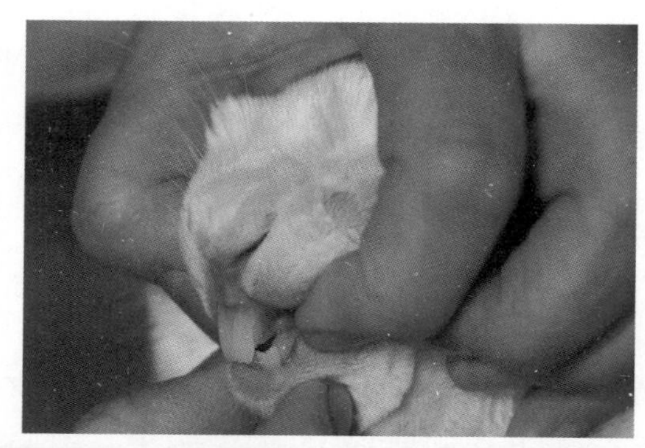

토끼의 입을 벌려 앞니를 확인한다.

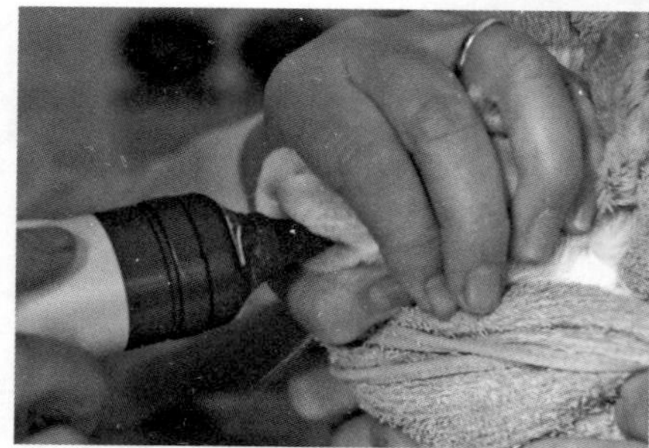

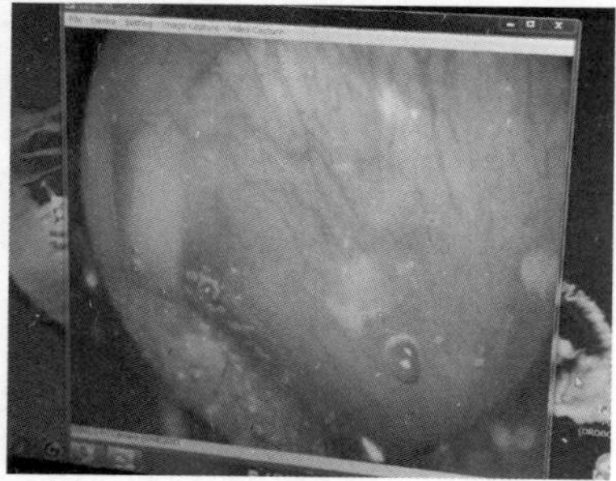

디지털 이경으로 입 안을 검사하면 모니터로 상태를 볼 수 있다.

▶ 촉진

촉진은 토끼의 몸을 부드럽게 만지거나, 조금 힘을 주어 누르는 방식으로 진찰하는 방법이다. 사람의 건강검진에서도 중요한 검진 항목이지만 전신이 털로 뒤덮인 토끼에게는 더욱 중요한 진찰이다.

사람의 손길을 싫어하는 토끼는 촉진을 제대로 하기가 어렵고, 토끼도 스트레스를 받는다. 평소에 스킨십을 충분히 하여 사람의 손길에 적응시킨다.

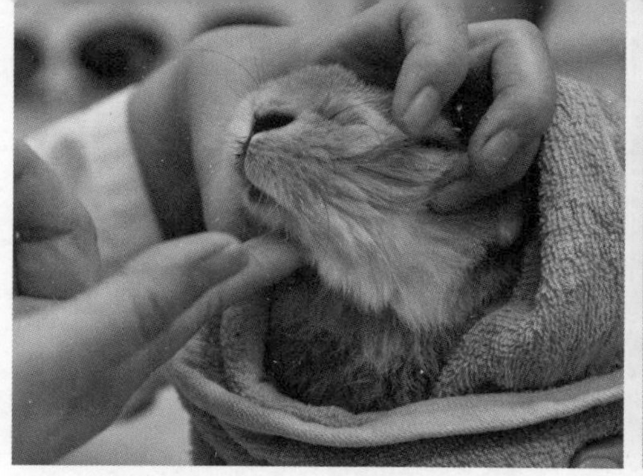

턱 밑을 만져 치근이 과성장했는지 확인한다.

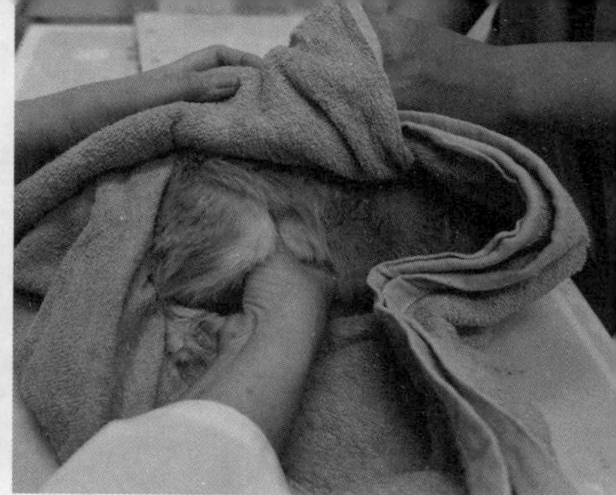

복부 촉진

촉진 항목

- 머리 : 안압, 통증, 아래턱의 좌우대칭 상태 등 → 아래턱(하악)농양, 안구농양 등
- 털 : 비듬, 딱지, 농양, 탈모 유무 등을 털을 헤쳐서 살핀다 → 감염증, 외부기생충 등
- 복부 : 간·위·신장·소화기관·방광·자궁(암컷)을 순서대로 만진다. 통증의 유무, 크기, 형태 이상, 유선의 부종 및 경화, 간부종 등 → 간 질환, 위장정체, 자궁선암종 등

▶ 청진

청진이란 청진기로 체내에서 발생하는 흉부 호흡음, 심음, 복부 연동음 등을 듣고 진찰하는 방법이다.

토끼가 긴장하면 심박 수가 빨라져 청진을 정확하게 할 수 없다. 토끼가 반려인을 보고 안심할 수 있도록 평소 토끼와 깊은 신뢰를 쌓는다.

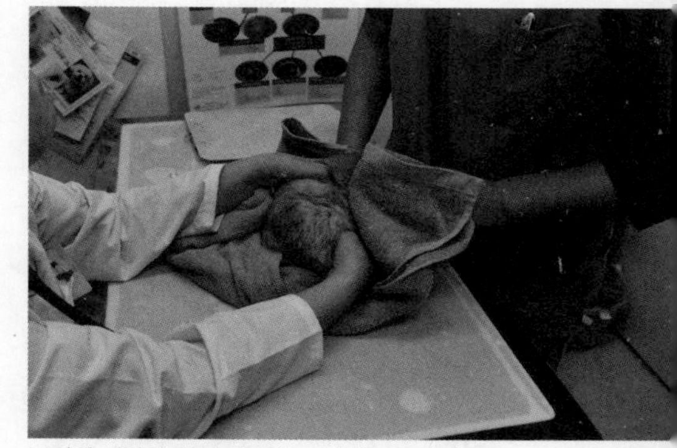

토끼의 심장에 청진기를 대고 심박수를 센다.

청진 항목

- 코 : 재채기, 코막힘 소리 → 상부기도염, 스너플 등

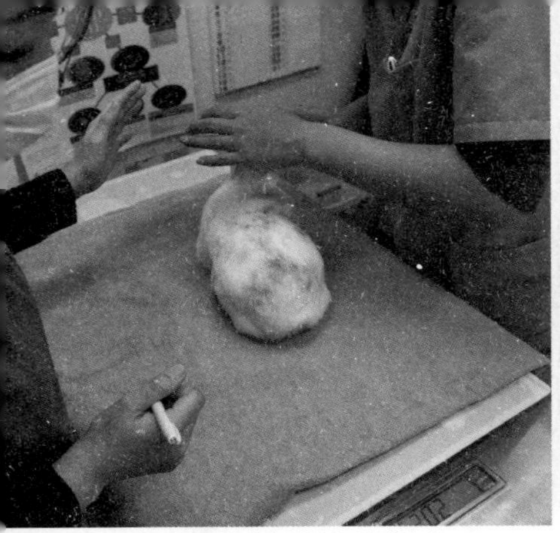

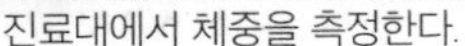

진료대에서 체중을 측정한다.

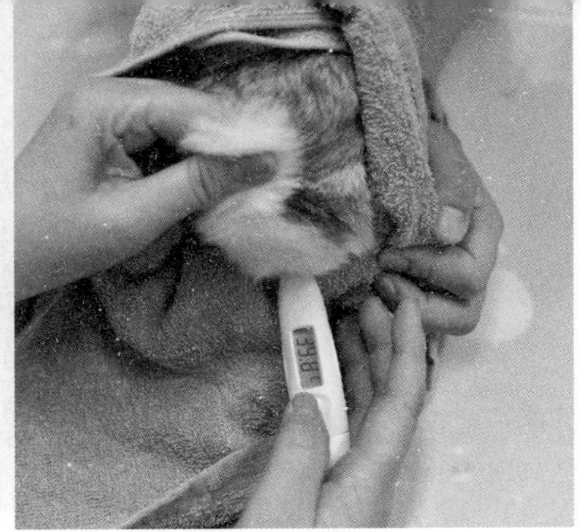

토끼는 항문에 체온계를 넣어서 체온을 측정한다.

· 흉부 : 심음, 호흡음을 청진 → 순환기계 질환, 폐렴 등

· 복부 : 장 연동음이 정상인지 청진 → 위장정체 등

▶ 체중 측정

체중도 토끼의 건강 상태를 나타내는 중요한 정보다. 다음번 신체검사를 할 때 체중 변화를 확인하는 기준이 된다. 체중에 큰 변화가 있으면 건강에 이상이 생긴 것이므로 정밀검사를 한다.

▶ 체온 측정

보통 토끼의 체온은 직장 온도를 재며, 항문에 체온계 끝부분을 찔러 넣는다. 끝부분이 유연하게 구부러지는 체온계를 사용한다.

임상검사

임상검사clinical laboratory test란 겉모습만으로는 알 수 없는 것을 검사하는 것이다. 임상검사 시에는 토끼의 건강검진 항목인 혈액검사와 소변검사 외에

정밀검사인 CT 및 MRI 검사도 다룬다.

많은 토끼가 임상검사로 질병을 발견하고 적절한 치료를 받는다. 검사가 토끼에게 스트레스를 주는 것이 아닐까 하는 불안감이 들 수 있지만 수의사와 상담한 후 필요하다고 생각되면 적극적으로 고려한다. 모든 동물병원이 정밀검사를 하는 것은 아니므로 정밀검사를 원한다면 가능한 병원을 추천받는다.

임상검사를 하기에 앞서 반려인이 이해해야 할 것이 있다.

검사 데이터가 정상인지 판단하려면 그 동물종의 정상치와 비교 검토해야 한다. 그러나 특수동물은 정상치가 명확하지 않은 경우도 많다.

또한 검사를 한다고 해서 질병이 발견되고 원인이 밝혀지는 것은 아니며 질병이 낫는 것도 아니다. 그렇지만 검사를 통해 질병을 조기에 발견하거나 때때로 치료 방법을 찾기도 한다. 임상검사에는 한계와 가능성 둘 다 존재한다.

▶ 혈액검사

혈액은 산소, 영양분, 면역세포를 운반하고, 노폐물을 배출하는 등 많은 역할을 한다. 전신을 순환하는 혈액을 검사하면 몸 기능에 관한 많은 정보를 얻을 수 있다.

전혈구검사

혈액 속에 포함된 혈구(적혈구, 백혈구, 혈소판 등)의 수를 조사하는 검사다. 채혈한 혈액을 검사기기로 분석하거나 특수한 방법으로 염색한 표본을 만들어 현미경으로 검사한다.

적혈구는 산소를 온몸으로 운반하는 역할을 하지만 빈혈이 있으면 감소한다. 백혈구에는 호중구, 호산구, 호염기구, 림프구, 단핵구가 있으며 면역 기능과 관련 있다. 감염 질병이 있으면 백혈구 수치가 증감한다. 혈소판은 혈액을 응고하는 기능이 있다. 상처에서 나오는 피가 금방 지혈되는 것은 혈소판의 작용이다.

그 밖에 헤모글로빈 수치(적혈구에 포함된 물질, 빈혈 및 당뇨병과 관련 있다), 헤마토크리트hematocrit 수치(혈액에 포함된 적혈구의 비율을 조사한다)라는 검사 항목도 있다.

혈액생화학검사

혈액은 세포 성분(혈구 등)과 액체 성분(혈청, 혈장)으로 나뉜다. 혈액생화학검사는 혈액을 원심분리기로 돌려 혈청을 분리하고, 혈청에 포함된 단백질, 당질, 효소 등의 성분량을 조사하는 검사다. 혈당 수치, 콜레스테롤 수치 외에도 다양한 검사 항목이 있다.

검사 항목의 예

체액 균형 지표

Na	나트륨
K	칼륨
Cl	염소
Ca	칼슘
P	인

간 기능 지표

T-Bil	총 빌리루빈
ALP	알칼리인산분해효소
AST(GOT)	아스파르테이트아미노전이효소
ALT(GPT)	알라닌아미노전이효소

신장 기능 지표

BUN	혈중요소질소
Cre	크레아티닌

당대사 지표

Glu	글루코스·혈당 수치

영양 상태 지표

TP	총 단백
ALB	알부민

지방대사 지표

TC(T-Cho)	총 콜레스테롤
TG	중성지방

채혈

건강한 토끼의 몸에는 체중의 약 6~8퍼센트의 혈액이 흐르고 있다.

전체 혈액 중 20퍼센트까지는 3주 간격으로 채혈할 수 있으나 혈액검사에서는 그 정도로 많은 혈액을 사용하지 않는다. 검사용 기계와 검사 항목에 따라 다르지만 0.5cc 정도면 어느 정도의 검사는 할 수 있다. 너무 많은 양을 채혈하면 몸을 순환하는 혈액이 부족해지거나 빈혈을 일으킨다.

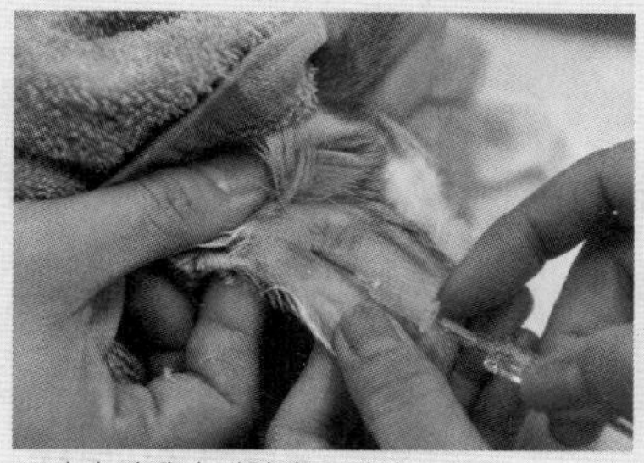

토끼의 귀에서 채혈하고 있다.

일반적으로 채혈 부위는 귓바퀴 주변 정맥(귀의 가장자리에 있는 정맥), 귓바퀴 중심동맥(귀의 바깥쪽 중심에 있는 동맥), 요골 측 피부정맥(앞다리 안쪽에 있는 정맥), 경정맥(목정맥), 외측 복재정맥(뒷다리 바깥쪽에 있는 정맥)이다.

그 밖의 혈액검사

그 밖에도 혈액검사로 많은 것을 알 수 있다.

호르몬 검사는 혈액 속의 호르몬 수치를 측정한다.

항원검사와 항체검사는 항원이나 항체의 존재를 검사한다. 항원은 체내에 있는 외부 이물질이고, 항체는 항원에 반응하여 생성된 분자를 말한다. 어떤 항원은 그 항원에만 반응하는 항체가 생성된다. 토끼의 항체검사로는 엔세팔리토준증과 톡소플라스마증 검사가 있다.

항체가는 시간이 지나면 낮아지므로 몇 번씩 반복 검사하기도 한다.

▶ 소변검사

소변은 신장에서 만들어진다. 체내를 순환한 혈액은 신장에서 여과되는

데 이때 불필요한 물질이 소변으로 배출된다. 소변검사는 소변 그 자체의 성질을 조사하거나 소변에 섞여 있으면 안 되는 물질이 있는지를 조사한다. 검사기기, 원심기, 소변검사지, 현미경 등을 사용한다.

물리적 성상검사

소변의 양과 pH 수치, 요비중, 눈에 보이는 상태(색조, 농도, 혼탁도) 등을 검사한다.

pH 검사는 소변이 알칼리성인지 산성인지를 조사하는 것이다. pH는 7이면 중성이고, 7 이하면 산성, 7 이상이면 알칼리성이다. 동물에 따라 pH 수치가 다르며, 토끼 소변의 pH는 평균 pH 8.2의 알칼리성이다.

요비중은 소변의 농도를 조사하는 검사다. 소변은 보통 물보다 조금 진한 것(비중이 높다)이 정상이다. 그러나 소변을 농축하는 능력이 저하되면 요비중이 낮아진다. 요비중이 심하게 높으면 탈수 상태나 신장 질환 등을 의심할 수 있다.

소변검사로 알 수 있는 질병

출혈 유무	자궁선암종, 방광염, 요로결석, 방광폴립 등
단백뇨	신장 질환 등
저비중뇨	신장 질환 등
빌리루빈뇨	간 질환 등
결정 유무	요로결석 등
세균 유무	방광염 등
다뇨	신장 질환, 간 질환, 당뇨병 등

화학적 검사

요잠혈은 소변에 피가 섞여 있는지를 검사하는 것이다. 눈에는 보이지 않아도 소변에 피가 섞여 있을 수 있다.

요단백은 소변으로 배설되는 단백질의 양을 검사하는 것이다. 약간의 단백질이 소변에 섞여 있는 것은 정상이나 양이 많으면 신장 기능에 문제가 있는 것이다.

요당은 소변에 당질이 섞여 있는지를 검사하는 것이다. 원래 포도당은 신장에서 재흡수되므로 소변에 섞이지 않는다. 그러나 혈액 속에 당질이 많아서 신장에서 모두 흡수하지 못하면 소변으로 배출된다. 요당이 있으면 당뇨병을 의심한다.

그 밖에도 소변으로 배출되어서는 안 되는 물질이 있는지 검사한다. 케톤체(지방 분해에 관여하는 물질), 빌리루빈(적혈구가 분해될 때 생기는 물질), 우로빌리노겐urobilinogen(빌리루빈이 장내 세균에 의해 분해될 때 생기는 물질) 등의

소변 채취

정확한 검사를 하려면 신선한 소변이어야 한다. 시간이 흐르면 소변의 성분이 변해 정확한 진단을 내릴 수 없기 때문이다. 소변에 변이 섞여도 검사에 지장이 생긴다.

토끼가 동물병원에서 소변을 본다는 보장이 없으므로 병원에 가기 직전에 집에서 채취한다. 화장실 바닥에 랩이나 배변 패드를 뒤집어 깔고(뒷면은 수분을 흡수하지 않는다) 소변이 모이면 스포이트로 채취한다.

그러나 소변 채취는 병원에서도 가능하므로 소변검사를 할 예정이라면 채취 방법을 수의사와 상담한다.

소변검사를 해야 하는데 소변이 자연스럽게 나오지 않을 때 병원에서는 압박배뇨(방광을 눌러 소변을 배출), 방광천자(방광에 바늘을 찔러 소변을 뽑음)를 하거나, 요도에 관(카테터)을 꽂아 소변을 채취한다.

화장실에 랩을 깔고 스포이트로 소변을 채취한다.

검사 항목이 있다.

요침사검사

소변에 섞여 있는 고형 성분을 조사하는 검사다. 소변을 원심분리기로 돌려서 침전물을 추려낸 후 성분을 현미경으로 조사한다. 요침사검사를 하면 결석을 일으킨 물질을 알 수 있고, 적혈구와 백혈구, 방광 안쪽 점막에서 떨어져 나온 세포, 세균 등을 관찰할 수 있다.

▶ 분변검사

분변검사를 하면 소화 기능의 상태를 파악할 수 있다. 또한, 기생충과 충란, 콕시듐 난포낭oosyst, 지아르디아 원충, 세균이 있는지 확인할 수 있다. 질병마다 변의 색과 모양에 특징이 있어서(28쪽 참조) 눈으로 보고 추정할 수도 있다.

분변검사는 직접 변의 모양과 색을 보고 확인하는 방법 외에도 직접 도말법과 부유법(집란법)이 있다. 직접 도말법은 슬라이드글라스 위에 증류수와 변을 올려놓고 잘 섞은 다음, 현미경으로 관찰하는 방법이다. 부유법은 비중이 가벼운 충란과 난포낭이 물에 뜨는 성질을 이용한 것이다. 변을 식염수나 기타 용액에 섞고 가만히 놓아두면 기생충 알이 떠오르는데, 이것을 모아서 현미경으로 검사한다.

변을 보면 바로
작은 용기에 모은다.

분변검사에도 신선한 변이 필요하다.

▶ 그 밖의 검체검사

검체검사란 몸에서 채취한 것을 조사하는 검사다. 혈액과 소변, 분변검사도 검체검사이지만 그 외에도 질병을 진단하기 위해 실시하는 검체검사가 있다.

피부에 생긴 혹이 종양인지, 농양이나 지방종인지, 혈액인지 구별이 안 될 때는 생체조직검사(바이옵시)를 한다. 혹에 가는 주삿바늘을 찔러 넣어 병변의 조직을 흡인한 뒤 그것을 현미경 등으로 조사한다. 골수세포를 채취하여 조사하는 골수생검도 있다.

배양검사는 병원균을 확인할 때 하는 검사로, 병변의 조직을 채취한 뒤 증식시켜 병원균을 확정한다. 피부사상균이 의심될 때 종종 실시한다.

귀진드기 같은 외부기생충이 의심될 때는 귀지, 탈모 부위에서 긁어낸 각질, 셀로판테이프를 환부에 붙여서 모은 비듬 등을 현미경으로 조사한다.

▶ 영상검사

영상검사란 영상을 보고 진단하는 검사로 엑스레이 촬영이 대표적이다. 개복하지 않아도 몸 안의 상태를 알 수 있다는 장점이 있으나, 병변의 위치와 크기에 따라 영상에 나타나지 않는 것도 있다.

엑스레이(X선) 검사

사물을 투과하는 엑스레이의 성질을 이용해 신체 내부 상태를 촬영한다. 투과되는 부분은 진하게 찍히고, 투과되지 않는 부분은 하얗게 찍힌다. 뼈는 엑스레이가 투과되지 않아서 하얗게 찍힌다. 엑스레이 사진을 찍을 때는 뒤집거나 옆으로 촬영하는 것이 기본이다. 그러나 진단하려는 부위에 따라 엎드리거나 기울인 상태로 촬영하기도 한다. 골절이 있을 때는 특정 부위만 촬영한다. 일반 사진과 마찬가지로 피사체가 움직이면 사진이 흔들리므로

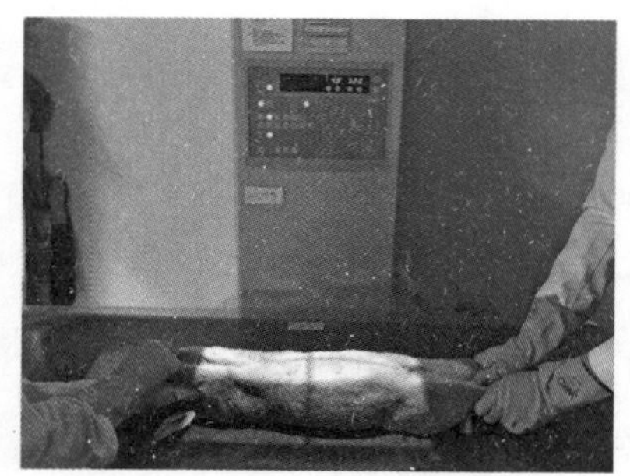
엑스레이 검사. 뒤집어서 촬영하는 모습

필요할 때는 마취한다.

엑스레이 검사를 하면 내장의 상태를 알 수 있다. 그러나 때로는 엑스레이 사진에 병변이 뚜렷하게 나타나지 않는 것도 있다.

소화기관의 움직임을 관찰하기 위해 조영제(초산바륨 등의 엑스레이가 투과되지 않는 약제)를 먹이고 엑스레이 촬영을 할 때도 있다.

엑스레이 검사로 알 수 있는 질병의 예

부위	질병
두부	부비강염, 부정교합 등
흉부	흉선종, 폐렴, 흉수 등
복부	모구증, 요로결석, 자궁선암종 등
허리·다리	골절, 탈구, 척추, 뼈의 질병 등

초음파검사

사물에 부딪힌 소리가 반사되어 되돌아오는 성질을 이용한 검사다. 탐촉자(프로브. 초음파를 발생시키는 장치)를 신체 표면에 밀착시켜 초음파를 보낸 다음 되돌아오는 초음파를 실시간 영상화하여 진단한다.

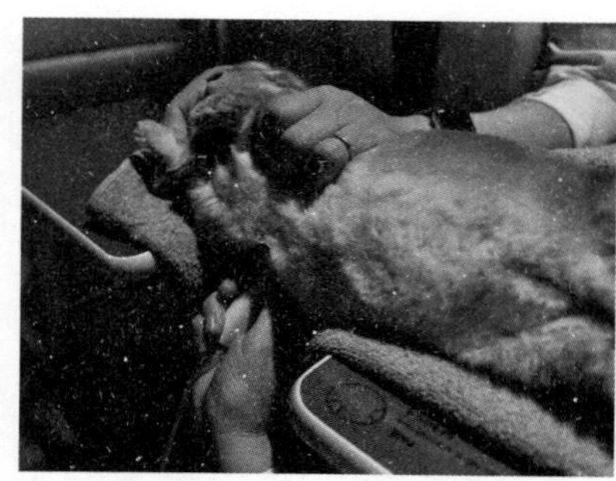
심장 초음파검사

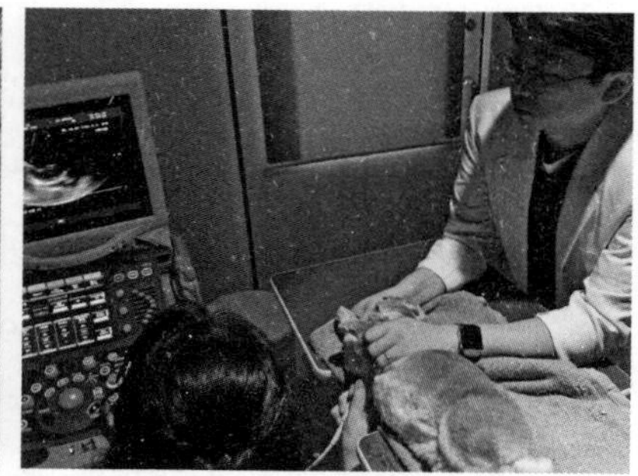
초음파검사는 영상을 보면서 진단한다.

프로브를 몸에 밀착시키기 때문에 검사할 때에는 프로브의 끝부분에 젤을 바른다. 프로브를 대는 부위는 털을 밀기도 한다.

CT 검사

CT 검사(전산화단층촬영)는 엑스레이 검사와 마찬가지로 엑스레이를 이용한 검사다. 엑스레이 검사는 엑스레이를 한 방향으로 투과시켜 촬영하지만 CT 검사는 엑스레이 발생 장치가 몸 주변을 돌면서 촬영한다. 그 데이터를 컴퓨터로 처리하여 몸의 횡단면의 모습을 영상으로 볼 수 있다. 3D 처리로 영상을 입체적으로 보는 방법도 있다. CT 검사를 할 때는 보통 전신마취를 한다.

MRI 검사

MRI 검사(자기공명영상)는 자기를 이용한 검사다. 자기장을 발생하는 커다란 자석 터널에 몸을 넣고 고주파를 발생시키면 신체에 있는 수소가 반응하여 신호를 보내는데, 그 신호를 컴퓨터를 통해 재구성하여 영상으로 변환한다. CT 검사는 몸의 횡단면 상을 촬영하지만 MRI 검사는 모든 방향에서 촬영할 수 있다.

검사할 때는 전신마취가 필요하다.

안과 검사

플루오레세인fluorescein 염색

각막궤양 등을 진단할 때 사용된다. 플루오레세인 시험지라는 가늘고 긴 종이에 시험약을 물들인 뒤 그 종이를 토끼의 눈 표면에 대어 시험약이 퍼지게 한다. 각막에 손상이 있으면 색이 변한다.

안압 측정

안압이 높은지 검사한다. 촉진으로 검사하는 방법(토끼의 눈을 감기고, 손가락으로 눈꺼풀을 만져서 검사한다)과 안압계를 사용하는 방법이 있다. 점안액으로 눈을 마취한 뒤 안압계를 직접 각막 표면에 대어 측정한다.

검안경으로 검사

눈의 내부 구조를 자세히 보거나 혼탁한 부분의 위치를 확인하는 검사다. 안저검사에도 사용된다.

눈물량검사(쉬르머 눈물검사)

눈물량을 확인하기 위한 검사다. 눈에 검사지를 대고, 눈물이 종이를 적시면 그 길이를 보고 진단한다.

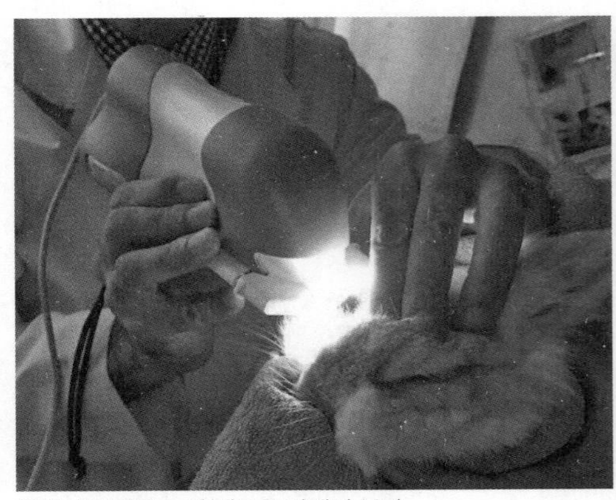

안저 카메라로 눈의 내부를 자세히 본다.

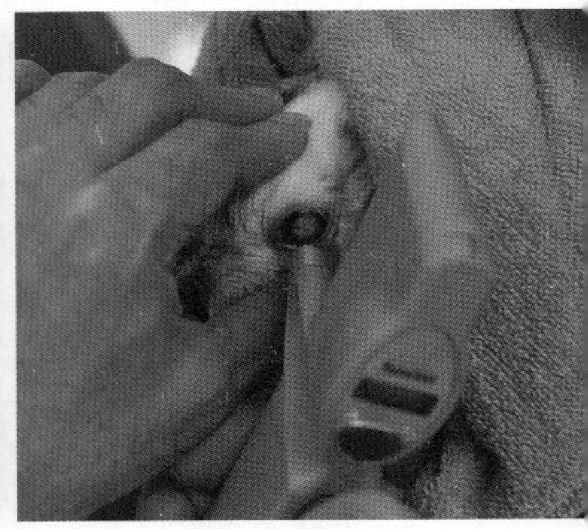

안압계로 눈의 안압을 측정하고 있다.

수술

중성화수술, 자궁선암종, 위장정체, 모구증, 장폐색, 요로결석, 골절 등 증상에 따라 수술이 필요할 때가 있다. 실제로 마취와 수술에는 위험이 따르기 때문에 마취하고 몸에 메스를 대는 것이 불안하게 느껴질 수 있다. 그러나 수술로 질병을 개선하고 완치하는 사례도 많다. 수술을 너무 두려워 말고, 그렇다고 너무 쉽게 생각하지도 말고, 냉정하게 고려한 후 필요한 판단을 한다. 수의사의 설명을 주의 깊게 듣고, 이해되지 않거나 불안한 부분이 있으면 정확히 물어본다.

▶ 마취

토끼는 수술할 때, 부정교합 처치, 통증과 강한 불안이 따르는 치료, 안정이 필요한 검사 등을 할 때 마취한다.

마취의 종류

마취란 약으로 치료와 수술의 통증을 느끼지 못하게 하는 것이다.

마취의 종류는 크게 2가지로 나뉜다. 국소마취는 처치 부위의 감각을 둔하게 하여 통증을 느끼지 않게 한다. 전신마취는 중추신경을 억제함으로써 통증 자극이 뇌에 전달되지 않아 통증을 느끼지 않는다. 보통 잠들어 있는 토끼는 자극이 있으면 무의식중에 몸이 반응한다. 그러나 전신마취로 잠에 빠진 토끼는 반응하지 않는다.

전신마취는 자율신경 기능이 억제되기 때문에 호흡이 옅어지거나 체온저

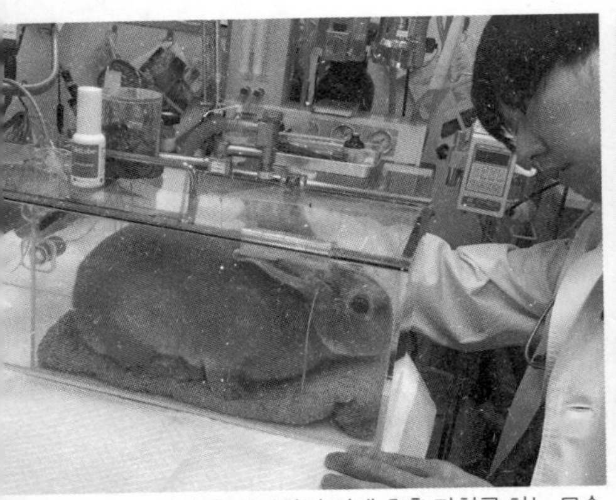

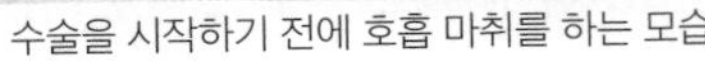
수술을 시작하기 전에 호흡 마취를 하는 모습

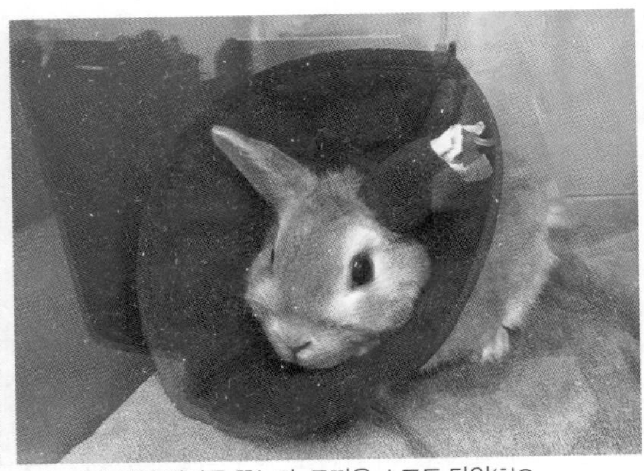
수술 전에 귀에 링거를 꽂는다. 토끼용 소프트 타입(천으로 만든 제품) 넥칼라를 착용하고 있다.

하, 혈압저하 등이 일어난다. 그래서 마취는 신중히 사용해야 하며, 마취를 결정하기 전에 신체 변화를 모니터링해야 한다.

마취의 위험과 예방

마취 덕분에 통증 없이 몸에 메스를 대는 큰 수술이 가능해졌다. 수많은 토끼가 수술을 받았기에 지식이 쌓여 토끼수의학이 발전할 수 있었다. 수술 덕분에 완치되는 질병도 많아졌다. 마취를 불안하게 여기는 반려인도 있지만 무턱대고 두려워할 필요는 없다.

그렇다고 마취가 위험하지 않은 것은 아니다. 마취는 간과 신장, 심장과 폐에 부담을 준다. 노령 및 비만 토끼는 위험도가 더 높다. 마취약의 선택과 농도, 수술 중 모니터링이 적절하게 이루어지는지도 불안 요소다.

그러나 수의사는 토끼의 신체 기능이 마취를 견딜 수 있는지 확인하기 위해 수술 전에 혈액검사와 심전도검사 등 각종 검사를 한다. 마취를 할 때는 조심스럽게 진행한다.

▶ 수술 진행과정 알아두기

상황에 따라 긴급 수술을 할 때도 있지만 여기에는 수술 전 준비 기간이 충분하다고 가정하고 수술 전후의 진행 과정을 설명한다(동물병원 및 토끼의 상태에 따라 세부 사항은 다를 수 있다).

1. 수술에 대한 설명을 듣는다

수술을 받으면 증상이 어떻게 개선되고 어떤 위험성이 있는지에 대한 수의사의 설명을 듣는다. 검사 일정, 입원한다면 퇴원 예정일, 수술비용도 묻는다. 수술 종류에 따라 비용이 매우 비쌀 수도 있다.

2. 수술 전 검사

수술을 계획하는 시점에 토끼가 수술과 마취를 견딜 수 있는지 확인하는 검사를 한다. 수술 전 검사에는 일반 신체검사, 혈액검사, 엑스레이 검사, 심전도검사, 초음파검사 등이 있다. 수술 직전에도 일반 신체검사와 혈액검사를 하고, 마취량을 결정하기 위해 체중을 측정한다.

검사 결과에 따라 수술 일정이나 치료 방침이 변경되기도 한다.

3. 금식에 대해

개나 고양이는 수술 전에 금식이 필요하다. 소화기관에 먹은 음식이 남아 있으면 수술에 방해가 되거나 구토했을 때 오연성 폐렴을 일으킬 위험이 있기 때문이다.

그러나 토끼는 수술 전에 따로 금식 시간을 두지 않는다. 소화기관의 구조상 구토가 불가능하며 소화기관에 음식이 없으면 장 움직임이 나빠지고 수술 후 회복에 영향을 미치기 때문이다. 수술 전에는 유동식처럼 소화기관에 부담이 적은 음식을 준다.

마취 후에는 입속에 음식물이 남아 있는지 확인한다.

4. 수술 전

위생을 유지하기 위해 수술 부위의 털을 민다. 긴장과 불안을 없애기 위해 마취 전에 진정제를 투여하기도 한다.

5. 수술 중

수술 중에는 마스크나 기관삽관을 이용한 흡입마취를 한다. 수술 중 상태 변화를 신속히 알기 위해 심박수, 호흡수, 맥박수, 심전도, 혈압, 체온, 산소 농도 등을 계속 모니터링한다.

6. 수술 후

수술이 끝나면 마취를 멈추고 산소를 마시게 하여 의식이 돌아오길 기다린다. 마취에서 완전히 깨어날 때까지 수의사나 동물 간호사가 관찰한다.

토끼는 스스로 음식을 먹고 소화기관을 움직이는 것이 매우 중요하다. 그러나 수술을 하면 스트레스로 식욕을 잃고 회복이 느려질 수 있다. 그럴 때

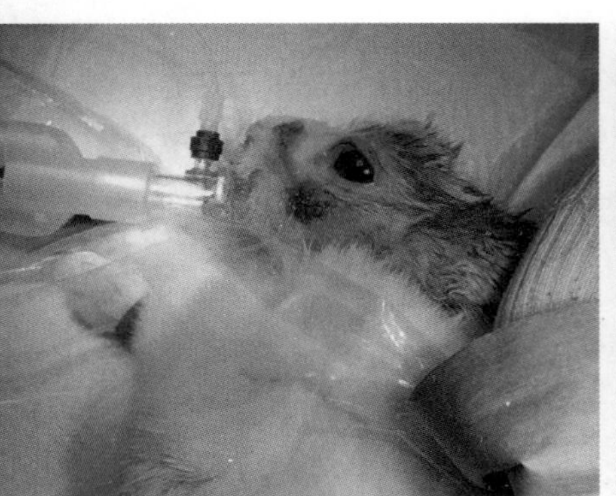

수술 중에는 기관삽관으로 기도를 확보하기도 한다.

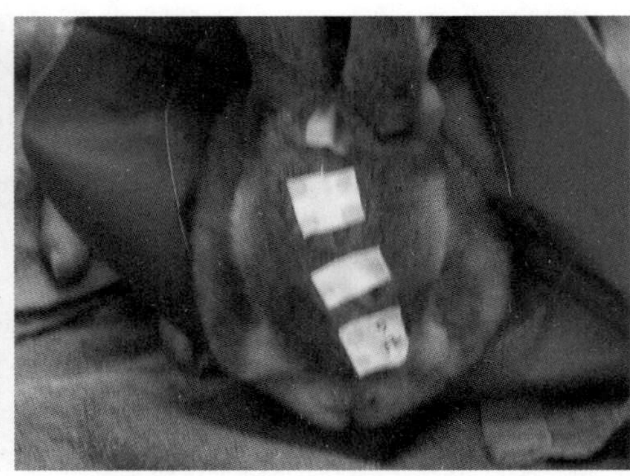

수술 후에는 강제 급여가 필요한 경우가 많다. 비강 튜브로 강제 급여를 하는 모습이다.

는 강제 급여가 필요하다.

퇴원할 때까지 입원용 케이지에서 지내며 정기적인 검사와 투약을 한다.

7. 퇴원

퇴원할 때는 가정에서 투약하는 방법과 주의점에 대해 수의사의 설명을 듣고 다음 진료 예약 및 실밥 제거 일정을 잡는다. 집에 돌아온 후에는 토끼를 푹 쉬게 한다.

4장

아픈 토끼 집에서 돌보기

토끼가 병에 걸리거나 노령이 되면 특별한 보살핌이 필요하다. 투병 중인 토끼를 위해 평온하고 쾌적한 사육환경을 만든다. 장수하는 토끼가 늘어나면서 토끼를 간호하는 반려인도 많아졌다. 토끼의 행복한 노후를 위한 마음가짐을 알아본다.

집에서 돌보기

집 간호가 중요하다

▶ 집 간호가 중요한 이유

토끼가 아플 때는 집에서 하는 간호가 매우 중요하다. 토끼마다 질병의 정도가 다르지만 병을 빨리 치료하고 삶의 질을 높이려면 간호 환경이 좋아야 한다.

토끼는 본래 긴장과 스트레스에 민감한 동물이다. 따라서 병에 걸리면 평소보다 몸과 마음에 심한 부담을 느낀다. 게다가 투약과 강제 급여 등 스트레스가 늘어나기 때문에 많은 배려가 필요하다.

평온하고 안전한 환경, 적절한 영양 섭취, 투약, 신체 보살핌이 필요하다.

▶ 경과를 관찰, 기록한다

증상의 경과와 회복 과정을 주의 깊게 관찰한다.

간호를 시작하면 식욕, 배설물 상태, 체중 변화, 움직이는 모습 및 경과를 기록하고, 다음 진료 때 수의사에게 전달한다. 수의사는 약이 효과가 있는지, 부작용은 없는지 등의 상황을 듣고 치료 방침을 변경하기도 한다.

▶ 수의사의 설명이 어렵고 불안하면 질문한다

치료 방침, 집 간호의 주의점 등에 대한 수의사의 설명을 주의 깊게 듣는다.

가정에서 할 수 있는 간호는 무엇일까?
이해되지 않는 것은 수의사의 설명을 듣는다.

증상의 경과를 확인하고
수의사에게 전달하는 것은 매우 중요하다.

이해되지 않는 점이나 불안한 부분이 있으면 망설이지 말고 질문한다. 예를 들어 스킨십을 허용하지 않는 토끼에게 바르는 약이 처방되었다면 어떻게 발라야 하는지, 내복약 같은 다른 방법은 없는지 등을 물어본다. 투약 방법을 모르거나 강제 급여 방법이 궁금할 때도 질문을 통해 학습한다.

상황에 따라 약이 효과가 없는 것처럼 보일 때가 있다. 약이 맞지 않을 수도 있고, 일정 기간 계속 복용해야 효과가 나타나는 약도 있다. 어떤 약은 끊을 때 천천히 양을 줄여야 하는 것도 있다. 반려인 혼자 판단하여 약을 끊거나, 빨리 낫게 하려는 마음에 규정량 이상의 양을 먹이지 않도록 주의한다.

병원에서 처방받지 않은 약제나 건강식품을 먹일 때도 수의사와 상담한다.

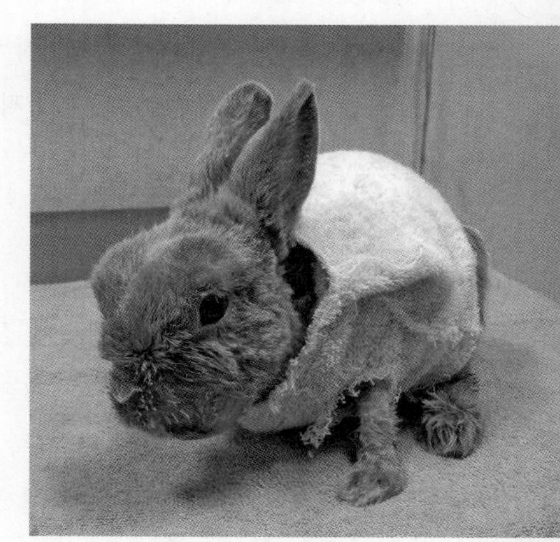

침을 많이 흘리는 토끼를 위해 반려인이 직접 옷을 만들어 입혔다. 토끼를 간호할 때는 다양한 아이디어와 애정이 필요하다.

적절한 환경 만들기

▶ 돌보기에 좋은 환경

평온한 환경

토끼가 스트레스 없이 평온한 기분으로 지낼 수 있어야 한다. 소음이나 진동, 다른 동물의 존재, 온도와 습도 변화 등은 토끼에게 불쾌감, 공포, 불안, 스트레스를 느끼게 한다. 이런 요소가 없는 환경인지 확인한다.

생활하기 편한 집 구조

복잡한 집 구조는 몸이 불편한 토끼에게 위험 요소다(368쪽 참조).

식기와 급수기는 사용하기 편한 위치에 놓는다. 토끼가 아프고 쇠약하다면 고개를 들고 볼을 굴리는 타입 또는 일어서서 고개를 숙이는 타입의 급수기는 사용하기 어렵다. 토끼의 수분 섭취량이 줄지 않도록 무게감 있는 물그릇을 토끼 옆에 두어 언제든지 물을 마실 수 있게 배려한다.

화장실은 사용하기 편한 장소에 있어야 한다. 토끼가 화장실에 올라가는 것을 힘들어하는지 살핀다. 잘 움직이지 못하고 비틀거린다면 장애물이 없는 환경을 만들어야 한다.

위생관리

수술 후나 다쳤을 때는 세균에 감염되지 않도록 위생에 신경 쓴다. 화장실 청소를 자주 하고, 토끼가 지내는 공간을 청결하게 유지한다.

오염된 공기가 정체되지 않도록 공기청정기를 설치하거나 실내 온도가 급격하게 변하지 않도록 주의하면서 환기한다.

토끼를 두 마리 이상 함께 키우는데 감염병에 걸린 토끼가 있다면 격리하여 돌본다. 감염병 전염을 예방하기 위해 식사나 청소 같은 돌봄은 건강한 토끼부터 한다.

토끼와의 교감

사람의 지나친 염려와 간섭은 토끼의 휴식을 방해한다. 그래서 토끼가 아플 때는 토끼를 안정시키고 너무 간섭하지 않는 것이 원칙이다.

그러나 토끼 중에는 반려인과의 교감을 좋아하는 아이도 있다. 토끼가 힘들어하지 않을 정도만 놀아 주고 함께 있어 주는 것이 좋다.

몸을 움직이면 근력이 쇠약해지는 것을 막고, 활력과 의욕을 불러일으킬 수 있다. 절대 안정을 취해야 하는 상태가 아니라면 수의사와 상의하면서 적절한 운동시간을 갖는 것도 좋은 방법이다.

먹이기

▶ 식욕 되찾기

수술이나 부정교합 시술 후에 식욕이 없어지는 토끼가 많다. 그러나 토끼가 음식을 먹지 않는 것은 매우 위험하다. 진통제를 처방받고, 좋아하는 간식을 주는 방법으로 식욕을 빨리 되찾아 주어야 한다.

부정교합 시술 후에는 입 안에 불편함이 느껴져서 음식이 당기지 않을 수도 있다. 그럴 때는 우선 먹기 편한 음식을 주고, 천천히 원래 먹던 음식으로 유도한다. 토끼가 먹기 편한 음식에는 초식동물용 유동식을 경단 모양으로 만든 것, 사료를 물에 불린 것, 부드러운 건초, 데쳐서 부드럽게 만든 채소 등이 있다.

특히 초식동물용 유동식 경단(362쪽 참조)은 건강할 때부터 간식으로 주면서 적응시키면 아플 때 도움이 된다.

간식용 유동식 경단 만들기

초식동물용 분말 유동식을 물과 섞어서 점성이 살짝 있는 경단 모양으로 만든다. 처음 유동식 경단을 접하는 토끼는 경계할 수도 있다. 그럴 때는 토끼가 좋아하는 간식을 잘게 썰어서 경단에 묻히면 관심을 보일 것이다.

처음 먹이는 유동식 경단에는 잘게 썬 간식을 묻힌다.

강제 급여용 분말 유동식에 물을 섞어서 경단을 만들었다.

어떤 방법을 사용해도 스스로 음식을 먹지 않을 때는 강제 급여를 해야 한다.

강제 급여

토끼는 음식을 먹지 않는 상태가 계속되면 목숨을 잃는다. 통증, 부정교합, 수술 후 스트레스 등으로 식욕부진을 일으켰을 때는 강제 급여를 해야 한다. 단, 강제 급여는 토끼에게 스트레스다. 가능하면 앞선 식욕 되찾기 방법을 통해 스스로 먹도록 유도한다. 그렇게 해도 먹지 않을 때는 강제 급여를 한다.

강제 급여 준비하기

위장에 내용물(음식 덩어리, 털, 가스 등)이 있을 때는 묽은 음식을 먹인다. 위장에 점도가 높은 내용물이 쌓이면 서로 얽혀서 위장정체가 더 심해지기 때문이다. 수의사와 상의하여 음식을 먹여도 되는 상태라면 무첨가 채소 주스, 녹즙, 녹황색 채소(청경채, 당근 잎, 소송채 등)를 믹서기로 갈아서 먹인다. 사과를 섞으면 기호도가 높아진다.

강제 급여 방법

1. 50밀리리터 정도의 강제 급여용 주사기에 준비한 유동식을 넣는다. 우선 정해진 농도로 먹여 보고, 토끼의 입맛에 따라 농도를 조절한다. 토끼에게 먹이기 전에 주사기를 눌러본다. 유동식이 나오는 양과 속도를 파악하여 누르는 힘을 조절한다.

2. 토끼를 움직이지 못하게 붙든다. 앉은 자세, 엎드린 자세 등 토끼가 가장 편안한 상태가 좋다. 음식물이 기도로 넘어갈 수 있으므로 고개를 위로 올리거나 뒤집어서는 안 된다.

3. 토끼가 발버둥 칠 때는 커다란 수건이나 담요로 몸 전체를 감싸고, 머리만 내놓는다. 토끼의 눈을 가리면 진정된다.

4. 주사기를 앞니와 어금니 사이에 넣는다. 토끼의 혀 위에 주사기 끝부분을 올려놓는 느낌으로 찔러 넣고, 천천히 유동식을 주입한다.

5. 유동식이 기도로 넘어가지 않도록 입 안에 조금씩 흘려 넣는다. 억지로 많은 양을 넣어서는 안 된다. 토끼가 입을 움직여 삼키는 것을 확인하면서 토끼의 속도에 맞춘다. 입 주변이나 턱에 음식물이 묻으면 닦아 준다.

6. 주사기를 잡을 때 엄지손가락 이외의 손가락으로 몸통을 잡고, 엄지손가락으로 주사기를 누르는 것이 먹이는 양을 조절하기가 쉽다.

7. 강제 급여가 끝나면 '잘했어, 고생했어' 하며 칭찬한다. 먹은 유동식의

몸을 수건으로 감싸고, 얼굴만 내놓는다.

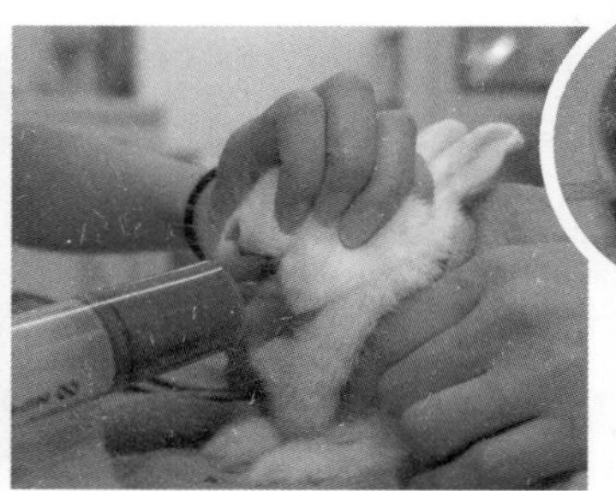

토끼를 진정시키기 위해 눈을 가리는 방법도 있다.

주사기로 투여하기에 딱 좋은 농도

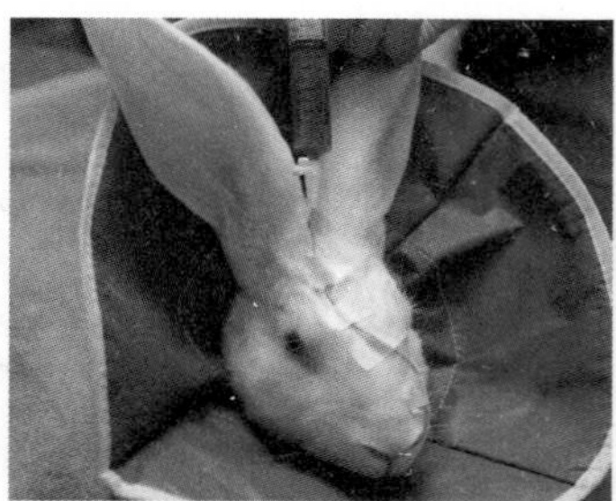

코를 통해 위까지 비강 튜브*를 삽입한 강제 급여. 강제로 먹이는 스트레스가 없으며, 확실하게 적절한 양을 먹일 수 있다.

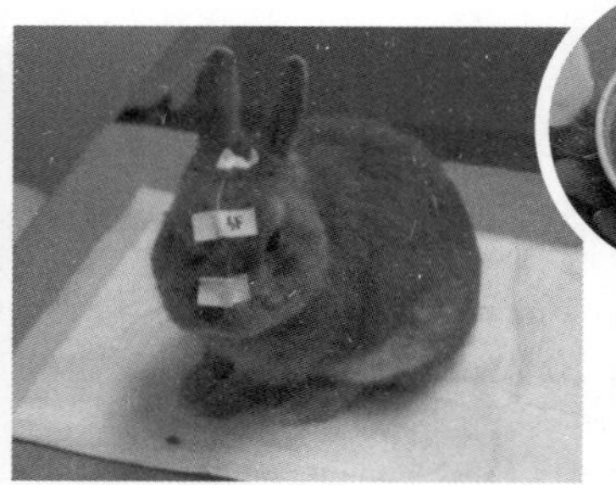

병원에서 비강 튜브를 삽입한 후 집에서 반려인이 주사기로 급여할 수도 있다.

입자가 매우 부드러워서 비강 튜브에 적합하다.

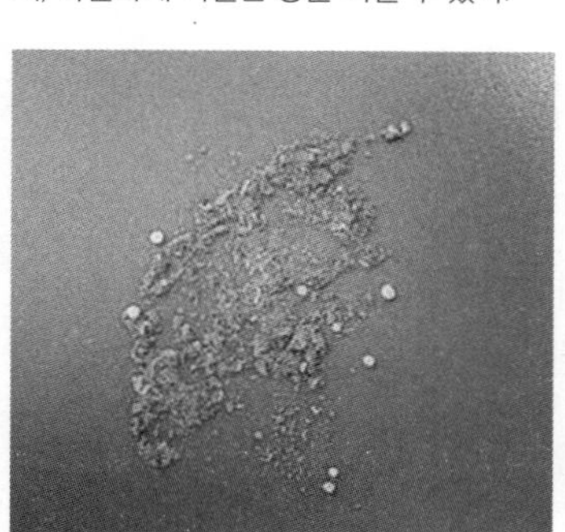

동물병원에서 구할 수 있는 초식동물용 유동식. 가루 형태로 되어 있다. 반드시 수의사의 지시에 따라 급여한다.

* 비강 튜브는 한국과 일본 제품에 차이가 있을 수 있으며, 사용 여부는 토끼가 튜브 착용 스트레스를 견딜 수 있는지 등을 고려하여 수의사의 지시에 따른다._옮긴이 주

양을 기록하고, 배설물 상태와 체중도 확인한다.

먹이는 양과 횟수

초식동물용 유동식은 체중 1킬로그램당 50밀리리터를, 하루에 2~3번 나눠서 먹이는 것이 기준이다. 채소를 갈아서 만든 유동식은 전용 유동식보다 열량이 낮아 더 많이 먹여야 한다. 한 번에 많은 양을 먹일 수 없을 때는 먹이는 횟수를 늘린다.

강제 급여 중의 관리

매일 반드시 체중과 배설물의 변화를 확인한다. 변이 크고 많으면 잘 먹고 있는 것이고, 변이 작고 적으면 잘 먹지 않는 것이다.

바늘 없는 주사기

바늘 없는 주사기는 주사기 본체 부분으로 액체 상태의 약을 먹일 때와 강제 급여를 할 때 사용한다. 동물병원과 약국에서 구할 수 있다. 사이즈는 다양하다. 투약용으로는 0.5밀리리터와 1밀리리터 주사기가 적당하고, 강제 급여용으로는 30~50밀리리터 정도가 적당하다. 섬유질이 많은 유동식을 먹일 때는 주사기 입구의 구멍이 커야 음식물이 잘 나온다. 계속 사용하다 보면 약을 누르는 고무 부분이 둔해져 사용하기 힘들어진다. 투약과 강제 급여를 오래할 예정이라면 많이 구입해 둔다.
입구가 좁은 주사기는 유동식의 농도가 짙고 섬유질이 많으면 구멍이 막힌다. 막힌 주사기를 억지로 누르면 내용물이 갑자기 튀어나와 기도로 넘어갈 위험이 있다. 구멍이 넓은 것을 선택하거나 구멍이 작으면 구멍을 조금 잘라서 입구를 넓힌다. 자른 면이 거칠면 토끼의 입에 상처를 입힐 수 있다. 입구를 줄로 갈고, 라이터로 테두리를 살짝 녹이면 매끄러워진다.

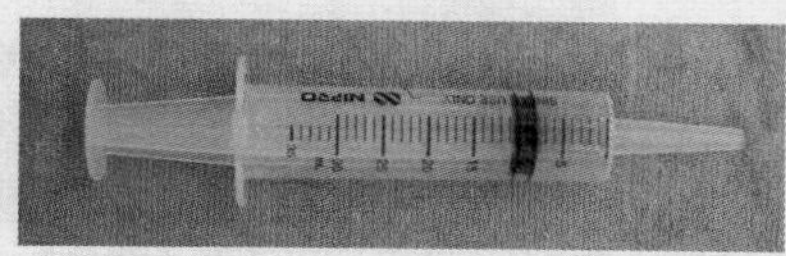

강제 급여에 적합한 30밀리리터 주사기

약 먹이기

약마다 규정량, 횟수, 시간이 정해져 있다. 규정량보다 적게 투여하면 효과가 없고, 반대로 많이 투여하면 부작용이 생길 수 있으니 규정량을 지켜서 투여한다. 다른 약이나 건강보조식품과 병용하고 싶을 때, 부작용 같은 증상이 나타났을 때, 투약을 중단하고 싶을 때는 반드시 수의사와 상의한다.

처방받은 약이 남으면 나중에 토끼가 아플 때 먹이려고 보관하는 사례도 있다. 그러나 반려인의 판단으로 약을 재활용하는 것은 피한다. 반드시 수의사의 진료를 받고 남은 약을 먹여도 되는지 문의한다. 약도 복용 가능한 기간이 있으니 오래된 약은 처분한다.

알약

개, 고양이에게 알약을 먹일 때는 보통 입 안에 넣고 삼키게 한다. 그러나 토끼는 음식을 그대로 삼키는 습성이 없어서 다른 방법을 사용한다. 같은 효과를 가진 물약이나 가루약이 있으면 그것을 처방하고, 알약은 알약 분쇄기로 부순 다음 가루약과 같은 방법으로 먹인다.

물약

스포이트나 바늘을 제거한 주사기로 먹인다. 토끼가 좋아하는 맛이나 단맛이 나는 약은 스스로 잘 먹는다. 그렇지 않을 때는 스포이트나 주사기 입구를 앞니와 어금니 사이의 공간에 넣어서 먹인다. 기도로 넘어가지 않게 삼키는 것을 확인하면서 조금씩 먹인다.

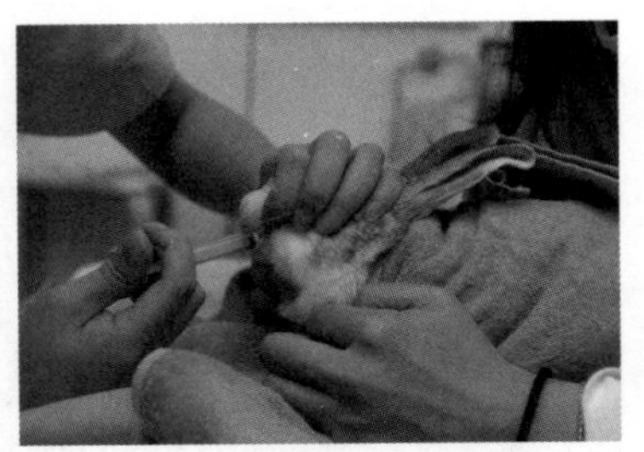

물약 먹이는 법. 투약할 때 몸을 수건으로 감싸면 토끼가 진정한다. 날뛰다가 뛰어내리기도 하므로 낮은 위치나 바닥에서 시도한다.

가루약

좋아하는 음식에 섞어서 먹이는 것이 가장 좋은 방법이다. 규정량을 다 먹이기 위해 극히 소량의 음식(으깬 바나나, 간 사과, 잼, 채소나 과일 이유식, 불린 사료 등)에 섞어서 먹인다. 전분이 많은 음식은 장염의 원인이 되므로 권장하지 않는다.

토끼가 평소 잘 먹는 잎채소, 안전하고 향이 강한 허브 등에 약을 싸서 쌈처럼 먹일 수 있다. 또한, 무첨가 무가당 채소 주스나 녹즙에 섞어서 스포이트 또는 바늘 없는 주사기로 먹일 수도 있다.

점안액

토끼의 몸을 안정시킨 다음 위 눈꺼풀을 끌어올리고 결막낭(눈꺼풀과 안구 사이의 공간)에 점안액을 떨어뜨린다. 약이 오염되는 것을 막기 위해 약병

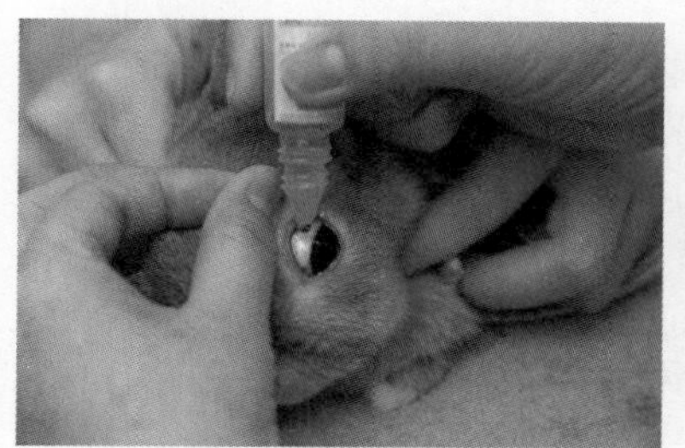

안약 점안. 눈꺼풀을 끌어올리고 위에서 점안한다.

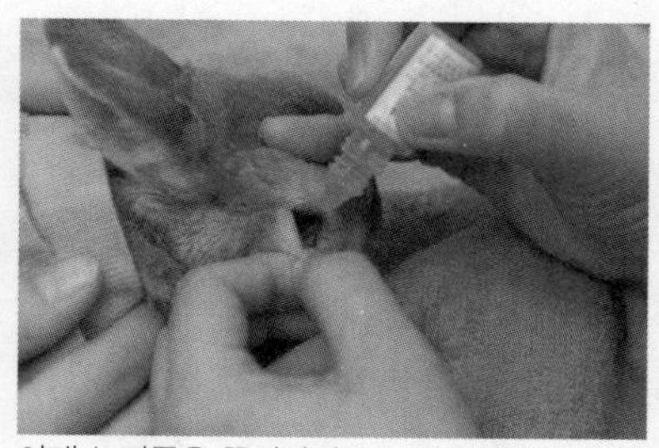

아래 눈꺼풀을 끌어당기고 눈꺼풀과 안구 사이에 점안한다.

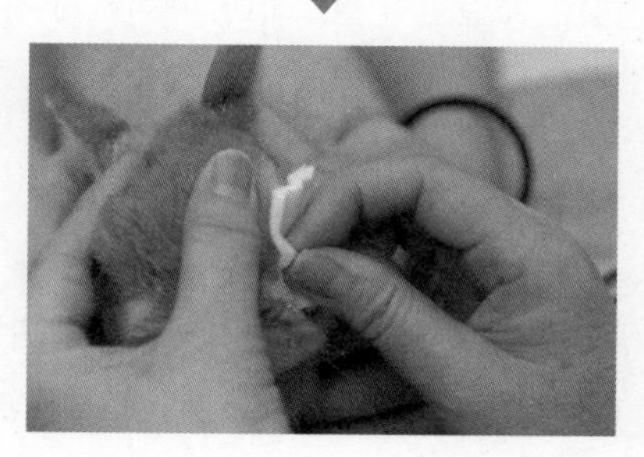

눈 주위에 묻은 점안액은 거즈로 살짝 눌러 닦아낸다.

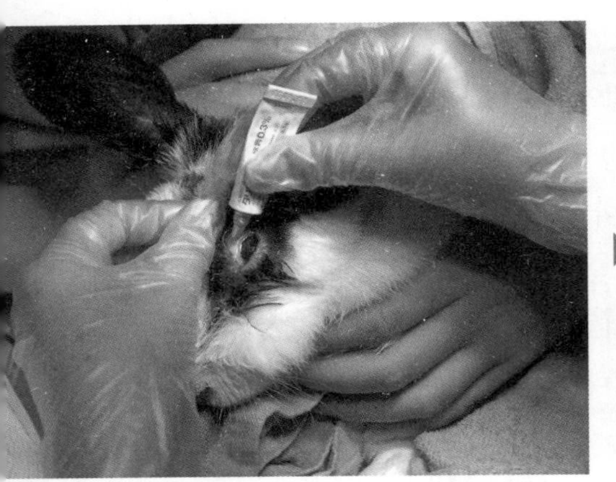

위 눈꺼풀을 끌어올린 다음 안연고를 바른다.

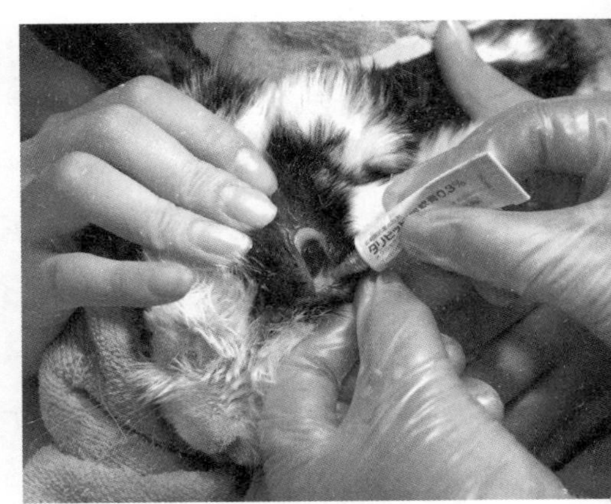

아래 눈꺼풀을 끌어당기고 결막 부분에 바른다.

의 입구가 눈이나 속눈썹에 닿지 않도록 한다. 점안액이 눈 주위에 흘러넘치면 닦아 준다. 그대로 두면 토끼가 얼굴을 문질러서 눈에 상처가 생기거나 눈꺼풀 주위에 피부염이 생길 수 있다. 안연고도 같은 방법으로 바른다. 연고를 바를 때에는 토끼의 눈을 찌르지 않도록 손톱을 미리 짧게 깎는다.

움직이지 못하는 토끼 돌보기

노령, 사지경직증, 후구마비 등으로 몸을 움직일 수 없게 되었을 때는 그에 맞는 보살핌이 필요하다. 쾌적하게 지낼 수 있는 좋은 환경을 만들어 준다.

▶ 안전한 환경

높이가 다른 구조물을 없앤다

똑바로 설 수 없는 토끼는 몸을 바닥에 붙이고 기어 다닌다. 그럴 때는 토끼의 생활환경을 평평하게 만들어 준다. 높이가 다른 장소가 있으면 굴러 떨어지거나 자세가 불안정해진다. 되도록 장애물이 없는 환경을 유지한다.

토끼가 화장실 용기에 스스로 올라갈 수 있다면 화장실 높이가 낮은 제품을 사용한다. 바닥에 메모리폼 카펫을 깔고 카펫에 화장실 크기의 구멍을 만들어 그곳에 화장실을 놓으면 높이를 낮출 수 있다.

쿠션으로 보호한다

사경 등의 신경 증상이 심하고, 몸이 멋대로 회전하는 토끼는 케이지 벽이나 장애물에 부딪혀 크게 다칠 수 있다. 케이지 철장 안쪽에 쿠션을 둘러 토끼를 보호한다.

토끼가 원할 때는 놀게 한다

토끼가 놀고 싶어 한다면 실내에서 자유롭게 놀게 한다. 단, 반드시 사람이 지켜보고 있어야 한다. 바닥에 메모리폼 카펫이나 올이 촘촘한 카펫을 깔아 토끼가 미끄러지지 않도록 한다. 움직임이 불안정해서 비틀거리다가 사물에 부딪힐 수 있으니 위험한 물건은 미리 치운다.

▶ 위생적 환경

욕창을 예방한다

움직이지 않고 누워만 있는 토끼는 욕창이 생길 수 있다. 욕창을 예방하려면 바닥에 부드럽고 푹신한 소재를 깔아야 한다. 반려동물용 간호 매트, 메모리폼 방석, 아웃도어용 에어매트 등을 사용한다. 어떤 제품을 사용하든 여러 개를 구입해서 자주 교환해야 위생을 유지할 수 있다.

누워서 지내는 토끼는 종종 눕는 자세를 바꿔 주어야 신체 한 부위에 압력이 가해지지 않는다. 욕창 초기 증상은 바닥과 맞닿은 부위의 털이 빠지고 피부가 붉게 변하는 것이다. 증상이 있는지 수시로 확인한다.

바닥재 교환

움직이지 못하는 토끼는 몸에 배설물이 잘 묻는다. 토끼의 집을 항상 청결하게 유지하고, 간호 매트 등의 바닥재는 여러 개 준비해서 수시로 교환한다.

▶ 식사와 물

식기와 급수기는 토끼가 먹기 편한 위치에 둔다. 토끼의 상태를 잘 관찰한 다음 식기와 급수기를 둘 장소를 정한다.

몸이 휘청거려 잘 먹지 못하면 토끼를 U자형 목 베개 사이에 서게 하거나 반려인이 몸을 받쳐준다. 누워서 지내는 토끼도 얼굴 주위에 음식과 물그릇을 두면 스스로 먹을 수 있다.

스스로 먹지 못하거나 먹는 양이 적은 토끼는 강제 급여한다(362쪽 참조).

맹장변을 직접 먹지 못하면 반려인이 받아서 먹여 준다.

▶ 압박배뇨

척추손상 등으로 스스로 소변을 보지 못하면 사람이 도와주어야 한다.

소변은 압박배뇨를 한다. 처음 시도할 때에는 수의사의 지도를 받는다. 횟수는 수분 섭취량에 따라 다르지만 방광이 팽창한 느낌이 들 때 하면 된다. 하루에 2~3번 해야 한다. 방광이 빵빵하게 부풀기 전에 해야 위험하지 않다.

압박배뇨는 토끼가 엎드린 자세로도, 옆으로 누운 자세로도 할 수 있다. 토끼의 엉덩이 아래에 배변 패드를 깔고 한 손으로 방광 주위를 집듯이 차분히 누른다. 소변이 요도로 내려가도록 힘을 준다. 다른 손으로는 토끼의 몸을 받친다(371쪽 참조).

수분을 충분히 섭취했다면 소변은 천천히 밀려 나온다. 복부 마사지를 하면 배설이 더 원활해진다.

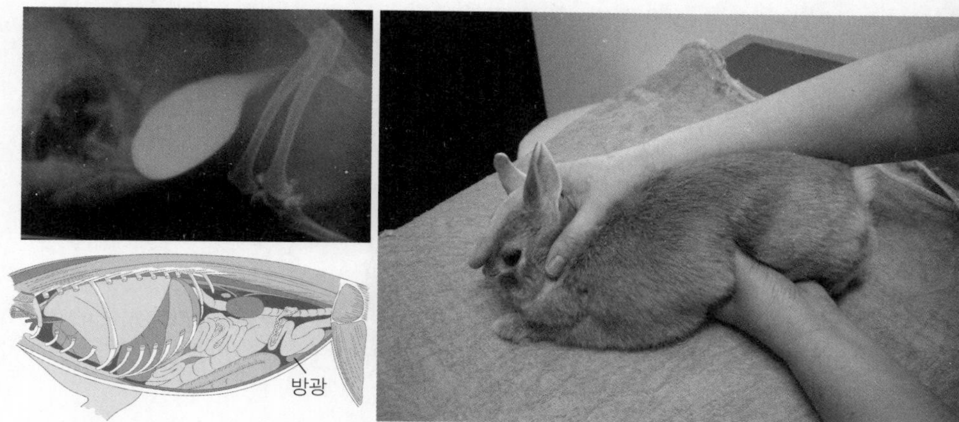

압박배뇨. 한 손으로 집듯이 방광을 잡고 요도를 향해 약하게 힘을 준다. 방광 위치는 엑스레이 사진(모래 같은 칼슘뇨가 찍힌 부분이 방광)과 내장 일러스트를 보고 확인한다. 처음 시도할 때는 수의사의 지도를 받는다.

▶ 신체 케어

그루밍

스스로 그루밍을 할 수 없고, 움직이지 않아서 발톱도 빨리 자란다. 브러싱을 해 주거나 발톱을 깎아 그루밍을 돕는다.

마사지

사용하지 않는 근육은 딱딱하게 굳어 점점 움직이기 어려워진다. 마사지를 하거나 무리가 되지 않는 범위에서 스트레칭을 해 준다. 마사지는 토끼 전문 수의사의 지도에 따라야 안전하다.

엉덩이 케어

배설물로 오염된 하복부를 그대로 두면 피부 질환이 생긴다. 더러워지면 깨끗하게 닦아 준다. 같은 부위를 계속 닦으면 피부가 손상될 수 있으니 심하게 문지르지 않는다. 미지근한 물에 적신 거즈 또는 아기용이나 간호용

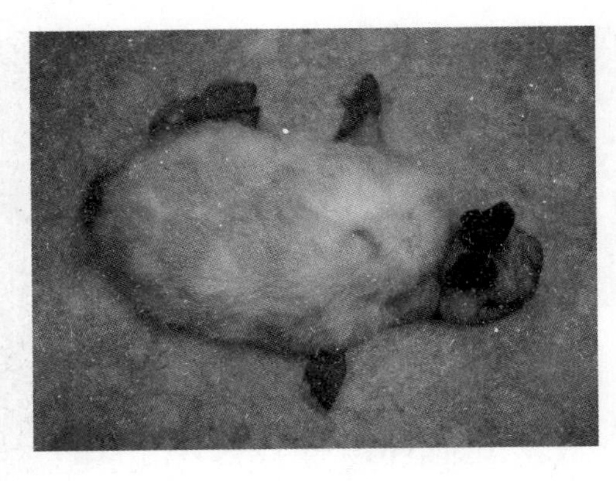

몸을 움직일 수 없는 토끼라도 세심하게 돌보면 삶의 질을 높일 수 있다.

물티슈를 사용한다.

토끼의 상태가 좋으면 엉덩이 주변만 가끔 따뜻한 물로 씻겨 준다. 씻은 뒤에는 체온이 떨어지지 않도록 흡수성이 좋은 수건으로 신속하게 물기를 닦는다.

털이 엉켰을 때에는 우선 엉킨 부분을 처리한다. 엉킨 털은 살살 풀어 주고 다시 엉키지 않도록 털을 말리면서 빗으로 뿌리부터 조심스럽게 빗긴다.

털에 묻은 맹장변은 털을 말리고 나서 제거하는 것이 간편하다.

토끼가 반려인의 손길을 싫어한다면 수의사에게 부탁하는 것도 방법이다.

▶ 넥칼라를 하고 있을 때의 케어

수술 후에 수술 부위를 갉거나 연고를 핥는 것을 막기 위해 넥칼라를 사용한다. 넥칼라 착용은 토끼에게 큰 스트레스이므로 크고 딱딱한 넥칼라를 사용해서는 안 되며 다음 사항을 주의한다.

- 식사와 물을 섭취할 수 있는지 확인한다. 만약 넥칼라가 음식 섭취를 방해한다면 작은 크기의 넥칼라 또는 천이나 부직포로 만든 가벼운 넥칼라를 사용한다.
- 건초는 철장에 고정하는 그릇보다는 바닥에 두는 것이 먹기 편하다.

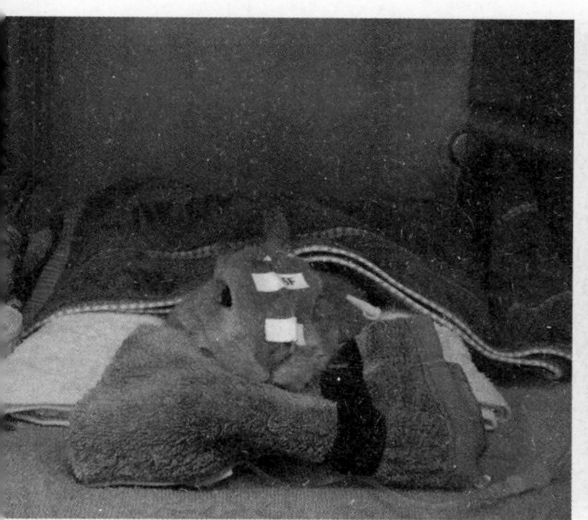
ICU(집중치료)를 받고 있는 토끼. 편안하게 누울 수 있는 폭신한 바닥재가 깔려 있고, 음식과 물은 먹기 쉬운 곳에 두었다.

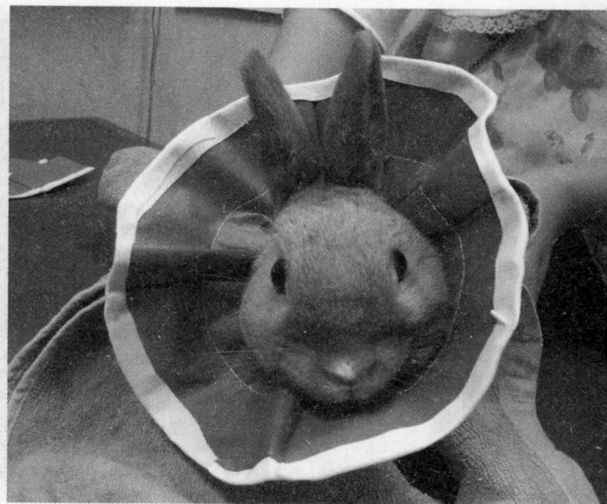
넥칼라는 토끼에게 맞는 사이즈와 소재를 선택한다.

- 그루밍을 제대로 하지 못하므로 빗으로 털을 정리해 준다.
- 맹장변을 직접 먹지 못하므로 사람이 받아서 먹여 준다.
- 음식을 잘 먹지 못하면 손으로 직접 먹여 주거나 강제 급여한다. 변의 크기와 수, 체중을 확인한다.

노령 토끼의 건강관리

노령 토끼 이해하기

▶ 노령 토끼가 늘고 있다

수의학의 발전, 사육 용품 및 음식류의 발전 등 사육 수준이 높아짐에 따라 장수하는 토끼가 늘고 있다. 10살 이상의 건강한 토끼도 드물지 않으며 15살 장수 토끼도 있다.

귀여운 겉모습은 변함없지만 토끼도 나이를 먹으면 인간처럼 몸에 여러 변화가 생긴다. 토끼가 장수하는 것은 매우 기쁜 일이지만 한편으로는 장수하기 때문에 생기는 질병이 있다는 것도 이해해야 한다.

▶ 마음가짐

반려인은 노령 토끼가 젊었을 때와 다른 모습을 보이면 불안감이 들고 걱정이 커진다. 화장실 실수, 까다로워진 식사 준비, 안전한 환경과 신체 보살핌 등 토끼를 돌보는 데 시간과 노력이 필요해진다.

그러나 이러한 보살핌은 토끼가 장수하고 있기에 가능한 일이다. 토끼의 장수를 행복하게 여기고, 마음에 여유를 가진다. 토끼도 점점 노쇠해져 가는 자신을 보며 불안할지도 모른다. '괜찮아, 안심해'라고 말해 주는 것도 노령 토끼와의 생활에서 중요한 부분이다.

개체 차이도 이해해야 한다. 10살 정도의 같은 노령 토끼여도 건강한 토끼가 있는 반면 그보다 어려도 노화가 진행된 토끼가 있다.

노령 토끼와 함께 살아가려면 겉모습이 어떻든 몸속에선 노화가 진행되고 있음을 이해하는 것과 개체 차이에 맞는 대책을 세우는 것, 이 2가지가 중요하다. 토끼에게 맞는 보살핌으로 쾌적한 시니어 라이프를 보낼 수 있도록 도와준다.

▶ 언제부터 노령 토끼일까?

토끼도 사람과 마찬가지로 유아기부터 노령기까지 생애주기가 있다. 토끼와 사람의 생애주기를 비교해 보면 대략 다음과 같다(품종 차, 개체 차가 있으므로 모든 토끼에 해당되지는 않는다).

토끼는 5~6살쯤부터 질병이 잘 생기는 경향이 있고, 평균 수명은 7~8살 정도. 5살이 지나면 슬슬 중년기라고 생각하고, 토끼의 신체 변화에 주의를 기울인다.

토끼와 사람의 생애주기 비교표

생애주기	토끼	사람
이유기	약 8주	약 1살
성성숙기	4~5개월(소형종)	12살
성장기	6개월~1살	13~18살
장년기	2~5살	19~44살
중년기	6~7살	45~64살
노년기	8살~	65살~
장수 기록	18살 10개월	122살

토끼에게 무엇이 행복인지를 생각한다.

나이 들면서 나타나는 신체 변화

인간도 나이 들면 시력과 청력이 쇠퇴하고 관절이 약해진다. 토끼도 마찬가지로 몸에 다양한 변화가 일어나는데 그 변화를 노화라고 한다. 개체마다 정도와 속도에 차이가 있지만 노화 현상은 피할 수 없다.

그러나 노화는 환경적 요인도 크고, 적절한 사육 방식으로 진행을 늦출 수도 있다. 토끼의 노화를 받아들이고 조심해야 할 포인트를 숙지하면 건강한 상태로 장수하는 것도 가능하다.

- 오감 : 시각, 후각, 청각이 쇠퇴한다. 그래서 사람의 접근을 눈치채지 못하고 갑작스러운 스킨십에 깜짝 놀란다. 음식 냄새에 둔감해져서 식욕이 떨어지기도 한다.
- 눈 : 노령성 백내장이나 포도막염이 생기기 쉽다. 눈곱과 눈물이 많아진다.
- 귀 : 스스로 손질하는 것이 어려워져 지저분해진다.
- 이빨 : 이빨이 마찰되는 속도보다 자라는 속도가 느려지면 심하게 마모된다. 반대로 음식 섭취량이 줄어서 이빨을 사용하지 않으면 비정상적으로 길어진다. 이빨이 흔들리거나 빠지기도 한다.
- 피부 : 수분량과 피지량이 줄어서 탄력과 윤기가 없어진다.
- 털 : 그루밍하는 횟수가 줄어서 털이 지저분해진다. 털에 윤기가 없고, 퍼석퍼석하며, 숱이 적어지거나 얇아지는 등의 변화가 나타난다.
- 내장 기능 : 소화관의 기능이 약해져서 소화흡수 기능이 저하된다. 설사나 변비가 잘 생긴다. 신장 기능이 약해지면 신부전을, 심폐 기능이 약해지면 심부전을 일으킨다.
- 운동 기능 : 근육량이 줄고 말라서 운동 능력이 떨어진다. 골밀도가 저하되어 뼈가 약해진다. 관절이 노화되고 뻣뻣해져서 움직임이 줄어든다.
- 발톱 : 운동 부족으로 발톱이 닳지 않아서 길게 자란다.
- 면역력 : 면역력이 떨어져서 병에 쉽게 감염되거나 증상이 심해진다.
- 호메오스타시스(항상성) : 체내 균형을 유지하는 능력이 저하되어 체온

조절이 어려워진다.

- 인지 기능 : 기억력이 떨어지거나 멍하니 있는 시간이 많아진다.
- 종양 : 발생률이 높아진다.
- 번식 : 성호르몬 분비가 저하된다. 번식 능력이 약해진다.
- 배설 : 근육쇠퇴와 노령성 질병으로 배설에 문제가 생긴다. 소화기관의 운동 능력이 저하되어 위장정체가 잘 생긴다. 소변 배설을 조절하는 방광의 괄약근이 약해져서 요실금 증상이 생긴다.
- 행동 : 근력과 심폐 기능이 쇠퇴하여 움직이려 하지 않는다. 그래서 움직임이 둔해지고 잠이 많아진다.
- 체중 : 음식 섭취량은 변함없는데 움직이지 않아서 살이 찐다. 노화가 진행되면 음식 섭취량이 줄고, 운동 부족으로 근육량도 줄어서 살이 빠진다.

노령 토끼 돌보는 법

▶ 환경 점검

스트레스가 적은 생활

몸과 마음을 평온하게 유지할 수 있는 환경이 중요하다. 온도, 습도, 햇볕, 소음 등 토끼를 둘러싼 환경이 토끼에게 스트레스를 주는지 다시 점검한다. 토끼가 어떤 환경에서 가장 평온한지 생각한다. 항상 사람 곁에 있기를 원하는 토끼가 있는가 하면 내버려 두길 바라는 토끼도 있다.

매일 평온한 마음으로 지낼 수 있는 환경

갑작스러운 환경 변화를 피한다

갑작스러운 환경 변화는 노령 토끼에게 체력 소모와 큰 스트레스를 유발한다.

발톱이 걸릴 만한 장소는 없는가? 안전한 환경을 만든다.

토끼가 있는 공간은 에어컨이나 난방용품으로 온도를 일정하게 유지한다. 일교차가 큰 계절에는 일기예보를 수시로 확인한다.

집 구조를 바꿀 때는 상황을 지켜보면서 조금씩 바꾼다. 안전한 환경을 위해 구조를 바꿔야 할 때는 토끼가 더 나이 들기 전에 일찌감치 바꾼다.

백내장 등으로 시력을 잃어도 환경에 변화가 없으면 생활에 큰 지장은 없다. 그러나 안전을 위해 구조를 바꿔야 할 때가 있다. 그럴 때는 조금만 바꾸고 토끼가 그 변화에 적응하면 또 조금 바꾸는 식으로 시간을 들여 천천히 변경한다.

안전한 환경을 만든다

어릴 때는 무리 없이 오르내리던 높이도 노령이 되면 신체에 부담을 준다. 토끼의 집에 2층처럼 높이가 다른 공간이 있다면 천천히 높이를 낮추다가 노화가 시작되면 제거한다. 노령 토끼의 집은 평평해야 부상을 예방할 수 있다. 만약 케이지 입구와 바닥의 높이가 다르다면 경사로를 설치한다.

케이지 입구에 경사로를 설치하여 장벽이 없는 환경을 만든다.

노령 토끼는 움직임이 적고 가만히 있는 시간이 길다. 그래서 발바닥에 압력이 적은 바닥재가 좋다. 움직임이 둔해지면 케이지의 틈새나 천에 발톱이 걸렸을 때 바로 빼지 못하고 크게 다칠 수 있다. 토끼의 행동 범위가 안전한지 주의 깊게 확인한다.

스스로 움직일 수 없을 때는 욕창을 예방하기 위한 아이디어가 필요하다 (369쪽 참조).

화장실

노령이 되면 종종 화장실을 가리지 못하고 실수한다. 비뇨기 질환이나 노화로 배설이 잘 조절되지 않기 때문이다. 운동 능력이 약해진 탓에 화장실에 가려고 해도 도착하기 전에 소변이 나와 버린다.

화장실 위에 올라가는 것도 어려워진다. 메모리폼 카펫에 화장실 크기의 구멍을 내고, 그곳에 화장실을 끼워 넣어 높이를 낮추는 방법도 있다.

반려인이 토끼의 화장실 실수를 너그럽게 받아들이는 것이 중요하다.

적절한 운동이 필요하다

너무 빨리 극진한 보살핌을 시작하면 토끼는 남아 있는 운동 능력을 발휘할 기회를 잃게 된다. 그 결과 근력이 쇠퇴하여 노화가 빨리 진행된다.

실내 산책으로 토끼가 힘들어하지 않는 범위에서 운동할 기회를 준다. 근력을 유지하면 건강에 큰 도움이 되고, 활발히 돌아다니면서 토끼도 기분전환을 할 수 있다. 실내 산책 중에는 반려인이 계속 토끼를 지켜봐야 하며 넘어지거나 부딪힐 만한 장소가 있는지 주의 깊게 살핀다.

다만, 토끼가 케이지에 있을 때조차 반려인이 계속 곁에 있을 수는 없다. 따라서 토끼의 집은 안전을 최우선으로 꾸며야 한다.

적절한 식사

먹기 쉬운 건초

노령이 되어도 토끼에게 가장 중요한 것은 건초를 잘 먹는 것이다. 이빨 상태가 양호하고 음식 섭취량에 변화가 없다면 젊을 때와 똑같이 티모시 1번초를 주식으로 먹인다. 그러나 노화가 진행되면 질긴 건초는 먹기 힘들 수 있다. 그럴 때에는 티모시 3번초나 버뮤다그라스, 오차드그라스 등의 부드러운 건초도 같이 급여하여 섬유질이 풍부한 건초를 많이 섭취하게 한다.

노령이 되면 살이 빠지는 토끼도 있다. 그럴 때는 단백질이 풍부한 알팔파 건초를 식단에 추가한다.

사료 변경

요즘에는 칼로리와 지방을 줄인 노령용 사료도 판매되고 있다.

노령용 사료에는 '○세부터'라는 기준이 표시되어 있으나, '○세'가 되면 사료를 바로 바꿔야 하는 것은 아니다. 운동량이 줄어 살이 찌기 시작할 때 등 반려인이 토끼의 상태에 맞게 시기를 선택한다.

사료를 바꿀 때는 시간을 들여 천천히 바꾼다. 기존에 먹던 것을 조금 줄이고 새로운 것을 조금씩 첨가하면서 천천히 새로운 사료의 양을 늘린다. 같은 브랜드의 사료는 같은 원재료를 사용하기 때문에 변경이 수월하다.

이빨이 약해져서 소프트 타입 사료를 먹기 힘들어하면 쉽게 부스러지는 블룸 타입 사료도 좋다.

채소는 다양하게

노령 토끼는 식욕이 오락가락할 수 있다. 젊을 때부터 여러 종류의 채소, 야생초, 허브

입 안에 넣기 편하게 채소를 잘게 자른다.

에 적응시키면 식욕 증진에 도움이 된다. 맛과 감촉이 다른 다양한 종류를 조금씩 맛보면 토끼도 먹는 즐거움을 느낄 것이다.

물 섭취량이 줄었을 경우

볼 급수기를 사용할 경우 고개를 드는 것이 힘들어서 물 마시는 양이 적어질 수 있다. 물 섭취량이 줄어들면 요로결석, 탈수, 신장 질환, 위장정체 등의 원인이 될 수 있다. 볼 급수기와 물그릇을 함께 사용하여 토끼가 언제든지 편하게 물을 마실 수 있게 한다.

물그릇의 물은 오염되기 쉬우므로 자주 교환한다. 또한 물그릇을 엎지 못하게 무게감 있는 용기나 케이지에 고정하는 타입을 선택하고, 낮은 위치에 설치한다.

건초 섭취량이 줄었을 경우

케이지 측면에 부착하는 타입의 식기는 볼 급수기와 마찬가지로 불편하다. 바닥에 놓는 타입의 건초 그릇으로 바꾸거나 건초를 직접 바닥에 두는 등 토끼가 편하게 먹을 수 있도록 한다.

좋아하는 음식을 조금씩 주면 식욕을 불러일으키는 효과가 있다. 부드러운 건초나 유동식 경단(362쪽 참조) 등 먹기 편한 음식을 식단에 추가한다.

먹는 시간이 오래 걸릴 수도 있다. 온화한 마음으로 지켜보다가 조금이라도 평소와 다른 점이 보이면 적절하게 대처한다.

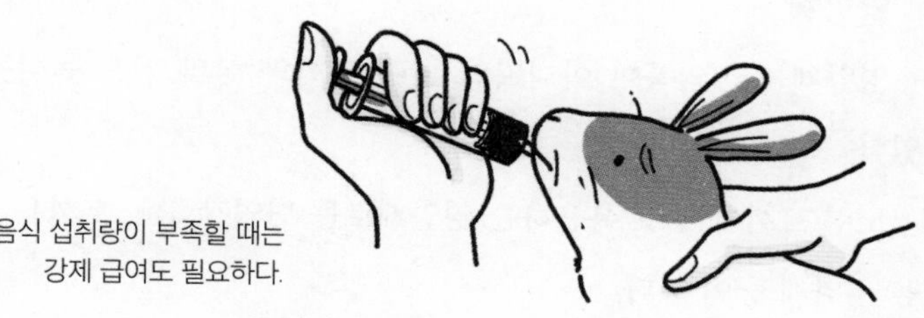
음식 섭취량이 부족할 때는
강제 급여도 필요하다.

건강관리

건강 상태가 나빠지면

노령 토끼의 건강 상태가 나빠지면 나이가 있으니까 어쩔 수 없다고 포기하는 반려인도 있다. 하지만 치료 가능한 질병일 수도 있다. 이상하다는 생각이 들면 진료를 받고, 그것이 노화 현상인지, 치료 가능한지, 삶의 질을 더 높이는 방법이 있는지 알아본다.

노령이라도 나이와 건강 상태에 따라 수술이나 치료가 가능할 수 있다.

건강검진

5~6살이 지나면 질병을 조기에 발견하기 위해 반년에 한 번 건강검진을 받는다.

눈곱이나 눈물 고임으로 항상 눈 밑이 젖어 있는 등 큰 문제라고 생각되지 않는 변화도 진료를 받는다. 작은 변화라도 진료를 받으면 적절한 케어 방법을 배울 수 있고, 질병을 빨리 발견하는 데 도움이 된다.

건강검진을 정기적으로 받고, 토끼에게 맞는 케어를 상담한다.

영양제

영양제는 의약품이 아니지만 노령 토끼의 삶의 질을 높이는 데 효과가 있다.

노령 토끼가 주로 복용하는 영양제로는 면역강화제, 토끼용 유산균, 관절용 영양제 등이 있다.

영양제 종류는 많지만 효과가 확실하지 않은 것도 있다. 영양제를 선택할 때는 원재료 및 성분, 효과와 효능을 꼼꼼히 살펴보고 신중히 선택한다.

교감하기

토끼가 좋아하는 교감 활동을 한다. 반려인과 노는 것을 좋아하는 토끼라면 어릴 때부터 꾸준히 함께 있는 시간을 가진다.

혼자 있는 것을 좋아하는 토끼도 자신의 신체에 변화가 생기면 불안감을 느낀다. 자주 말을 걸어서 토끼의 마음을 평온하게 해 준다.

오래 살아 줘서 고마워.
느긋한 마음으로 대하는 것이 중요하다.

신체 케어

관절에 통증이 있으면 등을 그루밍하기 위해 몸을 비틀거나 뒷발로 귀를 긁는 행동이 힘들어진다. 소변을 흘리는 요실금 증상이 생기고, 몸을 둥글게 말지 못해 맹장변을 먹을 수 없다. 이러한 이유로 털과 엉덩이가 지저분해지는 것도 노령 토끼의 특징이다.

비위생적인 상태가 계속되면 감염병에 취약해진다. 368쪽의 '움직이지 못하는 토끼 돌보기'를 참조하여 보살핀다.

응급상황

긴급할 때 대처법

▶ 냉정하게 판단하기

상상도 하기 싫은 일이지만 토끼의 상태가 갑자기 나빠지거나 다치는 경우가 있다. 이러한 긴급 사태가 되면 아무리 애를 써도 당황하게 된다. 그러나 긴급할 때 가장 중요한 것은 냉정한 판단을 하는 것이다. 마음을 가라앉히고 적절하게 대처할 수 있도록 긴급할 때의 응급처치에 대해 알아둔다.

▶ 동물병원에 데려간다

토끼에게 사고가 일어났을 때 가장 먼저 생각할 것은 동물병원에 데려가는 것이다. 어설픈 판단과 처치는 자칫 토끼의 상태를 악화시킬 수 있다. 밤늦은 시간이나 바로 데려갈 수 없는 상황도 있겠지만 가장 먼저 병원 진료를 받을 생각을 한다.

▶ 자가진단은 위험하다

자가진단으로 대처하는 것은 위험한 일이다. 심각하지 않은 상태라면 동물병원에 가기 전까지 안정시킨다. 수의사의 지시가 없는 한 전에 먹다 남은 약이나 사람용 약을 먹여서는 안 된다.

열사병

▶ 발생 원인

직사광선에 노출된 그늘 없는 장소, 온도와 습도가 높고 환기가 되지 않는 환경에서 발생한다. 이런 상황에서 토끼가 늘어진 채 귀가 붉게 변하고 침을 흘린다면 중증 열사병이다. 절대 상태를 지켜봐선 안 되며 일각을 다투는 긴급 상태다(열사병에 대해서는 303쪽 참조).

▶ 집에서의 응급대처법

한시라도 빨리 그러나 천천히 체온을 떨어뜨려야 한다.

서늘한 방으로 토끼를 옮긴다. 체온을 내리는 방법 중에는 차가운 수건으로 몸을 감싸는 방법이 있다. 단, 지나치게 차가운 물은 체온을 심하게 떨어뜨려 위험한 상태가 될 수 있다.

찬물에 수건을 적시고 힘껏 짠 뒤 비닐봉지에 넣는다. 그것을 감싸듯이 토끼의 몸에 올려놓는다. 귀와 목 뒷부분, 옆구리 밑을 식히면 효과가 빠르다.

증상이 가벼워도 토끼가 진정되면 동물병원에서 진료를 받는다.

물에 적셨다가 짠 수건을
비닐봉지에 넣고 토끼의 몸을 감싼다.

주의 체온이 급격히 떨어지는 것은 피해야 한다. 토끼를 찬물에 넣는 것은 저체온증을 유발할 위험이 있으므로 절대로 해서는 안 된다.

토끼를 직접 물속에 넣어서는 안 된다.

외상(출혈을 동반한 부상)

▶ 발생 원인

발톱을 자르다가 잘못하여 혈관을 자르거나 토끼끼리 싸우다가 물려서 피가 나는 경우가 있다(창상에 대해서는 290쪽 참조).

▶ 집에서의 응급대처법

발톱 혈관을 잘라 피가 날 때는 상처 부위에 깨끗한 거즈를 대고 살짝 힘을 주어 누른다. 이것을 압박지혈이라고 한다. 지혈제(퀵스톱 등)나 밀가루를 사용해도 되지만 출혈이 작다면 압박지혈로 충분하다.

작은 상처는 압박지혈을 한다.

물린 상처나 생채기도 상처 부위를 소독하고 깨끗한 거즈로 압박지혈을 한다.

상처가 심하거나 지혈되지 않을 때는 깨끗한 거즈로 압박지혈하면서 동물병원에 데려간다.

주의 토끼는 피부 상처가 농양으로 진행되는 경우가 많다. 피가 멈춰도 만약을 위해 병원 진료를 받는다. 병원에서는 필요에 따라 항생제를 처방할 수 있다.

몸에 상처가 있을 때는 상처 부위가 세균에 감염될 수 있다. 위생적인 환경을 유지하여 세균 감염을 예방한다.

외상(골절 가능성이 있는 부상)

▶ 발생 원인

안다가 떨어뜨림, 낙하사고, 실수로 발에 차이거나 밟히는 사고 등으로 골절, 염좌, 탈구 등이 발생한다. 다리를 들거나 질질 끌면서 걷는다. 통증이 심하면 움직임 없이 웅크린다(골절에 대해서는 291쪽 참조).

환부를 보호하며 빨리 동물병원으로 데려간다.

▶ 집에서의 응급대처법

돌아다니면 부상이 심해질 수 있으니 가만히 쉬게 한다. 골절된 부분은 움직여서는 안 된다. 돌아다닐 수 없는 좁은 크기의 이동장에 넣고, 천을 덮어 어둡게 한 상태로 병원에 데려간다.

개방골절일 때는 한시라도 빨리 병원에 데려간다.

골절 및 탈구는 저절로 치유가 되기도 한다. 그러나 뼈가 부자연스러운 형태로 붙어 버리면 더 이상 쓰지 못하게 될 수도 있다. 되도록 빨리 진료를 받는다.

척추손상은 가벼운 부전마비(일부 기능이 저하된 마비)일 경우에는 치료가 빠르면 빠를수록 회복 가능성이 크다. 그러므로 최대한 빨리 동물병원에 데려간다.

주의 회복 가능한 범위는 치료를 얼마나 빨리 시작하느냐에 달려 있다.

감전

▶ 발생 원인

전기가 흐르는 전선을 갉으면 감전될 위험이 있다. 입 안에 화상을 입거나 쇼크 상태에 빠질 뿐 아니라 폐수종을 일으키거나 감전사하기도 한다. 화재의 원인이 될 수도 있다(감전에 대해서는 297쪽 참조).

▶ 집에서의 응급대처법

토끼가 감전된 것을 발견했다면 토끼를 만지기 전에 반드시 전원을 끄고, 콘센트에서 플러그를 분리한다.

감전을 예방하기 위해 두꺼운 고무장갑을 끼고 플러그를 잡는다.

전원이 꺼지지 않을 때는 전기가 통하지 않는 두꺼운 고무장갑을 끼거나 신문지나 나무막대를 사용해 플러그를 뽑는다.

만약 토끼의 몸에서 소변이 나왔다면 플러그를 뽑기 전에 소변에 닿아서는 안 된다.

전선을 물고 있다면 입에서 빼낸다.

토끼가 입에 전선을 물고 있다면 전원을 끈 상태로 손에 고무장갑을 끼거나 전기가 통하지 않는 물건으로 전선을 뺀다.

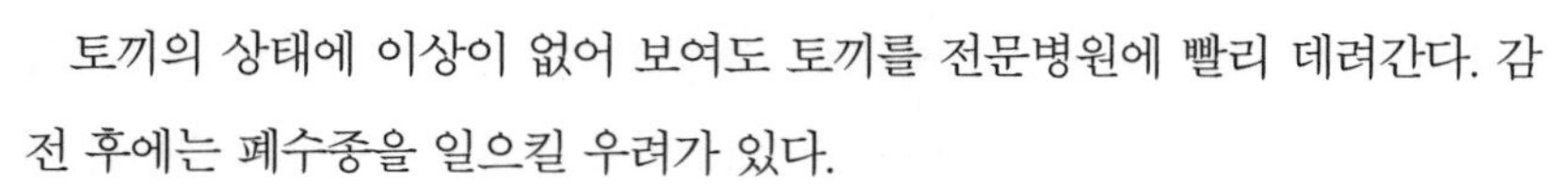

토끼의 상태에 이상이 없어 보여도 토끼를 전문병원에 빨리 데려간다. 감전 후에는 폐수종을 일으킬 우려가 있다.

화상을 입었다면 식히고, 동물병원에 데려간다.

입 안의 화상을 무턱대고 물로 식히면 물이 기도로 흘러갈 위험이 있다.

몸에 화상을 입었다면 수건을 물에 적신 다음 짠 후 비닐봉지에 넣어서 몸에 댄다.

감전의 충격으로 심장과 호흡이 멈췄을 때는 소생 가능성에 희망을 걸고 토끼의 가슴을 세게 두드려 심폐소생술을 한다.

주의 사람도 함께 감전되지 않게 조심한다. 손상된 전선을 그대로 사용하면 화재의 원인이 되므로 교환한다. 토끼가 다시 갉지 못하게 환경을 개선한다.

입 안에 화상을 입었다면 아파서 음식을 먹을 수 없으므로 유동식을 먹인다.

설사

▶ 발생 원인

소화관의 세균 감염, 장내세균총 균형의 붕괴, 스트레스 등 토끼에게 설사를 일으키는 원인은 다양하다. 묽은 변이나 물 같은 변이 묻어 엉덩이가 더러워진다(토끼의 소화기 질환에 대해서는 136~167쪽 참조).

▶ 집에서의 응급대처법

원인에 따라 신속한 치료가 필요하다. 설사가 심하면 급격히 쇠약해지므로 최대한 빨리 병원에 데려간다.

설사가 심하면 탈수 증상이 일어난다. 따라서 수분을 공급해 주어야 하지만 물을 너무 많이 먹이면 설사 상태가 더욱 심해질 수 있다. 또한 물이 기도로 넘어갈 우려도 있다. 토끼가 스스로 마실 경우에만 흡수가 잘 되는 이온 음료(유아용이나 반려동물용)를 먹인다.

반려동물용 난방용품으로 토끼가 있는 공간을 따뜻하게 유지한다.

설사 때문에 엉덩이 주변이 더러워지고 바닥이 축축해진다. 쇠약해진 상태로 씻기면 체온이 내려가 상태가 더욱 나빠진다. 종이 타월로 엉덩이의 변과 물기를 닦아낼 수 있는 만큼만 닦아내고(문질러서는 안 되며, 털이 엉키지 않게 조심한다), 흡습성이 좋은 목욕 수건을 깔고 자주 교환한다.

주의 말랑말랑한 맹장변을 묽은 변으로 착각할 수 있다. 맹장변은 질병이 아니다. 맹장변은 원래 항문에서 나오자마자 토끼가 먹어 버려서 눈으로 볼 기회는 많지 않다. 만약 맹장변이 잔뜩 떨어져 있다면 통증이나 비만으로 입이 항문에 닿지 않아 먹을 수 없었거나 영양 과잉인 경우다.

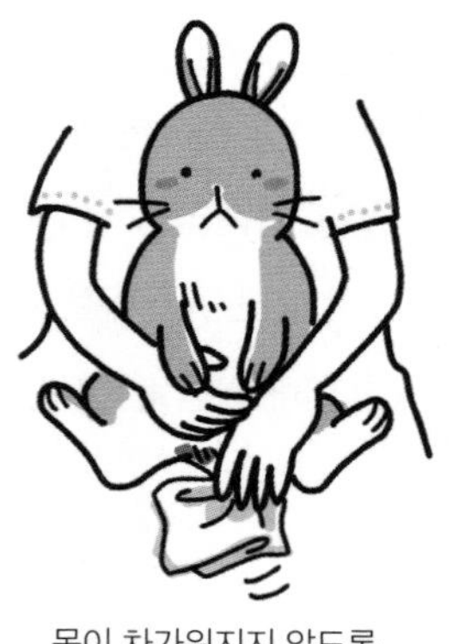

몸이 차가워지지 않도록 오염된 부분을 닦는다.

식욕이 없다

▶ 발생 원인

토끼가 음식을 먹지 않는 상황은 위장정체 또는 심한 스트레스로 소화관의 운동 기능이 저하되었을 때, 부정교합으로 입 안에 통증이나 불쾌감이 있을 때다. 먹지 않는 상태가 계속되면 지방간을 일으키거나 위장정체가 더욱 심해지고 에너지도 부족해진다.

▶ 집에서의 응급대처법

토끼가 가장 좋아하는 간식을 준다. 음식을 조금이라도 먹으면 그것을 계기로 식욕을 되찾기도 한다.

입 안에 통증이 있을 때는 물에 불린 사료 등 부드러운 음식을 먹인다.

주의 음식을 전혀 먹지 않을 때는 강제 급여를 해야 하나 그 전에 왜 먹지 않는지 원인을 찾아야 한다. 토끼는 금식 상태가 24시간 계속되면 위험해진다. 늦기 전에 빨리 동물병원에서 진료를 받는다.

사경

▶ 발생 원인

고개가 기울어지는 사경(276쪽 참조)은 말초성과 중추성의 원인으로 일어난다. 고개가 살짝 기울어지는 가벼운 증상이 있는가 하면 고개가 심하게 기울고 기울어진 쪽으로 롤링하는 심한 증상도 있다.

▶ 집에서의 응급대처법

재빨리 동물병원에서 진료를 받는다. 원인에 따라 치료가 빠르면 빠를수록 회복도 빨라진다.

사경 증상이 생기면 토끼도 마음이 불안해진다(현기증이 났을 때의 상태를 상상해 보자). 걱정된다고 자꾸 신경 쓰거나 고개를 원래대로 돌리려고 억지로 힘을 가해서는 안 된다.

기울기가 심하고 롤링 증상이 있을 때는 케이지 안쪽을 쿠션으로 둘러싸서 토끼가 철장에 부딪히지 않도록 보호한다.

주의 토끼는 사경에 익숙해지면 스스로 음식과 물을 먹기도 한다. 그러나 상태에 따라 스스로 먹지 못하는 경우라면 사람이 도와줘야 한다.

재빨리 동물병원으로 데려가 치료를 빨리 시작하면 회복할 가능성도 커진다.

경련

▶ 발생 원인

토끼에게는 드물지만 뇌전증 같은 신경 증상 및 비타민 A, B_6, 마그네슘 결핍, 열사병이 원인이 되어 경련 발작을 일으키기도 한다. 근육이 제멋대로 수축하고, 몸을 활처럼 뒤로 젖히고, 발버둥 친다.

▶ 집에서 응급대처법

경련 발작을 일으킬 때는 의식도 혼미한 상태인 경우가 많다. 토끼가 패닉을 일으켰을 때는 손으로 몸을 잡아서는 안 된다. 주변 사물에 부딪혀 다치지 않도록 하고, 케이지 안이라면 주변에 쿠션을 둘러 토끼를 보호한다.

토끼가 진정되면 병원에 데려간다.

주의 원인이 뇌전증일 때는 완치가 어렵다. 그러나 발작이 일어나는 계기(기온, 소음 등), 발작 빈도를 주의 깊게 관찰하고, 적합한 타이밍에 투약하면 증상을 억제할 수 있다.

구급상자

급할 때 사용할 수 있도록 구급상자를 준비한다. 토끼를 응급처치할 때 도움이 되는 구급상자(예시)를 소개한다. 물약이나 점안액 등은 혼자 판단하지 말고, 반드시 주치의와 상의한다.

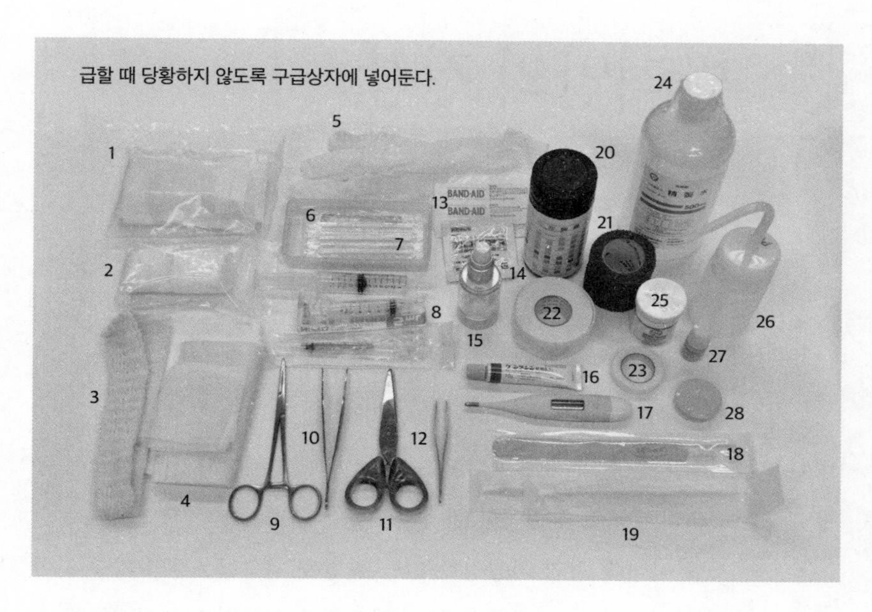

1. 깨끗한 천
2. 알코올 솜
3. 탄력 붕대
4. 거즈
5. 라텍스 장갑
6. 멸균 솜
7. 짧은 면봉
8. 주사기
9. 겸자
10. 핀셋
11. 가위
12. 족집게
13. 반창고
14. 멸균 알코올 솜(물티슈도 좋음)
15. 2차 감염 방지 항생제(항균 스프레이)
16. 항생제(연고)
17. 체온계
18. 나무 부목
19. 긴 면봉
20. 소변 검사지
21. 탄력 테이프
22. 천 테이프
23. 종이 테이프
24. 정제수
25. 지혈제
26. 세척병
27. 상비약(점이액)
28. 상비약(연고)

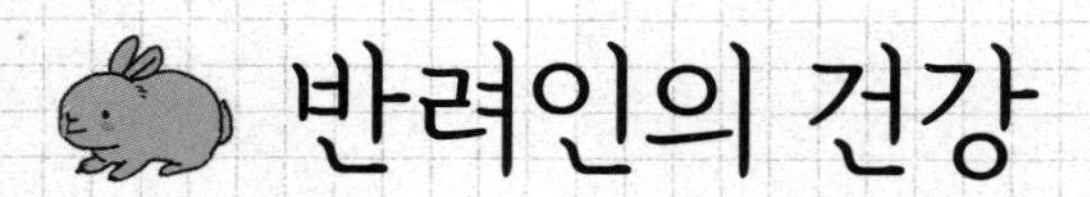

반려인의 건강

인수공통감염증

토끼와 행복하게 지내려면 반려인의 건강도 중요하다. 토끼로부터 감염병이 옮는다면 사람도 토끼도 괴로워진다. 함께 행복해지려면 먼저 인수공통감염증에 대해 올바르게 알아야 한다.

동물과 사람 사이에 전염 가능성이 있는 질병을 인수공통감염증zoonosis이라고 한다. 사람의 시선으로 동물유래감염증이라고 부르기도 한다.

동물에게서 사람으로, 사람에게서 동물로 감염되는 병원체는 기생충, 원충, 진균, 세균, 바이러스 등 다양하다. 많이 알려진 공통 감염증은 광견병, 앵무병, 페스트, 사스SARS, 조류인플루엔자, 광우병 등이다. 전 세계적으로 약 800종의 인수공통감염증이 있으며, 그중 중요하게 다루는 것이 약 200종이다. 그러나 동물과 접촉한다고 무조건 감염되는 것은 아니다. 무턱대고 두려워하면 올바른 판단을 할 수 없다. 정확한 지식을 바탕으로 동물과 접촉하는 것이 중요하다.

토끼로부터 감염되는 질병

▶ 파스튜렐라감염증(170쪽 참조)

파스튜렐라감염증 및 스너플의 원인인 파스튜렐라균은 동물로부터 사람에게 전염된다. 사람에게 많이 알려진 것은 고양이할퀌병(고양이에게 할퀴거나 물린 뒤 생기는 질환)이다. 건강한 사람은 감염되어도 증상이 없지만, 저항력이 떨어져 있을 때 감염되면 증상이 나타난다. 이것을 기회감염이라고 한다.

· 감염경로 : 물림, 할퀌으로 인한 감염, 밀접 접촉으로 인한 감염, 비말감염

· 동물의 증상 : 171쪽

· 사람의 증상 : 호흡기에 감염되면 감기 증상, 물린 부위의 통증, 부종 등

▶ 피부사상균증(221쪽 참조)

피부사상균증을 일으키는 진균, 모창백선균, 견소포자균, 석고상소포자균 중 토끼에게 많은 것은 모창백선균, 사람에게 많이 감염되는 것은 견소포자균이다.

· 감염경로 : 접촉감염

· 동물의 증상 : 222쪽

· 사람의 증상 : 대부분 얼굴과 머리에 증상이 나타남. 경계가 확실한 둥근 탈모, 피부가 붉어짐 등

▶ 벼룩(235쪽 참조)

고양이와 개의 벼룩이 토끼에게 일시적으로 기생했다가 사람에게도 기생하며 흡혈한다.

· 감염경로 : 접촉감염

· 동물의 증상 : 236쪽

· 사람의 증상 : 발진, 가려움 등

▶ 털진드기증(233쪽 참조)

진드기의 일종으로 토끼의 털에 기생한다. 사람에게 일시적으로 기생한다.

· 감염경로 : 접촉감염

· 동물의 증상 : 234쪽

· 사람의 증상 : 가려움, 빨갛게 부어오름 등

▶ 살모넬라증

살모넬라균 감염으로 일어나는 질병으로 포유류, 조류, 파충류, 곤충도 감염된다.

· 감염경로 : 변을 통해 경구감염

· 동물의 증상 : 불현성 감염이 많음. 발병하면 설사, 발열 등

· 사람의 증상 : 복통, 설사, 발열, 구토 등

▶ 톡소플라스마증

톡소플라스마 원충에 의한 감염증으로 고양이 체내에서만 유성생식을 한다. 감염된 고양이는 난포낭(원충의 알 같은 것)이 섞인 대변을 배설하는데 토끼가 그 대변이 묻은 야생초를 먹으면 감염될 수 있다. 그러나 토끼가 감염되는 일은 드물다.

· 감염경로 : 변을 통한 경구감염, 상처로 감염

· 동물의 증상 : 불현성 감염이 많음. 발병하면 식욕부진, 기력상실, 발열 등

· 사람의 증상 : 불현성 감염

▶ 야생토끼병

야생토끼병*Tularemia* 균에 감염되어 생기는 병으로 멧토끼(산토끼)뿐 아니라 굴토끼, 야생 설치목 동물에게 나타난다.

야생토끼병 균이 몸에 침입하면 감염 부위의 림프선을 타고 림프절에 염증을 일으킨다. 그런 다음 다른 림프절로 감염이 확산된다.

· 감염경로 : 접촉감염, 비말감염, 절지동물을 매개로 한 감염, 경구감염, 호흡기감염

· 동물의 증상 : 급성 패혈증 등

· 사람의 증상 : 갑작스러운 발열(38~40℃), 오한, 두통, 근육병 및 관절통(특히 등이 아픔), 림프절 부종 등. 치료하지 않으면 증상이 몇 주 동안 계속되며 야생토끼병 균이 퍼져서 폐렴이나 패혈증 등을 일으킨다.

(한국에서는 1996년 죽은 야생토끼를 상처 난 손으로 요리하여 감염된 사례가 있으며, 그 후 현재까지 감염 보고가 없다._옮긴이 주(출처 : 질병관리청 감염병포털))

감염 예방법

동물이 사람에게 질병을 옮기려면 다음과 같은 조건이 갖춰져야 한다.

(1) 감염증이 인수공통감염증이고

(2) 감염증의 병원균을 가지고 있는 동물이 있으며

(3) 감염 경로가 있을 때

우리가 할 수 있는 일은 동물이 병에 걸리지 않게 하는 것과 감염 경로를 만들지 않는 것이다. 위생적인 환경에서 올바르게 사육하고 있다면 지나치게 걱정할 필요는 없다.

▶ 주요 감염 경로

· 직접감염 : 병원체에 닿아서 감염

· 비말감염 : 재채기 등으로 병원체가 배출되어 감염

두 번째 토끼를 입양할 때는
집 안에서 격리하면서 자체 검역
기간을 가진다.

입으로 음식을 주지 않는다.

함께 자거나
뽀뽀하지 않는다.

정기적인 건강검진으로 항상 토끼의
건강을 유지한다.

토끼와 놀면서 음식을 먹지 않는다.

- 경구감염 : 병원체가 입으로 침입하여 감염
- 흡입감염 : 대소변에 섞인 병원체가 건조되어 공중에 떠오르고, 그것을 흡입하여 감염
- 물림·할퀌에 의한 감염 : 물리거나 할퀸 상처를 통해 감염
- 다른 생물을 매개로 한 감염 : 흡혈로 병원체를 빨아들인 벼룩이나 진드기에게 물려서 감염

▶ 이상이 느껴지면 병원을 찾는다

반려인의 건강에 이상이 생겨 병원에 간다면 의사에게 토끼를 키우고 있다고 말한다. 그렇지 않으면 원인을 찾지 못해 치료에 시간이 걸릴 수 있다. 질병 초기에는 증상에 특징이 없어서 잘못된 진단을 받거나 원인을 특정하지 못해 치료에 시간이 걸릴 수 있다.

의사로부터 동물을 키우지 말라는 말을 들을지도 모른다. 하지만 굉장히 심각한 감염증이 아니라면 동물을 떠나보낼 필요는 없다. 주치의 수의사와도 상담하면서 사람과 토끼 모두에게 좋은 방법을 찾는다.

▶ 감염 예방법을 막기 위해 주의할 점

토끼의 사육관리

위생적인 펫숍에서 건강한 토끼를 입양한다. 두 번째 토끼를 입양할 때에는 기존 토끼와 바로 만나게 하지 말고, 일주일은 격리하며 자체 검역 기간을 가지고 상태를 지켜본다.

적절한 사육관리를 한다. 수시로 화장실과 케이지 청소를 하여 위생적인 환경을 유지한다. 정기적인 건강검진으로 질병을 빨리 치료하는 등 건강관리를 한다.

토끼와의 접촉

함께 자거나 뽀뽀하는 등 밀접한 접촉은 피한다. 토끼와 놀면서 음식을 먹거나 입으로 음식을 주어서는 안 된다.

토끼에게 물리거나 발톱에 할퀴지 않도록 조심한다. 물린 상처로 토끼와 관련 없는 잡균이 침입해서 염증이 생길 수도 있다. 상처가 생기면 흐르는 물에 잘 씻고 소독한다.

사람의 건강관리

토끼를 돌보거나 함께 논 뒤에는 흐르는 물에 손을 깨끗이 씻고 양치질한다. 방에 풀어놓는 시간이 긴 토끼도 사람이 식사할 때는 자신의 집에 있게 한다. 변을 맨손으로 줍지 않는다.

특히 노령자나 유아는 면역력이 낮으므로 더욱 주의해야 한다.

실내 위생관리

토끼가 노는 방을 수시로 청소한다. 빠진 털과 배설물을 그대로 두지 않는다.

공기청정기를 활용하고, 이따금 창문을 열어 환기한다.

토끼와 알레르기

알레르기는 인수공통감염증이 아니다. 그러나 동물과 생활하면 흔히 생기는 일이며 키우던 토끼를 떠나보내는 원인이 되기도 한다.

동물의 몸은 외부 물질이 침입하면 제거하는 기능이 있다. 이것을 면역이라고 한다. 재채기나 가래, 콧물, 눈물, 구토 등을 통해 이물질을 밖으로 내보내기도 한다. 인플루엔자바이러스가 몸속에 침입했을 때 고열이 나는 것은 바이러스를 제거하기 위한 면역반응이다.

하지만 면역 기능이 지나치게 활성화되면 제거하지 않아도 되는 것에도 면역이 반응한다. 이것이 알레르기다. 알레르기는 주로 몸이나 눈의 가려움, 콧물, 눈물, 재채기 증상으로 나타난다.

증상의 발현은 건강 상태에 따라 다르며 다른 알레르기와 복합적으로 일어나면 경증이 중증으로 발전할 수 있다.

알레르기를 일으키는 원인물질을 알레르겐이라고 한다. 주요 알레르겐으로는 음식 섭취로 두드러기를 일으키는 달걀, 우유, 국수, 갑각류 등이 있다. 또한, 코나 기관지 흡입으로 증상이 나타나는 꽃가루, 진드기, 곰팡이 등도 있다. 동물도 알레르겐이 될 수 있는데, 주로 동물의 모근 상피조직이나 비듬, 타액, 소변 등이 원인이다.

알레르겐을 알아내려면 피부과 전문병원에서 검사를 받는다. 병원에서는 혈액검사나 패치테스트 등을 한다. 동물에 관한 검사 항목은 고양이 상피, 개 상피, 개 비듬, 기니피그 상피, 쥐 상피, 쥐 요단백, 래트 상피, 래트 요단백, 래트 혈청단백, 쥐 혈청단백, 집토끼 상피, 햄스터 상피, 래트 비듬, 쥐 비듬 등이 있다. 상피란 모근 주변 조직을 말한다.

▶ 알레르기 체질인 사람

아토피성 피부염이 있거나 꽃가루 알레르기 등 원래 알레르기 증상이 있는 사람은 토끼도 알레르기의 원인이 될 가능성이 크다. 반대로 개 알레르기가 있다고 해서 토끼도 그럴 거라고 단정할 수는 없다. 토끼를 키우기 전에 반드시 검사를 받는다.

▶ 토끼를 키우고 증상이 나타난 사람

케이지 청소와 빗질을 한 뒤에 바로 알레르기 증상이 나타난다면 알레르기일지도 모른다. 전문병원에서 검사를 받아 본다.

▶ 토끼가 원인이 아닐 수 있다

토끼 알레르기가 아니라 건초 알레르기, 건초에서 발생한 곰팡이나 진드기 알레르기일 가능성도 있다. 무엇이 원인이든 알레르기라는 사실에는 변함이 없으니 전문병원에서 검사를 받는다.

토끼의 털과 건초 가루가 점막을 자극하여 재채기가 나왔을 수도 있다. 이것은 알레르기가 아니라 물리적 반응이다.

알레르기 체질인 사람은 키우기 전에 검사를 받는다.

▶ 토끼와 공존하려면

알레르기가 있어도 증상이 가벼우면 토끼와 함께 생활할 수 있다. 알레르기 치료를 꾸준히 받고, 다음과 같은 대책을 세운다.

- 알레르기가 있는 사람이 주로 생활하는 방과 토끼가 지내는 방을 구별한다.
- 토끼의 집과 토끼의 행동 범위를 수시로 청소한다.
- 토끼를 보살필 때는 마스크와 고글을 착용하거나 토끼와 접촉할 때 입는 전용 옷(앞치마)을 준비한다.
- 자주 환기하고 공기청정기를 사용한다.

· 토끼를 보살핀 후에는 흐르는 물에 손을 충분히 씻고 양치질을 한다.
· 자주 빗질하여 빠진 털을 정리한다.
· 가족의 도움을 받아 알레르겐과 접촉하는 시간을 줄인다.
· 여러 마리를 키우면 증상이 심해지므로 키우는 토끼를 늘리지 않는다.

▶ 새로운 가족을 찾아주는 선택도 있다

알레르기 고통보다 토끼가 없는 생활을 더 견딜 수 없는 반려인이 많을 것이다. 알레르기 증상을 완화하면서 토끼와 계속 함께한다면 그것보다 좋은 일은 없다.

그러나 증상에 따라 알레르기가 생명을 위협할 수도 있다. 그런 심각한 증상을 참으면서 토끼와 생활하는 것이 서로에게 좋은 일인지 잘 고민해 본다. 믿고 맡길 수 있는 새로운 가족을 찾아주는 것도 선택지 중 하나다.

토끼 건강 Q&A

Q 토끼에게 위험한 독성이 있는 식물은?

A 독성이 있는 식물은 다음과 같다. ( ) 안은 독성이 있는 부분이다. 이 식물들은 토끼의 행동 범위에 두어서는 안 된다.

㉠ 개양귀비(전체), 굴거리나무(잎, 나무껍질), 극락조화(전체), 금낭화(뿌리줄기, 잎), 금사슬나무(나무껍질, 뿌리껍질, 잎, 씨앗) 등
㉡ 나팔꽃(씨앗), 남천(전체), 노루발풀(전체) 등
㉢ 담쟁이덩굴(뿌리), 도라지(뿌리), 독미나리(전체), 디기탈리스(잎, 뿌리, 꽃), 디펜바키아(줄기) 등
㉣ 루피너스(전체, 특히 씨앗) 등
㉤ 만년청(뿌리), 모란(유액), 목련(나무껍질), 몬스테라(잎), 무화과나무(잎, 가지), 미국자리공(전체, 특히 뿌리, 열매) 등
㉥ 베고니아(전체), 복수초(전체, 특히 뿌리), 봉선화(씨앗), 분꽃(뿌리, 줄기, 씨앗), 붓순나무(열매, 나무껍질, 잎, 씨앗) 등
㉦ 삼지구엽초(전체), 서양철쭉(잎, 뿌리껍질, 꽃의 꿀), 서향(꽃, 잎), 석산(전체, 특히 비늘줄기), 수선화(비늘줄기), 시클라멘(뿌리줄기), 쐐기풀(잎과 줄기의 가시) 등
㉧ 아마릴리스(구근), 아이비(잎, 열매), 아카시아나무(나무껍질, 씨앗, 잎), 애기똥풀(전체, 특히 유액), 은방울꽃(전체) 등
㉨ 주목나무(씨앗, 잎, 나무줄기) 등

㉩ 참제비고깔(전체, 특히 씨앗), 창포(뿌리줄기) 등

㉪ 칼라꽃(즙), 콜키쿰(덩이줄기, 뿌리줄기), 크리스마스로즈(전체, 특히 뿌리) 등

㉫ 토마토(잎, 줄기) 등

㉬ 포인세티아(줄기에서 나오는 수액과 잎), 필로덴드론(뿌리줄기, 잎) 등

㉭ 헬레니움(전체), 협죽도(나무껍질, 뿌리, 가지, 잎), 흰독말풀(잎, 전체, 특히 씨앗), 히아신스(비늘줄기) 등

Q 털에 변이 묻었을 때 대처 방법은?

A 부드러운 변이 엉덩이에 묻었을 때 토끼가 스스로 제거하지 못할 수 있다. 반려인이 수시로 확인해서 도와준다.

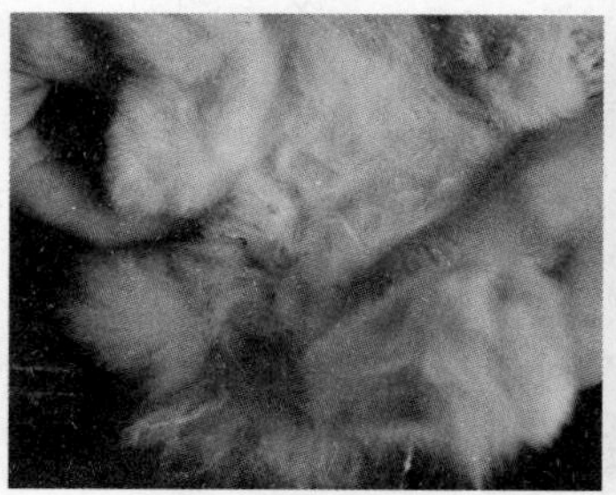

부드러운 변은 엉덩이 주변에 묻기 쉬우니 자주 확인한다.

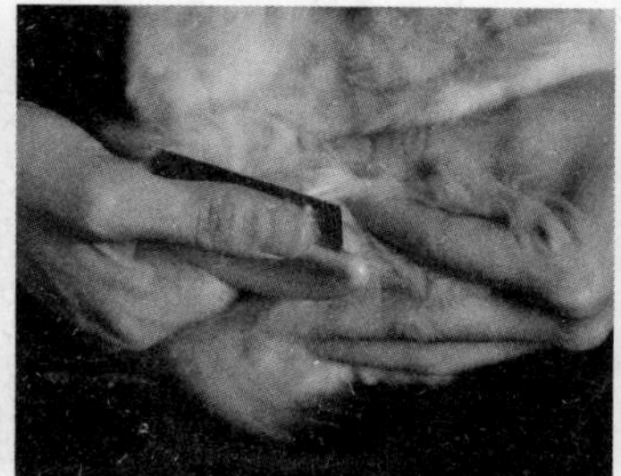

말라서 딱딱해진 변은 빗살이 촘촘한 참빗으로 제거한다. 덜 마른 변을 참빗으로 빗기면 변이 번지므로 주의한다.

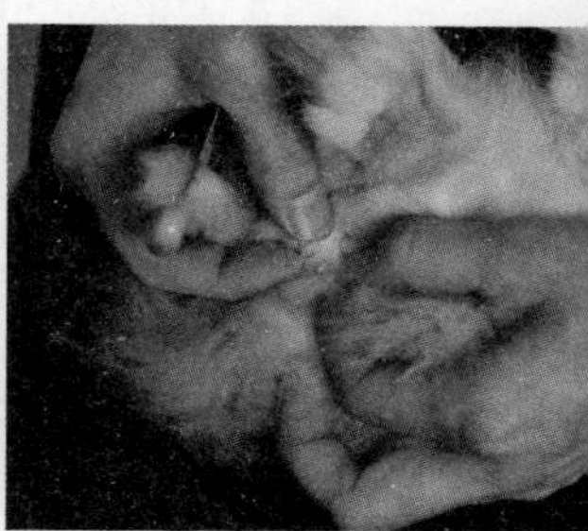

커다란 변이 털에 엉켜 있을 때는 털의 뿌리 부분부터 손으로 풀어헤친다.

Q 1살 된 유기 토끼(수컷)를 입양한 지 한 달째다. 소변을 뿌리고 마운팅하는 습관이 있는데 못하게 할 수 있을까?

A 1살 된 토끼는 이제 어른이니 영역의식이 생겼을 것이다. 소변을 뿌려 냄새를 묻히는 것을 소변 스프레이라고 한다. 자신의 영역을 표시하는 행위다(301쪽 참조). 영역의식은 암컷에게도 있지만, 수컷에게 더욱 두드러지게

소변 스프레이는 영역의식의 표현

나타난다.

성성숙을 한 토끼는 언제든지 교미할 수 있다. 다만 반려토끼가 하는 마운팅이 모두 교미행위는 아니다. 자신의 서열이 위라고 주장하는 행동이거나 잘못된 습관이 몸에 배었을 수도 있다.

질문자의 토끼는 새로운 가정에 입양된 지 얼마 되지 않았다. 낯선 환경에 대한 불안한 마음을 영역표시로 표현하는 것일지도 모른다. 소변을 뿌리면 안 되는 장소는 플라스틱판을 설치하여 소변을 막고, 동시에 토끼가 안심할 수 있는 환경을 만든다.

영역표시나 마운팅이 심할 때는 중성화수술이라는 선택지가 있다. 하지만 수술하면 이런 행동이 사라진다고 단정할 수는 없다. 토끼를 전문적으로 진료하는 수의사와 상의한다.

Q 토끼가 실내 산책을 하고 있을 때 반려인이 TV를 보거나 전화통화를 하면 그릇을 뒤집거나 철장을 흔들어 큰 소리를 낸다. 왜 그럴까?

A 토끼는 상당히 머리가 좋은 동물이다. 항상 사람이 뭘 하고 있는지 주의 깊게 관찰한다. 토끼가 반려인을 매우 좋아한다면 항상 자기만 바라보고 자기에게 신경 써 주기를 바랄 것이다. 그래서 반려인이 TV와 휴대전화에 집중하고 있으면 시선을 끌기 위해 소리를 내는 것일 수 있다. 그렇다고 해서 시종일관 토끼만 보고 있을 수는 없는 노릇이다. 함께 놀 때와 교감할 때만이라도 애정을 듬뿍 쏟는다.

한 가지 주의할 점이 있다. 토끼가 그릇을 뒤집고 철장을 흔들 때 바로 토끼에게 다가가면 토끼는 '이렇게 하면 관심을 준다'라고 학습하게 된다(이미 학습했을지도). 그럴 때는 모르는 척하고, 얌전히 있을 때 다가가서 관심을 보여 주는 게 중요하다.

개중에는 단순히 '밥 주세요'라는 표현을 하려고 소리를 내는 토끼도 있다. 어느 쪽이든 토끼는 반려인이 무엇에 집중하고 있는지 매우 잘 느낀다.

자신에게 주목해 주길 바라는 걸지도

Q 토끼가 볼(구슬) 급수기를 잘 사용하지 못한다. 급수기를 사용하게 할 좋은 방법이 없을까?

A 볼 급수기는 건초 부스러기나 변이 들어가지 않아 위생적이다. 게다가 사람이 없을 때 뒤엎을 우려가 없다. 토끼가 볼 급수기를 사용하지 않는 이유는 주로 다음과 같다.

① 사용법을 모른다.

② 높이가 맞지 않아 마시기 어렵다.

③ 물이 잘 나오지 않는다.

토끼가 사용법을 모를 때는 급수기의 구슬을 눌러 물을 흐르게 하거나 토끼가 좋아하는 과즙이나 채소 주스를 구슬에 묻혀서 토끼를 유도한다. 또는 설치 위치가 너무 높거나 낮지 않은지, 장애물이 있는지 살펴본다. 급수기의 적당한 높이는 토끼마다 다르므로 높이를 바꿔 본다. 입구의 구슬이 잘 움직이지 않아 물이 안 나올 수도 있다. 그럴 때는 급수기의 종류를 바꾼다.

토끼에게 편한 높이와 장소에 설치한다.

개중에는 앞니가 비정상적으로 길어

져 구슬을 굴릴 수 없거나 몸이 아파서 고개를 들지 못하는 토끼도 있다. 그럴 때는 무게감이 있거나 케이지에 고정할 수 있는 물그릇을 사용한다.

최근에는 물병과 그릇을 조합해 양쪽의 장점을 살린 급수기도 판매되고 있다. 볼 급수기만 고집하지 말고, 토끼에게 맞는 다양한 급수기를 시도해 본다.

Q 토끼가 건초를 잘 먹지 않는다. 어떻게 해야 잘 먹을까?

A 이빨 건강을 위해, 장 건강을 위해, 비만을 예방하기 위해 반드시 건초를 주식으로 먹어야 한다. 다른 음식은 먹는데 건초만 먹지 않는 거라면, 다음과 같은 이유를 추측할 수 있다.

- 이빨 질환이 있어서 많이 씹어야 하는 건초를 먹기 힘들다.
  → 대책 : 이빨 질환을 치료한다.
- 건초가 오래되거나 잘못된 보관으로 곰팡이 등의 문제가 생겨 먹지 않는다.
  → 대책 : 새로운 건초를 구입한다. 카메라용 건조제 같은 효과가 뛰어난 건조제를 동봉하여 밀폐용기에 보관한다.
- 사료나 채소를 많이 먹어 배가 부르다.
  → 대책 : 사료, 채소의 양을 줄인다.
- 버릇을 잘못 들였다. 건초를 먹지 않으면 사료나 간식을 주니까 건초를 먹지 않는다.
  → 대책 : 시간을 정하고, 그 시간 안에는 건초만 먹게 한다.
- 그 종류의 건초를 좋아하지 않는다.
  → 대책 : 같은 티모시라도 1번초, 2번초, 3번초 등 여러 종류가 있다. 토끼의 취향도 제각각이어서 거친 티모시를 좋아하는 토끼가 있는가 하면, 부드러운 티모시를 좋아하는 토끼도 있다. 건초 대신 야생초를

이빨에 문제가 있으면 건초를
잘 먹지 못한다.

토끼가 좋아하는 건초를 찾아보자.

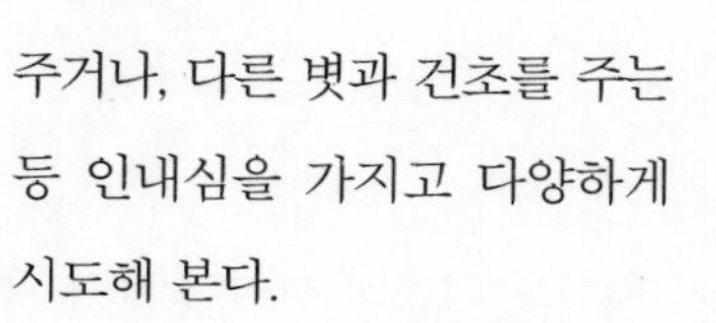

주거나, 다른 볏과 건초를 주는 등 인내심을 가지고 다양하게 시도해 본다.

어릴 때부터
건초에 적응시킨다.

- 익숙하지 않아서 먹지 않는다.

  → 대책 : 토끼는 이유기 때 먹은 음식을 좋아하는 경향이 있다. 그래서 아기 토끼에게 건초를 주식으로 먹이는 곳에서 입양하는 것이 가장 좋다. 그것이 어렵다면 입양하자마자 어릴 때부터 건초를 먹여 적응시킨다. 우선 기호도가 높은 알팔파에 적응시키고 천천히 티모시로 바꾼다.

Q 간식을 적절하게 주는 방법은?

A 간식은 토끼와 편하게 교감하는 수단이다. 식욕부진일 때 식욕을 돋우는 역할을 하거나, 약 먹일 때 사용할 수도 있다. 또한 간식을 이용해 머리와 몸을 사용하는 놀이도 할 수 있다(66쪽 참조).

간식은 손으로 직접 주자.

토끼용 간식으로 판매되는 건조 파파야 등의 말린 과일, 사과와 바나나 같은 과일은 토끼가 아주 좋아하는 간식이다. 그러나 많이 먹으면 장내세균총의 균형

이 깨져 설사를 하거나 비만이 되므로 주의한다.

사람의 상식으로 간식은 달콤한 것이고 주식이 아니다. 그러나 토끼는 '이것은 주식'이고 '이것은 간식'이라고 구분하지 않는다. 토끼가 좋아하는 것이라면 매일 급여하는 사료와 채소, 야생초, 영양제 등도 간식이 될 수 있다. 하루에 급여하는 음식의 총량에서 일부분을 간식처럼 주면 영양 과잉을 걱정하지 않아도 된다.

Q 토끼도 일광욕을 해야 할까?

A 토끼가 일광욕을 해야 하는지 하지 않아도 되는지는 여러 가지 학설이 있으며 수의사마다 주장이 다르다. 특별히 일광욕을 하지 않아도 평생 실내에서 건강하게 지내는 반려토끼도 많다.

한편으로는 일광욕이 부족하면 칼슘대사에 문제가 생겨 부정교합 등의 이빨 질환이 생긴다는 주장도 있다.

다만, 일광욕에는 몇 가지 위험이 있다. 계절과 환경에 주의하지 않으면 열사병을 일으킬 수 있다. 또한, 실외에서 토끼가 탈주하거나 포식동물의 습격을 당할 위험도 있다.

게다가 일광욕만으로 부정교합이 예방되는 것은 아니다. 건초를 충분히 먹이는 등의 적절한 사육관리가 함께 이루어져야 한다.

평소에 햇볕이 잘 들어오는 방에서 키우고, 날씨가 온화할 때는 창문을 여는(탈출하지 않게 조심) 정도로 충분하다. 그늘이라도 유리창 너머가 아니라면 자외선이 충분히 닿는다.

가끔은 온화한 햇볕을 즐기는 것도 좋다.

Q 재난대책을 세울 때 주의할 점은?

A 화재, 태풍, 지진 등의 재난, 재해는 언제 어떻게 생길지 모르니 미리 대비한다. 재난대책을 세울 때는 다음과 같은 사항을 미리 생각해 두면 좋다.

쓰러질 위험이 있는 가구는 멀리 치운다.

- 토끼의 집이 안전한 위치에 있는지 확인한다. 지진이 발생했을 때, 가구가 쓰러지거나 물건이 떨어져 토끼가 다치는 일이 없도록 예방한다.
- 화재 발생 시 재빨리 토끼를 챙길 수 있도록 이동장과 피난 용품을 토끼의 집 근처에 둔다.
- 피난으로 환경이 바뀌면 토끼가 음식과 물을 먹지 않고 배설을 참을 수 있다. 그러므로 평소에 건강검진을 위해 동물병원에 데려가거나 반려인 이외의 사람을 만나게 하는 등 사회성을 키울 기회를 만들어 준다. 이동장에도 적응시키면 스트레스를 덜 받을 것이다.
- 피난 용품은 건초, 사료, 물, 위생용품 외에 식욕이 없을 때를 대비해 간식도 준비한다. 질환이 있다면 평소 먹는 약도 넣어둔다. 피난 스트레스로 위장정체를 일으킬 수 있으니 단골 동물병원의 연락처도 챙긴다.

Q 토끼와 함께 여행할 때 주의할 점은?

A 여행에 토끼를 데려가는 것은 추천하지 않는다. 그러나 명절에 토끼를 데리고 부모님 댁에 가는 경우는 있을 것이다. 이동할 때 토끼의 건강을 고려하는 방법을 알아본다.

이동 중에는 토끼가 더위를 느끼지 않게 조심해야 한다. 특히 여름에 토끼만 차 안에 두는 것은 금물이다(306쪽 참조). 또한 탈주를 예방하기 위해 필요할 때가 아니면 이동장에서 꺼내지 않는다.

여분 케이지를 미리 마련한 후 토끼를 케이지에 적응시킨 다음 케이지를 부모님 댁에 미리 보낸다. 낯선 환경이라도 익숙한 공간이 있으면 토끼의 마음이 편해질 것이다. 부모님 댁에 개나 고양이가 있다면 개, 고양이가 출입하지 못하는 장소에 케이지를 둔다.

펫시터에게 부탁할 때는 미리 충분히 설명한다.

만일에 대비해 부모님 댁 주변에 토끼를 진료하는 동물병원이 있는지 확인해 둔다.

노령 토끼, 어린 토끼, 질병이 있는 토끼는 무리해서 데려가지 말고 지인이나 펫시터에게 부탁한다.

Q 토끼도 마음의 병에 걸릴까?

A 토끼의 정신건강을 연구한 정확한 데이터는 없다. 그러나 희로애락을 느끼고, 호기심이 왕성하며, 사람과 교감하는 풍부한 감정을 가진 토끼에게 마음의 병이 없다고 할 수 없다.

토끼마다 반려인에게 원하는 친밀감의 정도가 다르다. 따라서 반려인은 토끼가 원하는 거리감을 알고 존중해 주어야 한다. 반려인이 그것을 알아차리지 못하면 토끼는 스트레스를 받는다. 항상 반려인의 사랑을 갈구하는 토끼는 방치되면 불안감을 느낄 것이고, 일정한 거리를 유지하길 원하는 토끼는 반려인의 지나친 관심이 불편할 것이다.

토끼마다 원하는 거리감이 다르다.

불안감을 심하게 느끼는 토끼는 반려인이 가는 곳마다 따라다니고, 개에게 나타나는 분리불안증을 겪기도 한다. 사육환경이나 소통 문제로 심한 스트레스를 받으면 자신의 털이나 피부를 물어뜯거나 케이지를 집요하게 갉거나 날뛰는 행동을 한다.

사육환경을 개선하고, 그 토끼에게 맞게 교감하고, 건강이 신경 쓰이면 병원에서 진료를 받는다. 반려인이 토끼와 잘 지내는 방법을 습득하면 토끼가 마음의 병에 걸릴 가능성도 줄어든다.

참고문헌

- Brigitte Reusch, "Why do I need to body condition score my rabbit?", http://www.medirabbit.com/EN/Dental_diseases/Bodyconditionscore.pdf, 2017년 12월 25일 접속.
- D. W. McDonald, 《동물대백과 5 소형초식동물》, 헤이본샤, 1986.
- David A. Crossley, 오쿠다 아야코, 《설치류와 토끼의 임상치과학》, 팜프레스, 1999.
- David Taylor, *Rabbit handbook*, Sterling Publishing, 2000.
- E. V. Hillyer, K. E. Quesenberry, 하세가와 아쓰히코, 이타가키 신이치 감수, 《페럿, 토끼, 설치류 - 내과와 외과의 임상》, 가쿠소샤, 1998.
- Emma Keeble, *Rabbit Medicine & Surgery*, Manson Publishing, 2006.
- Esther van Praag, "Floppy rabbit syndrome", http://www.medirabbit.com/EN/Neurology/Flop_rabbit/Floppy_rabbits.pdf, 2018년 1월 6일 접속.
- Esther van Praag, "Self-mutilating behavior in rabbits", http://www.medirabbit.com/EN/Skin_diseases/Mechanical/Mutilation/Selfmutilation.htm, 2017년 12월 28일 접속.
- 이그조틱펫연구회, 〈이그조틱 펫 국제 세미나〉, 이그조틱 펫 연구회, 2006.
- Frances Harcourt-Brown, 쓰루노 신키치 감역, 《래빗 메디신》, 팜프레스, 2008.
- H. L. Gunderson, 호리카와 게이코 역, 〈프레리독의 마을〉, 《아니마》 130호, 1983.
- 하야시 노리코, 다가와 마사요, 오누마 마모루, 《토끼 진찰과 임상검사 이그조틱 임상 vol. 9》, 가쿠소샤, 2014.
- 하야시 노리코, 다가와 마사요, 《토끼의 식사 관리와 영양 이그조틱 임상 vol. 6》, 가쿠소샤, 2012.
- 히라카와 히로후미, 〈토끼류의 분식(糞食)〉, 《포유류 과학》 34권 2호, 1995.
- 호리우치 시게토모, 《실험동물의 생물학적 특성데이터》, 소프트사이언스사, 1989.
- House Rabbit Society, "Cardiac (Heart) Disease in Rabbits", http://rabbit.org/cardiac-heart-disease-in-rabbits/, 2017년 12월 10일 접속.
- 이나니와 미즈호, 데라카도 구니히코, 인마키 노부유키, 〈자기 피브린풀을 이용한 만성 심재성 각막궤양의 치료〉, 《J-vet 개의 각막궤양》 29권 6호, 인터주, 2016.
- Jennifer Graham, "The Rabbit Liver in Health and Disease", https://rabbit.org/health/liver.html, 2018년 2월 14일 접속.
- 인수공통감염증 공부회, 《펫과 당신의 건강》, 메디카출판, 1999.
- John E. Harkness, 마쓰바라 테슈 감수, 사이토 구미코·하야시 노리코 역, 《토끼와 설치류의 생물학과 임상의학 4판》 LLL, 세미나, 1998.
- 가미야마 쓰네오, 《이것만은 알아두고 싶은 인수공통감염증》, 지진쇼칸, 2004.
- Karen Rosenthal, 《페럿과 토끼의 임상(Syllabus for JAHA International Seminar No. 91)》, 일본동물병원복지협회, 2006.
- Katherine Quesenberry, James W. Carpenter, *Ferrets, Rabbits and Rodents: Clinical Medicine and Surgery Includes Sugar Glider and Hedgehogs*(2nd edition), Saunders, 2003.

- Kathy Smith, *Rabbit Health in the 21st century*, iUniverse, 2003.
- 가토 가타로·야마우치 쇼지,《개정 가축비교해부도설》, 요켄도, 2001.
- 가와미치 다케오,《토끼가 뛰어온 길》, 기노쿠니야쇼텐, 1994.
- Louisiana State University, "How Well Do Dogs and Other Animals Hear?", http://www.lsu.edu/deafness/HearingRange.html, 2017년 11월 5일 접속.
- Margaret A. Wissman, "Rabbit Anatomy", http://www.exoticpetvet.net/smanimal/rabanatomy.html, 2017년 11월 5일 접속.
- Marinell Harriman, *House Rabbit Handbook*, Drollery Press, 1995.
- Molly Varga, Anna Meredith, Richard Saunders, "Floppy rabbit syndrome", https://www.vetstream.com/treat/lapis/freeform/floppy-rabbit-syndrome, 2018년 1월 6일 접속.
- 모리 유지, 다케우치 유카리,《동물간호를 위한 동물행동학》, 팜프레스, 2004.
- 나카타 시로, 〈토끼의 치과 관련 종양〉,《이그조틱진료 토끼의 치과 질환》 24호 7권 3호, 인터주, 2015.
- 농업·식품산업기술종합연구기구,《일본 표준사료 성분표》 2009년판, 중앙축산회, 2010.
- 농림수산성 동물검역소, "동물 종류별 수출입 검역상황", http://www.maff.go.jp/aqs/tokei/attach/pdf/toukeinen-6.pdf, 2018년 1월 15일 접속.
- O. B. Williams, T. C. E. Wells and D. A. Wells, "Grazing Management of Woodwalton Fen: Seasonal Changes in the Diet of Cattle and Rabbits", *Journal of Applied Ecology* 11권 2호, 1974.
- Paul Flecknell, 사이토 구미코 역,《토끼의 내과와 외과 매뉴얼》, 가쿠소샤, 2003.
- P. Popesko, V. Rajtová, and J. Horák, *Anatomy of Small Laboratory Animals*, Saunders, 2003.
- R. Barone 외, 모치즈키 코시 역,《토끼의 해부 도보》, 가쿠소샤, 1977.
- R. M. Lockley, 다쓰카와 겐이치 역,《굴토끼의 생활》, 시사쿠샤, 1973.
- Raising-Rabbits.com, "5 Clues to the Pregnant Rabbit", https://www.raising-rabbits.com/pregnant-rabbit.html, 2018년 2월 14일 접속.
- 사이토 구미코,《토끼의 자성생식기 질환 이그조틱임상》 vol.3, 가쿠소샤, 2011.
- 사이토 구미코,《실전 토끼학》, 인터주, 2006.
- 다가와 마사요, 오누마 마모루, 가토 후미,《토끼의 질병과 치료 이그조틱임상》 vol.12, 가쿠소샤, 2016.
- Teresa Bradley Bays, *Exotic Pet Behavior,* Saunders, 2006.
- 쓰다 쓰네유키,《가축 생리학》, 요켄도, 1994.
- 쓰루노 신키치, 요코스카 마코토,《컬러 아틀라스 이그조틱 애니멀 포유류 편》, 미도리쇼보, 2012.
- 쓰루노 신키치,《이그조틱 애니멀 진료지침》, 인터주, 1999.
- Virginia Parker Guidry, *Rabbits The Key to Understanding Your Rabbit*, Bowtie press, 2002
- Wildlife Information Network, "Self-mutilation in Rabbits", http://wildpro.twycrosszoo.org/S/00dis/PhysicalTraumatic/Self_mutilation_rabbits.htm, 2017년 12월 28일 접속.
- 야마네 요시히사,《동물이 만나는 중독》, 돗토리현 동물임상의학연구소, 1999.

저자 후기

2008년 구판이 발행되고 드디어 개정판이 완성되었다. 그사이 토끼는 더욱 우리의 마음에 가득찬 존재가 되었다. 장수하는 토끼가 늘면서 토끼와 오랜 세월을 함께한 반려인도 많아졌다. 그래서 토끼가 매일 건강하길 바라는 마음으로, 병에 걸려도 희망을 잃지 않길 바라는 마음으로 개정판을 내놓는다.

소가 레이코 원장님의 감수 덕분에 새로운 지식과 견문을 많이 담을 수 있었다. 또한 많은 분이 촬영과 취재를 도와주신 덕분에 필요한 정보를 제공할 수 있었다. 개정판을 기다리는 기대의 목소리도 힘이 되었다.

도움 주신 모든 분에게 진심으로 감사의 인사를 드린다. 구판을 낸 해에 인연이 되어 지금까지 건강하게 곁에 있어 준 우리 집 토끼에게 고마운 마음을 전한다.

이 책이 항상 독자들과 토끼의 곁에서 도움이 되기를 바란다.

오노 미즈에

감수자 후기

이 책을 통해 토끼 반려인들이 토끼 의학을 쉽게 이해하고 학습할 수 있기를 바란다. 관련된 논문을 찾아 읽으면서 현 시점에서 가장 정확하고 새로운 정보를 소개하고자 노력했다. 아픈 토끼에게 필요한 치료법을 반려인과 수의사가 함께 고민하고, 당장 해 줄 수 있는 일이 무엇인지 알 수 있도록 만들었다.

병을 아는 것에 그치지 않고, 병의 조기 발견과 조기 치료, 행동풍부화를 고려한 환경을 갖추는 기회가 되면 좋겠다. 이 책에서 얻은 토끼 지식 덕분에 수의사와 더욱 깊은 신뢰관계를 쌓고, 반려토끼가 장수하는 데 도움이 된다면 더할 나위 없이 행복할 것이다. 책 속 증상 사진은 임상 수의사로서 기록하기 위해 촬영하고 수집한 실제 사례다. 100장 이상의 사진을 곳곳에 수록했는데 그중에는 보기에 가슴 아픈 사진도 있다. 질병을 설명하기 위해 삽입한 것이니 이해해 주기 바란다.

토끼 치과 치료에 대한 전문적 조언과 촬영에 협력해 준 전 도쿄의과치과대학 치과학 박사 고야마 요시히사 수의사, 주식회사 오사다 메디컬, 아자부대학 부속 동물병원 안과 담당 교수 카네마키 노부유키 수의사, 한국 레이동물병원의 임재규 수의사, 따스한 마음으로 토끼를 돌보고 치료에 협력해 준 스태프, 이 책을 출간한 성문당신광사의 호사카, 오노, 마에사코에게 감사의 마음을 전한다. 그리고 진료하며 만난 토끼와 토끼 반려인들에게 진심으로 감사 인사를 드린다.

Grow-Wing 동물병원 원장 소가 레이코

토끼

토끼를 건강하고 행복하게 오래 키울 수 있도록 돕는 육아 지침서. 습성 · 식단 · 행동 · 감정 · 놀이 · 질병 등 모든 것을 담았다.

동물에 대한 예의가 필요해

일러스트레이터인 저자가 지금 동물들이 어떤 고통을 받고 있는지, 우리는 그들과 어떤 관계를 맺어야 하는지 그림을 통해 이야기한다. 냅킨에 쓱쓱 그린 그림을 통해 동물들의 목소리를 들을 수 있다.

동물과 이야기하는 여자

SBS 〈TV 동물농장〉에 출연해 화제가 되었던 애니멀 커뮤니케이터 리디아 히비가 20년간 동물들과 나눈 감동의 이야기. 병으로 고통받는 개, 안락사를 원하는 고양이 등과 대화를 통해 문제를 해결한다.

동물을 만나고 좋은 사람이 되었다

반려동물과 살게 되면 사람을 보는 눈, 세상을 보는 눈 등 많은 것이 바뀐다. 입는 것, 먹는 것 등 불편해지는 것이 많은데 사람들은 기꺼이 이를 감수한다. 개, 고양이에게 포섭되어 좋은 사람이 되어 가는 한 인간의 성장기.

동물을 위해 책을 읽습니다

(한국출판문화산업진흥원 출판 콘텐츠 창작자금지원 선정)

우리는 동물이 인간을 위해 사용되기 위해서만 존재하는 것처럼 살고 있다. 우리는 우리가 사랑하고, 입고, 먹고, 즐기는 동물과 어떤 관계를 맺어야 할까? 100여 편의 책 속에서 길을 찾는다.

우주식당에서 만나

2010년 볼로냐 어린이도서전에서 올해의 일러스트레이터로 선정되었던 신현아 작가가 반려동물과 함께 사는 이야기를 네 편의 작품으로 묶었다.

대단한 돼지 에스더

(학교도서관저널 추천도서)

300킬로그램의 돼지 덕분에 파티를 좋아하던 두 남자가 채식을 하고, 동물보호 활동가가 되는 놀랍고도 행복한 이야기.

노견 만세

퓰리처상을 수상한 글 작가와 사진 작가의 사진 에세이. 저마다 생애 최고의 마지막 나날을 보내는 노견들에게 보내는 찬사.

펫로스 반려동물의 죽음

(아마존닷컴 올해의 책)

동물 호스피스 활동가 리타 레이놀즈가 들려주는 반려동물의 죽음과 무지개다리 너머의 이야기. 펫로스(pet loss)란 반려동물을 잃은 반려인의 깊은 슬픔을 말한다.

개.똥.승.

(세종도서 문학나눔 도서)

어린이집의 교사이면서 백구 세 마리와 사는 스님이 지구에서 다른 생명체와 더불어 좋은 삶을 사는 방법, 모든 생명이 똑같이 소중하다는 진리를 유쾌하게 들려준다.

고양이 그림일기

(한국출판문화산업진흥원 이달의 읽을 만한 책, 학교도서관저널 추천도서)

장군이와 흰둥이, 두 고양이와 그림 그리는 한 인간의 일 년 치 그림일기. 종이 다른 개체가 서로의 삶의 방법을 존중하며 사는 잔잔하고 소소한 이야기.

고양이 임보일기

《고양이 그림일기》의 이새벽 작가가 새끼 고양이 다섯 마리를 구조해서 입양 보내기까지의 시끌벅적한 임보 이야기를 그림으로 그려냈다.

고양이는 언제나 고양이였다

고양이를 사랑하는 나라 터키의, 고양이를 사랑하는 글 작가와 그림 작가가 고양이에게 보내는 러브레터. 고양이를 통해 세상을 보는 사람들을 위한 아름다운 고양이 그림책이다.

나비가 없는 세상

(어린이도서연구회에서 뽑은 어린이 · 청소년 책)

고양이 만화가 김은희 작가가 그려내는 한국 최고의 고양이 만화. 신디, 페르캉, 추새. 개성 강한 세 마리 고양이와 만화가의 달콤쌉싸래한 동거 이야기.

채식하는 사자 리틀타이크

(아침독서 추천도서, 교육방송 EBS 〈지식채널e〉 방영)

육식동물인 사자 리틀타이크는 평생 피 냄새와 고기를 거부하고 채식 사자로 살며 개, 고양이, 양 등과 평화롭게 살았다. 종의 본능을 거부한 채식 사자의 9년간의 아름다운 삶의 기록.

유기동물에 관한 슬픈 보고서

(환경부 선정 우수환경 도서, 어린이도서연구회에서 뽑은 어린이·청소년 책, 한국간행물윤리위원회 좋은 책, 어린이문화진흥회 좋은 어린이책)

동물보호소에서 안락사를 기다리는 유기견, 유기묘의 모습을 사진으로 담았다. 인간에게 버려져 죽임을 당하는 그들의 모습을 통해 인간이 애써 외면하는 불편한 진실을 고발한다.

유기견 입양 교과서

보호소에 입소한 유기견은 안락사와 입양이라는 생사의 갈림길 앞에 선다. 이들에게 입양이라는 선물을 주기 위해 활동가, 봉사자, 임보자가 어떻게 교육하고 어떤 노력을 해야 하는지 차근차근 알려 준다.

순종 개, 품종 고양이가 좋아요?

사람들은 예쁘고 귀여운 외모의 품종 개, 고양이를 선호하지만 품종 동물은 700개에 달하는 유전 질환으로 고통받는다. 많은 품종 개와 고양이가 왜 질병과 고통에 시달리다가 일찍 죽는지, 건강한 반려동물을 입양하려면 어찌해야 하는지 동물복지 수의사가 알려준다.

버려진 개들의 언덕

(학교도서관저널 추천도서)

인간에 의해 버려져서 동네 언덕에서 살게 된 개들의 이야기. 새끼를 낳아 키우고, 사람들에게 학대를 당하고, 유기견 추격대에 쫓기면서도 치열하게 살아가는 생명들의 2년간의 관찰기.

유기견 입양 교과서

보호소에 입소한 유기견은 안락사와 입양이라는 생사의 갈림길 앞에 선다. 이들에게 입양이라는 선물을 주기 위해 활동가, 봉사자, 임보자가 어떻게 교육하고 어떤 노력을 해야 하는지를 차근차근 알려 준다.

동물들의 인간 심판

(대한출판문화협회 올해의 청소년 교양도서, 세종도서 교양부문 선정, 환경정의 청소년 환경책, 아침독서 청소년 추천도서, 학교도서관저널 추천도서)

동물을 학대하고, 학살하는 범죄를 저지른 인간이 동물 법정에 선다. 고양이, 돼지, 소 등은 인간의 범죄를 증언하고 개는 인간을 변호한다. 이 기묘한 재판의 결과는?

물범 사냥

(노르웨이국제문학협회 번역 지원 선정)

북극해로 떠나는 물범 사냥 어선에 감독관으로 승선한 마리는 낯선 남자들과 6주를 보내야 한다. 남성과 여성, 인간과 동물, 세상이 평등하다고 믿는 사람들에게 펼쳐 보이는 세상.

사향고양이의 눈물을 마시다

(한국출판문화산업진흥원 우수출판콘텐츠 제작 지원 선정, 환경부 선정 우수환경도서, 학교도서관저널 추천도서, 국립중앙도서관 사서가 추천하는 휴가철에 읽기 좋은 책, 환경정의 올해의 환경책)

내가 마신 커피 때문에 인도네시아 사향고양이가 고통받는다고? 나의 선택이 세계 동물에게 미치는 영향, 동물을 죽이는 것이 아니라 살리는 선택에 대해 알아본다.

인간과 동물, 유대와 배신의 탄생

(환경부 선정 우수환경도서, 환경정의 올해의 환경책)

미국 최대의 동물보호단체 휴메인소사이어티 대표가 쓴 21세기 동물해방의 새로운 지침서. 농장동물, 산업화된 반려동물 산업, 실험동물, 야생동물 복원에 대한 허위 등 현대의 모든 동물학대에 대해 다루고 있다.

실험 쥐 구름과 별

동물실험 후 안락사 직전의 실험 쥐 20마리가 구조되었다. 일반인에게 입양된 후 평범하고 행복한 시간을 보낸 그들의 삶을 기록했다.

황금 털 늑대

공장에 가두고 황금빛 털을 빼앗는 인간의 탐욕에 맞서 늑대들이 마침내 해방을 향해 달려간다. 생명을 숫자가 아니라 이름으로 부르라는 소중함을 알려주는 그림책.

동물원 동물은 행복할까?

(환경부 선정 우수환경도서, 학교도서관저널 추천도서)

동물원 북극곰은 야생에서 필요한 공간보다 100만 배, 코끼리는 1,000배 작은 공간에 갇혀서 살고 있다. 야생동물보호운동 활동가인 저자가 기록한 동물원에 갇힌 야생동물의 참혹한 삶.

동물 쇼의 웃음 쇼 동물의 눈물

(한국출판문화산업진흥원 청소년 권장도서, 한국출판문화산업진흥원 청소년 북토큰 도서)

동물 서커스와 전시, TV와 영화 속 동물 연기자, 투우, 투견, 경마 등 동물을 이용해서 돈을 버는 오락산업 속 고통받는 동물들의 숨겨진 진실을 밝힌다.

고통받은 동물들의 평생 안식처 동물보호구역

(환경정의 어린이 환경책, 한국어린이교육문화연구원 으뜸책)

고통받다가 구조되었지만 오갈 데 없었던 야생동물의 평생 보금자리. 저자와 함께 전 세계 동물보호구역을 다니면서 행복하게 살고 있는 동물을 만난다.

동물은 전쟁에 어떻게 사용되나

전쟁은 인간만의 고통일까? 자살폭탄 테러범이 된 개 등 고대부터 현대 최첨단 무기까지, 우리가 몰랐던 동물 착취의 역사.

동물학대의 사회학

(학교도서관저널 추천도서)

동물학대와 인간폭력 사이의 관계를 설명한다. 페미니즘 이론 등 여러 이론적 관점을 소개하면서 앞으로 동물학대 연구가 나아갈 방향을 제시한다.

동물주의 선언

현재 가장 영향력 있는 정치철학자가 쓴 인간과 동물이 공존하는 사회로 가기 위한 철학적·실천적 지침서.

묻다

(환경부 선정 우수환경도서, 환경정의 올해의 환경책)

구제역, 조류독감으로 거의 매년 동물의 살처분이 이뤄진다. 저자는 4800곳의 매몰지 중 100여 곳을 수년에 걸쳐 찾아다니며 기록한 유일한 사람이다. 그가 우리에게 묻는다. 우리는 동물을 죽일 권한이 있는가.

개에게 인간은 친구일까?

인간에 의해 버려지고 착 취당하고 고통받는 우리가 몰랐던 개 이야기. 다양한 방법으로 개를 구조하고 보살피는 사람들의 이야기가 그려진다.

고등학생의 국내 동물원 평가 보고서

(환경부 선정 우수환경도서)

인간이 만든 '도시의 야생동물 서식지' 동물원에서는 무슨 일이 일어나고 있나? 국내 9개 주요 동물원이 종보전, 동물복지 등 현대 동물원의 역할을 제대로 하고 있는지 평가했다.

똥으로 종이를 만드는 코끼리 아저씨

(환경부 선정 우수환경도서, 한국출판문화산업진흥원 청소년 권장도서, 서울시교육청 어린이도서관 여름방학 권장도서, 한국출판문화산업진흥원 청소년 북토큰 도서)

코끼리 똥으로 만든 재생종이 책. 코끼리 똥으로 종이와 책을 만들면서 사람과 코끼리가 평화롭게 살게 된 이야기를 코끼리 똥 종이에 그려냈다.

후쿠시마에 남겨진 동물들

(미래창조과학부 선정 우수과학도서, 환경부 선정 우수환경도서, 환경정의 청소년 환경책 권장도서)

2011년 3월 11일, 대지진에 이은 원전 폭발로 사람들이 떠난 일본 후쿠시마. 다큐멘터리 사진작가가 담은 '죽음의 땅'에 남겨진 동물들의 슬픈 기록.

후쿠시마의 고양이

(한국어린이교육문화연구원 으뜸책)

2011년 동일본 대지진 이후 5년. 사람이 사라진 후쿠시마에서 살처분 명령이 내려진 동물들을 죽이지 않고 돌보고 있는 사람과 함께 사는 두 고양이의 모습을 담은 평화롭지만 슬픈 사진집.

숲에서 태어나 길 위에 서다

(환경정의 청소년 올해의 환경책, 환경부 환경도서 출판 지원 사업 선정)

한 해에 로드킬로 죽는 야생동물 200만 마리. 인간과 야생동물이 공존할 수 있는 방법을 찾는 현장 과학자의 야생동물 로드킬에 대한 기록.

동물복지 수의사의 동물 따라 세계 여행

(환경정의 청소년 올해의 환경책, 한국출판문화산업진흥원 중소출판사 우수콘텐츠 제작지원 선정, 학교도서관저널 추천 도서)

동물원에서 일하던 수의사가 동물원을 나와 세계 19개국 178곳의 동물원, 동물보호구역을 다니며 동물원의 존재 이유에 대해 묻는다. 동물에게 윤리적인 여행이란 어떤 것일까?

야생동물병원 24시

(어린이도서연구회에서 뽑은 어린이·청소년 책, 한국출판문화산업진흥원 청소년 북토큰 도서)

로드킬 당한 삵, 밀렵꾼의 총에 맞은 독수리, 건강을 되찾아 자연으로 돌아가는 너구리 등 대한민국 야생동물이 사람과 부대끼며 살아가는 슬프고도 아름다운 이야기.

임신하면 왜 개, 고양이를 버릴까?

임신, 출산으로 반려동물을 버리는 나라는 한국이 유일하다. 세대 간 문화충돌, 무책임한 언론 등 임신, 육아로 반려동물을 버리는 사회현상에 대한 분석과 안전하게 임신, 육아 기간을 보내는 생활법을 소개한다.

개, 고양이 사료의 진실

미국에서 스테디셀러를 기록하고 있는 책으로 반려동물 사료에 대한 알려지지 않은 진실을 폭로한다. 2007년도 멜라민 사료 파동 취재까지 포함된 최신판이다.

인간과 개, 고양이의 관계심리학

함께 살면 개, 고양이와 반려인은 닮을까? 동물학대는 인간학대로 이어질까? 248가지 심리실험을 통해 알아보는 인간과 동물이 서로에게 미치는 영향에 관한 심리 해설서.

개가 행복해지는 긍정교육

개의 심리와 행동학을 바탕으로 한 긍정교육법으로 50만 부 이상 판매된 반려인의 필독서. 짖기, 물기, 대소변 가리기, 분리불안 등의 문제를 평화롭게 해결한다.

우리 아이가 아파요!
개·고양이 필수 건강 백과

새로운 예방접종 스케줄부터 우리나라 사정에 맞는 나이대별 흔한 질병의 증상·예방·치료·관리법, 나이 든 개, 고양이 돌보기까지 반려동물을 건강하게 키울 수 있는 필수 건강백서.

고양이 질병에 관한 모든 것

40년간 3번의 개정판을 낸 고양이 질병 책의 바이블. 고양이가 건강할 때, 이상 증상을 보일 때, 아플 때 등 모든 순간에 곁에 두고 봐야 할 책이다. 질병의 예방과 관리, 증상과 징후, 치료법에 대한 모든 해답을 완벽하게 찾을 수 있다.

개 피부병의 모든 것

홀리스틱 수의사인 저자는 상업사료의 열악한 영양과 과도한 약물사용을 피부병 증가의 원인으로 꼽는다. 제대로 된 피부병 예방법과 치료법을 제시한다.

치료견 치로리

(어린이문화진흥회 좋은 어린이책)

비 오는 날 쓰레기장에 버려진 잡종개 치로리. 죽음 직전 구조된 치로리는 치료견이 되어 전신마비 환자를 일으키고, 은둔형 외톨이 소년을 치료하는 등 기적을 일으킨다.

개·고양이 자연주의 육아백과

세계적인 홀리스틱 수의사 피케른의 개와 고양이를 위한 자연주의 육아백과. 40만 부 이상 팔린 베스트셀러로 반려인, 수의사의 필독서. 최상의 식단, 올바른 생활습관, 암, 신장염, 피부병 등 각종 병에 대한 대처법도 자세히 수록되어 있다.

용산 개 방실이

(어린이도서연구회에서 뽑은 어린이·청소년 책, 평화박물관 평화책)

용산에도 반려견을 키우며 일상을 살아가던 이웃이 살고 있었다. 용산 참사로 갑자기 아빠가 떠난 뒤 24일간 음식을 거부하고 스스로 아빠를 따라간 반려견 방실이 이야기.

사람을 돕는 개

(한국어린이교육문화연구원 으뜸책, 학교도서관저널 추천 도서)

안내견, 청각장애인 도우미견 등 장애인을 돕는 도우미견과 인명구조견, 흰개미탐지견, 검역견 등 사람과 함께 맡은 역할을 해내는 특수견을 만나본다.

암 전문 수의사는 어떻게 암을 이겼나

수많은 개 고양이를 암에서 구하고 스스로 암에서 생존한 수의사의 이야기. 인내심이 있는 개와 까칠한 고양이가 암을 이기는 방법, 암 환자가 되어 얻게 된 교훈을 들려준다.

강아지 천국

반려견과 이별한 이들을 위한 그림책. 들판을 뛰놀다가 맛있는 것을 먹고 잠들 수 있는 곳에서 행복하게 지내다가 천국의 문 앞에서 사람 가족이 오기를 기다리는 무지개다리 너머 반려견의 이야기.

고양이 천국

(어린이도서연구회에서 뽑은 어린이·청소년 책)

고양이와 이별한 이들을 위한 그림책. 실컷 놀고 먹고, 자고 싶은 곳에서 잘 수 있는 곳. 그러다가 함께 살던 가족이 그리울 때면 잠시 다녀가는 고양이 천국의 모습을 그려냈다.

깃털, 떠난 고양이에게 쓰는 편지

프랑스 작가 클로드 앙스가리가 먼저 떠난 고양이에게 보내는 편지. 한 마리 고양이의 삶과 죽음, 상실과 부재의 고통, 동물의 영혼에 대해서 써 내려간다.

햄스터

햄스터를 사랑한 수의사가 쓴 햄스터 행복·건강 교과서. 습성, 건강관리, 건강식단 등 햄스터 돌보기 완벽 가이드.

토끼 질병의 모든 것

초판 1쇄 2022년 12월 25일

지은이 오노 미즈에
감수 소가 레이코
옮긴이 서유진

편집 김수미, 김보경
디자인 김희진
인쇄 정원문화인쇄

펴낸이 김보경
펴낸 곳 책공장더불어

책공장더불어
주소 서울시 종로구 혜화로16길 40
대표전화 (02)766-8406
이메일 animalbook@naver.com
블로그 http://blog.naver.com/animalbook
페이스북 @animalbook4
인스타그램 @animalbook.modoo

ISBN 978-89-97137-57-2 (13520)

* 잘못된 책은 바꾸어 드립니다.
* 값은 뒤표지에 있습니다.